W0261307

Informatik – Fachberichte

Informatik-Fachberichte

Herausgegeben von W. Brauer
im Auftrag der Gesellschaft für Informatik (GI

24

Norbert Ryska
Siegfried Herda

Kryptographische Verfahren
in der Datenverarbeitung

Springer-Verlag
Berlin Heidelberg New York 1980

Autoren
Norbert Ryska
Nixdorf Computer AG
Fürstenallee 7
4790 Paderborn

Siegfried Herda
Gesellschaft für Mathematik
und Datenverarbeitung mbH, Bonn
Schloß Birlinghoven
5205 St. Augustin 1

AMS Subject Classifications (1980): 68–02, 94 A 15, 68 C 05.
CR Subject Classifications (1979): 5.6, 3.81

ISBN-13: 978-3-540-09900-0   e-ISBN-13: 978-3-642-95368-2
DOI: 10.1007/978-3-642-95368-2

CIP-Kurztitelaufnahme der Deutschen Bibliothek
Ryska, Norbert:
Kryptograph. Verfahren in d. Datenverarbeitung /
Norbert Ryska; Siegfried Herda. - Berlin, Heidelberg, New York: Springer, 1980.
(Informatik-Fachberichte; Bd. 24)

NE: Herda, Siegfried:

2145/3140 - 5 4 3 2 1 0

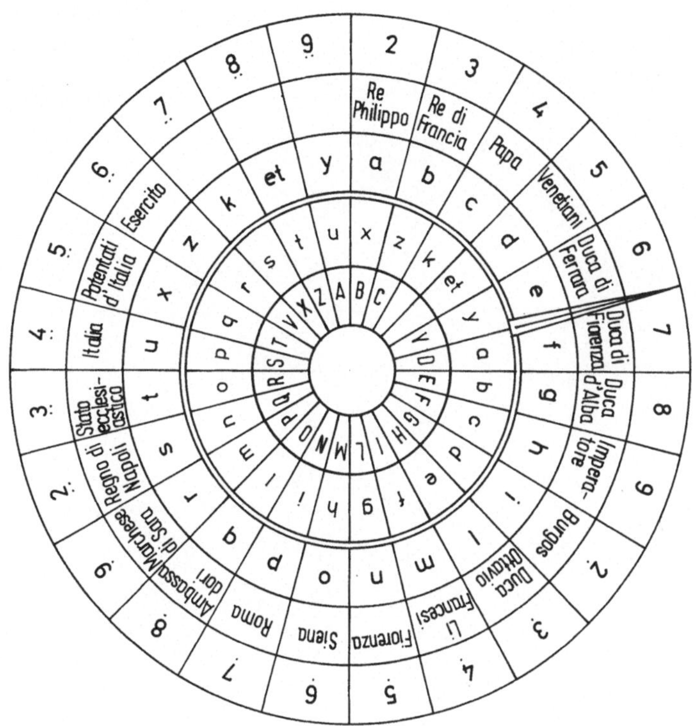

Kreisscheibenchiffre des Trithemius

Aloys Meister: Die Geheimschrift im Dienste
der päpstlichen Kurie, Paderborn, 1906

<u>**Vorwort**</u>

Anstoß zu der vorliegenden Veröffentlichung waren das wachsende Interesse und die datenschutzrechtliche Notwendigkeit für die Entwicklung und den Einsatz von kryptographischen Verfahren in der kommerziellen Datenverarbeitung. Gleichzeitig war bei interessierten Anwendern aber auch der Mangel an Erfahrung in der Bewertung und Installation von Kryptosystemen deutlich.

Ziel der vorliegenden Arbeit ist es daher, einen Überblick über Aufbau, Analyse und Integration computerorientierter Kryptoverfahren zu geben. Dieser Überblick reicht vom formalen Aufbau von Kryptofunktionen bis zur praktischen Implementation von Hardware- und Software-Moduln.
Der Fachbericht bemüht sich insbesondere um eine Systematisierung und Verallgemeinerung der Inhalte dieses Themengebietes. Die Vertiefung einzelner Fragestellungen wird durch Literaturhinweise unterstützt. Der Bericht stützt sich ausschließlich auf veröffentlichte Quellen. Die Kapitel 3, 4 und 5 wurden vom ersten Autor, die Kapitel 1, 2, 6 und 7 vom zweiten Autor bearbeitet.

Die Autoren danken der NIXDORF Computer AG für die großzügige Unterstützung der vorliegenden Arbeit. Sie danken weiter Reinhard Becker und Heinz-Werner Richter für die kritische Durchsicht des Manuskripts und für wichtige Hinweise zur Gestaltung des Textes, sowie Edmund F.M. Hogrebe für die Klärung juristischer Fragen im siebenten Kapitel. Helga Merkel sei für die sorgfältige Anfertigung der Zeichnungen gedankt.
Abschließend danken die Autoren allen, die bei der Erstellung dieses Buches mitgewirkt oder es durch Bereitstellung von Veröffentlichungen gefördert haben, insbesondere H. Block (Stockholm), C.H. Meyer (Kingston) und M. De Vries (Haarlem).

<u>Inhaltsverzeichnis</u>

1. Einführung

1.1 Die Funktion der Kryptographie

1.1.1 Forderung nach sicherer Kommunikation

Kryptographische Verfahren sind seit jeher zumeist unter dem Begriff
'Geheimschrift' zur Übermittlung von vertraulichen Informationen verwendet worden, wobei nach einer in einem Codebuch festgehaltenen Vorschrift Zeichen, Wörter oder ganze Sätze ausgetauscht wurden. Angewendet wurden kryptographische Verfahren vor allem beim Nachrichtenaustausch zwischen Staaten, im militärischen und diplomatischen Bereich. Ebenso lange und nicht weniger intensiv fanden kryptographische
Verfahren im zivilen und dort insbesondere im kaufmännischen Bereich
Anwendung. Wie bei Verträgen zwischen Staaten wurden größere
Kaufverträge mit der unnachahmlichen Unterschrift und mit einem Siegel
versehen, das die Echtheit des Dokumentes durch die besondere Gestaltung des Siegels - seiner Fälschungssicherheit - gewährleistete.
Die Forderung nach Unkenntlichmachung von Informationen, die Notwendigkeit, die Authentizität von Kommunikationspartnern und Nachrichten zu gewährleisten und die Besiegelung von Dokumenten und Verträgen
zur Verleihung rechtlicher Verbindlichkeit sind seit jeher Probleme,
die bei der Kommunikation von Staaten, Gruppen und Einzelpersonen auftreten. Die folgende Abbildung (Abb. 1) soll die Stellung der
Kryptographie im Zusammenhang mit 'sicherer Kommunikation' erläutern.
Sichere Kommunikation beruht zunächst auf der Isolierung der Kommunikationspartner und der Nachrichten untereinander. Es muß gewährleistet
werden, daß die Informationen für denjenigen unkenntlich bleiben, für
den sie nicht bestimmt sind. Die Unkenntlichmachung der Informationen
wird außer durch kryptographische auch durch steganographische Verfahren erreicht. Die Steganographie, bei der die Information durch das
Unsichtbarmachen der Daten mit Hilfe chemischer Mittel verheimlicht
wird, ist nicht Gegenstand dieser Untersuchung. Sichere Kommunikation
im weitesten Sinn setzt auch die Identifikation und Authentifikation
von Kommunikationspartnern und Kommunikationsmedien voraus, wie Personen, Rechner, Datenstationen, Leitungen und Datenträger. Die Gewährleistung der Authentizität der Nachrichten ist die Voraussetzung für
eine rechtliche Anerkennung der ausgetauschten Nachrichten und damit
eine Möglichkeit für die Übermittlung von Dokumenten und den Austausch
von Verträgen. Durch die zunehmende 'Vernetzung' wird der elektronische Briefverkehr und auch der Austausch von rechtsgültigen Verträgen

in Zukunft vermutlich stark ansteigen. Die Authentifikation sowohl von
Kommunikationspartnern als auch von Nachrichten kann mit Hilfe
kryptographischer Verfahren, insbesondere durch neuere Entwicklungen,
wie dem Kryptosystem mit offenem Schlüssel (public key cryptosystem)
durchgeführt werden (vgl. Kap. 3.1.4.3 und Kap. 7). Abbildung 1 veranschaulicht die Rolle der Kryptographie im Zusammenhang mit sicherer
Kommunikation. Kryptographische Verfahren sind jedoch nur eine, wenn
auch ausgezeichnete Möglichkeit der Isolation der Information vor unbefugter Kenntnisnahme. Die Autorisation als Berechtigungszuweisung
ist die notwendige Ergänzung zur Isolation. Auf der Grundlage der
Autorisation kann die Überprüfung der Zulässigkeit einer Anforderung,
z.B. auf Einsichtnahme, durchgeführt werden.

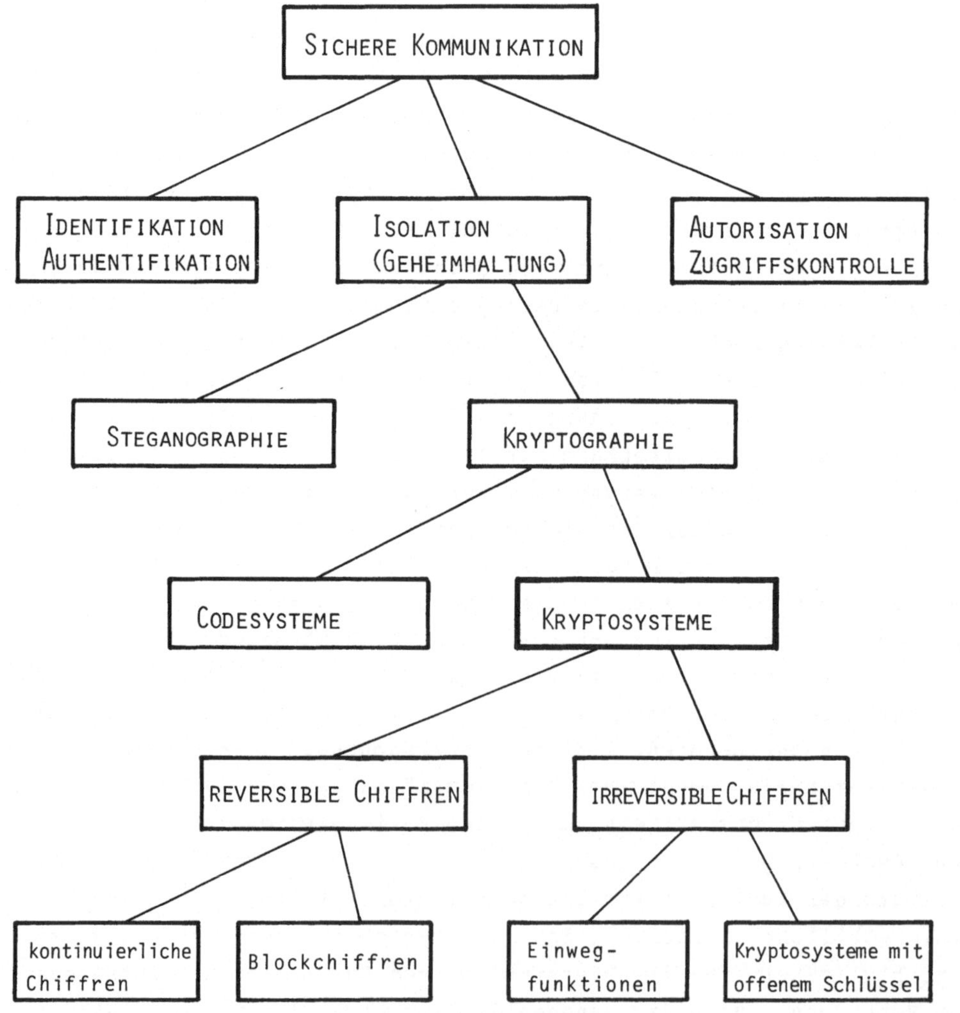

Abb. 1   Die Einordnung der Kryptographie

1.1.2 Entwicklung der algorithmischen Kryptographie

Die Entwicklung der modernen rechnergestützten Kryptographie ging einher mit dem Fortschritt der Informationstechnologie. Die maschinelle Datenverarbeitung wurde durch die digitale Darstellung der Zeichen gemäß einer fest vereinbarten Codierung ermöglicht. Dadurch wurde es auch möglich, algebraische Operationen auf der Darstellung der Zeichen selbst auszuführen. Die Kryptographie erlebte einen neuen Aufschwung durch die Entwicklung algorithmischer Kryptoverfahren, die sich in modernen Rechenanlagen einsetzen lassen.
Um der Entwicklung der letzten dreißig Jahre gerecht zu werden, ist eine teilweise Neudefinition der Begriffe erforderlich, die im folgenden auf vorerst nicht-formale Weise gegeben wird. Eine mathematische Präzisierung wird in Kapitel 3 geliefert.
Historisch haben sich die heutigen kryptographischen Verfahren - wie bereits oben erwähnt - aus dem Codeverfahren entwickelt. Beim Codeverfahren werden die einzelnen Zeichenketten variabler Länge eines Textes mit Hilfe eines Codebuches durch andere ersetzt. Das Codebuch enthält ein Verzeichnis (Index) aller Zeichenketten des Klartextes und der zugeordneten Zeichenketten des Codetextes, auf die sich die Kommunikationspartner geeinigt haben. Der Codierer "ersetzt" die Zeichenketten des Klartextes mit Hilfe des Codebuches durch die Zeichenketten des Codetextes (vgl. Abb. 2). Der Decodierer ersetzt (substituiert) seinerseits die Zeichenketten des Codetextes durch den Klartext; er führt also den inversen Vorgang aus.

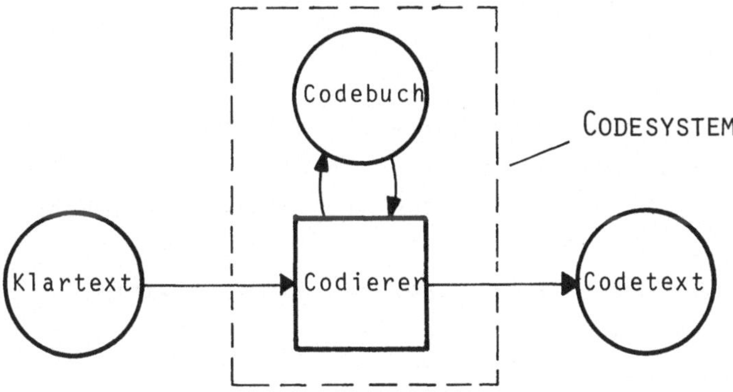

Abb. 2 : Kryptographisches System als Codesystem

Da mit dem Codesystem nur Sachverhalte codiert werden konnten, die von
den Kommunikationspartnern vorher vereinbart worden waren, ist man
dazu übergegangen, den Einheiten des Klartextes fester Länge entsprechende Einheiten fester Länge eines Zeichenvorrats - genannt Chiffrenalphabet - zuzuordnen. Dadurch wurde man unabhängig von der Bedeutung
der Nachrichten: es wurde nicht mehr auf semantischen Einheiten, sondern nur auf syntaktischen Einheiten der Nachricht operiert.
Durch Einführen eines Schlüssels konnte die Struktur und die Auswahl
der Chiffrenalphabete veränderbar gestaltet werden. Dadurch wurde es
möglich, daß die Verfahren einem größeren Anwenderkreis, der untereinander Nachrichten austauschen wollte, zugänglich gemacht werden konnten, wobei die Vertraulichkeit der zu übertragenen Nachrichten durch
die Geheimhaltung des Schlüssels durch die jeweiligen Kommunikationspartner gewährleistet wurde.
Neben dem Substitutionsverfahren gibt es das Versetzungsverfahren
(Transpositions- oder Permutationsverfahren), bei dem die Klartext-
elemente in einer bestimmten Art und Weise umgestellt werden, also nur
ihre Position, nicht aber ihre Darstellung geändert wird. Auch hier
kann durch einen Schlüssel die Umstellung gesteuert werden.

Der Schlüssel eines Kryptosystems dient also als Parameter der den
Verfahren zugrundeliegenden Funktionen: er dient als Zufallszahlenfolge oder als Basis einer Zufallszahlenfolge, die mit dem Klartext verknüpft wird, er spezifiziert die Anordnung der Zeichen im
Chiffrenalphabet oder das Muster der Versetzung im Trans-
positionsverfahren.
Es gibt keine scharfe theoretische Unterscheidung zwischen Code- und
Chiffrensystem. Zusammenfassend lassen sich jedoch drei Unterscheidungskriterien angeben:

1. Die Länge der zu ersetzenden Zeichenkette ist beim Codesystem
    variabel, beim Chiffrensystem ist sie konstant.
    Diese Klartexteinheiten können beim Codesystem einzelne Zeichen,
    Wörter oder Sätze sein.
2. Die konstante Länge der Zeichenkette, auf der operiert wird,
    beträgt beim Chiffrensystem drei, in der Regel jedoch eine Ein-
    heit, nur in seltenen Fällen mehr als drei.
3. Mit dem Codesystem können nur Sachverhalte codiert werden, deren
    Bedeutung von den Kommunikationspartnern vorher vereinbart worden
    ist, während man im Chiffrensystem von der Bedeutung dadurch unab-
    hängig ist, daß man es auf beliebigen Zeichenfolgen definiert.

Diese Flexibilität und Unabhängigkeit vom vorliegenden Text ist
dafür verantwortlich, daß die modernen computergeeigneten
kryptographischen Verfahren Chiffrensysteme sind.

Im folgenden wird daher nur noch vom "kryptographischem System" oder
Verschlüsselungssystem gesprochen; der Begriff "Chiffrensystem" wird
nur dann ausdrücklich verwendet, wenn der Aspekt der Chiffre hervorgehoben werden soll oder eine Abgrenzung zum Codesystem erforderlich
ist.

Verschlüsselung und Chiffrierung werden synonym verwendet, wobei vor-
zugsweise Verschlüsselung gebraucht wird. Ebenso wird Schlüsseltext
synonym mit verschlüsseltem Text verwendet. Veraltete und ungebräuch-
liche Synonyme für Schlüsseltext sind: Geheimtext, Geheimschrift,
Chiffrat, Kryptogramm.

Ein <u>kryptographisches System</u> (synonym mit Kryptosystem) besteht aus
einem Verschlüsselungs-Algorithmus, der im allgemeinen bekannt ist,
und einem kryptographischen Schlüssel, der nur den Partnern bekannt
ist, die Nachrichten austauschen. Die Eingabedaten des Kryptosystems
werden bei der Verschlüsselung (Chiffrierung) als Klartext bezeichnet,
die Ausgabedaten als Schüsseltext (chiffrierter Text, Chiffrat). Bei
der Entschlüsselung (Dechiffrierung) werden die entsprechenden Einga-
be- Ausgabedaten als Schlüsseltext und Klartext bezeichnet.
Der Begriff Kryptosystem wird auch synonym verwendet für das Gesamtsystem, bestehend aus dem Kryptosystem des Senders und dem des
Empfängers (vgl. Abb.7).

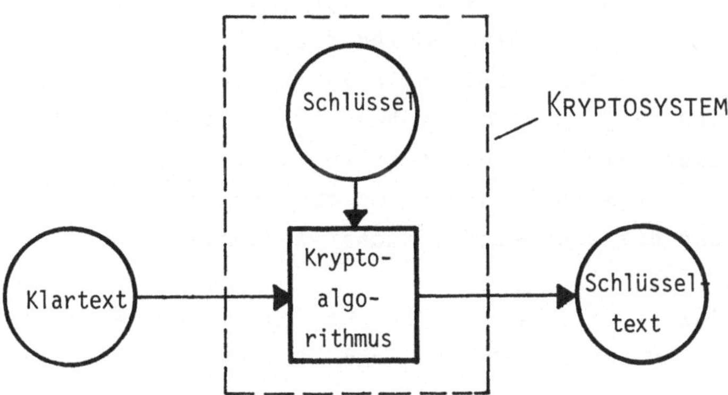

Abb. 3 : Kryptographisches System als Chiffrensystem

Der _Verschlüsselungs-Algorithmus_ (kryptographischer Algorithmus) ist
die Vorschrift, die die kryptographische Transformation festlegt. Die
kryptographische Transformation selbst läuft parametergesteuert ab.
Es ist im zivilen Bereich heute üblich, den Algorithmus offenzulegen
und ihn damit der wissenschaftlichen Diskussion zugänglich zu machen.
Der _kryptographische Schlüssel_ ist der Parameter der kryptographischen
Transformation. Jede Wahl eines Schlüssels bestimmt eine andere
kryptographische Transformation.

In diesem Zusammenhang ist die Erläuterung einiger weiterer Pegriffe
sinnvoll:

Kryptographie ist die Wissenschaft von den Methoden der Verschlüsse-
lung (Chiffrierung) und Entschlüsselung (Dechiffrierung) von Daten.
Kryptanalysis ist die Wissenschaft von den Methoden der unbefugten
Entschlüsselung von Daten (Nachrichten) zum Zwecke der Rückgewinnung
der ursprünglichen Informationen.
Kryptoanalyse ist die Analyse eines Kryptosystems zum Zwecke der
Bewertung seiner kryptographischen Stärke.
Kryptologie ist die Wissenschaft der Verheimlichung von Informationen
durch Transformation der Daten. Sie umfaßt Kryptographie und
Kryptanalysis.

1.1.3 Neue Entwicklungen in der Kryptographie

Klassische Kryptosysteme benötigen sowohl für die Verschlüsselung als
auch für Entschlüsselung den gleichen Schlüssel. Dieser Schlüssel muß
über einen sicheren Weg zum Empfänger gebracht, d.h. etwa mit Hilfe
eines anderen Schlüssels verschlüsselt werden, der wiederum auf
sicherem Weg übertragen werden muß. Das Problem der Schlüsselübertragung ist damit nicht zufriedenstellend lösbar. Nur derjenige (Sender)
kann mit einem anderen (Empfänger) 'sicher' Nachrichten austauschen,
der auch denselben Schlüssel wie der Empfänger besitzt.
Die neuesten Ergebnisse der Kryptographie haben eine Wende in der
Kryptographie gebracht und das Problem der sicheren Schlüsselübertragung im Prinzip gelöst.
Das Kryptosystem mit offenem Schlüssel (public key cryptosystem) benötigt einen Schlüssel für die Verschlüsselung und einen zweiten für die
Entschlüsselung. Dies hat zwei Konsequenzen:

1) Der verschlüsselte Text kann mit dem zur Verschlüsselung benutzten

Schlüssel nicht mehr in den Klartext überführt werden. Daraus
folgt, daß jeder diesen Schlüssel kennen darf. Diese Schlüssel
können wie Telefonnummern in einer öffentlichen
Schlüsselbibliothek gehalten werden. Jeder Teilnehmer eines Kommunikationssystems - Nachrichten- oder Datennetz - kann jedem anderen Teilnehmer ungehindert Nachrichten in verschlüsselter Form
senden, ohne daß er sich vorher mit dem Empfänger über die
Schlüsselübertragung verständigen muß.

2) Der Schlüssel für die Entschlüsselung verbleibt beim Empfänger und
   braucht nicht übertragen, muß aber vom Eigentümer geheimgehalten
   werden.

Ein interessanter Anwendungsfall dieses Kryptosystems ergibt sich für
die Authentifikation von Nachrichten durch die Verwendung des privaten
Schlüssels des Senders zum Verschlüsseln und die des offenen
Schlüssels des Senders zum Entschlüsseln beim Empfänger (vgl. Kap.7).
Die mathematisch exakte Behandlung der Einwegfunktionen, auf der diese
Kryptofunktionen beruhen und der Kryptosysteme mit offenem Schlüssel
wird in Kapitel 3 geliefert.

1.1.4 Einsatzbereiche kryptographischer Verfahren

Eine wesentliche Aufgabe dieses Buches ist die Darstellung algorithmischer, anwendungsorientierter Kryptoverfahren, die sich für den Einsatz in den verschiedenen Anwendungsbereichen moderner Rechenanlagen
eignen.
Kryptographische Verfahren lassen sich heute in drei Bereichen der
automatischen Datenverarbeitung einsetzen (vgl. Abb. 4):

1) beim Datentransport (Kap. 5)
2) bei der Datenspeicherung (Kap. 6)
3) bei der Authentifikation von Benutzern und Nachrichten (Kap. 7)

Das Hauptanwendungsgebiet kryptographischer Verfahren liegt auch bei
der automatischen Datenverarbeitung in der Übertragung von Daten über
Leitungen (direkte Verbindungen, Netze) und Funkverbindungen.
Ein weiterer wichtiger Einsatzbereich kryptographischer Verfahren ist
die Verschlüsselung von Daten in Speichermedien, die für den physischen Transport von Daten und für die Reservehaltung (Archivierung)
bestimmt sind oder die Nutzung in Datenbanken ermöglichen. Die Ver-

schlüsselung von Daten in Datenbanken ist im allgemeinen jedoch nur
dann möglich, wenn sie beim Entwurf der Datenbank berücksichtigt worden ist. Die Konsistenz mit dem Autorisierungs- und Zugriffskontroll-
konzept stellt hohe Anforderungen an den Entwurf der Integration von
Kryptofunktionen in Datenbanken und ist daher nur in einigen Fällen
realisiert worden.
Der Zugang zum System über Benutzerstationen stellt immer höhere
Sicherheitsanforderungen an die Benutzerauthentifizierung. Die
Authentifizierung von Nachrichten auf Echtheit ist für den elektronischen Briefverkehr und beim Abschluß rechtsgültiger Verträge mit Hilfe
kryptographischer Verfahren in Zukunft von besonderem Interesse.
Die Anwendungsbereiche der Datenverschlüsselung (Datenchiffrierung)
sind in Abbildung 4 verdeutlicht. Die englisch-sprachigen Bezeichnungen sind in Klammern beigefügt, da über die deutsch-sprachigen noch
kein Konsens herrscht.

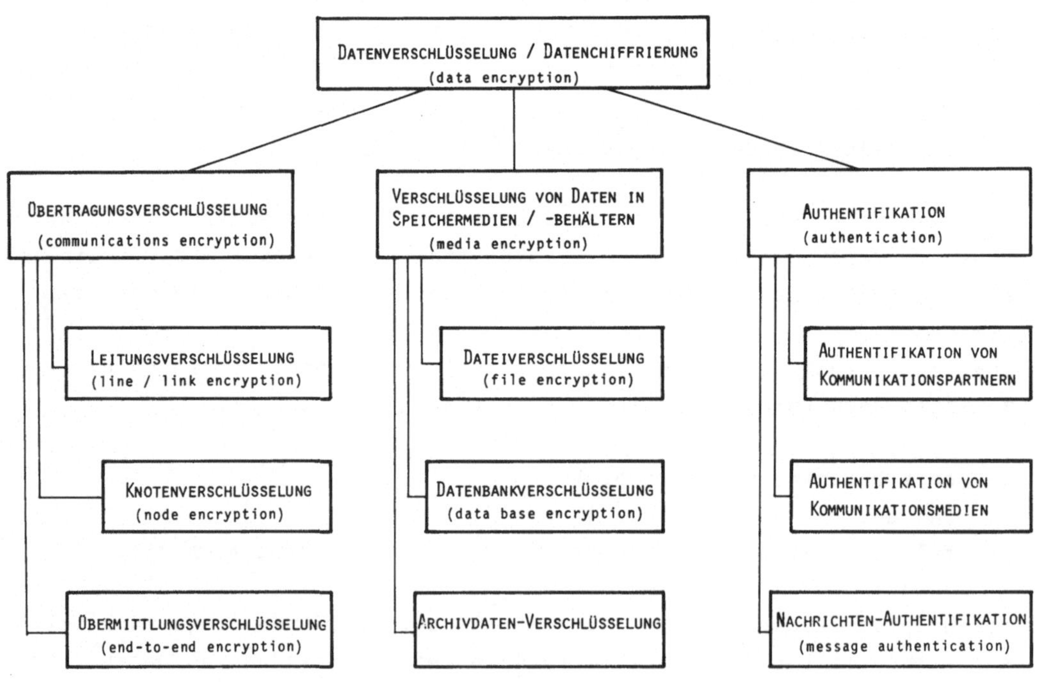

Abb. 4 : Einsatzbereiche der Datenverschlüsselung in der ADV

Wir bezeichnen die Verschlüsselung von Daten auf Übertragungswegen mit
Übertragungsverschlüsselung. Sie wird in Kapitel 5 ausführlich
behandelt. Wir geben hier nur einige Definitionen und Signalinforma-
tionen. Wir wollen der Klarheit willen nicht darauf eingehen, welche
Daten bei den folgenden Anwendungsbereichen verschlüsselt werden.
Die Übertragungsverschlüsselung läßt sich bezüglich des Ortes, an dem
die Verschlüsselung / Entschlüsselung durchgeführt wird, wie folgt
einteilen:

- Leitungsverschlüsselung: die Daten werden nur auf den Leitungen
  bzw. Leitungsabschnitten verschlüsselt. Die Ver-/Entschlüsselung
  geschieht in der Regel hardwaremäßig durch einen an der
  Modemschnittstelle (vgl. DIN 44302) befindlichen Verschlüsselungsmodul. Im Vermittlungsrechner selbst liegen die Daten im Klartext
  vor.

- Übermittlungsverschlüsselung: "Übermittlung" kann als Zusammenfas-
  sung von "Übertragung" und "Vermittlung" betrachtet werden und
  bezeichnet die Datenübertragung vom Sender(-prozeß) zum
  Empfänger(-prozeß) unabhängig vom Übertragungsweg, d.h. von den
  Leitungsabschnitten und den Knotenrechnern in einem Netz.
  Bei dieser Anwendungsart bleiben die Daten vom Ursprung bis zum
  Ziel mit dem gleichen Schlüssel verschlüsselt.

- Knotenverschlüsselung: diese Verschlüsselung läßt sich als Übermittlungsverschlüsselung zwischen zwei Knoten (Vermittlungsrech-
  nern) auffassen, also als Datenverschlüsselung von Ver-
  mittlungsabschnitten. Sie kann auch als Vermittlungsabschnitts-
  Verschlüsselung bezeichnet werden.
  Die Ver-/Entschlüsselung wird in einem Hardware- oder Softwaremodul
  durchgeführt. Die Daten befinden sich nur in diesem Modul im
  Klartext, nicht jedoch in den Puffern des Vermittlungsrechners.

Die Verschlüsselung von Daten in Datenbehältern (oder Speichermedien)
umfaßt die Anwendungsbereiche:
- Dateiverschlüsselung: die Verschlüsselung der Daten in einzelnen
  Dateien
- Datenbankverschlüsselung: die Verschlüsselung der Daten in Daten-
  banken
- Verschlüsselung von Daten, die zur Archivierung - meist auf Magnet-
  bändern - bestimmt sind.

- Verschlüsselung von Daten, die sich zur Verarbeitung kurzzeitig im
  Hauptspeicher befinden

Diese Anwendungsbereiche werden in Kapitel 6 ausführlich behandelt.

Kryptographische Verfahren können auf folgenden Gebieten zur Authentifikation verwendet werden:

- Authentifikation von Kommunikationspartnern, dazu gehören:
  Benutzerauthentifizierung, Authentifizierung von Betriebssystemen,
  Authentifizierung von Prozessen; hier muß die von den aktiven
  Instanzen unterstellte Identität verifiziert werden.
- Authentifikation von Kommunikationsmedien:
  Authentifizierung von Benuzterstationen und Datenstationen,
  Authentifizierung von Rechnern einschließlich Knotenrechnern,
  Authentifizierung von Datennetzen und Rechnernetzen; hier ist die
  Identität der Hardwarekomponenten zu verifizieren.
- Authentifikation von Nachrichten: der Nachweis der Echtheit der
  Nachricht beinhaltet den Nachweis ihrer Integrität und der
  Authentizität ihres Ursprungs (Quelle).

Der Problembereich der Authentifikation wird in Kapitel 7 behandelt.

1.2   Anforderungen nach dem Bundesdatenschutzgesetz (BDSG)

1.2.1 Anforderungen nach §6 BDSG

Die im Bundesdatenschutzgesetz (BDSG) enthaltenen Vorschriften bezüglich technischer Maßnahmen zum Schutz von Daten finden sich im §6 und
im Anhang zu diesem Paragraphen. Die in zehn Punkten des Anhangs zu §6
geforderten Kontrollen stellen unterschiedliche technische und organisatorische Anforderungen an die vom Anwender bzw. Hersteller zu
ergreifenden Maßnahmen.
Dabei lassen sich kryptographische Verfahren vorrangig auf folgende
Punkte anwenden:

Nr.3:   Speicherkontrolle -- durch Verschlüsselung der Daten auf
         Datenträgern
Nr.4:   Benutzerkontrolle -- durch kryptographisch unterstützte
         Authentifizierungsverfahren (Kap.7)
Nr.9:   Transportkontrolle -- durch Leitungsverschlüsselung (Kap.5)
         und Verschlüsselung der Datenträger (Kap.6)

Das Ziel der Speicherkontrolle (Nr.3) ist es, die unbefugte Eingabe,
Kenntnisnahme, Veränderung und Löschung personenbezogener Daten zu
verhindern. Die Verschlüsselung ist eine mögliche Maßnahme gegen die
unbefugte Kenntnisnahme.

Weiterhin können kryptographische Verfahren teilweise auf Bereiche
folgender Punkte (im Anhang zu §6) angewendet werden:

Nr.1:   Zugangskontrolle -- (siehe Anmerkung zu Nr.4)

Nr.2:   Abgangskontrolle (Datenträgerkontrolle) -- durch Verschlüsse-
          lung der Daten auf Datenträgern, die für den Transport be-
          stimmt sind.

Nr.5:   Zugriffskontrolle -- als Ersatz für bzw. Ergänzung zu Zu-
                              griffskontrollmechanismen

Bei der Zugangskontrolle (Nr.1) zur Rechenanlage lassen sich
kryptographische Authentifizierungsverfahren in ähnlicher Weise anwenden wie bei denjenigen für das Einschreibverfahren (Anmeldeverfahren)
im Rechner selbst.

Bei der Abgangskontrolle (Nr.2) kann durch die Verschlüsselung nur die
unbefugte Kenntnisnahme der Daten verhindert werden, nicht jedoch das
Entfernen der Datenträger selbst.

Durch geeignete Schlüsselverwaltung läßt sich die Zugriffskontrolle
(Nr.5) auf verschlüsselte Dateien durchführen und somit ein schwaches
Zugriffskontrollsystem unterstützen oder nachträglich sicherheitsmäßig
verbessern. Dabei darf jedoch nicht übersehen werden, daß dies stark
vom vorhandenen Dateiverwaltungssystem abhängt. Der Zugriffsschutz im
Hauptspeicher wird jedoch durch die Verschlüsselung der Zugriffsrechte
während der Verarbeitung (vgl. Kap. 7.3) erhöht.

Die übrigen Punkte des Anhangs zu §6 sind entweder durch organisatorische Maßnahmen (Nr. 6; 8; 10) oder durch Maßnahmen der Überwachung und
Revision (Nr. 6; 7) zu erfüllen.

1.2.2 Sonstige Anforderungen nach dem BDSG

Ein Besonderheit des deutschen Bundesdatenschutzgesetzes ist das Sperren von Daten für den Fall, daß der Betroffene die Richtigkeit seiner gespeicherten Daten bestreitet (§14; 27; 35 BDSG).
Die Anforderung des Sperrens (§14 Abs.2) stellt sich als Spezialfall der Speicher- und Zugriffskontrolle dar. Es läßt sich mit Hilfe kryptographischer Verfahren durch geeignete Schlüsselwahl für alle gesperrten Daten einer Datenbank lösen, wobei nur der Sicherheitsbeauftragte (z.B. Datenschutzbeauftragte) Kenntnis von diesem speziellen Schlüssel hat. Die Kryptographie stellt eine Möglichkeit bereit, den Anforderungen des BDSG zu genügen.

Es muß jedoch darauf hingewiesen werden, daß das Gesetz die Vorschrift zur Anwendung technischer (und organisatorischer) Maßnahmen mit Recht relativiert: "Erforderlich sind Maßnahmen nur, wenn ihr Aufwand in einem angemessenen Verhältnis zu dem angestrebten Schutzzweck steht" (§6 Abs.1 Satz 2).
Es werden deshalb nicht nur starke Kryptoverfahren vorgestellt, sondern auch solche, die leicht implementierbar und geringeren Schutzbedürfnissen bzw. Sicherheitsanforderungen angemessen sind.

1.2.3 Auswahl geeigneter Kryptoverfahren

Der Anwender soll in die Lage versetzt werden - unter Berücksichtigung des Prinzips der Verhältnismäßigkeit von Maßnahme und Schutzzweck - ein geeignetes Verfahren auszuwählen. Andererseits kann der Anwender an bestehende Standardisierungen gebunden sein.
Für den Anwender wird die Auswahl des zu verwendenden Kryptoverfahrens durch folgende Randbedingungen bestimmt:

1) Forderungen aus gesetzlichen Vorschriften (Bundesdatenschutzgesetz (BDSG), Datenschutzgesetze der Länder)
2) Einschätzung des Risikos in der jeweiligen Umgebung, in der die Daten gespeichert oder übertragen werden
3) Sensitivitätsgrad der zu verschlüsselnden Daten, seien sie personenbezogen oder nicht-personenbezogen. Nicht-personenbezogene, aber schutzwürdige Daten sind Geschäftsgeheimnisse, Betriebsgeheimnisse, Amtsgeheimnisse, Staatsgeheimnisse
4) technische Realisierungsmöglichkeit in Software oder Hardware;

Kompatibilität mit der jeweiligen Übertragungsgeschwindigkeit
5) durch den Einsatz des Kryptosystems entstehende Kosten:
   Anschaffungs-, Implementierungskosten und laufende Kosten, d.h.
   die durch die Verschlüsselung und Entschlüsselung entstehenden Kosten
6) Vorhandensein standardisierter Verfahren, seien es Werkstandards
   des jeweiligen Herstellers von Rechenanlagen, nationale Normen
   oder internationale Standards (Normen), besonders für den
   grenzüberschreitenden Datenverkehr. So ist z.B. für die Bundes-
   behörden der USA für die Datenübertragung eine Verschlüsselung mit
   dem DES (Data Encryption Standard) (vgl. Kap. 3.1.4.1) vorgeschrieben
7) beim Anwender und Benutzer bestehendes Sicherheits- und
   Risikobewußtsein

1.3 Datensicherung und Datenverschlüsselung

Die Aufgabe der Datensicherung besteht in der Umsetzung der durch die
Rechtsvorschriften (Datenschutzgesetze) gegebenen Rechtsnormen in
Spezifikationen von Sicherheitskonzepten, dem Entwurf und der Imple-
mentierung von Schutzmechanismen und der Zertifizierung, dem Nachweis
der Richtigkeit dieser Mechanismen. Das Sicherheitskonzept regelt die
Rechtsbeziehung zwischen den Akteuren (Benutzern, Benutzerprogrammen,
Benutzerprozessen) und den Objekten, im allgemeinen Daten. Zur Darstellung dieser Rechtsbeziehung wird als Konstrukt die Sicherheitsmatrix (oder auch Zugriffsmatrix) verwendet. Dabei sind in den
Zeilen die Akteure (oder Sicherheitssubjekte) und in den Spalten der
Matrix die Sicherheitsobjekte (Daten, Benutzerstationen, Datenendgeräte, Akteure usw.) verzeichnet. Die Elemente der Matrix bestehen aus
den Zugriffsverben, die die Rechtsbeziehung zwischen den Sicherheitssubjekten und -objekten zum Ausdruck bringen. Die Zugriffsverben
können im einfachsten Fall Zugriffsrechte darstellen, wie lesen,
schreiben, ändern, anfügen, übermitteln usw., oder Verfügungsrechte,
wie Eigentümer sein, berechtigt sein zur Weitergabe von Zugriffsrechten an Dritte, berechtigt sein zum Vernichten des Objekts oder zur
Schaffung des Objekts.

Die Implementation der Zugriffsmatrix geschieht, da sie in der Regel
schwach belegt ist, entweder nach Zeilen oder Spalten.
Die Implementation nach Spalten wird Zugriffslistensystem genannt. Zu

jedem Objekt existiert eine Liste, in der die Akteure und ihre Rechte
bezüglich dieses Objekts aufgeführt sind.
Die Implementation nach Zeilen wird Befugnislistensystem (capability
list system) genannt. Der Benutzer(-prozeß) hat für jedes Objekt einen
Ausweis, auf dem die Zugriffsrechte bezüglich dieses Objekts eingetra-
gen sind.
Das Befugnis-System hat entscheidende Vorteile gegenüber dem Zugriffslistensystem, wie den der Effizienz, der Einfachheit und der Flexibilität.
Der kryptographische Schlüssel entspricht einer "Befugnis" im oben
definierten Sinn: der Besitz des Schlüssels ermöglicht dem Benutzer
die Entschlüsselung von Daten und damit den Zugang zu Informationen.
Ermöglicht die Entschlüsselung die Darstellung der Daten im Klartext,
so gewährleistet der Zugriffskontrollmechanismus die Art und Weise des
Zugriffs, zu dem der jeweilige Benutzer berechtigt ist.
Wir haben es hier mit zwei additiven Mechanismen der Datensicherung zu
tun: der Transformation der Daten von einer Darstellung in eine andere, wobei die Informationen entweder verschleiert oder entschleiert
werden, und einem Mechanismus, der nur akzeptables Verhalten zuläßt,
dem Zugriffskontrollmechanismus.
Die Reihenfolge der Ausführung hängt von der jeweiligen Implementation
des Sicherheitskonzepts ab. Da die kryptographische Transformation von
personenbezogenen Daten als eine Verarbeitung im Sinne des BDSG angesehen werden kann, sollte ein Zugriffskontrollmechanismus die Zugriffsberechtigung zu den Daten vor ihrer kryptographischen Transformation prüfen, um z.B. die absichtliche Verstümmelung der Daten durch
Verschlüsselung mit beliebigem Schlüssel zu verhindern.

Schließlich sollten die Verschlüsselungsmoduln, seien sie hardware-
oder softwaremäßig realisiert, nachweisbar richtig sein, damit sie der
offiziellen Bestätigung ihrer Richtigkeit, der Zertifizierung, unterzogen werden können. Dies gilt besonders für Softwaremoduln. Es muß
sichergestellt sein, daß das Kryptosystem weder die nur für die
kryptographische Transformation bestimmten Daten kopiert, sei es im
Klartext oder Schlüsseltext, noch den für die Transformation erforderlichen Schlüssel kopiert, um diesen z.B. an den Eigentümer des Programms weiterzugeben (confinement problem).

1.4 Grenzen des Einsatzes kryptographischer Verfahren

Die Möglichkeiten des Einsatzes und der Wirksamkeit kryptographischer
Verfahren in den unter Abschnitt 1.1. angeführten Anwendungsbereichen
sollten nicht darüber hinwegtäuschen, daß es - abhängig von den Anwendungsbereichen - eine Reihe praktischer Gründe gibt, die den Einsatz
von Kryptoverfahren einschränken.

1) Die Verschlüsselung von Daten schützt diese nicht gegen absichtliche oder unbeabsichtigte Veränderung. Jedoch kann eine Veränderung
durch Verschlüsselung leichter erkannt werden.

2) Die verschlüsselten Daten können in der Regel nicht verarbeitet
werden, ohne daß sie in den Klartext zurücktransformiert werden. Ausnahmen werden in Kap.6 behandelt. Es muß durch hinreichende Mechanismen der Autorisierung und des Zugriffsschutzes sichergestellt werden,
daß die Daten im Klartext während der Verarbeitung nicht gelesen werden können.

3) Die selektive Zurücknahme von systemintern weitergegebenen Befugnissen in Form des Schlüssels an fremde Programme kann zu erheblichen
Problemen führen. (vgl. Abschnitt 1.3) Ein Ausweg bestünde darin, die
entsprechenden Daten zu entschlüsseln und mit einem neuen Schlüssel zu
verschlüsseln, wobei dieser Schlüssel an die berechtigten Benutzer neu
verteilt werden müßte. Das Problem, eine Liste aller Personen (Akteure) zu führen, an die der Schlüssel während der Verarbeitung weiter-
gegeben wurde, ist ein grundsätzlicher Nachteil eines auf 'Befugnis'
beruhenden Autorisierungssystems (vgl. Abschnitt 1.3).

4) Die Speicherung und Verwaltung der Schlüssel ist bei der Datenübertragung weitgehend unproblematisch. Anders jedoch verhält es sich bei
gespeicherten Daten, die über einen längeren Zeitraum in verschlüsseltem Zustand gehalten werden müssen, seien es Archivdaten oder
Daten in Datenbanken. Bei Archivdatenbeständen besteht das Problem,
wie und wo die Schlüssel gespeichert und wie und von wem sie verwaltet
werden.
Bei Daten in Datenbanken (und Dateien allgemein) unterscheidet man
zwischen Kryptoimplementationen, bei denen die Schlüssel an die zu-
griffsberechtigten Benutzer verteilt werden, und solchen, bei denen
die Schlüssel systemseitig gespeichert sind und verwaltet werden.

Im ersten Fall entsteht beim Benutzer ein zweifaches Sicherheitsrisiko. Einmal dadurch, daß er die Schlüssel an andere, unberechtigte Benutzer weitergeben kann, denn der Besitz des Schlüssels
impliziert leider auch die Verfügungsgewalt über den Schlüssel (vgl.
Abschnitt 1.3). Zum anderen wird bei einer detaillierten Abstufung der
Zugriffsberechtigung auf Satz oder Feldebene und der entsprechenden
Schlüsselzuordnung die Anzahl der Schlüssel so groß, daß sich der Benutzer gezwungen sieht, eine Liste der zugehörigen Schlüssel zu führen. Es ist daher sinnvoll, nur die besonders sensitiven Daten zu verschlüsseln.
Werden die Schlüssel bei jedem Zugriff auf die Daten systemseitig zur
Verfügung gestellt, so müssen die Schlüssel in einem besonders geschützten Speicher gehalten werden, der gegen unbefugtes Lesen und
insbesondere vor Veränderung geschützt ist. Es ist deshalb nicht sinnvoll, die Schlüssel in der Anwendersoftware oder im Datenbankverwaltungssystem zu halten.
Bei montierbaren Speichermedien und bei Datenbanken kann es sinnvoll
sein, die Komplexität der Schlüsselverwaltung durch Einführung eines
Primär-Schlüssels (master key) zu vereinfachen. Die mit Hilfe dieses
Primär-Schlüssels verschlüsselten Schlüssel können auf den Speichermedien oder im Datenbanksystem gespeichert werden.
Generell kann gesagt werden, daß eine Kryptoimplementation, bei der
die Speicherung und Verwaltung und die Bereitstellung bei aktuellen
Zugriffsanforderungen systemseitig realisiert sind, einer benutzerseitigen aus Gründen der Akzeptanz vorzuziehen ist. Dies stellt jedoch an
den Entwurf und an die Integration in die Systemumgebung erhöhte
Anforderungen.

5) Die Beherrschbarkeit von Informationstechnologien
Die Beherrschbarkeit einer Datenverarbeitungs-Technologie wie der
rechnerorientierten Kryptographie stellt je nach Implementationsart
hohe Anforderungen an Entwerfer, Implementatoren, Anwender, Betreiber
und Halter von Datenbanken und auch an die Benutzer. Bei Sicherheitsverletzungen werden von den Betroffenen die Fragen nach
Beherrschbarkeit und Transparenz der Systeme und die Frage nach
Gewährleistung und Haftung gestellt.

2. Sicherheitsrisiken bei der Datenverarbeitung, Anschläge auf Betriebsmittel und Gegenmaßnahmen

2.1 Sicherheitsrisiken bei der Speicherung und Übertragung von Daten

2.1.1 Ursachen der Gefahren

Die bei der Datenverarbeitung bestehenden Sicherheitsrisiken beruhen
auf einer Anzahl von Gefahrenquellen im Gesamtsystem der Datenverarbeitung, wozu der Computer selbst und das Einsatzumfeld gehören.
Jede Installation hat ihr eigenes Umfeld, so daß die Gefahren bzw.
Risiken für jede Anlage verschieden sind. Die Gefahren ergeben sich
auch aus der prinzipiellen Unvollständigkeit der einzelnen Systemkomponenten. Darüberhinaus sind die Sicherheitsmechanismen vom Hersteller
aufgrund einer Risikoabschätzung implementiert worden, d.h. es ist eine Abschätzung darüber gemacht worden, ob der Aufwand zur Überwindung
der Sicherheitsvorkehrungen für einen Eindringling höher ist als der
Wert der zu erhaltenden Informationen. Dabei muß allerdings eingeräumt
werden, daß Bewertungskriterien für die Sicherheit in Daten-
verarbeitungssystemen bislang weitgehend fehlen, was eine Abschätzung
sehr erschwert hat mit der Konsequenz, daß Risikoabschätzungen beim
Hersteller von DV-Anlagen zu optimistisch getroffen wurden und einer
methodischen Analyse nicht standhalten. Wünschenswert wäre eine
Skalierung der Systeme nach ihrer Sicherheit bzw. nach ihrer Ver-
letzbarkeit. Dies setzt jedoch voraus, daß die Systeme oder wesentliche Teile der Systeme, in denen die Sicherheitsmechanismen implementiert sind, dem Nachweis der formalen Richtigkeit unterzogen werden
können und dieser Nachweis von einer neutralen Instanz durchgeführt
wird.
Der Anwender seinerseits schätzt unter Berücksichtigung seiner Sicherheitsrichtlinien in einer Risikobewertung die Fähigkeiten der in einem
System vorhandenen Sicherheitsmechanismen, d.h. deren Fähigkeit, einen
Anschlag abzuwehren und aufzudecken, gegenüber dem Wert der gespeicherten Daten ab, die meistens das Ziel der Anschläge sind. Die
Skalierung der zu schützenden Daten nach ihrer Sensitivität ist ähnlich problematisch wie die Skalierung der Systeme nach iherer Ver-
letzbarkeit. Auch hier ist ein Konsens über die Bewertungskriterien
noch nicht erreicht worden. Einen guten Ansatz gibt Turn in [Tur6].
Ein generelles Problem des Herstellers bzw. des Entwerfers von Systemen liegt in der Ungewißheit darüber, wie hoch der Sensitivitätsgrad

der zu verarbeitenden Daten sein wird, die später auf einem solchen
System verarbeitet werden.

2.1.2 Sicherheitsanalysen

Eine umfassende Sicherheitsanalyse, die einer Risikobewertung voraus-
geht, wird die Gefahrenquellen (Sicherheitsschwachstellen), die Täter
(Mißbraucher, Eindringlinge), deren Motive und Tatziele sowie die verwendeten Techniken und Methoden des Eindringens untersuchen. In diesem
Zusammenhang interessieren uns nur die Schwachstellen.

2.1.2.1 Schwachstellen im System und Systemumfeld

Die Schwachstellen werden von den Mißbrauchern (Eindringlingen) für
die Erlangung ihrer Ziele ausgenutzt, wobei der Computer sowohl als
Objekt als auch als Werkzeug dient.
Zunächst sollen die Bereiche identifiziert werden, in denen Sicherheitsrisiken aufgrund von Schwachstellen bestehen:

1) die Systemhardware
2) das Betriebssystem
3) die Übertragungsleitungen und Datenendgeräte (Benutzerstationen)
4) das Personal für Bedienung, Betrieb und Wartung
5) die Benutzer (rechtmäßige und unbefugte)

Wir wollen die Schwachstellen daraufhin untersuchen, inwieweit die aus
ihnen entstehenden Sicherheitsrisiken durch den Einsatz kryptographi-
scher Verfahren vermindert oder gar beseitigt werden können.
Schwachstellen der Hardware können durch kryptographische Verfahren in
ihrer Wirkung nicht behoben werden. Hardwareschwachstellen sind von
Molho (SDC) untersucht und in [Mol] dokumentiert worden. Wir kon-
zentrieren uns daher auf die Schwachstellen des Betriebssystems, des
Installationspersonals einschließlich der Ablauforganisation und der
Übertragungswege einschließlich der Datenstationen (Benutzerstationen,
Sichtgeräte).

2.1.2.2 Schwachstellenanalyse von Betriebssystemen

Die Schwachstellenanalysen von Betriebssystemen sind von einigen
Institutionen durchgeführt worden, wobei die methodischen Ansätze zur
Schwachstellenfindung auf drei Grundannahmen beruhen:

1) die Systeme haben ähnliche Ausprägungen,
2) die Anzahl generischer Schwachstellen ist endlich und kann deshalb
   entsprechend klassifiziert werden,
3) die Gemeinsamkeiten der verschiedenen Betriebssysteme und der Programmiersprachen, in denen sie geschrieben sind, ermöglichen die
   Anwendung der gleichen Werkzeuge zur Schwachstellenfindung.

Hier interessiert jedoch weniger die Schwachstellenanalyse als die
Klassifizierung der Schwachstellen, um entsprechende kryptographische
Verfahren als Gegenmaßnahmen zuzuordnen.

Die Ergebnisse der Schwachstellenanalyse des Projektes 'RISOS'
(Research in Secured Operating Systems) der Universität von
Kalifornien in Livermore sind in [Abb] und [Kon2], die der System
Development Corporation (SDC) in [Att1], [Att2], [Mol], [Lin1] und
[Wei], die des Information Science Institutes (ISI) der Universität
von Südkalifornien (USC) in [Bis] und [Car2], und schließlich die des
Stanford Research Institutes (SRI) in [Neu1] und [Neu2] dokumentiert.
Die Autoren gelangen zwar zu einer unterschiedlichen Anzahl von Klas-
sen von Schwachstellen, was jedoch auf den unterschiedlichen methodi-
schen Ansatz zurückzuführen ist. Die inzwischen klassische Arbeit von
Peterson und Turn [Pet1] konzentriert sich mehr auf die Schwachstellen
im Einsatzumfeld der Installation als auf die des Betriebssystems.

2.2 Techniken des Mißbrauchs

Wir wollen im folgenden die Gefahren untersuchen, die durch das Vorhandensein von Schwachstellen drohen, wobei durch die Art der Schwachstelle auch die Technik des Eindringens vorgegeben ist.
Man unterscheidet allgemein (vgl. [Pet1]) zwischen passiver und aktiver Eindringung.
Unter passiver Eindringung (Mißbrauch, Infiltration, Einbruch) werden
diejenigen Techniken zusammengefaßt, die elektromagnetische Signale
mit Hilfe geeigneter Sonden (Adaptoren) aufnehmen. Unter aktiver Eindringung diejenigen Techniken, bei denen der Mißbraucher aktiv in den
Verarbeitungs- und Übertragungsprozeß eines DV-Systems eingreift.
Es werden im folgenden die Techniken des Mißbrauchs gruppiert. Im Abschnitt 2.3 werden diesen Mißbrauchstechniken geeignete kryptographische Verfahren als Gegenmaßnahmen zugeordnet.

1. Das Abhorchen von Datenverarbeitungsgeräten und Datenübertragungsleitungen mit Hilfe geeigneter Sonden als Technik der
   passiven Eindringung.
1.1 Abhorchen der Zentraleinheit, der peripheren Geräte und der
    Leitstationen von Datennetzen.
1.2 Abhorchen von Datenübertragungsleitungen; hier spricht man von
    "Anzapfen" von Übertragungsleitungen.
1.3 Beobachten der Ausführungszeit von Verarbeitungsvorgängen als
    impliziter Informations-Transfer (covert channel). So kann die
    Sicherheit der Benutzerauthentifizierung stark reduziert werden,
    wenn der Kennwortprüfalgorithmus auf einem zeichenweisen Vergleich
    des Kennworts beruht.

2. Umgehen der Zugriffskontrolle zum unrechtmäßigen Erlangen von Informationen, wobei wir annehmen wollen, daß dem 'normalen' Benutzer und Anwendungsprogrammierer die Verwendung der Direktzugriffs-
   methode verwehrt ist.
2.1 Aufgrund unvollständig durchgeführter
    Identifizierung/Authentifizierung und Autorisierung.
2.2 Durch Benutzung von illegalen Eingängen (trap doors) in Programmen
    - in Systemprogrammen oder Anwendungsprogrammen. Diese Zugangspfa-
    de sind von Systemprogrammierern entweder eigens zum Zweck der un-
    berechtigten Informationsgewinnung oder zur Wartung der Komponente
    implementiert worden. In der Regel erhält der Benutzer dieser
    Zugänge/Eingänge einen Status erhöhter Privilegien. Andererseits
    können diese versteckten Zugänge mit der Absicht implementiert
    werden, um Eindringlinge aufzuspüren.
2.3 Aufgrund einer unvollständigen Gültigkeitsprüfung der Parameter
    bei Programmaufrufen.
    Dabei können drei Sicherheitsverletzungen auftreten: das Kontroll-
    programm verschafft dem Benutzer unberechtigt Daten, es können
    Bedingungen für einen Systemzusammenbruch geschaffen werden und
    schließlich kann dem Benutzer die Kontrolle im Systemmodus gegeben
    werden.

3. Aneignen von fremden Autorisierungsmerkmalen (Maskerade)
3.1 Durch Aneignen von Identifizierungs- und Authentifizierungsmerkma-
    len
    a) Die Authentifizierung der Benutzer beruht meistens auf der
       Kennwortmethode, wobei die Kennwörter im Klartext gespeichert
       sind. Darüberhinaus sind sie benutzerbestimmbar und lassen sich

daher auf seine persönlichen Bereiche zurückführen; auf das,
was er ist, was er besitzt und was er weiß (vgl. Kap. 7).

b) Der Benutzer läßt sein Programm mit dem Namen einer System-
routine laden. Das System akzeptiert es und führt es aus, ohne
die Identität zu überprüfen. Der Benutzer modifiziert ein
ladefähiges (System-)programm, ohne daß eine Identitätsprüfung
durchgeführt wird.

3.2 Durch asynchrone Veränderung des Speicherbereiches des Benutzer-
prozesses

a) Nach einem Systemaufruf verändert der Benutzer die Parameterli-
ste, deren Werte das System bereits auf ihre Gültigkeit geprüft
hat (time-of-check to time-of-use problem: TOCTTOU)

b) Der Benutzer verändert den Wiederanlauf-Speicherauszug (check-
point restart dump) auf externen Speichermedien, um beim
selbstverursachten Wiederanlauf in einen Zustand mit erweiter-
ten Privilegien zu gelangen.

3.3 Aufgrund unvollständiger Serialisierung der Kontrolle schutzwürdi-
ger Speicherbereiche:
Der Benutzer(-prozeß) macht einen Systemaufruf, wodurch einige
Werte in der EA-Kontrolltabelle gesetzt werden und einen weiteren
Aufruf, wodurch einige Werte im Kontrollbereich geändert werden.
Dadurch wird es möglich, daß der erste Aufruf mit den Zugriffs-
rechten des zweiten ausgeführt wird.

4. Stöbern/Blättern in Daten, zu denen der Zugriff nicht ausdrücklich
verboten ist:

4.1 Durch Lesen der vom Vorgänger(-prozeß) zurückgelassenen Daten in
Haupt- und peripheren Speichern

4.2 Durch Lesen des Kennwortes eines anderen Benutzers, wenn es z.B.
infolge eines Syntaxfehlers im Klartext ausgedrückt und das Kennwort dann zur Maskerade verwendet wird.

4.3 Durch asynchrones Lesen des gemeinsamen Puffers (Arbeitsspeichers)
von Benutzer(-prozeß) und Kontrollprogramm nach einem Systemaufruf
Bei der Ausführung eines benutzerseitigen Systemaufrufs benutzt
das Kontrollprogramm einen Puffer, auf den auch das Benutzerpro-
gramm zugreifen kann. Während der Ausführung liest der Benutzer
den Inhalt des Puffers (z.B. Kennwörter von bestimmten Dateien).

5.   Verursachen von Systemzusammenbrüchen:

5.1 die Bedingungen dafür können durch eine unvollständige
Gültigkeitsprüfung der Parameter gegeben sein,

5.2 infolge einer unrichtigen Fehlerbehandlung
Das verfolgte Ziel ist in beiden Fällen, durch den System-
zusammenbruch Informationen aus dem Hauptspeicherauszug zu gewin-
nen.

6.   Installierung eines Kleinrechners in eine Übertragungsleitung
(Datenleitung).
Dadurch können drei Arten von aktiver Systemeindringung vorgenom-
men werden:

6.1 Das "Huckepack"-Eindringen in das System (vgl. Abb. 6).
Es besteht im gezieltem Abfangen des Nachrichtenaustausches
zwischen Endbenutzer und System. Dabei werden die abgefangenen
Nachrichten modifiziert und wieder eingeschleust oder vollstän-
dig ersetzt, während dem Benutzer eine Pseudo-Fehlermeldung vom
Eindringling gesendet wird.

6.2 Das "Zwischen-den-Zeilen"-Eindringen in das System. Es besteht
darin, die Sendepausen (Denkpausen) des berechtigten Benutzers
auszunutzen, um die Betriebsmittel des Systems auf Kosten des
rechtmäßigen Benutzers in Anspruch zu nehmen.

6.3 Das Abfangen der Abmeldung. Hier wird die Nachricht abgefangen,
die die Abmeldung des rechtmäßigen Benutzers an das System
beinhaltet, um mit der noch aufrechterhaltenen Verbindung unge-
stört mit dem System zu lasten des rechtmäßigen Benutzers
weiterarbeiten zu können.

7.   Entwenden von Betriebsmitteln

7.1 Diebstahl externer (montierbarer) Speicher (Datendiebstahl)

7.2 Diebstahl von Rechenzeit (Zeitdiebstahl)

8.   Kompetenzüberschreitung des RZ-Personals
Der Zugang zum System und zu fremden Daten aufgrund der Position
und Funktion des an der Installation beschäftigten Personals, ohne
daß die Notwendigkeit des Zugangs/Zugriffs aufgrund dienstlicher
Obliegenheiten besteht.

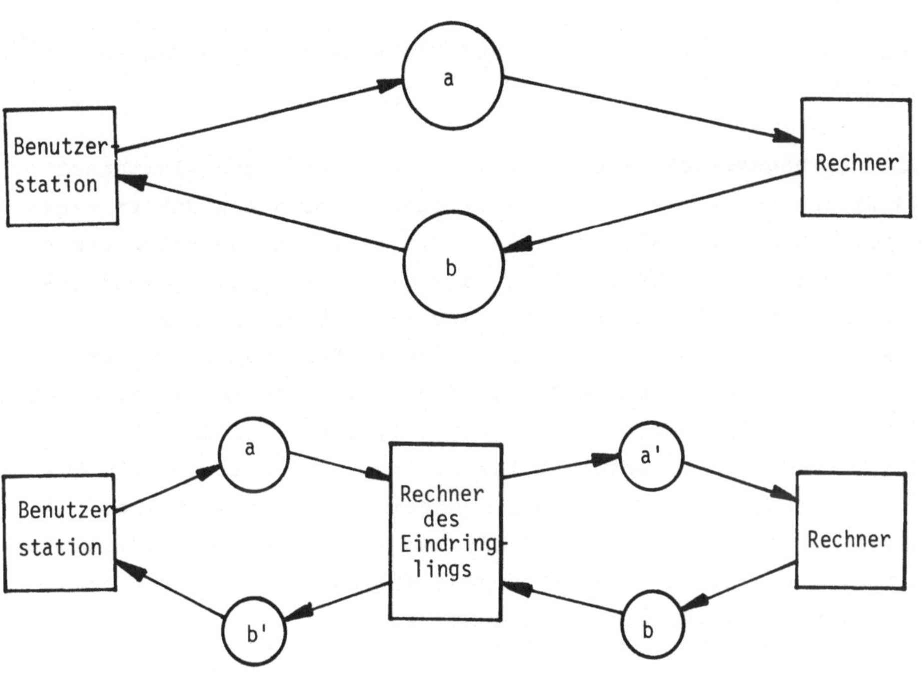

Abb. 5 Installation eines Kleinrechners in die Verbindung Benuzter - Rechner

Die Benuzterstation kann eine Datenstation oder auch ein Rechner sein (bei Rechner-Rechner - Verbund)

Legende:

       a: Benutzernachricht an den Rechner

       b: Systemnachricht an den Benuzter

      a': Nachricht des Eindringlings an den Rechner oder
           modifizierte Benutzernachricht

      b': Nachricht des Eindringlings an den Benuzter oder
           modifizierte Systemnachricht

2.3 Gegenmaßnahmen

Die folgenden Punkte beziehen sich auf die Bezeichnungen des Abschnitts 2.2.

zu 1. Die Leitungsverschlüsselung bietet für Übertragungsleitungen
(1.2) und periphere Geräte (1.1) einen sehr guten Schutz (vgl.
Kap.5). Gegen das Abhorchen der Leitstationen von Datennetzen
hilft allerdings nur die Übertragungsverschlüsselung (end-to-
end) wirksam. Die Unterbindung des impliziten Informations-
transfers durch Beobachtung z.B. der Ausführungzeit eines
bestimmten Prozesses, gehört zu den schwierigsten Aufgaben bei
Entwurf und Implementation sicherer Systeme. Der Einsatz
kryptographischer Verfahren ist nur in Einzelfällen - wie bei
der erwähnten Kennwertprüfung - möglich, bietet dann aber aufgrund der generellen Eigenschaft von Kryptosystemen, nämlich der
linearen Abhängigkeit der Ver-/Entschlüsselungszeit von der
Textlängeneinheit, einen guten Schutz.

zu 2. Umgehen der Zugriffskontrolle
Die Unvollständigkeit der Durchführung eines Mechanismus ist immer ein Entwurfs- und/oder Implementierungsfehler. Im Fall der
Authentifizierung (2.1) eignen sich Kryptoverfahren, denn
Kryptosysteme stellen Mechanismen dar, die in ihrer Funktion un-
teilbar sind, entweder sie werden vollständig ausgeführt oder
gar nicht.
Für den Fall des erfolgreichen Umgehens der Zugriffskontrolle
kann die unbefugte Einsichtnahme durch Verschlüsselung der Daten
verhindert werden. Durch Verschlüsselung läßt sich allerdings
die Veränderung oder Zerstörung der Daten nicht verhindern, wohl
aber können unbefugte Manipulationen von Daten eher erkannt werden.
Außerdem läßt sich mit Hilfe kryptographischer Verfahren von einer Datei - und damit auch von einem ladefähigen Programm - ein
"Siegel" herstellen, das von allen Zeichen und deren Reihenfolge
abhängt und daher zur Bestimmung der Authentizität des Programms
verwendet werden kann. Wird ein Programm zur Ausführungszeit
geladen, dann wird von dieser aktuellen Version ein "Siegel" erzeugt und mit dem zur Übersetzungszeit erzeugten und in einer
sicheren Siegelbibliothek gespeicherten verglichen, bevor diesem
(System-)Programm die Kontrolle übergeben wird.

zu 3. Aneignen von fremden Authorisierungsmerkmalen (Maskerade)
   Der Gefahr der Maskerade kann außer durch die Aufzeichnung der
   sicherheitsrelevanten Vorgänge zur nachträglichen Analyse nur
   durch wiederholte Authentifizierung - periodisch oder zufallsverteilt - begegnet werden. Dies gilt nicht nur für die
   Anmeldung im Dialog und während der Sitzung, sondern auch bei
   Aufruf von Subsystemen. Bei der Authentifizierung werden dann
   zweckmäßigerweise kryptographische Verfahren angewendet.
   Für den Wiederanlauf-Speicherauszug kann das unter Abschnitt 2
   angeführte Verfahren der "Siegelung" angewendet werden. Dieses
   Verfahren ließe sich auch auf die Fälle 3.2 a) und 3.3 anwenden;
   jedoch sollten diese groben Entwurfs- bzw. Implementationsfehler
   aus Gründen der Kostenwirkung durch einen besseren Entwurf beho-
   ten werden, indem im Fall 3.2 a) die benutzerseitig angegebenen
   Kontrollwerte vom System in einen systemeigenen, dem
   Benutzer (-prozeß) nicht zugreifbaren Bereich kopiert werden.

zu 4. Stöbern (Blättern) in Daten, zu denen der Zugriff nicht ausdrücklich verboten ist.
zu 4.1 Das Lesen von zurückgelassenen Daten in zugewiesenen Speicher-
   bereichen - im Hauptspeicher oder in peripheren Speichern -
   wird durch Verschlüsselung der Daten für den Mißbraucher
   uninteressant. Wenn jedoch die Verschlüsselung der Daten nicht
   auch aus anderen Gründen erforderlich ist, ist es meistens
   einfacher, die Speicherbereiche zur Zeit der Freigabe löschen
   zu lassen.
zu 4.2 Kennwörter sollten nach Eingabe in die Benutzerstation -
   gleichgültig auf welche Weise sie erfolgt - möglichst sofort,
   und zwar mit Hilfe von Einwegfunktionen, verschlüsselt werden,
   wobei die Kennwortprüfroutine bzw. Anmelderoutine die
   Klartextfassung sofort löscht, damit sie weder dem Benutzer
   zur Korrektur noch im Speicher dem unberufenen Zugriff angeboten wird (vgl. Kap. 3.1.1 und Kap. 7).
zu 4.3 Für diese Fehler (Entwurfsfehler) ist die Verschlüsselung von
   Daten primär nicht geeignet. Der Zugriff muß durch Synchro-
   nisierungsmechanismen verhindert werden. Das erwähnte und auch
   in der Literatur oft zitierte Beispiel (vgl. [Kon1]) ist
   jedoch dann nicht mehr kritisch, wenn die Kennwörter - wie in
   4.2 erwähnt - im Rechner nicht im Klartext vorliegen.

zu 5. Verursachen von Systemzusammenbrüchen.
Nicht das absichtliche Verursachen, sondern die mittelbaren Folgen des Systemzusammenbruchs, die Bloßlegung der im Kernspeicher
befindlichen Daten und die unbefugte Einsichtnahme des Täters
läßt sich mit Hilfe der Verschlüsselung der Daten im Hauptspeicher verhindern (vgl. Kap. 6)

zu 6. Installation eines Rechners in eine Übertragungsleitung
zu 6.1 Huckepack-Eindringen:
Die Leitungsverschlüsselung von Daten auf Übertragungswegen
bietet einen ausreichenden Schutz, solange dem Eindringling
der Schlüssel verborgen bleibt. In Verbindung mit Maßnahmen
der Authentifizierung von Nachrichten kann das unberechtigte
Einfügen von Nachrichten entdeckt und damit auch das Aufbrechen der Chiffre vermieden werden (vgl. Kap.7).
zu 6.2 Zwischen den Zeilen-Eindringen:
Diese Methode ist eine Sonderform des Huckepack-Eindringens.
Die dort angegebenen Maßnahmen können auch hier angewendet
werden. Die Verschlüsselung der Daten auf externen Speichern
erhöht die Sicherheit.
zu 6.3 Unterdrücken/Abfangen der Abmelde-Nachricht:
Dieser Anschlag kann durch wiederholte kryptographisch unterstützte Authentifizierung der Datenstation, periodisch oder
zufallsverteilt, unterdrückt werden.

zu 7. Entwenden von Betriebsmitteln
zu 7.1 Diebstahl externer (montierbarer) Speicher (Datendiebstahl).
Diese Gefahr wird durch Verschlüsselung sehr wirksam reduziert, jedoch erfordert die Aufbewahrung und Verwaltung der
Schlüssel einen zum Teil hohen organisatorischen und technischen Aufwand. Darüberhinaus stellt das mögliche Vorhandensein
des entsprechenden Klartextes ein Sicherheitsrisiko dar (vgl.
Kap.6).
zu 7.2 Gegen die Gefahr des Zeitdiebstahls können kryptographische
Verfahren nicht eingesetzt werden.

zu 8. Kompetenzüberschreitung des RZ-Personals
Der Schutz der Daten ist nur insoweit durch kryptographische
Verfahren gewährleistet, als diesem Personenkreis auch die
Schlüssel(wörter) verborgen bleiben (vgl. Kap.6).

Techniken des Mißbrauchs	GEGENMASSNAHMEN					
	Identifik./ Authentifik.	Autori- sation	Verschlüs- selung	Überwachung Vorgängen	organisat. Maßnahmen BM-Nutzung	Maßnahmen zur Erhaltung der Integrität
1 Abhorchen der						
1.1 Zentraleinheit / periph. Einheiten	–	–	++	–	–	+
1.2 Datenübertragungsleitungen	–	–	++	–	–	–
1.3 Prozesse	–	+	–	+	–	+
2. Umgehen der Zugriffskontrolle						
2.1 unvollständige Authentifizierung	–	–	++	+	+	–
2.2 illegale Eingänge in Programmen	–	+	–	–	–	+
2.3 unvollständige Parameterprüfung	–	–	–	–	–	+
3 Maskerade	++	+	+	++	+	+
3.1 Aneignen fremder Autorisierung	++	–	+	+	+	–
3.2 asynchron. Verändern des Speichers	–	+	–	+	–	++
3.3 unvollständige Serialisierung	–	–	–	–	–	++
4 Stöbern/Blättern	++	++	++	++	++	–
4.1 Lesen zurückgelassener Daten	–	+	+	–	–	–
4.2 Lesen des Kennworts	+	+	++	–	–	–
4.3 asynchrones Lesen des Speichers	–	–	+	–	–	++
5 Verursachen von Systemzusammenbr.	–	–	+	++	+	++
6.1 Huckepack-Eindringung	++	–	–	+	+	–
6.2 Zwischen den Zeilen Eindringung	++	–	++	+	+	–
6.3 Abfangen der Abmeldung	++	–	++	+	+	–
7 Entwenden von Betriebsmitteln						
7.1 Datendiebstahl	–	+	++	+	–	++
7.2 Zeitdiebstahl	++	++	–	+	+	–
8 Kompetenzüberschreitung	–	–	–	–	–	+
des RZ-Personals	–	–	+	+	–	++

Bewertung der Eignung als Gegenmaßnahme: '-' schlecht, '+' mittelmäßig, '++' gut

Tabelle 1 : Bewertung der Gegenmaßrahmen

3. Aufbau und Analyse von Kryptosystemen

Der Einsatz von Computern hat in den letzten Jahren auch im zivilen,
d.h. kommerziellen Bereich zur verstärkten Anwendung kryptographischer
Verfahren und nachfolgend zur Entwicklung computerorientierter
Kryptoverfahren geführt. [1]

Notwendige Voraussetzung für Einsatz und Integration von Kryptoverfahren in Computersystemen und Netzwerken ist die Kenntnis der Struktur
und sicherheitsspezifischen Eigenschaften computerorientierter Kryptosysteme. Die Rechen- und Speicherkapazität eines Computers ermöglicht
nämlich einerseits die Realisierung sehr komplexer Verschlüsselungs-
algorithmen, unterstützt aber andererseits auch die Methoden der
Kryptanalysis zum Nutzen (Test) wie leider auch zum Schaden (Brechen)
der verwendeten Kryptoverfahren.

Aufgabe dieses Kapitels soll dementsprechend die Darstellung und Analyse traditioneller und computerorientierter Kryptosysteme sein. Es
werden einführend die mathematische Form eines Kryptosystems und seine
allgemeinen sicherheitsspezifischen Eigenschaften vorgestellt. Diese
formale Grundlage ermöglicht die Klassifizierung von Chiffren. Nachfolgend werden Methoden und Strategien der Kryptanalysis beschrieben
und zur Analyse und Auflösung verschiedener bekannter Verschlüsselungsverfahren eingesetzt. Die Ergebnisse dieser Bestandsaufnahme sind in einen Katalog von Anforderungen an Kryptosysteme eingegangen (vgl. Kap. 3.1.2).

3.0 Einführung

Um eine erste Vorstellung vom Begriff eines Kryptosystems zu erhalten,
fassen wir Intention, Wirkungsweise und Aufbau von Kryptosystemen kurz
zusammen:

Intention   Ein Kryptosystem dient zur Geheimhaltung von übertrage-
             nen oder gespeicherten Informationen (Nachrichten)
             gegenüber Dritten.

Wirkungsweise Ein Kryptosystem erzielt die Geheimhaltung durch Trans-
             formation (Verschlüsselung) der Zeichen einer Nachricht
             derart, daß die transformierte Nachricht für Dritte kei-
             ne rekonstruierbare semantische, statistische oder
             strukturelle Korrelation zum Original mehr aufweist.

Aufbau   Ein Kryptosystem besteht aus einer umkehrbaren Krypto-
             funktion (zur Ver-/Entschlüsselung) und einer Menge von
             Schlüsseln, die diese Funktion parametrisieren. Nur die
             Kenntnis eines Schlüssels erlaubt insbesondere die Ent-
             schlüsselung einer Nachricht.

Die folgende Abbildung zeigt das Grundprinzip eines Kryptoverfahrens:

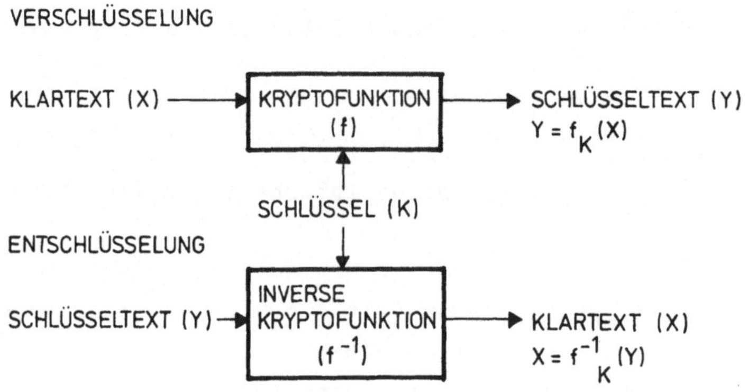

Abb. 6

Die Kryptofunktion ist i.a. bekannt. Der (kryptographische) Schlüssel ist geheim.

Abbildung 7 macht den Aufbau eines kryptographischen Gesamtsystems deutlich:

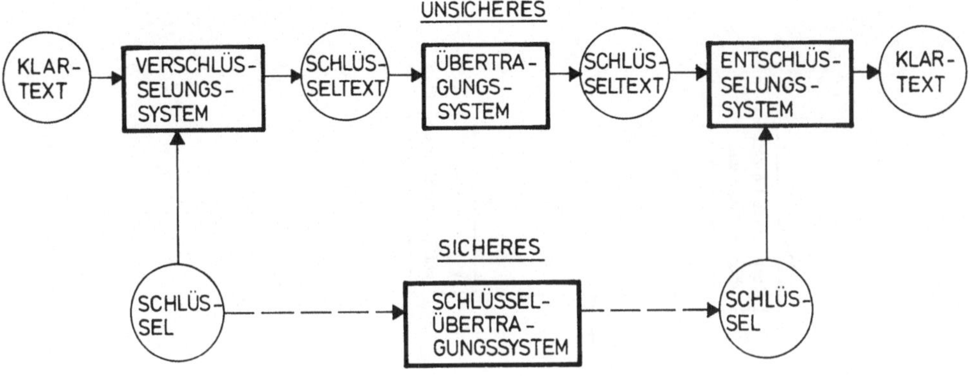

Abb. 7

Wir wollen mit Hilfe des folgenden Stammbaums die Zusammenhänge und
Unterschiede in den Klassen und Kategorien von Kryptosystemen deutlich
machen:

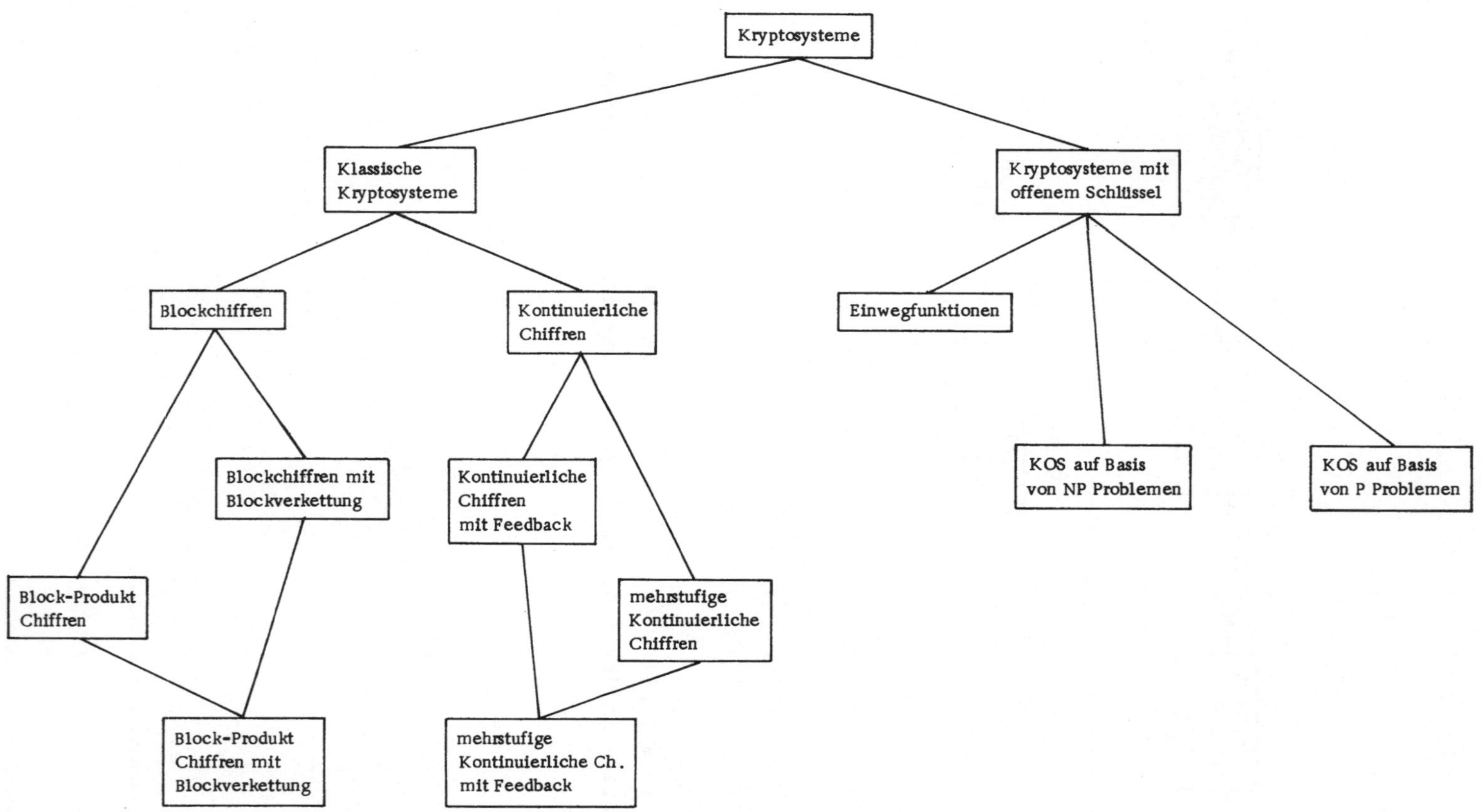

Kryptosysteme
Klassische Kryptosysteme
Kryptosysteme mit offenem Schlüssel
Blockchiffren
Kontinuierliche Chiffren
Einwegfunktionen
KOS auf Basis von NP Problemen
KOS auf Basis von P Problemen
Block-Produkt Chiffren
Blockchiffren mit Blockverkettung
Kontinuierliche Chiffren mit Feedback
mehrstufige Kontinuierliche Chiffren
Block-Produkt Chiffren mit Blockverkettung
mehrstufige Kontinuierliche Ch. mit Feedback

3.1 Aufbau von Kryptoverfahren

3.1.1 Mathematische Beschreibung eines Kryptoverfahrens

Zum besseren Verständniss eines Kryptosystems wollen wir die zu seiner
Definition notwendigen Begriffe zunächst formal beschreiben. Auf dieser Grundlage können wir Grundtypen von Chiffren identifizieren und
damit nachfolgend komplexe Systeme klassifizieren und untersuchen.
Gleichzeitig erhalten wir auch den zur Beschreibung der sicherheitsspezifischen Eigenschaften von Kryptosystemen benötigten
Begriffsapparat. Die formale Darstellung von Kryptoverfahren wird in
den Kapiteln 3.1.3 und 3.1.4 durch verschiedene Beispiele klassischer
und computerorientierter Kryptosysteme veranschaulicht.
Wir setzen im folgenden Grundkenntnisse der Mengenlehre und linearen
Algebra voraus.

Wir definieren zunächst in Anlehnung an [Hen] :

Def. 1:   Eine endliche nichtleere Menge $A = \{a_1, \ldots, a_m\}$ heißt Al-
          phabet. [2]
          Ihre Elemente a_i heißen Zeichen (Buchstaben). Die Anzahl (m)
          der Elemente eines Alphabetes heißt auch Länge des Alphabe-
          tes.

          Bsp.:   i)   das lateinische Alphabet $\mathcal{X} = \{A, B, C, \ldots, Z\}$
                    ii) die Menge $\{0, 1, \ldots, 25\}$
                    iii) das Binäralphabet $\mathcal{B} = \{0, 1\}$

Def. 2:   Eine endliche [3] Folge $n = (n_1 \ldots n_p)$ von Zeichen $n_i \in A$, heißt
          Nachricht der Länge $p = L(n)$. Die Menge aller Nachrichten der
          Länge p wird mit $N^p(A)$ bezeichnet. [4] Die Nachricht e der
          Länge 0 wird leere Nachricht genannt.

Wir können $N^p(A)$ rekursiv definieren durch: $N^p(A) = N^{p-1}(A) \cdot A$, $N^0(A) = \{e\}$.
Die Bezeichnung 'Nachricht' wird hier nur in suggestivem Sinne verwen-
det. Syntaktische oder semantische Strukturen einer Nachricht sind für

die formale Definition einer Chiffre nicht relevant, d.h. wir unterscheiden hier nicht zwischen bedeutungstragenden und bedeutungslosen
Zeichenfolgen.

Def. 3:   Die disjunkte Vereinigung $N(A) = \overset{\infty}{\underset{p=0}{U}} N^p(A)$ heißt <u>Nachrichten-</u>
<u>raum</u> über A. [5)]

Die Hintereinanderschreibung (Konkatenation) nn' von $n, n' \in N(A)$ ist eine assoziative Verknüpfung auf N(A) und e ist das neutrale Element,
also en = ne = n.
N(A) ist bzgl. dieser Verknüpfung <u>freies Monoid</u>.

Wir können nun eine Kryptofunktion wie folgt definieren:

Def. 4:   Seien $p, q \geq 1$ fest, A,B Alphabete, S eine endliche Menge (von
Schlüsseln).
Dann ist eine <u>Kryptofunktion</u> t eine Abbildung

$$t: N^p(A) \times S \longrightarrow N^q(B)$$
$$(n, s) \longrightarrow k \quad,$$

derart, daß die Abbildungen $t_s: N^p(A) \longrightarrow N^q(B)$, definiert
durch $t_s(n) = t(n, s)$ für alle $s \in S$ injektiv sind.

Aus der Injektivität der t_s folgt insbesondere $q \geq p$.

Sei t eine Kryptofunktion. Dann bezeichnen wir als zuge-
höriges <u>Kryptosystem</u> T_S die einparametrige Familie $\{t_s\}_{s \in S}$.

Die Menge S aller zu einem Kryptosystem T_S gehörenden
Schlüssel bezeichnen wir auch als <u>Schlüsselraum</u>.
$|S|$ bezeichnet die Kardinalität von S, $L(s)$ die Länge eines
Schlüssels, wenn wir diesen als eine endliche Zeichenfolge
$s = s_1 \ldots s_k$ über einem geeigneten Alphabet auffassen.

Wir nehmen im folgenden für Kryptosysteme o.B.d.A $p = q$ und $A = B$ an. Wir
schreiben entsprechend statt $N^p(A)$ auch kurz N^p und nennen
$T_S: N^p \longrightarrow N^p$ Kryptosystem auf N^p.

Wir verwenden den Begriff Kryptosystem immer dann, wenn neben der Abbildung t auch Struktur und Größe der Schlüsselmenge (Schlüsselraum)
von Bedeutung ist.

Der Zusammenhang zwischen t und t_s ist an dem folgenden kommutativen
Diagramm noch einmal verdeutlicht (dabei sei i die kanonische Injek-
tion von {s} in S):

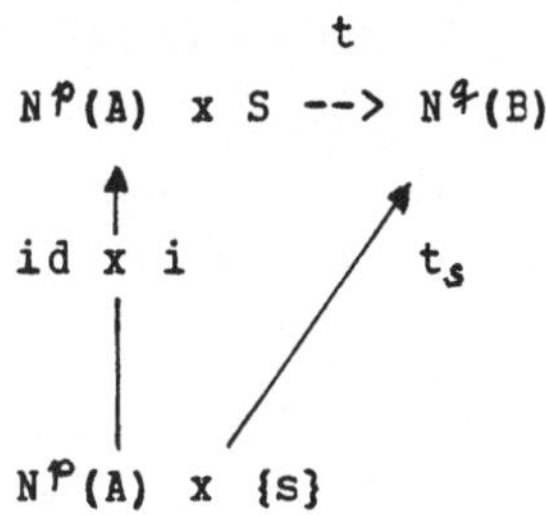

Für jedes $s \in S$ ist $t_s : N^p \longrightarrow$ Bild t_s bijektiv, also invertierbar [7] ,
d.h. es existiert eine Abbildung u_s mit $u_s t_s = $ id/Bild t_s .

Im allgemeinen Sprachgebrauch wird t_s auch als <u>Verschlüsselung</u>, $u_s =$
t_s^{-1} als <u>Entschlüsselung</u> bezeichnet. Entsprechend heißen n bzw. k auch
<u>Klartext</u> bzw. <u>Schlüsseltext</u> (Kryptogramm).

Ein Kryptosystem besteht also aus injektiven Abbildungen, die para-
meterabhängig Zeichen oder Zeichenfolgen fester Länge ineinander
transformieren. [8] Um Zeichenfolgen (Nachrichten) beliebiger Länge
verschlüsseln zu können, definieren wir die komponentenweise Anwendung
einer Kryptofunktion:

Def. 5:   Sei T_s ein Kryptosystem auf N^p und $n \in N^r$ mit $r \geq 1$ beliebig.
        Dann definieren wir die Erweiterung von $t_s \in T_s$ zu einer Ab-
        bildung $t_s : N^r \longrightarrow N^r$ wie folgt:

        <u>Fall 1</u>: $r = \lambda p$, $\lambda \in Z^+$, $n = n^1 n^2 \ldots n^\lambda$ mit $L(n^i) = p$

$$t_s(n) := t_s(n^1)\, t_s(n^2) \ldots t_s(n^\lambda)$$

Fall 2: $r \neq \lambda p$, $\lambda \in Z^+$

Wir führen Fall 2 auf Fall 1 zurück.
Nach dem Euklidischen Algorithmus existieren für
$p, r \in N$ Zahlen $\lambda', p' \in N$ mit

$$r = \lambda' p - p' \text{ und } p' < p.$$

Man wähle nun eine (beliebige) Zeichenfolge $n' \in N^{p'}$.
Für jedes $n \in N^r$ definiere man dann $\tilde{n} := nn'$. Dann
können wir t_s wie in Fall 1 anwenden, weil $\tilde{n}$ eine
durch p teilbare Länge hat.

Wir verschlüsseln also eine Nachricht beliebiger Länge, indem wir diese entsprechend der Verarbeitungs'breite' der Kryptofunktion
segmentieren und die Blöcke sukzessive verschlüsseln. Bei unpaariger
Nachrichtenlänge wird eine entsprechende Anzahl von Füllzeichen im
letzten Block der Nachricht mit ver- und entschlüsselt.
In der Praxis wird aus Synchronisationsgründen meist auch die Anzahl
dieser Füllzeichen mitübertragen.

Eine allgemeinere Definition eines Kryptosystems, wie sie etwa bei
Meyer und Matyas [Mey7] beschrieben ist, beruht darauf, daß ein
Schlüsseltextblock nicht nur Funktion des zugehörigen Klartextblocks
und des Schlüssels sondern auch aller Vorgängerblöcke innerhalb einer
Nachricht ist. Dies bedeutet also eine 'kontext-sensitive' Ver-
schlüsselung von Nachrichten.

Def. 6: Sei T_s ein Kryptosystem auf N^p, $n^0 \in N^p$, $r = \lambda p$ und
$f: N^p \times N^p \longrightarrow N^p$ eine injektive Abbildung. Jedes $n \in N^r$ sei
wie folgt zerlegt: $n = n^1 n^2 \ldots n^\lambda$ mit $n^i \in N^p$. Ferner seien Abbildungen $f_j: (N^p)^j \longrightarrow N^p$ wie folgt definiert:
$$f_1(n^1) = f(n^1, n^0)$$
$$f_j(n^1 n^2 \ldots n^j) = f(n^j, f_{j-1}(n^1 n^2 \ldots n^{j-1})).$$

Dann definieren wir zu jedem $s \in S$ eine Kryptofunktion **mit**
Blockverkettung $\hat{t}_s: N^r \longrightarrow N^r$ durch

$$\hat{t}_s(n) = t_s(f_1(n^1))\, t_s(f_2(n^1 n^2)) \,\ldots\, t_s(f_\lambda(n^1 n^2 \ldots n^2))$$

Ergänzende Definitionen:

   i)   Blockverkettung mit <u>Verzögerung</u> k: $f_{\dot{j}}(n^{\dot{j}}) := f(n^{\dot{j}}, n^{\dot{j}-\kappa})$ mit
$n^0, n^{-1}, \ldots, n^{-\kappa+1}$ als konstanten Startwerten

   ii)   Blockverkettung mit <u>Schlüsseltext-Feedback</u>:
$f_{\dot{j}}(n^{\dot{j}}) := f(n^{\dot{j}}, t_s(n^{\dot{j}-\kappa}))$

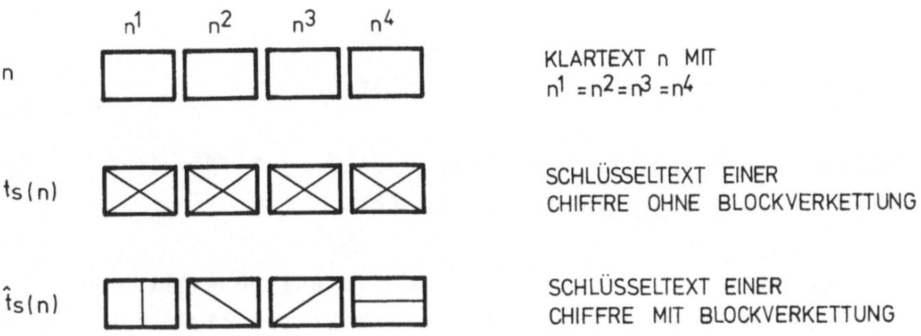

Abb. 8

Die Abbildung zeigt die Auswirkung einer Chiffre ohne und mit
Blockverkettung auf die Verschlüsselung einer Nachricht mit vier iden-
tischen Klartextblöcken.

Diese funktionale Verknüpfung von Nachrichtenblöcken einer Nachricht
werden wir später an verschiedenen Feedback- und Verkettungstechniken
genauer zeigen. Abgesehen davon werden wir aber solche allgemeinen
Kryptosysteme nicht weiter betrachten.

Wir definieren nun weiter:

Def. 7: Zwei Schlüssel $s,s' \in S$ heißen _äquivalent_, in Zeichen $s \sim s'$,
wenn $t_s(n) = t_{s'}(n)$ für alle $n \in N^p$. [9]
Zwei Schlüssel $s,s' \in S$ heißen _streng nichtäquivalent_, wenn
$t_s(n) \neq t_{s'}(n)$ für alle $n \in N^p$.

Das Vorkommen äquivalenter Schlüssel reduziert folglich die Anzahl
verschiedener Verschlüsselungsfunktionen eines Kryptosystems, d.h. für
die Sicherheit eines Kryptosystems gegen vollständige Suche (vgl. Kap.
3.2.1.2.3) ist nicht $|S|$ sondern $|S/\sim|$ maßgebend.

Def. 8: Ein Schlüssel $s \in S$ heißt _schwach_, wenn $(t_s)^2 = id$ gilt.

Wir können mit Hilfe der Nachrichtenlänge p eines Kryptosystems zwei
große Klassen von Kryptosystemen (Chiffren) unterscheiden:

Def. 9: Sei T_S ein Kryptosystem. Dann heißt t_s

    i)   _kontinuierliche_ Chiffre falls $p=1$ [10] ,
    ii)   _Blockchiffre_ falls $p>1$ ist

Eine kontinuierliche Chiffre operiert also auf Zeicheneinheiten
(Buchstaben, Bits, Bytes), während eine Blockchiffre diskrete Zeichenblöcke ersetzt.

Abschließend wollen wir die Verknüpfung von Chiffren zu einer Produktchiffre betrachten.

Def. 10: Seien T_{S_i} , $1 \leq i \leq l$, l möglicherweise verschiedene Kryptosysteme über N^p, p fest.
Dann ist $t_{1,\ldots,k} := t_1 \bullet \ldots \bullet t_k$ für alle $1 \leq k \leq l$ und $t_j \in \{T_{S_i}\}$,
$1 \leq j \leq k$ eine _Produktchiffre_ über N^p. [11]

'$\bullet$' bezeichnet die nicht kommutative Hintereinanderausführung von Abbildungen, d.h.
$t_1 \bullet \ldots \bullet t_k(n) = t_1(t_2(\ldots(t_k(n))))$.

Als Spezialfälle von Produktchiffren über einem Kryptosystem T_S erhalten wir:

i) die Iteration: $(t_s)^i$, $i \geq 1$, $s \in S$ fest

ii) die Produktchiffre: $t_{s_1} \bullet \ldots \bullet t_{s_n}$, $S = \{s_1, s_2, \ldots, s_n\}$

Mit den obigen Definitionen ist nun der Begriffsvorrat vorhanden, um das formale Gerüst eines Kryptosystems mit den Anforderungen bzw. Eigenschaften auszustatten, die sich aus der globalen Aufgabenstellung für ein Verschlüsselungssystem ergeben.
Die nachfolgende Liste von Grundanforderungen an Kryptosysteme soll greifbare (quantitative) Beurteilungskriterien vermitteln und weitergehend auch die Unterschiede zu begrifflich und inhaltlich verwandten Verfahren (Codes, Codierung) deutlich machen.

3.1.2 Eigenschaften von Kryptofunktionen und Kryptosystemen

Wir wollen nun einige Eigenschaften von Kryptofunktionen und Kryptosystemen zusammenstellen. Wir beziehen uns dabei auf typische Eigenschaften und Parameter der eigentlichen Funktion und darüberhinaus auf die Unterstützung der Kryptofunktion durch Blockverkettung (Feedback), Quellcodierung oder Datenkompression.

Wir unterscheiden dabei kryptographisch notwendige und für die Realisierung nützliche Eigenschaften.

Es kann an dieser Stelle nur eine stichwortartige Begründung für die genannten Eigenschaften eines Kryptosystems erfolgen. Eine ausführliche 'Rechtfertigung' bleibt dem Kapitel über die Analyse von Kryptosystemen (Kap.3.2) vorbehalten.

3.1.2.1 Eigenschaften von Kryptofunktionen

Aufgrund der Verschiedenheit von kontinuierlichen Chiffren und Block-Produktchiffren ist es notwendig, die Eigenschaften (Anforderungen) dieser beiden Typen getrennt zu behandeln.

3.1.2.1.1 Block-Produktchiffren

Notwendige Eigenschaften:

1) Schlüsselraum enthält mindestens 2^{60} Elemente (d.h. bei Binärchiffren ist die Schlüsselblocklänge ≥ 60 Bits) : verhindert derzeit Austesten jedes Schlüssels (vollständige Suche)

2) Nachrichtenraum enthält mindestens 2^{60} Elemente (d.h. Nachrichtenblocklänge ≥ 60 Bits) : verhindert Aufbau eines Klartext-Schlüsseltext-Lexikons (message exhaustion)

3) starke Fehlerfortpflanzungseigenschaft einer Produktchiffre [12] : gewährleistet die funktionale Abhängigkeit jedes
   Schlüsseltextzeichens von jedem Klartext- und Schlüsselzeichen des jeweiligen Blockes; damit wird verhindert, daß ähnliche Klartexte ähnliche Schlüsseltexte ergeben (key
   clustering)

4) Nichtlinearität bzw. Nichtaffinität einer Produktchiffre [13] : verhindert (triviales) Auflösen einer Kryptofunktion etwa durch Lösen linearer Gleichungssysteme

5) große Periodizität einer Produktchiffre: verhindert die Möglichkeit der Entschlüsselung durch sukzessive Verschlüsse-
   lungen

6) Einzelchiffren einer Produktchiffre ergänzen sich in ihren
   kryptographischen Eigenschaften (vgl. 3.1.3.3) : Konfusion
   und Diffusion gewährleisten die Zerstörung oder Zerstreuung
   statistischer Merkmale einer Nachricht

7) Nichtäquivalenz von Schlüsseln [14] : verhindert 'Reduktion'
   des Schlüsselraums durch Bildung von Äquivalenzklassen von
   Schlüsseln

Nützliche Eigenschaften:

8) eine Produktchiffre ist längentreu: verhindert Mehrbedarf an
   Speicherplatz und Übertragungszeit für Schlüsseltexte

9) Schlüssel- und Nachrichtenraum einer Produktchiffre sind
   identisch : ermöglicht Verwendung eines Kryptosystems im
   sog. 'irreversible mode' :

   Setze Schlüssel (s) = Nachricht (n) ,
          Nachricht (n) = Konstante (c)
   Dann sei $t_s(n) := t_n(c)$

   Da die kryptanalytische Rekonstruktion eines Schlüssels in
   der Regel schwieriger als die einer Nachricht ist bzw. sein
   sollte, ist eine nach dem beschriebenen Modus 'verschlüsselte' Nachricht damit wie ein Schlüssel geschützt.

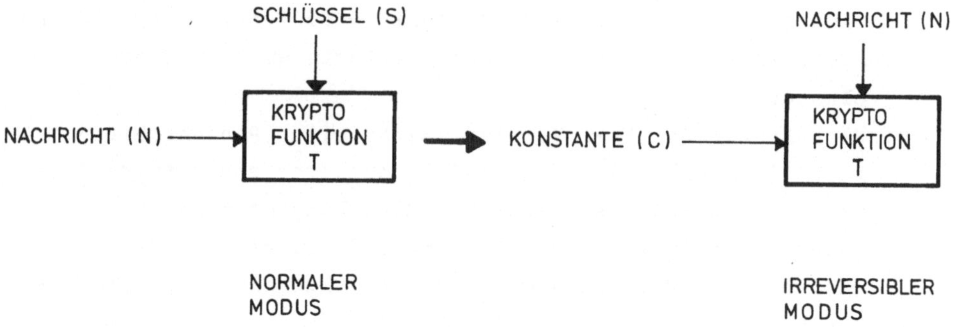

Abb. 9

10) **Teilchiffren einer Produktchiffre sind selbstinvers** [15] **:
verringert Programmieraufwand, da keine inversen Abbildungen
implementiert zu werden brauchen**

3.1.2.1.2 Kontinuierliche Chiffren

Notwendige Eigenschaften:

1) **Schlüssellänge $\geq$ Klartextlänge : verhindert Wiederholung von
Schlüsselzeichen. Die Redundanz ist andernfalls wegen der
meist einfachen Verknüpfungsoperation (s. Vernam-Chiffre)
leichter zur Rekonstruktion einer Nachricht auszuwerten**
2) **Schlüsselzeichen sind statistisch unabhängig (d.h. auch
Schlüsseltextzeichen sind statistisch unabhängig)** [16] **:
verhindert weitgehend eine Auswertung der Korrelation von
Schlüsseltextzeichen und damit eine mögliche Rekonstruktion
des verwendeten Zufallszahlen-(Schlüsselzeichen-)generators**
3) **Zufallszahlengenerator besitzt große Periode : verringert
die Gefahr der Rekursion**
4) **Startwerte für Zufallszahlengenerator sind je Nachricht verschieden : verhindert Wiederholung von Schlüsselzeichen
(s.o.)**

Nützliche Eigenschaft:

5) Zufallszahlengenerator ist deterministisch, d.h. die
   Schlüsselzeichenfolge ist reproduzierbar : ermöglicht die
   synchrone Erzeugung von Schlüsselzeichen beim Sender und
   Empfänger einer Nachricht

3.1.2.2 Eigenschaften von Kryptosystemen

Zusätzlich zu den genannten Eigenschaften für Kryptofunkticnen sollen
Kryptosysteme folgende Eigenschaften besitzen:

1) Blockverkettung (s. Def. 6) : bewirkt die Verschlüsselung
   gleicher Textblöcke innerhalb einer Nachricht in unterschiedliche Schlüsseltextblöcke (Beseitigung von Redundanz)
   und verhindert durch die Verkettung auch das Einketten von
   Schlüsseltextblöcken in andere Kryptogramme (Playback von
   Schlüsseltext)
2) Quellcodierung (s. 3.1.2.4) : verhindert die Auswertung der
   Redundanz einer Quellsprache durch kryptanalytische Methoden

Bei der Anwendung von Kryptosystemen ergibt sich die Möglichkeit,
Klartextdaten auch mehrfach mit verschiedenen Kryptofunktionen zu verschlüsseln (superencipherment). Diese Opticn ist allerdings in den
meisten Anwendungsfällen (der kommerziellen Datenverarbeitung) unnötig
und darüberhinaus in ihrer kryptographischen Auswirkung ('Verlänge-
rung' des Schlüssels) schwierig zu beurteilen [Dif1].

Wir fassen abschließend noch einmal zusammen:

Ein Kryptosystem ist eine möglichst große Familie verschiedener d.h.
nichtäquivalenter Kryptofunktionen.
Jede Kryptofunktion stellt eine Substitution von Zeichen bzw. Zeichenblöcken dar mit dem Ziel, eine Nachricht derart zu transformieren, daß
zwischen Klartext und Schlüsseltext keine semantische, statistische
oder strukturelle Korrelation ersichtlich bzw. berechenbar ist.

Mit Hilfe der vorliegenden Definitionen und Eigenschaften können wir

uns den Unterschied zwischen Kryptosystemen und Codesystemen einerseits und Formen der Quellcodierung (minimalredundante Codes, Datenkompression) andererseits deutlich machen. Letztere liefern sozusagen
als Nebenleistung eine schwache Form der Verschlüsselung und eignen
sich deshalb zur Vorverarbeitung von Klartextdaten (Entfernen von
Redundanz).

3.1.2.3 Codesysteme

Unter einem Codesystem versteht man im Gegensatz zu einem Kryptosystem
ein System zur Substitution ganzer Nachrichten, Teile von Nachrichten,
Wörtern oder Silben einer Sprache durch Wörter oder Zeichenfolgen ei-
ner anderen häufig künstlichen Sprache, d.h. Codes arbeiten auf seman-
tischen Spracheinheiten.
Diese Form der Substitution wird meist mit Hilfe sog. Codebücher durch
Tabellenmethoden durchgeführt. Der Nachrichtenraum hängt bei der
Codierung vom Umfang des Codebuches ab, ist also im Gegensatz zu einer
Chiffre nicht für beliebige Wörter definiert. Abbildung 10 liefert ein
Beispiel für ein (französisches) Codesystem [Cei]:

	A	B	C	D	E	F	G	H	I	J
M	,	.	:	?	a	ai	al	an	ar	9
N	au	b	c	ce	ch	co	d	don	8	de
O	des	du	e	ed	el	em	en	7	ent	er
P	es	est	et	100	eu	f	6	g	h	i
Q	ie	il	is	it	1000	5	j	k	l	la
R	le	les	m	ma	4	Un million	men	n	nde	ne
S	nt	o	oi	3	on	ou	Répétition	p	pa	q
T	que	qui	2	r	ra	re	res	ri	s	sa
U	se	1	so	t	ta	te	tion	tr	u	ue
V	0 zéro	un	ur	ux	v	vo	w	x	y	z

Abb. 10

3.1.2.4 Quellcodierung

Quellcodierung (source coding) ist eine Technik zur Reduzierung von
Übertragungszeichen durch Vorverarbeitung der zu übertragenden
Zeichenfolge. Sie erhöht damit den Wirkungsgrad der Datenübertragung.
Bei kommerziellen Anwendungen werden häufig Methoden der Quellcodie-
rung wie der Einsatz miminalredundanter Codes (z.B. Huffman-Codierung)
und Datenkompression verwendet.

Bei der Huffman-Codierung (s. Abb.11 aus [Hof3]) wird eine Transformation zwischen Quellzeichen fester Länge und codierten Zeichen variabler Länge durchgeführt. Die am häufigsten auftretenden Quellzeichen
werden durch Codezeichen kürzester Länge ersetzt, während die weniger
häufigen Zeichen durch Codezeichen relativ größerer Länge ersetzt werden. [17)

Letter	Huffman Code
E	100
T	001
A	1111
O	1110
N	1100
R	1011
I	1010
S	0110
H	0101
D	11011
L	01111
F	01001
C	01000
M	00011
U	00010
G	00001
Y	00000
P	110101
W	011101
B	011100
V	1101001
K	110100011
X	110100001
J	110100000
Q	1101000101
Z	1101000100

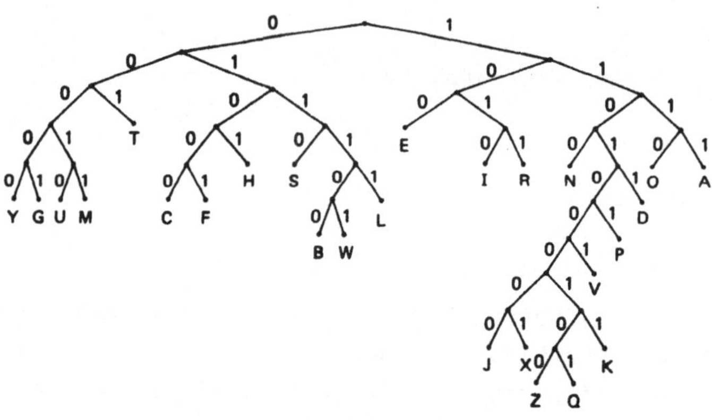

Abb. 11

(Reprinted by permission of Prentice-Hall, Inc., Englewood
Cliffs, New Jersey)

Zur Veranschaulichung der Datenkompression zitieren wir zwei Methoden
aus Kratzer [Kra1]:

1)   Liegt eine n-Bit-Darstellung für die Zeichen eines Alphabets vor

und besteht das Alphabet aus nicht mehr als 2^m Zeichen ($m<n$), so lassen sich $n-m$ Bit je Zeichen einsparen. Man verwendet zur Codierung bzw. Decodierung zwei Tabellen mit 2^n bzw. 2^m Elementen. Der Binärwert des zu (de-)codierenden Zeichens gibt die Nummer des Elements einer der Tabellen an, mit dessen Inhalt ersetzt wird.

2)   Methode 1) kann zusätzlich mit der Methode der Verdichtung von Zeichen bei Zeichenwiederholungen kombiniert werden:

$$\overbrace{z\ z\ z \ldots\ldots z}^{n\text{-mal}} \longrightarrow @\ nz,$$

wobei $@$ ein eindeutiges Sonderzeichen (Steuerzeichen) ist.

3.1.3 Elementare Kryptofunktionen

Wir stellen nun einige elementare Operationen zusammen, die als Bausteine für Verschlüsselungsfunktionen zur Verfügung stehen. Wir betrachten hierbei Operationen auf Nachrichtenräumen über einem beliebigen Alphabet, wobei wir uns beispielhaft

   i) das lateinische Alphabet $\mathcal{X} = \{A,B,C,\ldots,Z\}$ [18] bzw.
   ii) das Binäralphabet $\mathcal{B} = \{0,1\}$

vorstellen können.

Da wir die Zeichen eines Alphabets $A = \{a_1, a_2, \ldots, a_k\}$ eineindeutig auf die Menge $\{0, 1, \ldots, k-1\}$ von ganzen Zahlen abbilden können (z.B. $A \rightarrow 0$, $B \rightarrow 1$, etc.} , definieren wir die Operationen auf A entsprechend als Operationen im zugehörigen

   i) Restklassenring Z_k bzw. $Z_k^{(n)} = \overbrace{Z_k \times \ldots \times Z_k}^{n-mal}$ bzw. im
   ii) Vektorraum $V_n(GF(2))$ über $GF(2)$, dem endlichen Körper der Ordnung 2
      $V_n(GF(2))$ besteht aus der Menge aller binären n-Tupel.

Jedes Zeichen aus A identifizieren wir also im folgenden mit dem ihm zugeordneten Element aus Z_k.

Z_k ist algebraisch abgeschlossen bzgl. der Addition '+' mod k . $V_n(GF(2))$ ist abgeschlossen bzgl. komponentenweiser Addition mod 2 ($\oplus$) [19] und skalarer Multiplikation.

Wir stellen im folgenden einige elementare Formen von Zeichenersetzungen anhand klassischer Verschlüsselungsfunktionen dar. Diese sollen das Spektrum der verschiedenen Substitutionstypen deutlich machen. Dabei muß man im wesentlichen zwischen linearen (binärarithmetischen) und nichtlinearen Funktionen unterscheiden. Letztere werden häufig über Tabellenzugriffe definiert.

In der klassischen Begriffsbildung unterscheidet man zwei Typen von

Kryptoperationen:

    i) Substitutionen und
   ii) Transpositionen [20]

Wir wenden uns zunächst den allgemeinen Substitutionschiffren zu.

3.1.3.1 Substitutionen

Def. 9:   Eine Substitution heißt monoalphabetisch, wenn jedem Zeichen
oder jeder Zeichenfolge über einem Alphabet A eineindeutig
ein Zeichen oder eine Zeichenfolge über einem Alphabet B zugeordnet ist.

Eine Substitution heißt polyalphabetisch, wenn jedem Zeichen
oder jeder Zeichenfolge über einem Alphabet A Zeichen oder
Zeichenfolgen über Alphabeten $B_1, \ldots, B_n$ (s. Anmerkung 2) zugeordnet sind.

Eine Substitution heißt monographisch, wenn sie Einzelzeichen ersetzt, bzw. polygraphisch, wenn sie Zeichenfolgen ersetzt.

```
                                                 ┌─monographische m. S.
                        ┌─monoalphabetische S.─┤
                        │                        └─polygraphische m. S.
       Substitution ───┤
                        │                        ┌─monographische p. S.
                        └─polyalphabetische S.─┤
                                                 └─polygraphische p. S.
```

Wir wollen nun in Anlehnung an Kratzer [Kra1] einige (klassische)
Kandidaten für die verschiedenen Substitutionsformen vorstellen:

	mcnographisch	pclygraphisch
mono- alphabetisch	1) Caesar-Chiffre 2) Binärpermutation	1) Matrixsubsti- tution mit konstanter Matrix C 2) nicht-affine Blocksubstitution
poly- alphabetisch	Vigenere (Vernam-) Chiffre	Matrixsubstitution mit variierender Matrix C(t)

Tab. 1

monoalphabetische / mcnographische Substitution

1) Caesar-Chiffre

Sei A ein Alphabet der Länge l, $s \in \{1,\ldots,l\}$ ein Schlüssel, $n_i \in A$.
Dann ist $t_s: N(A) \longrightarrow N(A)$
mit $t_s(n_1 n_2 \ldots) = t_s(n_1) t_s(n_2) \ldots$
wobei $t_s(n_i) := n_i + s \pmod l$,   +=Addition in Z
eine Caesar-Chiffre.

Es existieren l verschiedene Schlüssel s, also l verschiedene solcher
Substitutionen.

Beispiel:

$S=6$, $A=\{A,B,\ldots,Z,\sqcup\}$

Klartext: DATENSCHUTZ
Schlüsseltext: JGZKTYIN⊔ZE

2) Binärpermutation [21]

Abbildung 12 zeigt eine als Verdrahtung realisierte Permutation auf $V_{16}(GF(2))$ mit der Zykeldarstellung (1 8 3 5), (2 13 6 15 11 14 10), (4 9 12 7).

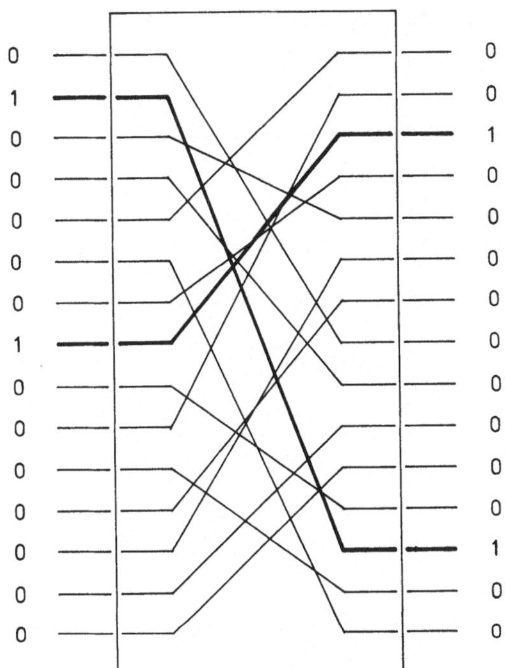

Abb. 12

polyalphabetische / monographische Substitution

1) Vigenere-Chiffre

Sei A wiederum ein Alphabet der Länge l,
S= {(s_0,...,s_{m-1})/$s_i \in$ {1,...,l}} eine Schlüsselmenge , m beliebig,

$n_i \in A$.

Dann ist t_S: $N(A) \longrightarrow N(A)$ mit

$$t_{S_0,\ldots,S_{m-1}}(n_1 n_2 \ldots) = t_{S_0}(n_1)\, t_{S_1}(n_2) \ldots\, t_{S_{m-1}}(n_m)\, t_{S_0}(n_{m+1}) \ldots \quad ,$$

wobei $t_{S_j}(n_i) := n_i + s_j \pmod{1}$ ist, $j \equiv i \pmod{m}$, $+ =$ Addition in Z, eine Vigenere Chiffre.

Es existieren 1^m verschiedene Tupel $S = (s_0, \ldots, s_{m-1})$ von Schlüsseln, also ebensoviele verschiedene Substitutionen. Der Modulus m ist die Periode von t_S. (s. auch [Bra7] zu Äquivalenzklassen von Vigenere Chiffren)

Die Vigenere-Chiffre ist der Spezialfall einer periodischen polyalphabetischen Substitution. [22] [23]

Beispiel 1: $(s_0, s_1, s_2) = (1, 2, 3)$ $A = \{A, B, \ldots, Z, \sqcup\}$

Klartext: DATENSCHUTZ
Schlüsseltext: ECWFPVDIXUA

Beispiel 2: Vigenere-Tableau

	A	B	C	D	E	F	G	(H)	I	J	K	L	M	N	(O)	P	Q	(R)	(S)	(T)	U	V	W	X	Y	Z
A	A	B	C	D	E	F	G	H	I	J	K	L	M	N	O	P	Q	R	S	T	U	V	W	X	Y	Z
(E)	B	C	D	E	F	G	H	(I)	J	K	L	M	N	O	P	Q	R	S	T	U	V	W	X	Y	Z	A
C	C	D	E	F	G	H	I	J	K	L	M	N	O	P	Q	R	S	T	U	V	W	X	Y	Z	A	B
D	D	E	F	G	H	I	J	K	L	M	N	O	P	Q	R	S	T	U	V	W	X	Y	Z	A	B	C
(E)	E	F	G	H	I	J	K	L	M	N	O	P	Q	R	(S)	T	U	V	W	X	Y	Z	A	B	C	D
F	F	G	H	I	J	K	L	M	N	O	P	Q	R	S	T	U	V	W	X	Y	Z	A	B	C	D	E
(G)	G	H	I	J	K	L	M	N	C	P	Q	R	S	T	U	V	W	(X)	Y	Z	A	B	C	D	E	F
H	H	I	J	K	L	M	N	O	P	Q	R	S	T	U	V	W	X	Y	Z	A	B	C	D	E	F	G
(I)	I	J	K	L	M	N	C	P	Q	R	S	T	U	V	W	X	Y	Z	(A)	B	C	D	E	F	G	H
J	J	K	L	M	N	O	P	Q	R	S	T	U	V	W	X	Y	Z	A	B	C	D	E	F	G	H	I
K	K	L	M	N	O	P	Q	R	S	T	U	V	W	X	Y	Z	A	B	C	D	E	F	G	H	I	J
L	L	M	N	O	P	Q	R	S	T	U	V	W	X	Y	Z	A	B	C	D	E	F	G	H	I	J	K
M	M	N	O	P	Q	R	S	T	U	V	W	X	Y	Z	A	B	C	D	E	F	G	H	I	J	K	I
(N)	N	O	P	Q	R	S	T	U	V	W	X	Y	Z	A	B	C	D	E	P	(G)	H	I	J	K	L	M
O	O	P	Q	R	S	T	U	V	W	X	Y	Z	A	B	C	D	E	F	G	H	I	J	K	L	M	N
P	P	Q	R	S	T	U	V	W	X	Y	Z	A	B	C	D	E	F	G	H	I	J	K	L	M	N	O
Q	Q	R	S	T	U	V	W	X	Y	Z	A	B	C	D	E	F	G	H	I	J	K	L	M	N	O	P
R	R	S	T	U	V	W	X	Y	Z	A	B	C	D	E	F	G	H	I	J	K	L	M	N	O	P	Q
S	S	T	U	V	W	X	Y	Z	A	B	C	D	E	F	G	H	I	J	K	L	M	N	O	P	Q	R
T	T	U	V	W	X	Y	Z	A	E	C	D	E	F	G	H	I	J	K	L	M	N	O	P	Q	R	S
U	U	V	W	X	Y	Z	A	B	C	D	E	F	G	H	I	J	K	L	M	N	O	P	Q	R	S	T
V	V	W	X	Y	Z	A	E	C	D	E	F	G	H	I	J	K	L	M	N	O	P	Q	R	S	T	U
W	W	X	Y	Z	A	B	C	D	E	F	G	H	I	J	K	L	M	N	O	P	Q	R	S	T	U	V
X	X	Y	Z	A	B	C	D	E	F	G	H	I	J	K	L	M	N	O	P	Q	R	S	T	U	V	W
Y	Y	Z	A	B	C	D	E	F	G	H	I	J	K	L	M	N	O	P	Q	R	S	T	U	V	W	X
Z	Z	A	B	C	D	E	F	G	H	I	J	K	L	M	N	O	P	Q	R	S	T	U	V	W	X	Y

Abb. 13

Verschlüsselungsprinzip: Jedes Klartextzeichen A,B,C,... bestimmt entsprechend seiner Belegung in der 1. Spalte der Matrix eine Zeile j. Jedes Schlüsselzeichen bestimmt entsprechend seiner Belegung in der 1. Zeile der Matrix eine Spalte i. Schlüsseltextzeichen ist der Schnittpunkt X_{ij} der j-ten Zeile mit der i-ten Spalte.

```
Bsp.:    Schlüssel        =  H O R S T
         Klartext         =  B E G I N
         ------------------------------
         Schlüsseltext    =  I S X A G
```

2) Vernam-Chiffre

Die Vernam-Chiffre ist ein Spezialfall der Vigenere-Chiffre bei der
die Länge des Schlüssels größer bzw. gleich der Länge der zu verschlüsselnden Zeichenfolge ist. [24]
Bei binären Vernam-Chiffren werden Klartext und Schlüssel bitweise
modulo 2 addiert (XOR).

Beispiel: $A=\{0,1\}$, $n,s \in V_5 (GF(2))$

```
Klartext(n):        11000
Schlüssel(s):     ⊕ 10110        (t_s = ⊕ s)
___________________________________________
Schlüsseltext:      01110
Schlüssel:        ⊕ 10110        (t_s^{-1} = ⊕ s)
___________________________________________
Klartext:           11000
```

mono- bzw. polyalphabetische / polygraphische Substitution

1) Matrixsubstitution

Sei A ein Alphabet der Länge l, $S=(s_{ij})$, $s_{ij} \in Z_\ell$, eine nichtsinguläre
mxm-Matrix, deren Determinante $|s_{ij}|$ prim zu l ist, $n= n^1 n^2 \ldots$ eine
Nachricht mit $n^i = (n^i_1 n^i_2 \ldots n^i_m) \in N^m(A)$ [25]
Dann ist $t_S: N^m(A) \longrightarrow N^m(A)$ mit
$t_S(n^1 n^2 \ldots) := t_S(n^1) \, t_S(n^2) \ldots$ und $t_S(n^i)=S \bullet n^i$, wobei $S \bullet n^i = \sum_{j=1}^{m} s_{ij} n^i_j$,
i=1,...,m eine Matrixsubstitution. Wegen $(|s_{ij}|,l) =1$ ist der Schlüssel
S eindeutig.
Die inverse Operation t_S^{-1} $(=t_{S_{-1}})$ ist entsprechend durch die inverse
Matrix $(s_{ij})^{-1}$ definiert.
Falls $S=(s_{ij})$ fest ist, sprechen wir von eine monoalphabetischen

Matrixsubstitution, falls S=S(t) eine Funktion von t ist, wobei
|S(t)|≠0, prim zu l und unabhängig von S gelten muß, sprechen wir von
einer _polyalphabetischen_ Matrixsubstitution. (vgl. [Sin2],[Hil1],
[Hil2],[Lev1])

Beispiel: Sei A = {A,B,....,Z},   N = MAX $\in N^3(A)$,

$$S = \begin{pmatrix} 14 & 8 & 3 \\ 8 & 5 & 2 \\ 3 & 2 & 1 \end{pmatrix} \quad \text{und} \quad S^{-1} = \begin{pmatrix} 1 & -2 & 1 \\ -2 & 5 & -4 \\ 1 & -4 & 6 \end{pmatrix}$$

Dann ist $T(MAX) = T(13,1,24) = \begin{pmatrix} 14 & 8 & 3 \\ 8 & 5 & 2 \\ 3 & 2 & 1 \end{pmatrix} \begin{pmatrix} 13 \\ 1 \\ 24 \end{pmatrix} = (262,157,65) = BAM$

2) _nicht-affine Blocksubstitution_

Das folgende Bild zeigt die Realisierung einer nichtsingulären binären
Blocksubstitution t_5 über $V_3(GF(2))$:

Der Schlüssel s besteht in der Auswahl einer der $(2^3)! = 40320$ möglichen
nichtsingulären Permutaticnen (Verdrahtungen) der internen Pins (0-7).

Unser Beispiel liefert die Permutation (0 2 3 6 1 5 7 4 0):

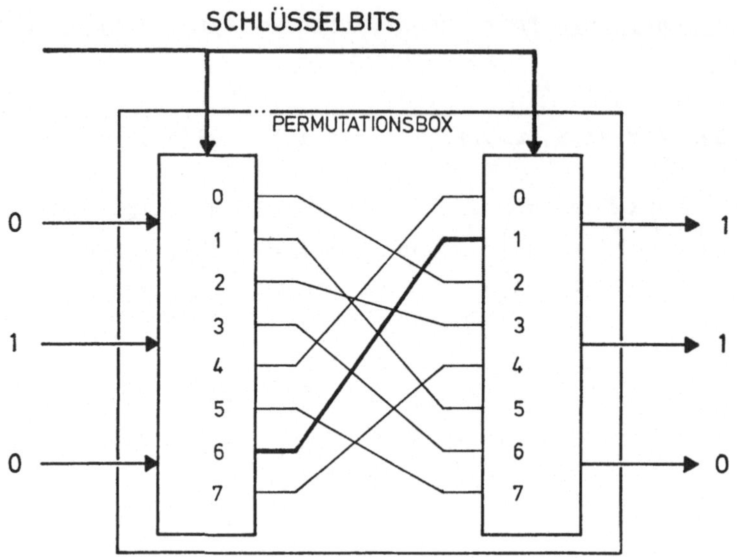

Abb. 14

3.1.3.2 Transpositionen

Unter Transpositionen versteht man in der kryptographischen Literatur
spezielle Permutationen, deren Realisierung darin besteht, daß die zu
verschlüsselnde Nachricht auf einem bestimmten Weg in einen Graphen
oder eine geometrische Figur (Matrix, n-dimensionaler Würfel, Baum,
Gitter etc.) eingelesen und auf einem anderen Wege wieder als
Schlüsseltext ausgelesen wird.
Der Schlüssel, d.h. die jeweils ausgewählte Permutation, wird durch
den Graphen sowie die Ein- und Ausleserouten bestimmt. Die 'Länge' der
Permutation entspricht der Anzahl von Speicherzellen (Ecken, Knoten)
der jeweiligen geometrischen Figur. Wir wollen das Prinzip der Transposition an zwei Beispielen verdeutlichen.

Beispiel_1:   2-dimensionale Wegtransposition

Klartext: VERSCHLUESSELUNG UNTERSTUETZT DEN DATENSCHUTZ

Schlüssel: 6x7 Matrix

               Einlesen: horizontal alternierend v.l.n.r. bzw.
               v.r.n.l.
               Auslesen: diagonal alternierend von l.o. nach r.u.

Schlüsseltext: VEUNLRSE ...

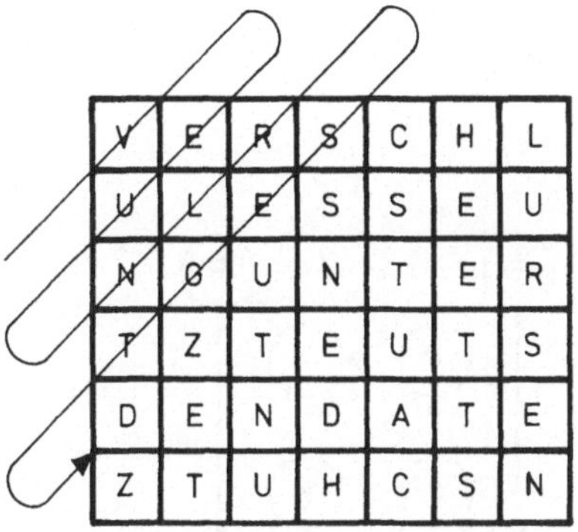

Abb. 15

Zur Entschlüsselung werden Ein- und Ausleserouten vertauscht.
Eine mxm-Matrix ermöglicht bspw. (m!)^2 verschiedene Permutationen.

Beispiel_2:   3-dimensionale Wegtransposition (nach [Mel])

Klartext: PETER PIPER PICKED A PECK OF PICKLED PEPPERS

Schlüssel: 5 Einheitswürfel (A-E) mit bewerteten Ecken

100
101
000
001
010
011
110
111

Abb. 16

A
P E
T E
R P
I P
PEETRPPI
B
E R
P I
C K
E D
EECPIRDK
C
A P
E C
K O
F P
AEKOCPPF
D
I C
K L
E D
P E
ICEPEKLD
E
P P
E R
S X
X X
PERXSXXP

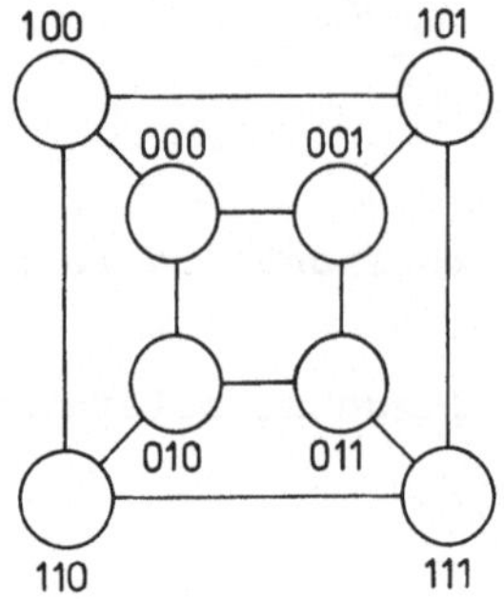

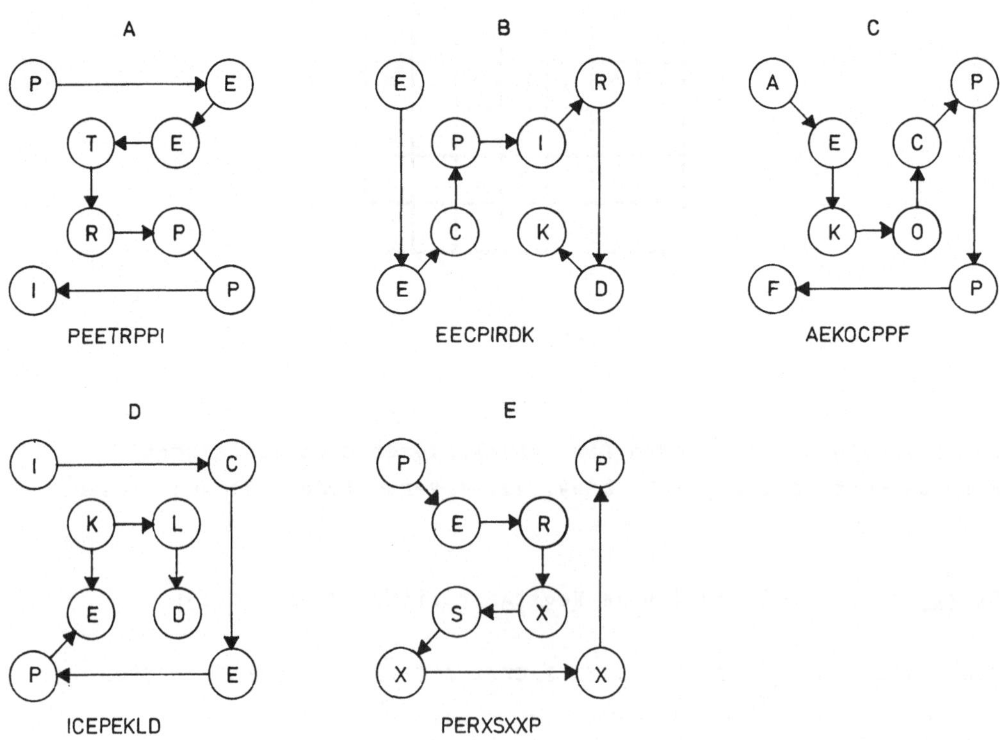

Abb. 17

Einleseroute: horizontal v.l.n.r. und v.o.n.u.

Ausleseroute: Hamilton'sche Wege:

A: 100,101,001,001,000,010

B: usw.

C:

D:

Das vorliegende Prinzip kann natürlich für n-dimensionale Wegtranspositionen verallgemeinert werden. Mellen beschreibt einige komplexe 4- bzw. 6-dimensionale Wegtranspositionen.
Der interessierte Leser findet in [Gai1] oder [Sin2] weitere anschauliche Beispiele für Transpositionen.
Wir werden uns mit solchen Typen von Verschlüsselungsverfahren nicht
weiter beschäftigen, da sie als Elementarchiffren verhältnismäßig einfach zu brechen sind und deshalb auch in der Literatur über computerorientierte Kryptosysteme selten auftauchen [Ska].

Es sollen abschließend einige Beispiele folgen, die zeigen, wie man
elementare Chiffren zu komplexeren Produktchiffren zusammenbauen kann.
In der Praxis kommt es dabei darauf an, Elementarchiffren mit verschiedenen kryptographischen Eigenschaften so zu verknüpfen, daß die
Produktchiffre kryptographisch stärker als jede ihrer Einzelkomponen-
ten ist.

3.1.3.3 Verknüpfung elementarer Kryptofunktionen

i) Verknüpfung von Permutationen (Transpositionen)

Das Produkt zweier Permutationen P_1, P_2 ist definiert als Hintereinanderausführung, d.h.

$$P_1 P_2(n) := P_1(P_2(n))$$

Das Produkt zweier Permutationen ist wieder eine Permutation. Die Menge aller Permutationen auf einer Menge X bildet eine Gruppe, die sym-

metrische Gruppe $S(X)$. [26]

ii) Verknüpfung von Vigenere Chiffren (Compound Vigenere)

Seien t_i, $1 \leq i \leq n$, Vigenere Chiffren mit Schlüsselmengen S_i und Perioden m_i.
Dann ist ihre Hintereinanderschaltung $t_1 \bullet \ldots \bullet t_n$ offensichtlich wieder eine Vigenere Chiffre. Wenn die m_i paarweise prim sind, ergibt sich als Periode m des Gesamtschlüssels $m = \Pi m_i$.

iii) Verknüpfung von Permutation und (nichtlinearen) Substitutionen

Die iterative Verknüpfung (SP) von Permutationen (P) mit nichtlinearen Substituticnen (S) ist eine häufige Form der Produktchiffre (siehe auch DES).

Der folgende Sandwich aus [Fei5] zeigt eine mögliche Form dieser Produktchiffre:

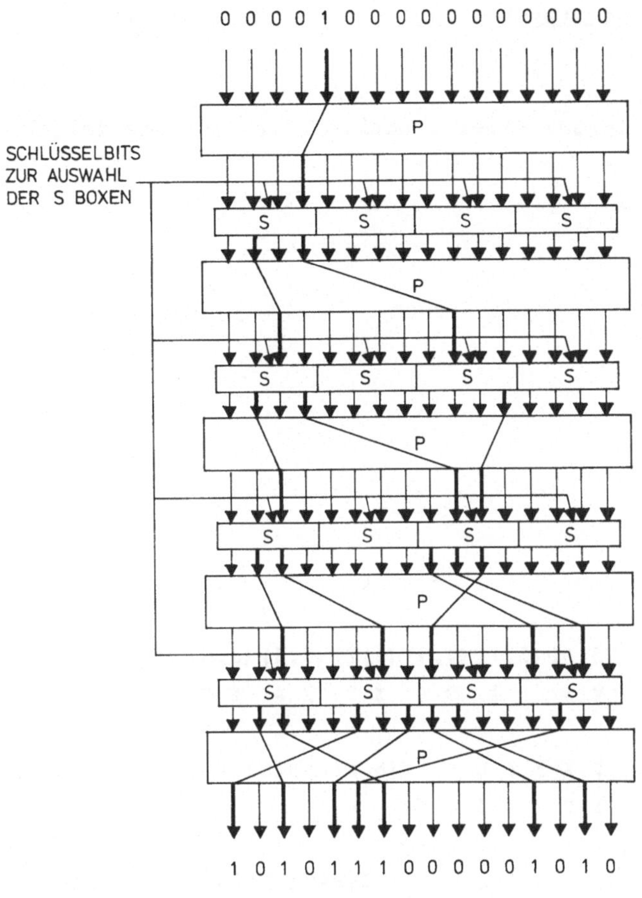

Abb. 18

Die Permutationen (P) sind fest, können aber verschieden sein. Die
S-Boxen stellen entsprechend der Bitfolge des Schlüssels jeweils zwei
verschiedene (4:4) Substitutionen dar.
Man kann ein äquivalentes System u.U. auch durch Iteration eines
'dünneren' Sandwiches aus Permutationen und Substitutionen erreichen.
Kam und Davida beschreiben in [Kam] die allgemeine Form eines solchen
SP-Sandwiches (S-P network) und seine effiziente Hardwareimplementa-
tion.

iv) **Verknüpfung_von_Transpositionen_und_Substitutionen**

Ein klassisches Beispiel einer Produktchiffre ist die folgende
A D F G V X-Chiffre:

	A	D	F	G	V	X
A	G	7	E	5	R	M
D	A	1	N	Y	B	2
F	C	3	D	4	F	6
G	H	8	I	9	J	0
V	K	L	O	P	Q	S
X	T	U	V	W	X	Z

Klartext:	S	C	H	U	T	Z

nichtlineare
Substitution: (5,6) (3,1) (4,1) (6,2) (6,1) (6,6)

V X F A G A X D X A X X

Transposition: V X F A G A   (horizontal v.l.n.r)
X D X A X X

Schlüssel: 6 1 4 3 2 5   (liefert Reihenfolge für Auslesen
der Spalten der Trans-
positionsmatrix; z.B. 1 $\rightarrow$ XD).

Schlüsseltext: X D G X A A F X A X V X

Die Auswahl einer Substitution ist in dieser Chiffre allerdings nicht
schlüsselabhängig.

v) **Verknüpfung_von_XOR,_Rotation_und_Addition**

Ein in [Dow] beschriebenes Verschlüsselungsverfahren verknüpft die
Operationen XOR, Addition und Rotation zu einer Produktchiffre.
Eine Besonderheit dieses Verfahrens ist, daß die Schlüsselauswahl
nicht wie üblich benutzer- oder systemabhängig sondern nach-
richtenabhängig ist. Für ein zu verschlüsselndes Wort c_i wird die Ver-

schlüsselungsfunktion (0-15) durch eine Funktion auf dem Vorgängerwort C_{i-1} ermittelt (function select).

Wir zitieren aus [Dow]:

The algorithm generates a new key word by forming a function selection word from the last ciphertext word (or initial key at the start), then using the last ciphertext word as a fill, generates a new key word according to bits 0-4 of the function selection word as shown in the table that follows.

The notation used in the table is:
- ⊙   rotate function (circular shift the value on the right by amount on the left)
- +   addition
- ⊕   exclusive OR

The expressions are evaluated from right to left with paranthetic grouping having its normal meaning. As an example, the expression M5 + A5 ⊙ (M4 ⊕ M3 + A3 ⊙ (M2 ⊕ M1 + A1 ⊙ C)) would be evaluated as:

a)   rotate C by the amount of A1
b)   Add M1
c)   Exclusive OR M2
d)   Rotate the value obtained thus far by the amount A3
e)   Add M3
f)   Exclusive OR M4
g)   Rotate the value obtained thus far by the amount A5
h)   Add M5

The values of M1,...,M7 and A1,...,A7 are offsets in the register containing the key. The contents of this register are obtained by applying a Tausworthe pseudo-random number generator to the input key value. The value of C is the word that is to be enciphered.

Function Select = 0-4 of $M7 \oplus A7 \odot (M6 + A6 \odot C(i-1))$

Bits 0-4 of
Function Select — Key Generating Function

Bits 0-4 of Function Select	Key Generating Function
0000	$M5 + A5 \odot (M4 \oplus A4 \odot (M3 + A3 \odot (M2 \oplus A2 \odot (M1 + A1 \odot C))))$
0001	$M5 + M4 \oplus A4 \odot (M3 + A3 \odot (M2 \oplus A2 \odot (M1 + A1 \odot C)))$
0010	$M5 + A5 \odot (M4 \oplus M3 + A3 \odot (M2 \oplus A2 \odot (M1 + A1 \odot C)))$
0011	$M5 + A4 \oplus M3 + A3 \odot (M2 \oplus A2 \odot (M1 + A1 \odot C))$
0100	$M5 + A5 \odot (M4 \oplus A4 \odot (M3 + M2 \oplus A2 \odot (M1 + A1 \odot C)))$
0101	$M5 + M4 \oplus (M3 + M2 \oplus A2 \odot (M1 + A1 \odot C))$
0110	$M5 + A5 \odot (M4 \oplus M3 + M2 \oplus A2 \odot (M1 + A1 \odot C))$
0111	$M5 + M4 \oplus M3 + M2 \oplus A2 \odot (M1 + A1 \odot c)$
1000	$M5 + A5 \odot (M4 \oplus A4 \odot (M3 + A3 \odot (M2 \oplus M1 + A1 \odot C)))$
1001	$M5 + M4 \oplus A4 \odot (M3 + A3 \odot (M2 \oplus M1 + A1 \odot C))$
1010	$M5 + A5 \odot (M4 \oplus M3 + A3 \odot (M2 \oplus M1 + A1 \odot C))$
1011	$M5 + M4 \oplus M3 + A3 \odot (M2 \oplus M1 + A1 \odot C)$
1100	$M5 + A5 \odot (M4 \oplus A4 \odot (M3 + M2 \oplus M1 + A1 \odot C))$
1101	$M5 + M4 \oplus A4 \odot (M3 + M2 \oplus M1 + A1 \odot C)$
1110	$M5 + A5 \odot (M4 \oplus M3 + M2 \oplus M1 + A1 \odot C)$
1111	$M5 + M4 \oplus M3 + M2 \oplus M1 + A1 \odot C$

Das Ablaufdiagramm (Abb. 19) sieht entsprechend wie folgt aus:

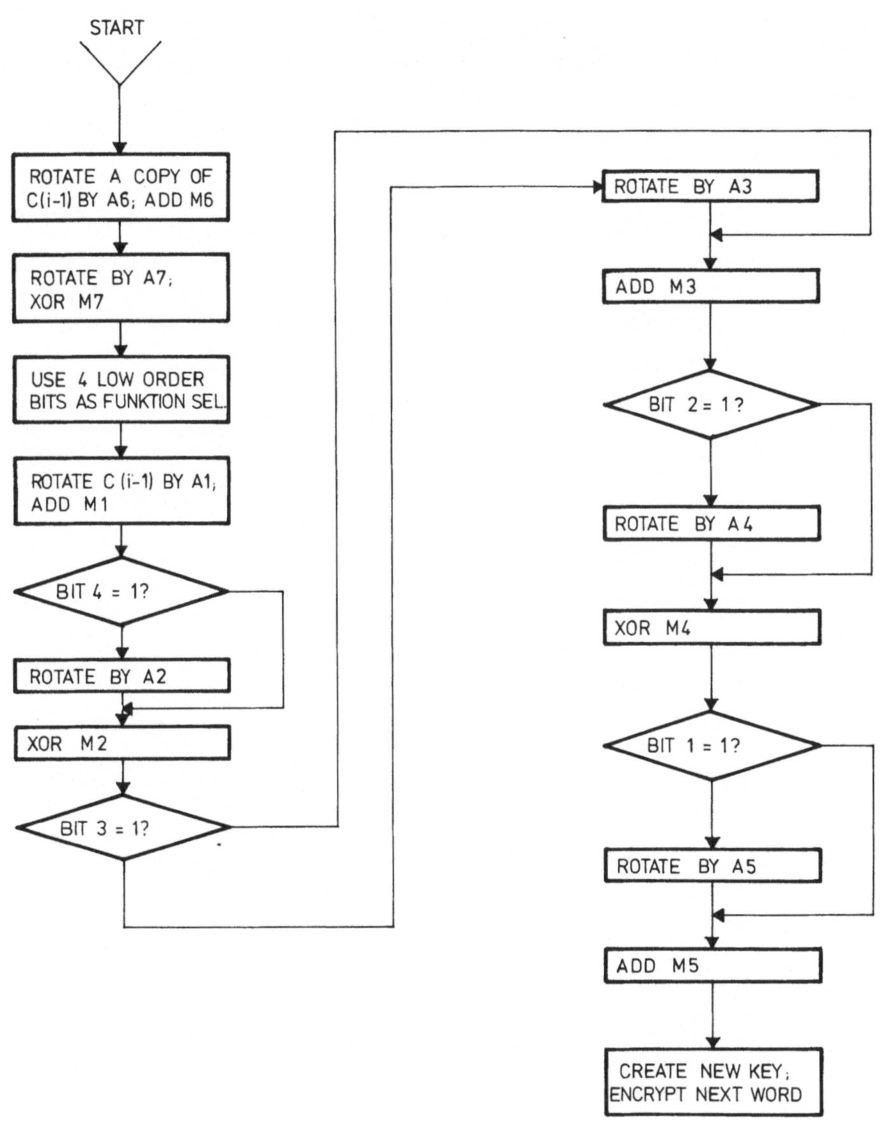

Abb. 19

Diese Beispiele stellen nur einen kleinen Ausschnitt der zahlreichen
Möglichkeiten zur Bildung von Produktchiffren dar. Sie machen aber
deutlich, daß die Iteration von Chiffren, die zu algebraisch abge-
schlossenen Mengen gehören (Permutationen, lineare Transformationen),
den Chiffretyp und damit auch seine kryptographischen Eigenschaften
nicht verändert (sprich: verbessert), wohingegen der in Beispiel ii)
beschriebene Chiffretyp eine Produktchiffre darstellt, deren
kryptographische Eigenschaften sich gewissenermaßen als 'Summe' der-

jenigen der Einzelchiffren darstellen. [27]
Wir werden später noch genauer auf die sicherheitsspezifischen Charakteristika solcher Chiffrer eingehen.

3.1.4 Kategorien von Kryptoverfahren

3.1.4.1 Produktchiffren

Unter einer Produktchiffre versteht man - wie bereits ausgeführt - die
Zusammensetzung (Hintereinanderausführung) verschiedener elementarer
Kryptofunktionen zu einer Chiffre, deren Effizienz sich aus den unterschiedlichen kryptographischen Eigenschaften der Einzelfunktionen zu-
sammensetzt. Eine Produktchiffre stellt ihrem Prinzip nach eine
Approximation der idealen Chiffre [Fei5] dar, die in der Realisierung
sämtlicher möglicher nichtsingulärer Abbildungen auf Binärblöcken
(n-to-n Transformation) bestehen würde. Da es $(2^n)!$ solcher Abbildungen gibt, ist eine ideale Chiffre für große n technisch nicht realisierbar.

Wir haben bereits in Kapitel 3.1.3 Bauteile von Produktchiffren
kennengelernt und wollen hier anhand des 'Data Encryption Standard'
(DES) als typischem Beispiel einer Produktchiffre die Verknüpfung solcher Bauteile zu einer kryptographisch starken Block-Produktchiffre
beschreiben.

Data Encryption Standard (DES)

Der DES ist ein von IBM entwickelter Verschlüsselungsalgorithmus
[Fei5], [Gir1], [Smi3], der nach einer Ausschreibung des National
Bureau Of Standards (NBS) im Jahre 1977 als US-
Verschlüsselungsstandard genormt wurde [NBS2]. Das Verfahren ist aus
dem ebenfalls bei IBM entwickelten 'Lucifer-Algorithmus' [Een], [Smi1]
hervorgegangen.

Der DES stellt eine Block-Produkt-Chiffre aus Permutationen und nichtlinearen Substitutionen dar, die schlüsselgesteuert (rotating key) in
einer Iterationsschleife 16 mal durchlaufen werden [Syk]:

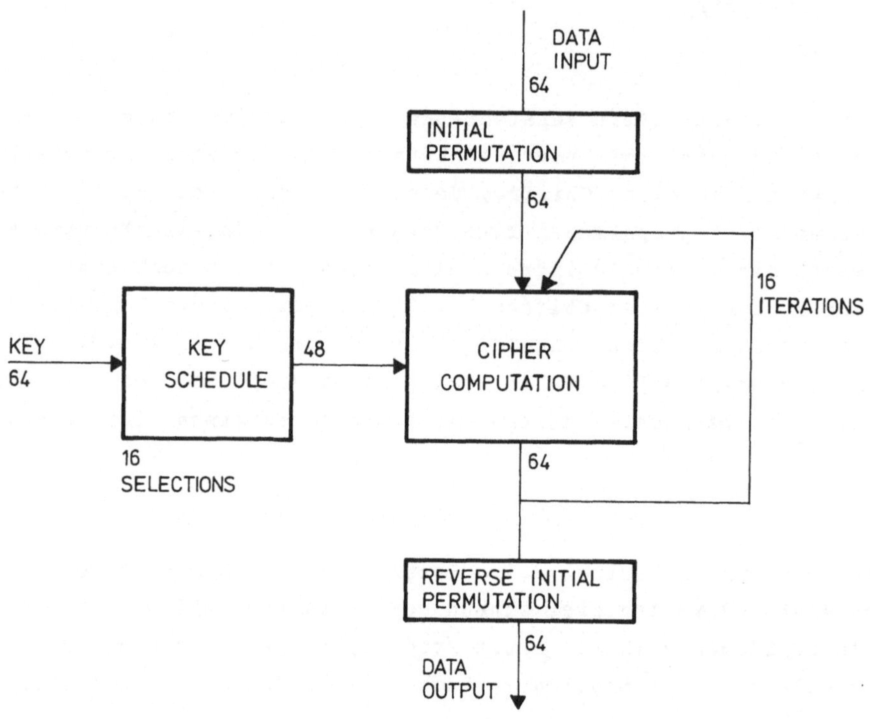

Abb. 20

(Reprinted with permission of DATAMATION magazine
Copyright by TECHNICAL PUBLISHING COMPANY,
A Division of DUN-DONNELLEY PUBLISHING CORPORATION,
A DUN & BRADSTREET COMPANY, 1978 - all rights reserved)

Wir werden die Arbeitsweise des DES anhand von Ausschnittvergrößerun-
gen dieser Gesamtansicht erläutern.

Der DES operiert auf Daten- und Schlüsselblöcken in der Länge von 64
(56) Bits.
Ein Schlüsselblock besteht aus 56 Bits zuzüglich 8 Parity-Bits
(Prüfbits), wobei jeweils 7 Bits auf ungerade Parität ergänzt werden.

Ver- und Entschlüsselung sind aufgrund einer Konstruktionseigenschaft
der Gesamtabbildung (s.u.) bis auf die Reihenfolge der je Iteration
verwendeten (Teil-)Schlüssel K_i identisch:

Verschlüsselung = $K_1, K_2, \ldots, K_{16}$
Entschlüsselung = $K_{16}, K_{15}, \ldots, K_1$

Wir beschreiben die Arbeitsweise des DES durch die je Eingabeblock
(Daten) ausgeübten Transformationen [Bra1]:

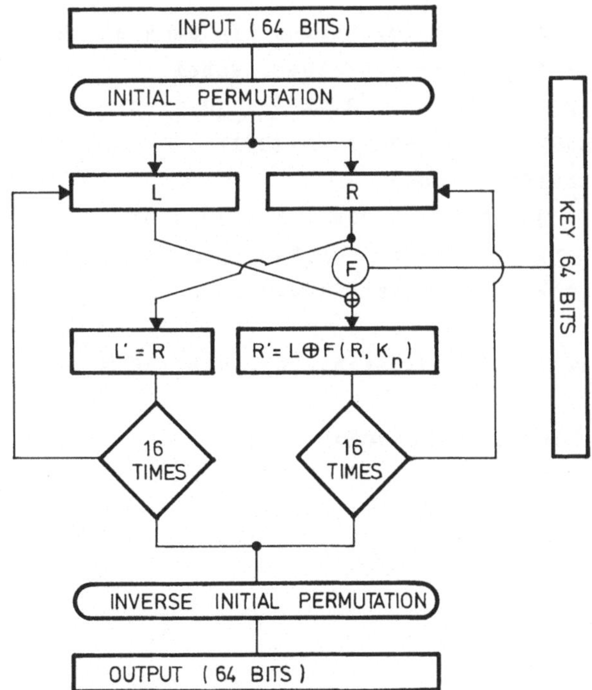

Abb. 21

i) **E̲i̲n̲g̲a̲n̲g̲s̲p̲e̲r̲m̲u̲t̲a̲t̲i̲o̲n̲ ̲ ̲(̲I̲P̲)̲**

Alle 64 Datenbits (INPUT) werden mittels IP permutiert.

ii) **V̲e̲r̲s̲c̲h̲l̲ü̲s̲s̲e̲l̲u̲n̲g̲s̲i̲t̲e̲r̲a̲t̲i̲o̲n̲**

Der Ergebnisblock aus i) wird in einen linken Block $L_{(i)}$
und einen rechten Block $R_{(i)}$ zerlegt. Auf diesen 32-Bit
Blöcken wird die folgende Operation 16 mal hintereinander
ausgeführt:

Setze $\quad L_i = R_{i-1}$

$\qquad R_i = L_{i-1} \ O \ F(R_{i-1}, K_i),\quad \oplus := $ Exklusives Oder

$\qquad$ für $i = 1, 2, \dots, 16$

iii) **A̲u̲s̲g̲a̲n̲g̲s̲p̲e̲r̲m̲u̲t̲a̲t̲i̲o̲n̲** (OP)

Auf dem Ergebnisblock $L_{16}R_{16}$ aus ii) operiert die zu IP inverse Permutation. Das Ergebnis sind 64 Schlüsseltextbits
(OUTPUT).

Wir können die Verschlüsselungsoperation ii) auch als Abbildung
$\quad H \bullet V: \{0,1\}^{64} \longrightarrow \{0,1\}^{64}$ schreiben, wobei
$\quad V: \{0,1\}^{32} \times \{0,1\}^{32} \longrightarrow \{0,1\}^{32} \times \{0,1\}^{32}$
$\qquad\qquad (L,R) \qquad\quad \longrightarrow \qquad (R,I)$
die Vertauschungsabbildung und
$\quad H: \{0,1\}^{32} \times \{0,1\}^{32} \longrightarrow \{0,1\}^{32} \times \{0,1\}^{32}$
$\qquad\qquad (R,L) \qquad\quad \longrightarrow \quad (R, F(R,K) \oplus L)$
die eigentliche Verschlüsselungsabbildung ist.

V und H sind involutorisch (selbstinvers), d.h. $V^2 = H^2 = Id$.

Die Abbildung F stellt sich wie folgt dar:

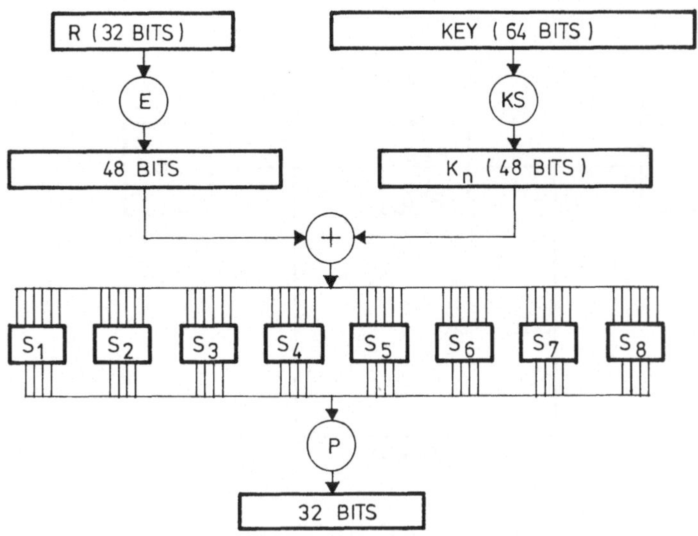

K_n CHANGES FOR n = 1, 2, …, 16

Abb. 22

E ist eine lineare Expansionsabbildung, die ausgewählte Bits von R
dupliziert und R zu einem 48-Bit Vektor erweitert.
K_n ist eine Schlüsselauswahlfunktion, die für $1 \leq n \leq 16$ jeweils 48 Bits
des 64- bzw. 56-Bits Gesamtschlüssels auswählt.

Die S_i ($1 \leq i \leq 8$) sind 6:4-Bit Substitutionstabellen oder S-Boxen. Die
Substitutionen sind nichtlinear. Sie stellen den kryptographisch
wichtigsten Teil des DES Algorithmus dar. Je 6 Eingabebits adressieren
einen 4-Bit Tabelleneintrag und stellen damit einen 32 Bit-Vektor zusammen, der abschließend noch einer Permutation P unterzogen wird (Die
gesamte Spezifikation der Permutations- und Substitutionstabellen kann
der API-Darstellung des DES (im Anhang) entnommen werden).

Die Schlüsselauswahlfunktion K_n ist wie folgt definiert:

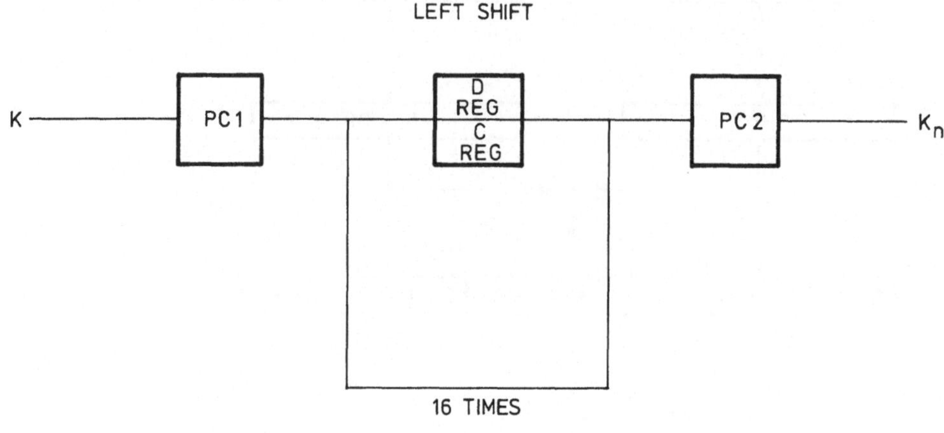

Abb. 23

Der Operator PC1 entfernt die Parity-Bits des 64-Bit Schlüssels und
reduziert diesen damit auf 56 aktive Schlüsselbits. Diese Bitfolge
wird in zwei 28-Bit Register abgestellt und je Iterationsschritt
(1-16) nach einem festen Schema ein- oder zweimal geshiftet. Der
Operator PC2 erzeugt dann nach Permutation der Bits in den Registern
den jeweiligen (Teil-)Schlüssel K_n. Das abschließende Diagramm [Dif5]
zeigt die Verschlüsselungsiteration und die zugehörige
Schlüsselauswahlfunktion in ihrem Zusammenhang:

64 - BIT KEY
PERMUTED CHOICE 1
56 - BIT KEY
28 - BIT C_0
28 - BIT D_0
LEFT SHIFT
LEFT SHIFT
C_1
D_1
K_1
PERMUTED CHOICE 2
LEFT SHIFTS
LEFT SHIFTS
C_2
D_2
K_2
PERMUTED CHOICE 2
LEFT SHIFTS
LEFT SHIFTS
C_{16}
D_{16}
K_{16}
PERMUTED CHOICE 2
64 - BIT PLAINTEXT
INITIAL PERMUTATION
32 - BIT L_0
32 - BIT R_0
K_1
$f(R_0,K_1)$
L_1
R_1
K_2
$f(R_1,K_2)$
L_2
R_2
L_{15}
R_{15}
K_{16}
$f(R_{15}K_{16})$
L_{16}
R_{16}
FINAL PERMUTATION
64 - BIT CIPHERTEXT

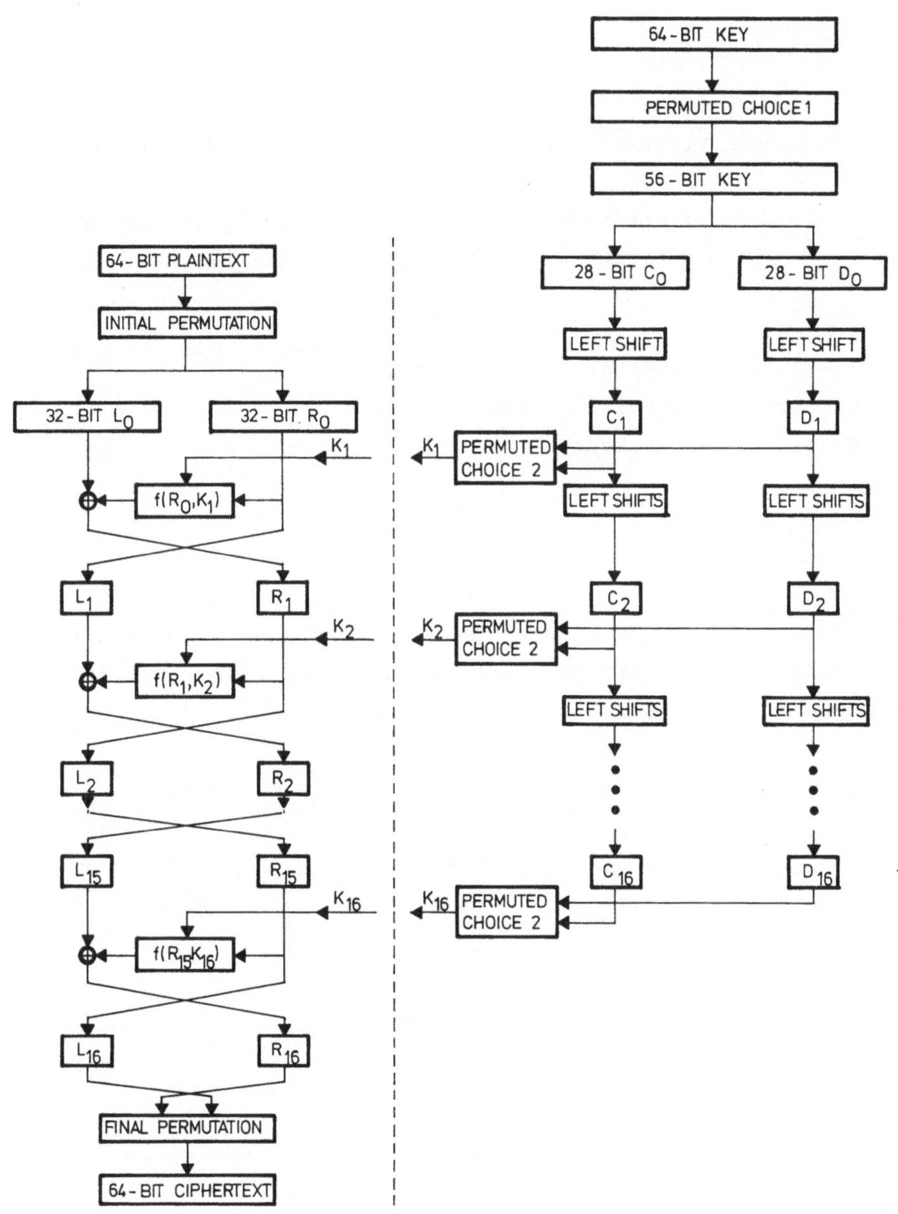

Abb. 24

Anwendungsmodi_des_DES

Es werden in der Literatur verschiedene Anwendungsmodi des DES vorgeschlagen [Ste], die neben der Standardverschlüsselung auch eine Form
der Verschlüsselung mit Blockverkettung und eine byteweise Verwendung
des DES auf Zeichenblöcken $\leq$ 8 Byte zulassen. Hierbei handelt es sich
um

    a) Electronic Code Book Mode   (ECB)
    b) Cipher Block Chaining Mode   (CBC)
    c) Cipher Feedback Mode   (CFB)

zu a)

Der ECB Mode des DES stellt die Standardverschlüsselung dar, die auf
jeweils 8 Byte langen Datenblöcken operiert und diese unabhängig
voneinander verschlüsselt:

ELECTRONIC CODE BOOK MODE

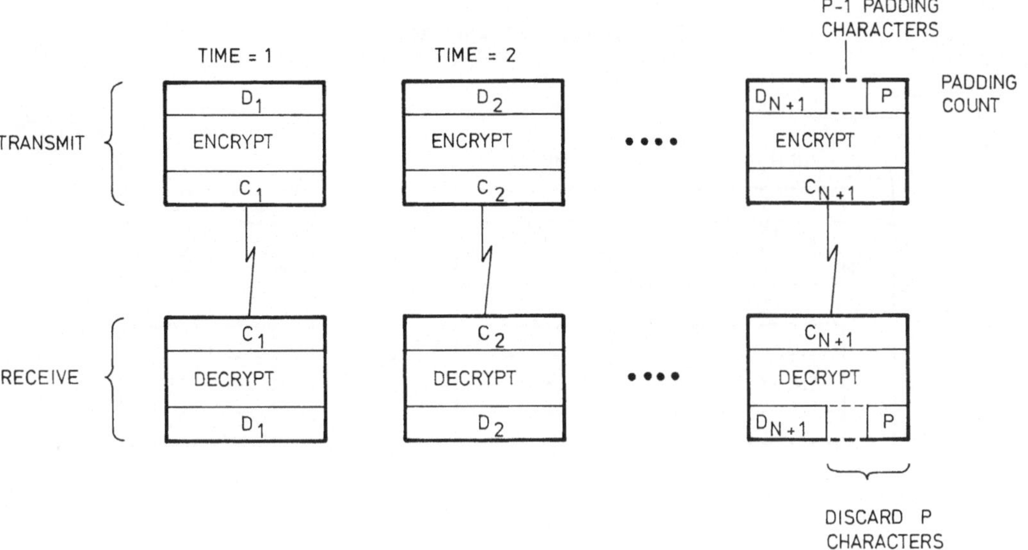

Abb. 25

zu b)

Der CBC Mode des DES verschlüsselt 8 Byte lange Datenblöcke, die vor
der Verschlüsselung jeweils mit dem verschlüsselten Vorgängerblock ex-
klusiv geodert werden (Blockverkettung). Dies erfordert für den ersten
Datenblock einer Nachricht einen bei Sender und Empfänger identisch
verfügbaren Startwert (Initial Chaining Value - ICV).

CIPHER BLOCK CHAINING MODE

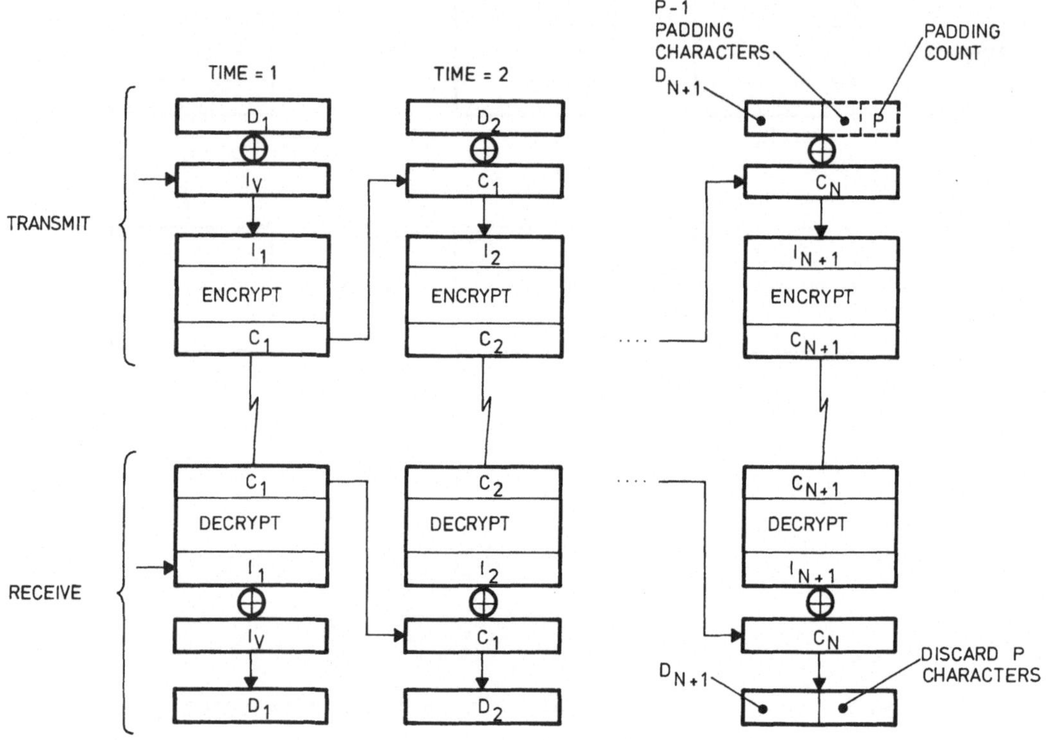

Abb. 26

Der CBC Mode verringert signifikant das Auftreten sich wiederholender
Bitmuster im Schlüsseltext. Damit ist der Schlüsseltext gegen
Häufigkeitsanalysen (block frequency analysis) wesentlich sicherer als
bei Verwendung des ECB Modes. Eine weitere Eigenschaft des CBC Modes
ist die geringe Fehlerfortpflanzung bei Ver- oder Entschlüsselungsfeh-
lern. Bis auf den Verlust höchstens zweier 8 Byte Blöcke wirkt sich
kein Fehler weiter aus, d..h. dieser Mode ist selbstkorrigierend.

zu c)

Der CFB Mode des DES dient zur Verschlüsselung von Datenblöcken beliebiger Länge (≤64 Bits) durch exklusives Oder von jeweils einem Klartext- und einem Feedbackblock. Zu diesem Zweck werden erzeugte Schlüsseltextbits per Feedback als Daten in den DES rückgeführt und mit einem festen Schlüssel chiffriert. Ein festzulegender Block (k Bits) des 8 Byte langen Ergebnisses dieser Verschlüsselung dient als Feedbackblock. Für die ersten 8 Bytes einer Nachricht muß entsprechend dem CBC Mode ein Initialisierungsvektor (IV) zur Verfügung stehen.

CIPHER FEEDBACK MODE

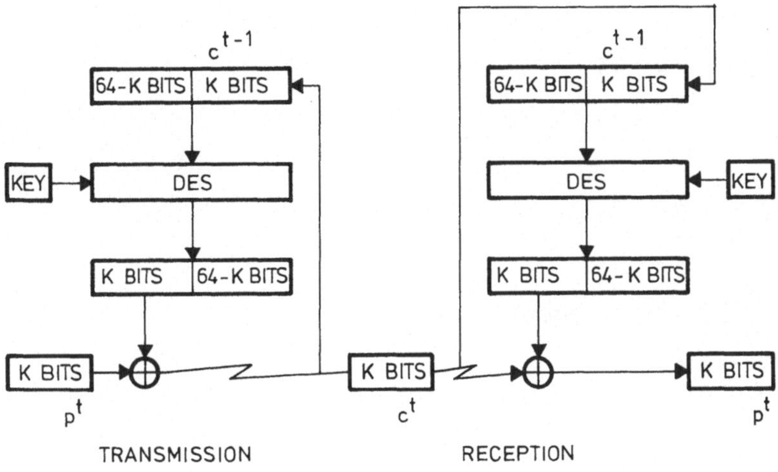

Abb. 27

<u>Anhang</u>

<u>APL Version des Data Encryption Standards (DES) Algorithmus (H. Block)</u>


```
        DESDOC

THE DES ALGORITHM. THE KEY AND THE TEXT IS GIVEN AS A 16
CHARARACTER HEXA STRING. TO GET A NEW KEY, WRITE:
NEWKEY 'XXXXXXXXXXXXXXXX'
WHERE XXXXXXXXXXXXXXXX IS THE KEY. TO ENCRYPT, WRITE:
'XXXXXXXXXXXXXXXX' BECOMES ENCRYPTED
WHERE XXXXXXXXXXXXXXXX IS THE TEXT. TO DECRYPT, WRITE:
'XXXXXXXXXXXXXXXX' BECOMES DECRYPTED
WHERE XXXXXXXXXXXXXXXX IS THE CRYPTOTEXT.
CRYPTEST MAKES AN ITERATED TEST OF THE ALGORITHM.


        ∇NEWKEY[☐]∇
        ∇ NEWKEY KEY;COLD;DOLD;CNEW;DNEW;N
[1]     ⍝NEWKEY EXPANDS THE KEY TO TWO GLOBAL ARRAYS,
[2]     ⍝ENCRYPTED AND DECRYPTED.
[3]     ⍝THEY CONTAIN THE EXPANDED KEY IN BINARY FORM AS
[4]     ⍝INPUT TO THE FUNCTION 'BECOMES'. KEY IS SAVED IN KEYIS.
[5]     KEYIS←KEY
[6]     ENCRYPTED← 16 48 ρ0
[7]     KEY←BITST KEY
[8]     COLD←KEY[PC1C]
[9]     DOLD←KEY[PC1D]
[10]    N←0
[11]  NEW:N←N+1
[12]    CNEW←IT[N]φCOLD
[13]    DNEW←IT[N]φDOLD
[14]    COLD←CNEW
[15]    DOLD←DNEW
[16]    ENCRYPTED[N;]←(CNEW,DNEW)[PC2]
[17]    →NEW IF N<16
[18]    DECRYPTED←⊖ENCRYPTED
        ∇


        ∇BECOMES[☐]∇
        ∇ CHI←TEXT BECOMES K;MELL;LOLD;LNEW;ROLD;RNEW;N
[1]     ⍝TEXT IS ENCRYPTED OR DECRYPTED, DEPENDING ON THE SECOND
[2]     ⍝PARAMETER WHICH CAN BE THE BITMATRIX ENCRYPTED OR DECRYPTED.
[3]     ⍝THESE MATRICES ARE MADE BY NEWKEY.
[4]     MELL←(BITST TEXT)[IP]
[5]     LOLD←MELL[ι32]
[6]     ROLD←MELL[32+ι32]
[7]     N←0
[8]   NEW:N←N+1
[9]     LNEW←ROLD
[10]    RNEW←LOLD≠ROLD FUNCTION K[N;]
[11]    LOLD←LNEW
[12]    ROLD←RNEW
[13]    →NEW IF N<16
[14]    CHI←HEXA(RNEW,LNEW)[IPMIN]
        ∇
```

```
      ∇IF[□]∇
      ∇ L←LABEL IF CONDITION
[1]   L←CONDITION/LABEL
      ∇


      ∇BITST[□]∇
      ∇ Z←BITST HEXA
[1]   ⍝MAKES A BIT MATRIX FROM A HEXADECIMAL STRING OF CHARACTERS
[2]   Z←64ρ⍉ 2 2 2 2 T¯1+'0123456789ABCDEF'⍳HEXA
      ∇


      ∇HEXA[□]∇
      ∇ Z←HEXA BITSTR
[1]   ⍝MAKES A HEXADECIMAL STRING OF CHARACTERS OF A BIT MATRIX
[2]   Z←'0123456789ABCDEF'[1+2⊥⍉ ↑6 4 ρBITSTR]
      ∇




      ∇FUNCTION[□]∇
      ∇ Z←R FUNCTION KN;N;IND;RPREL
[1]   ⍝THE CIPHER FUNCTION F(R,K) OF THE ALGORITHM
[2]   IND← 8 6 ρKN≠R[E]
[3]   RPREL← 8 4 ρ0
[4]   N←0
[5]  NEW:N←N+1
[6]   RPREL[N;]← 2 2 2 2 TS[N;1+2⊥IND[N; 1 6];1+2⊥IND[N; 2 3 4 5]]
[7]   →NEW IF N<8
[8]   Z←(32ρRPREL)[P]
      ∇




      ∇CRYPTEST[□]∇
      ∇ DATA1 CRYPTEST KEY1;DATA;KEYS;RESULT
[1]   ⍝MAKES TEST OF THE ALGORITHM IN AN INFINITE LOOP.
[2]   ⍝EVERY SECOND TEST IS AN ENCRYPTION; THE OTHER STEPS
[3]   ⍝ARE DECRYPTIONS. THE RESULT FROM ONE ROW BECOMES THE DATA OF
[4]   ⍝THE NEXT ROW AND THE KEY OF THE ROW AFTER THAT.
[5]   DATA←DATA1
[6]   NEWKEY KEY1
[7]   'DATA',(14ρ' '),'KEY',(15ρ' '),'RESULT        E = ENC.  D = DEC.'
[8]  NEW:RESULT←DATA BECOMES ENCRYPTED
[9]   DATA,' ',KEYIS,'  ',RESULT,' E'
[10]  NEWKEY DATA
[11]  DATA←RESULT
[12]  RESULT←DATA BECOMES DECRYPTED
[13]  DATA,' ',KEYIS,'  ',RESULT,' D'
[14]  NEWKEY DATA
[15]  DATA←RESULT
[16]  →NEW
      ∇
```

```
        8  6 ρE
32   1   2   3   4   5
 4   5   6   7   8   9
 8   9  10  11  12  13
12  13  14  15  16  17
16  17  18  19  20  21
20  21  22  23  24  25
24  25  26  27  28  29
28  29  30  31  32   1


        8  8 ρIP
58  50  42  34  26  18  10   2
60  52  44  36  28  20  12   4
62  54  46  38  30  22  14   6
64  56  48  40  32  24  16   8
57  49  41  33  25  17   9   1
59  51  43  35  27  19  11   3
61  53  45  37  29  21  13   5
63  55  47  39  31  23  15   7


        8  8 ρIPMIN
40   8  48  16  56  24  64  32
39   7  47  15  55  23  63  31
38   6  46  14  54  22  62  30
37   5  45  13  53  21  61  29
36   4  44  12  52  20  60  28
35   3  43  11  51  19  59  27
34   2  42  10  50  18  58  26
33   1  41   9  49  17  57  25


           IT
1 1 2 2 2 2 2 2 1 2 2 2 2 2 2 1


        8  4ρP
16   7  20  21
29  12  28  17
 1  15  23  26
 5  18  31  10
 2   8  24  14
32  27   3   9
19  13  30   6
22  11   4  25
```

```
        4  7ρPC1C
57  49  41  33  25  17   9
 1  58  50  42  34  26  18
10   2  59  51  43  35  27
19  11   3  60  52  44  36


        4  7ρPC1D
63  55  47  39  31  23  15
 7  62  54  46  38  30  22
14   6  61  53  45  37  29
21  13   5  28  20  12   4


        8  6ρPC2
14  17  11  24   1   5
 3  28  15   6  21  10
23  19  12   4  26   8
16   7  27  20  13   2
41  52  31  37  47  55
30  40  51  45  33  48
44  49  39  56  34  53
46  42  50  36  29  32
```

```
            ρE
48
            ρIP
64
            ρIPMIN
64
            ρIT
16
            ρP
32
            ρPC1C
28

            ρPC1D
28
            ρPC2
48
            ρS
8 4 16
            ρENCRYPTED
16 48
            ρDECRYPTED
16 48
```

```
     S
14   4 13   1   2 15 11   8   3 10   6 12   5   9   0   7
 0 15   7   4 14   2 13   1 10   6 12 11   9   5   3   8
 4   1 14   8 13   6   2 11 15 12   9   7   3 10   5   0
15 12   8   2   4   9   1   7   5 11   3 14 10   0   6 13

15   1   8 14   6 11   3   4   9   7   2 13 12   0   5 10
 3 13   4   7 15   2   8 14 12   0   1 10   6   9 11   5
 0 14   7 11 10   4 13   1   5   8 12   6   9   3   2 15
13   8 10   1   3 15   4   2 11   6   7 12   0   5 14   9

10   0   9 14   6   3 15   5   1 13 12   7 11   4   2   8
13   7   0   9   3   4   6 10   2   8   5 14 12 11 15   1
13   6   4   9   8 15   3   0 11   1   2 12   5 10 14   7
 1 10 13   0   6   9   8   7   4 15 14   3 11   5   2 12

 7 13 14   3   0   6   9 10   1   2   8   5 11 12   4 15
13   8 11   5   6 15   0   3   4   7   2 12   1 10 14   9
10   6   9   0 12 11   7 13 15   1   3 14   5   2   8   4
 3 15   0   6 10   1 13   8   9   4   5 11 12   7   2 14

 2 12   4   1   7 10 11   6   8   5   3 15 13   0 14   9
14 11   2 12   4   7 13   1   5   0 15 10   3   9   8   6
 4   2   1 11 10 13   7   8 15   9 12   5   6   3   0 14
11   8 12   7   1 14   2 13   6 15   0   9 10   4   5   3

12   1 10 15   9   2   6   8   0 13   3   4 14   7   5 11
10 15   4   2   7 12   9   5   6   1 13 14   0 11   3   8
 9 14 15   5   2   8 12   3   7   0   4 10   1 13 11   6
 4   3   2 12   9   5 15 10 11 14   1   7   6   0   8 13

 4 11   2 14 15   0   8 13   3 12   9   7   5 10   6   1
13   0 11   7   4   9   1 10 14   3   5 12   2 15   8   6
 1   4 11 13 12   3   7 14 10 15   6   8   0   5   9   2
 6 11 13   8   1   4 10   7   9   5   0 15 14   2   3 12

13   2   8   4   6 15 11   1 10   9   3 14   5   0 12   7
 1 15 13   8 10   3   7   4 12   5   6 11   0 14   9   2
 7 11   4   1   9 12 14   2   0   6 10 13 15   3   5   8
 2   1 14   7   4 10   8 13 15 12   9   0   3   5   6 11
```

START1 CRYPTEST START2

DATA	KEY	RESULT	E = ENC. D = DEC.
092BA5F15EF71902	38BD6A43E15FEB61	AA3C97F5598988B8	E
AA3C97F5598988B8	092BA5F15EF71902	662B15703AEE6C86	D
662B15703AEE6C86	AA3C97F5598988B8	A29CB77FFD5782C9	E
A29CB77FFD5782C9	662B15703AEE6C86	49FA34AC10D827C1	D
49FA34AC10D827C1	A29CB77FFD5782C9	928F16C6074B309F	E
928F16C6074B309F	49FA34AC10D827C1	03EAC1FEC96503AC	D
03EAC1FEC96503AC	928F16C6074B309F	8E3A84FD9D1AE616	E
8E3A84FD9D1AE616	03EAC1FEC96503AC	3541D84DAE9A6172	D

```
     START1
092BA5F15EF71902
     START2
38BD6A43E15FEB61
```

3.1.4.2 Kontinuierliche Chiffren

Wir wollen im folgender kontinuierliche Chiffren vorstellen, die auf
der klassischen Vernam-Chiffre basieren (vgl. Kap 3.1.1). Ihr Grundprinzip, die bitweise mod-2 Addition einer Schlüsselzeichenfolge mit
dem Klartext, wird in Abb. 28 verdeutlicht.

Die Organisationsmodelle für die nachfolgend vorgestellten Chiffren
unterscheiden sich im wesentlichen durch die Auswahl, Anzahl und Verknüpfung (Mehrstufigkeit) verschiedener Zufallszahlengeneratoren
(ZZG). [28]

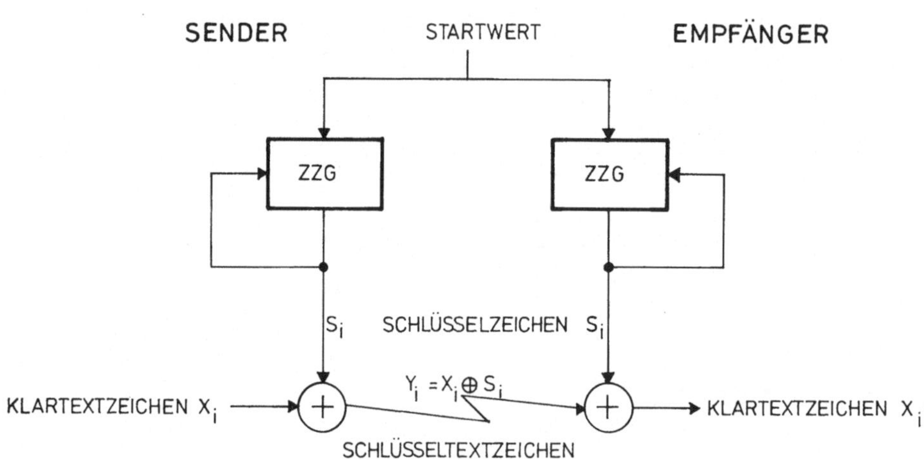

Abb. 28

Erzeugung der Schlüsselzeichenfolge

Grundlage für die Konstruktion einer kryptographisch starken Bitchiffre ist die Erzeugung von (pseudo-) zufälligen und gleichverteilten

Schlüsselzeichen mit einer im Verhältnis zum Nachrichten- oder Über-
tragungsvolumen großen Periodenlänge. [29]

Hierbei nennen wir eine Zeichenfolge _zufällig_, wenn sie als Signalfol-
ge nichtdeterministischer Quellen wie Impulsgeneratoren, Geigerzähler,
Transistoren etc. [Kle] erzeugt wird , bzw. _pseudo-zufällig_, wenn sie
durch deterministische Prozesse, wie die unten beschriebenen Zufallszahlengeneratoren erzeugt wird und geeigneten statistischen Tests
[Knu] genügt. [30]
Wir werden uns im folgenden auf pseudozufällige Zeichenfolgen
beschränken, da diese jederzeit reproduzierbar sind.

Vernam Chiffren, deren Schlüsselfolge (pseudo-)zufällig ist und eine
Periodenlänge besitzt, die größer oder gleich der Länge des jeweils zu
verschlüsselnden Klartextes ist, sind - bei nur einmaliger Verwendung
der Schlüsselfolge (one-time tape) - auch theoretisch unbrechbar. Aus
diesem Grund wird Vernam Chiffren in der Literatur besondere Auf-
merksamkeit gewidmet ([Car3], [Hof3], [Mey3], [Mey7], [Tuc3]).

Die Erzeugung der oben beschriebenen Schlüsselfolgen geschieht in der
Regel nach zwei Methoden:

1)   Verwendung von Zufallszahlengeneratoren mit großer Periode

2)   Verwendung von Zufallszahlengeneratoren mit verhältnismäßig klei-
     ner Periode und pseudozufällige Konkatenation des Outputs dieser
     Zufallszahlengeneratoren.

Zur Veranschaulichung wollen wir einige Kandidaten von Zufallszahlengeneratoren für die Verwendung in Vernam Chiffren vorstellen:

1)   **kongruenter Zufallszahlengenerator nach Lehmer**

     Lehmer hat 1951 einen Zufallszahlengenerator des folgenden Typs
     vorgeschlagen, der als linear kongruenter Zufallszahlengenerator
     bezeichnet wird:

     i) $x_{i+1} = ax_i + c \pmod{m}$, $a, m \in \mathbb{Z}$

$\{x_i\}$ ist die erzeugte Zeichenfolge. Die definierenden
Parameter sind der Startwert (x_0), der Multiplikator (a),
die additive Konstante (c) und der Modulus (m).
Für c=0 wird dieser Generator auch als multiplikativ-
kongruenter Zufallszahlengenerator bezeichnet. Die Periode
ist durch m beschränkt.

Ein zweiter Typ wird als additiv-kongruenter Zufallszahlengenerator bezeichnet:

ii) $\qquad x_i = x_{i-q} + x_{i-p} \pmod{m}$

Die Periodenlänge hängt hier nicht direkt von der Größe von m
ab, sondern auch von der geeigneten Wahl von p und q.

Die Verfahren i) und ii) sind Spezialfälle des folgenden allgemeinen
linear kongruenten Zufallszahlengenerators:

iii) $\qquad x_i = a_1 x_{i-1} + a_2 x_{i-2} + \ldots + a_p x_{i-p} + c \pmod{m}$,
$\qquad a_i \in Z$.

2) Zufallszahlengenerator_nach_Tausworthe

Tausworthe hat als Spezialfall von iii) den folgenden nach ihm be-
nannten Zufallszahlengenerator vorgeschlagen [Tau]:

iv) $\qquad x_i = a_1 x_{i-q_1} + a_2 x_{i-q_2} + \ldots + a_r x_{i-q_r} \pmod{2}$,
$\qquad$ wobei $a_i \in \{0,1\}$ und $a_n = 1$ ist.

Die maximale Periode P dieses Zufallszahlengenerators beträgt
$2^r - 1$. Eine notwendige und hinreichende Bedingung für $P = 2^r - 1$ ist,
daß das Polynom $1 + a_1 x + a_2 x^2 + \ldots + x^r$ primitiv über GF(2) ist. [31]

3) Lineare_Feedback-Schieberegister_(LFSR)

Unter einem linearen r-stufigen Feedback-Schieberegister (auch
linearer sequentieller Filter) verstehen wir den folgenden logischen Schaltkreis:

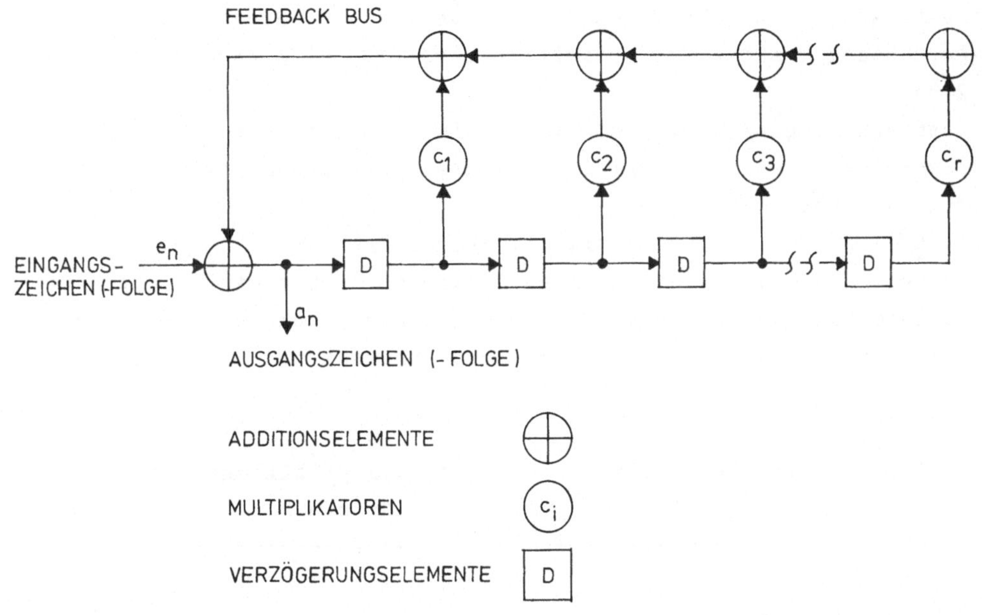

Abb. 29

Die Eingangs- bzw. Ausgangszeichen und die Multiplikatoren c_i sind
Elemente aus $GF(p) = \{0,1,\ldots,p-1\}$, p prim.
Wir wollen uns hier auf den binären Fall (p=2) beschränken, wobei die
Addition mod 2 durch $\oplus$ bzw. $\boxtimes$ ausgedrückt wird.

Funktionsweise:

Die Verzögerungselemente des Feedback-Schieberegisters werden zu
Beginn mit r Binärwerten initialisiert. In festen Zeitabständen (t
Sekunden) werden dann Zeichen eingelesen, schrittweise in Pfeilrich-
tung transportiert und - über den Feedback Bus rückgekoppelt - additiv
und multiplikativ zu einem Ausgangszeichen a_n verknüpft.
Hierbei ist das Ausgangszeichen a_n zur Zeit nt gegeben durch

$a_n = e_n \oplus \Sigma\, c_i\, a_{n-i}$, wobei e_n das Eingangszeichen zur Zeit nt ist.

Das lineare Feedback-Schieberegister ist ein periodischer Zeichen-generator, da die Folgezustände des Registers (d.h. die Inhalte der Verzögerungselemente) durch den jeweils aktuellen Zustand vollständig bestimmt sind und nur eine endliche Anzahl von (2^r) Zuständen möglich ist (r=Anzahl der Verzögerungselemente). Ist der Registerinhalt 0, wird eine Ausgangszeichenfolge von Nullen erzeugt. Abgesehen von diesem Zustand besitzt das Schieberegister also eine maximale Periode von 2^r-1.

Man kann nun zeigen (z.B. [Gol]), daß ein r-stufiges lineares Feedback-Schieberegister maximal-periodisch wird, wenn sein charakteristisches Polynom

$h(x) = x^r - c_1 x^{r-1} - \ldots - c_r$ primitiv über GF(p) ist.

Die folgende Tabelle zeigt in einer Zusammenstellung einige typische irreduzible Polynome n-ten Grades, die ein entsprechendes n-stufiges maximalperiodisches lineares Feedback-Schieberegister erzeugen:

Grad n	primitives Polynom	Anzahl primitiver Polynome vom Grad n
1	$X+1$	1
2	X^2+X+1	1
3	X^3+X+1	2
4	X^4+X+1	2
5	X^5+X^2+1	6
6	X^6+X+1	6
7	X^7+X+1	18
8	$X^8+X^4+X^3+X^2+1$	16
9	X^9+X^4+1	48
10	$X^{10}+X^3+1$	60
11	$X^{11}+X^2+1$	176
12	$X^{12}+X^6+X^4+X+1$	144

Tab. 3

Die günstigen statistischen Eigenschaften eines maximal-periodischen Feedback-Schieberegisters zeigen sich u.a. in der schwachen Korrelation zweier beliebiger Ausgangszeichen(-bits) ([Lee]).

Dennoch bietet die Verwendung eines linearen r-stufigen linearen
Feedback-Schieberegisters als Generator für Schlüsselzeichen nur verhältnismäßig geringen Schutz, da nach [Mey3], [Mey7] bereits bei
Kenntnis von je 2r Klartext- und korrespondierenden Schlüsseltextbits
eine Entschlüsselung durch Rekonstruktion des linearen Feedback-
Schieberegisters, d.h. der Multiplikatoren und der Initialisierungs-
werte möglich ist (vgl. 3.2.2.3).

4)_Nichtlineare_Feedback-Schieberegister_(NLFSR)

Die einfache Rekonstruierbarkeit linearer Feedback-Schieberegister hat
zur Entwicklung sog. nichtlinearer Feedback-Schieberegister geführt.
Diese werden meist durch nichtlineare Verknüpfung des Outputs linearer
Feedback-Schieberegister (Abb. 30) oder durch den Einbau nichtlinearer
Verknüpfungselemente in den Feedback-Bus eines linearen Feedback-
Schieberegisters (Abb. 31) realisiert.

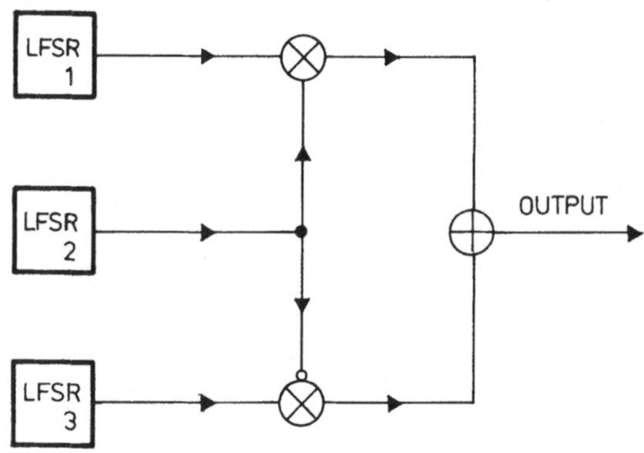

Abb. 30 [Key1]

In Abb. 30 kontrolliert das lineare Feedback-Schieberegister LFSR 2
die Verknüpfung von LFSR 1 und LFSR 3 mit dem Output: Wenn LFSR 2 eine
1 produziert, wird LFSR 1 durchgeschaltet, bei 0 LFSR 3.

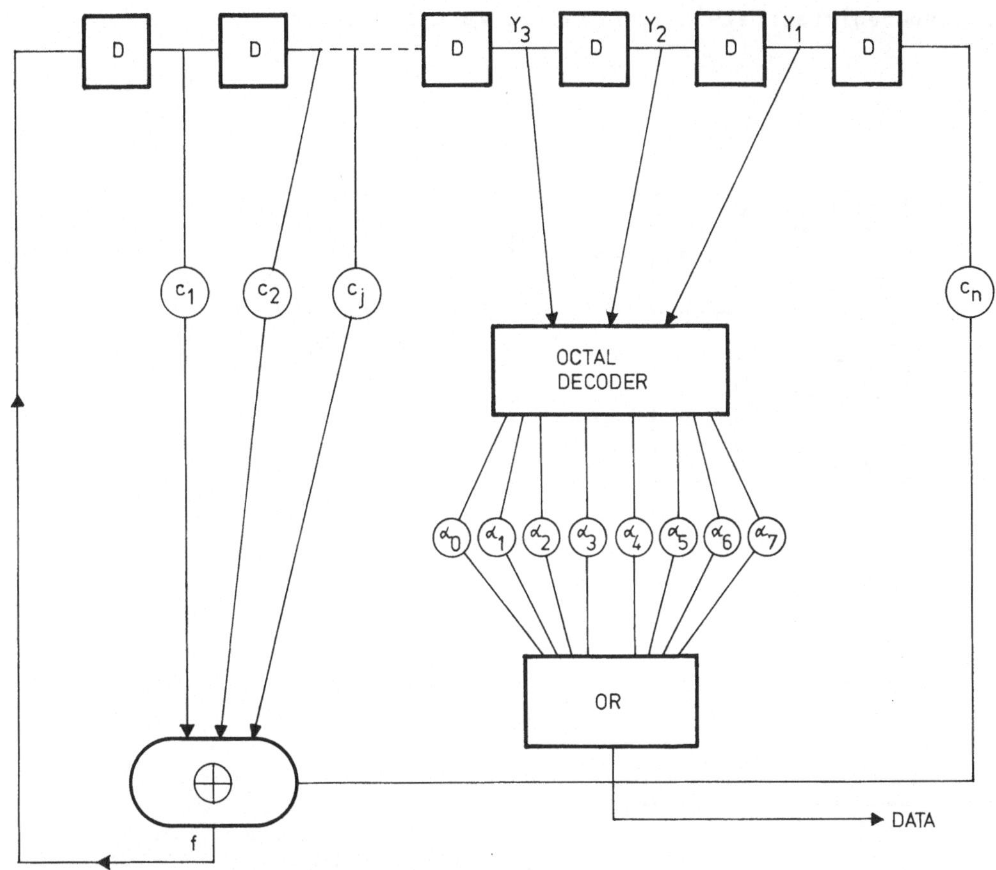

Abb. 31 [Wes]
(zur Notation vgl. Abb. 29)

Nichtlineare Feedback-Schieberegister bieten gegenüber linearen
Feedback-Schieberegistern den Vorteil, daß sie zwar auf relativ 'kurzen' r-stufigen linearen Feedback-Schieberegistern basieren, durch
geeignete Feedback Logik aber ein _lineares_Äquivalent_ [32] der Länge
r' >> r besitzen.

V. Pless hat in [Ple1] einen Vorschlag zur nichtlinearen Verknüpfung
des Outputs mehrerer linearer Feedback-Schieberegister durch J-K Flip
Flops gemacht. [33] Zusätzlich wird ein sog. Alternator zwischen-
geschaltet, der das Auftreten alternierender Bits in einer Zeichenfolge (Wahrscheinlichkeit $p > 1/2$) reduzieren soll.

V. Pless hat die beiden folgenden Vermaschungen von linearen Feedback-

Schieberegistern als Kryptosysteme vorgeschlagen:

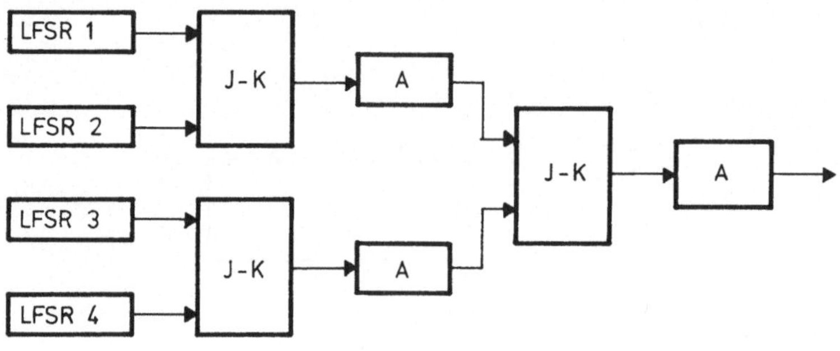

Abb. 32

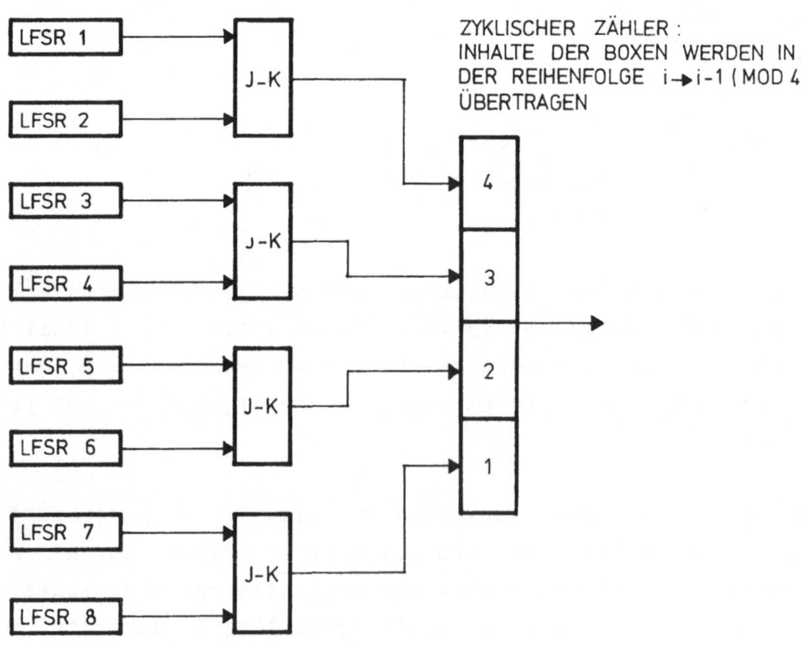

Abb. 33

Formen von kontinuierlichen Chiffren

Nachdem wir nun Beispiele kryptographisch unterschiedlicher Generatoren von Schlüsselzeichenfolgen kennengelernt haben, können wir die
verschiedenen Realisierungsformen von kontinuierlichen Chiffren
(Bitchiffren) diskutieren, d.h. insbesondere die verschiedenen Möglichkeiten der additiven Verknüpfung von Daten- und Schlüsselstrom
(mit und ohne Feedback) bzw. die Verwendung mehrerer parallel oder
seriell geschalteter Zufallszahlengeneratoren für die Erzeugung von
Schlüsselströmen (Mehrstufigkeit).

Wir wollen zunächst nach [Mey7] verschiedene Feedback Techniken für
einstufige Bitchiffren vorstellen.

Bezeichne im folgenden

X_i = Klartextzeichen
Y_i = Schlüsseltextzeichen
S_i = Schlüsselzeichen
F_i = Feedbackzeichen
W_i = Startwerte für Zufallszahlengeneratoren

Bsp. 1: <u>Einstufige Bitchiffre ohne Feedback</u>

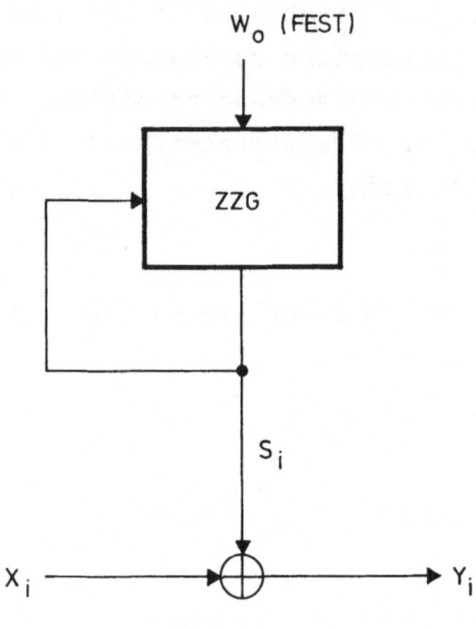

Abb. 34

Funktion:
$$Y_i = X_i \oplus S_i,$$
$$S_i = ZZG\ (S_{i-1})\ \text{bzw.}$$
$$S_0 = ZZG\ (W_0),\quad W_0\ \text{fest}$$

Bsp. 2: <u>**Einstufige Bitchiffre mit Feedback**</u>

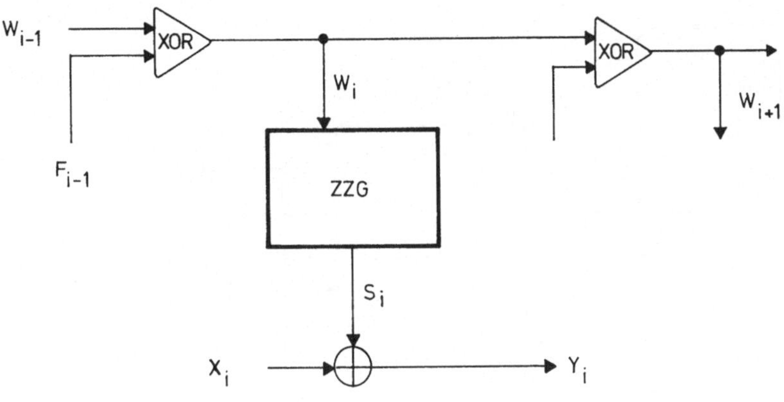

Abb. 35

Funktion: $Y_i = X_i \oplus S_i$

$S_i = ZZG\ (W_i)$

$W_i = XOR\ (F_{i-1}, W_{i-1})$

F_i = wahlweise X_i, Y_i, S_i oder eine
Kombination dieser Zeichen

Bsp. 3:   <u>Einstufige Bitchiffre mit Feedback von S</u>

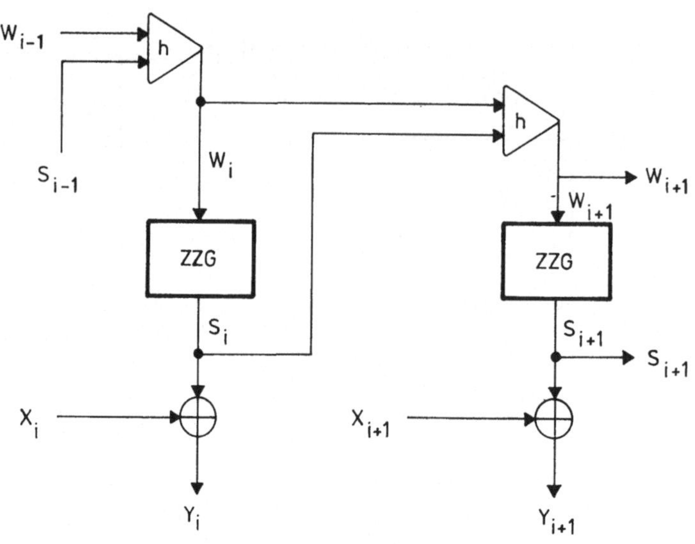

Abb. 36

Funktion (wie Bsp. 2): $F_i = S_i$ und

$$W_i = h(S_{i-1}, W_{i-1})$$

$h = h(S_i, W_i)$ ist Verknüpfungsoperation.

Es gibt zahlreiche weitere Möglichkeiten, komplexe Rückkopplungsmethoden bei kontinuierlichen Chiffren einzuführen [Mey7].

Wir wenden uns nun dem Aufbau ein- und mehrstufiger kontinuierlicher Chiffren zu.

Klassische Vernam-Chiffre

Vernam selbst verwendete bei seiner Chiffre zwei Schleifen aus Loch-
streifenbändern (Lsb) der Längen m und n (relativ prim).
Für s_i=Schlüsseltextzeichen, a_i=Klartextzeichen definiert Vernam die
Verknüpfung wie folgt:

$$s_i := a_i \oplus Lsb_i^{m} \oplus Lsb_j^{n} \quad , \quad j = \left\lceil \frac{i}{m} \right\rceil .$$

Nach jedem Schleifendurchlauf der j-ten Schleife wird die k-te Schleife um ein Zeichen weitertransportiert (inkrementiert). Das ergibt eine
Gesamtschlüssellänge von kj. Nach [Mel] waren z.Zt. der Entwicklung
der Vernam-Chiffre 775 und 776 typische Werte für j und k (Gesamtschlüssellänge > 600 000). Für computerorientierte Verfahren
(Magnetband als Speichermedium) hält Mellen Werte von $j=5\cdot10^6$ und
$k=j+1$ mit einem Gesamtschlüssel in der Grössenordnung von $2,5\cdot10^{13}$ für
erreichbar.

Computerorientierte Vernam-Chiffre

Das Verfahren von Skatrud [Ska] ist im Prinzip eine polyalphabetische
(2-alphabetische) Substitution, die eine Vernam-Chiffre mit com-
puteradäquaten Mitteln nachbildet (s.Abb. 37).
Statt zweier Lochstreifenschleifen wie Vernam verwendet Skatrud zwei
Schlüsselspeicher (SSP) und einen Adreßspeicher (ASP) zur Adressierung
der Schlüsselpaare, die über die Adreßregister AR1, AR2 angesteuert
werden. Der Adreßspeicher selbst wird durch den Inhalt der ersten
übertragenen Nachrichtenzeichen initialisiert. Wie dem Schaubild zu
entnehmen ist, werden die Klartextbits mit jeweils zwei
Schlüsseltextbits geodert.

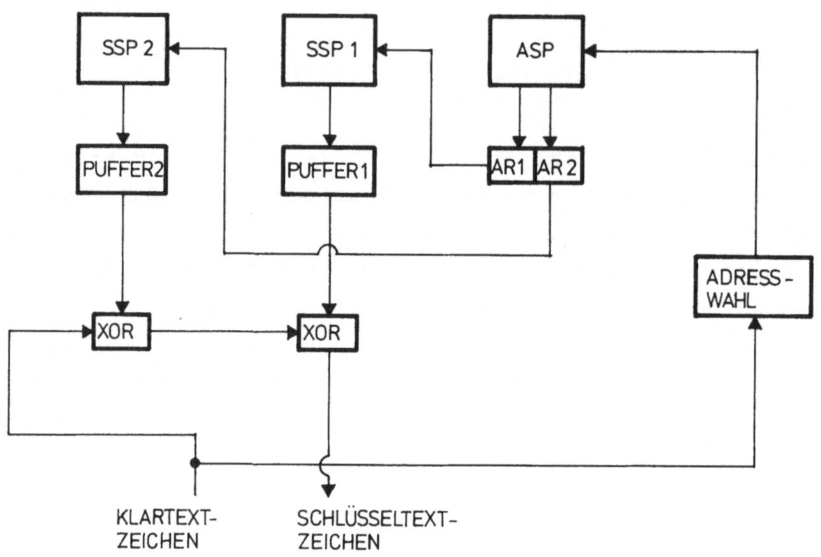

Abb. 37

Ein Schlüsselspeicher enthält n Bits, also 2^n mögliche Binärkombina-
tionen. Skatrud nimmt nun an, daß bei zufälliger Erzeugung von
Schlüsseln nur etwa $2^n/2$ Kombinationen tatsächlich realisiert werden.
Für zwei Speicher ergibt das im Mittel 2^n Kombinationen.
Das zweite Auswahlkriterium, die jeweils m Adressen für jeden
Schlüsselspeicher, können selbst wieder auf je m! verschiedene Weisen
(Permutationen) im Adreßspeicher angeordnet sein. Damit kann man $(m!)^2$
verschiedene Adreßpaare in den AR1, AR2 erzeugen.
Kombiniert man diese mit den 2^n Permutationen der Schlüssel, ergibt
sich ein Potential von $(m!)^2 2^n$ Möglichkeiten der Schlüsselwahl.
Wie man auf Grundlage des beschriebenen Modells zu einem praktischen
Kryptosystem (mit Einmalschlüssel) kommt, zeigt das folgende Beispiel
aus [Ska] :
Ziel des Verfahrens ist es, Nachrichten definierter Länge mit einem
eindeutigen (d.h. nichtzyklischen) Schlüssel zu chiffrieren.
Zu diesem Zweck seien je m Speicherzellen der Schlüsselspeicher

adressierbar, d.h. im Adreßspeicher sind m Adressen in beliebiger
Reihenfolge abgestellt. O.B.d.A seien m Nachrichten bestehend aus m
Zeichen zu verschlüsseln. Die Auswahl der beiden Schlüsselbits wird
mittels indirekter Adressierung durch Bildung der folgenden Adreßpaare
des Adreßspeichers vorgenommen:
Für $1 \leq j \leq m$, $0 \leq k \leq m-1$ wird das j-te Nachrichtenbit der k-ten Nachricht
mit den beiden Schlüsselzeichen verknüpft, die durch das Adreßpaar
$(j-1, j-1 \oplus k)$ aus Adreßspeichern festgelegt sind ($\oplus$=Addition mod m).
Dies bedeutet, daß die Adreßpaare in festem Abstand (k) zyklisch den
gesamten Adreßbereich durchlaufen. Nach jedem Durchlauf kann man durch
Permutation des Inhalts des Adreßspeichers wieder eine neue veränderte
Schlüsselfolge erzeugen, d.h. theoretisch können ohne Veränderung der
Inhalte der Schlüsselspeicher m! Nachrichten der Länge m nichtperiodisch verschlüsselt werden. Das System ist durch Hinzufügen
weiterer Schlüsselspeicher und Adreßregister erweiterbar.
Skatrud gibt ein Beispiel für die Leistungsfähigkeit eines solchen
2-stufigen Kryptoverfahrens:
Sei m=1000, eine Übertragungsgeschwindigkeit von 2 Kbaud und eine
10-bit Schlüsselspeicher-Adresse gegeben. Dann kann man bei voller
Auslastung der Übertragungsrate 80 Minuten lang Daten ohne Veränderung
der Adreßspeicherzellen nichtperiodisch verschlüsseln.

Kontinuierliche Chiffren nach Carrol / Mc Lelland

Mit dem Verschlüsselungsverfahren von Carrol / Mc Lelland [Car3] ler-
nen wir einen weiteren Ansatz zur Realisierung mehrstufiger Bitchiffren kennen.
Während Skatrud mit relativ kurzen Schlüsseln (m=1000 Adressen) arbei-
tet und diese durch die beschriebenen Adreßpermutationen 'verlängert',
schlagen die obigen Autoren eine zweistufige Bitchiffre mit sehr
großer Periode vor.

Hierbei wird jeweils ein Verfahren für einen Großrechner (PDP-10/50)
und ein Kleinsystem (PDP-8I) vorgestellt.
Wir betrachten zunächst die Implementation für ein Großsystem (36 Bit
Wortlänge):

Die zu verschlüsselnden Nachrichtenblöcke (jeweils fünf 7-Bit ASCII-

Zeichen) werden mod 2 zum Output eines additiv-kongruenten Zufallszahlengenerators addiert. Dieser erhält seinen Startwert (seed)
selbst wieder durch einen gemischt-multiplikativen kongruenten Zufallszahlengenerator mit einem 6-Zeichen Kennwort als Startwert.

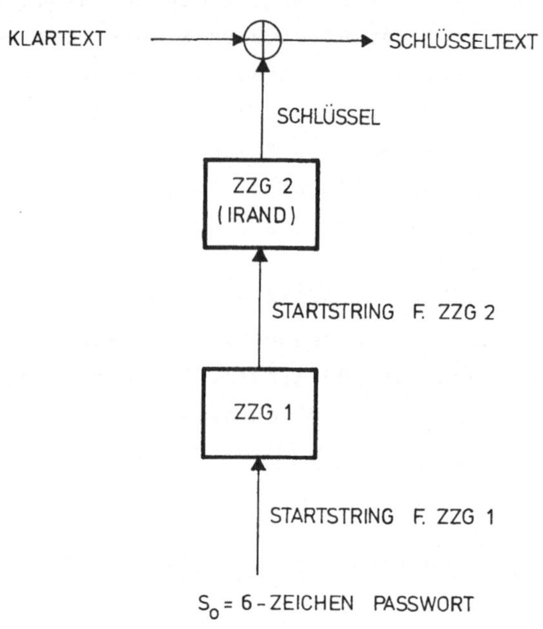

Abb. 38

Der Zufallszahlengenerator 'IRAND' liefert Schlüsselfolgen in
512-Wort-Blöcken. Er hat die Form:

$x_{i+1} = x_i + x_{i-\ell} \pmod{m}$, $0 \leq 1 \leq i$,

wobei in der obigen Implementation $m=2^{\ell}$, b=35 ist.

Für diesen Zufallszahlengenerator wird ein Startstring $(x_0, x_1, \ldots, x_\ell)$
benötigt.
Diesen definiert man wie folgt:

$$(x_0, x_1, \ldots, x_\ell) := (s_0, s_1, \ldots, s_\ell),$$

wobei die s_i ($1 \leq i \leq 1$) Output des folgenden gemischt-multiplikativen kongruenten Zufallszahlengenerators sind und s_0 wiederum dessen Startwert ist:

$$s_{i+1} = a \, s_i + C \pmod{m}$$

mit $a = \pm 3 \pmod{8}$.

Carrol / Mc Lelland geben aufgrund bestimmter statistischer Vorgaben folgende Werte bzw. Schranken für die vorkommenden Konstanten an:

$$a = 131069 \quad (\sim a = 2^{b/2})$$
$$C = 7 \quad (\text{wobei } C < a \text{ und } GGT(C,m) = 1)$$

Die Länge 1 des Startstrings liegt in den Grenzen $16 \leq 1 \leq 79$.
Man erhält sie durch Addition der Zahl 16 auf die sechs low-order Bits des Kennworts.

Die Anzahl n von Schlüsselzeichen (Zufallszahlen), die man mit einem Startstring für IRAND erzeugt, hängt vom Sicherheitsbedarf ab. Die Autoren berechnen n durch Addition von 2^k auf die k low-order Bits von s_ℓ, d.h. $2^k \leq n \leq 2^{k+1}$, wobei für hohe Sicherheitsanforderungen $k=18$, für schwächere Anforderungen $k=12$ vorgeschlagen wird. Nach Erzeugung von n Schlüsselzeichen wird $s_0 := s_\ell$ gesetzt und das Verfahren neu gestartet.

L. Hoffman gibt in [Hof3] ein ALGOL-Programm für das obige Verfahren an, das alternierend n Schlüsselzeichen und 1 Startzeichen generiert.

Für den Kleinrechner PDP-8I (12-bit Wortlänge) werden zwei additiv kongruente Zufallszahlengeneratoren ZZG1, ZZG2 analog Bsp. 1 hintereinandergeschaltet. Als Startwert für ZZG1 werden 64 vierstellige Oktalzahlen abgestellt. ZZG1 startet sich dann durch Initialisierungsschleifen (idle loops), deren Zahl durch die 12 low-order Bits eines Kennworts bestimmt sind und erzeugt dann den Startstring $(s_0, s_1, \ldots, s_\ell)$ für den ZZG2. Die Länge 1 des Startstrings wird durch die sechs low-order Bits des Kennworts festgelegt. Die Periode (n) von ZZG2 wird durch den Wert der vier Oktalstellen von s_ℓ be-

stimmt. Nach Generierung von n Schlüsselzeichen wird wie in Bsp. 1 neu
gestartet.

Carrol / Mc Lelland geben als Verschlüsselungsgeschwindigkeit des Verfahrens 37 Kbaud für das System PDP-10/50 an.

Kontinuierliche Chiffren nach Roughan et al.

Zum Abschluß der Vorstellung von Vernam- oder Vernam-ähnlichen
Chiffrierverfahren auf Grundlage computerorientierter Zufallszahlengeneratoren wollen wir ein verhältnismäßig komplexes 4-
(bzw. 2-)stufiges Verschlüsselungsverfahren vorstellen, das Roughan et
al. für Zwecke der Chiffrierung von sequentiell oder random gespeicherten Daten und für Übertragungsdaten entwickelt haben [Rou].

Beide Verfahren operieren auf einer Wortlänge von 36 Bits. Die verwendeten Zufallszahlengeneratoren sind multiplikativ kongruente Zufallszahlengeneratoren der Form: $x_{i+1}=ax_i(\mod m)$ und erzeugen 72 Bit-
(2 Wort-)Zufallszahlen, von denen allerdings nur die 36
höchstsignifikanten Bits zur Verschlüsselung verwendet werden. Diese
Maßnahme soll die Rekonstruktion der verwendeten Zufallszahlengeneratoren verhindern.

Wir beschreiben zunächst die beiden Verfahren in ihren Funktionsabläu-
fen und anschließend die Form ihrer Initialisierung durch Benutzer-
kennwörter.

i) Sequentielles Chiffrierverfahren (4-stufig)

Es werden in diesem Vorschlag 4 Zufallszahlengenerator (ZZG 1-4) wie
folgt vermascht [Rou] :

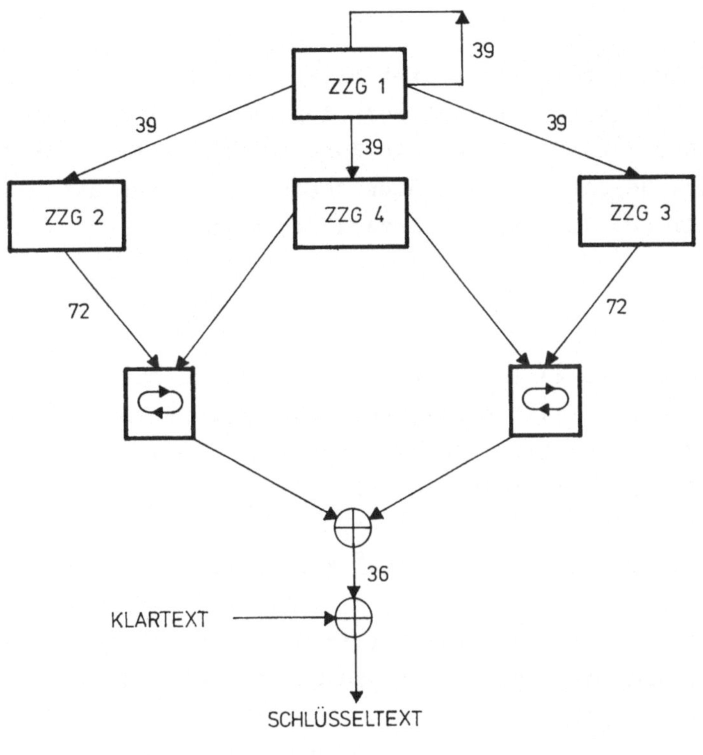

Abb. 39

Dabei haben die Zufallszahlengeneratoren die folgenden Aufgaben:

ZZG 1   ist für Erzeugung und Wechsel des Multiplikators a aller vier
         Zufallszahlengeneratoren verantwortlich. Die Stellen der
         aktuellen 72 Bit Zufallszahl sind dabei wie folgt belegt:

         Bits 1,2 bestimmen den vom Wechsel betroffenen ZZG (1-4)
         Bits 3,4 = (0,0) lösen den Wechsel aus
         Bits 5,6 bestimmen die Anzahl der Verschlüsselungen bis zur
         Erzeugung einer neuen Zufallszahl (Multiplikator). Der Multi-
         plikator ist das um 3 Bits (101 oder 011) verlängerte linke
         Wort (36 Bits) der Zufallszahl.

ZZG 2,3   erzeugen die beiden eigentlichen 72-Bit Zufallszahlen, von de-
          nen nach Modifikation durch ZZG 4 jeweils 36-Bit per XOR ver-
          knüpft und dann ebenfalls mod 2 auf den Datenblock addiert
          werden.

ZZG 4   löst durch den Inhalt seiner Bits (1-3) bzw. (4-6) einen
          Linksshift (max. 7 Positionen) der beiden 72-Bit Zufallszahlen
          von ZZG 2 bzw. ZZG 3 aus, so daß die schließlich per XOR ver-
          knüpften 36-Bit Zufallszahlen jeweils zwischen Bit 1-8 der ur-
          sprünglichen 72-Bit Zufallszahl beginnen.

Um das ganze Verfahren zu initialisieren, schlagen Roughan et al. die
Verwendung von zwölf 36-Bit Kennwörtern vor, die nur dem Anwender
bekannt sind. Mit ihrer Hilfe lassen sich vier 72-Bit Startwerte und
vier 36-Bit Multiplikatoren festlegen.

Das Prinzip soll an folgendem Beispiel klargemacht werden:

Die 36-Bit Kennwörter werden zunächst in einem Zufallszahlengenerator
durch mehrere Iterationen verändert und der Output nachfolgend in
zwölf 3-Bit Felder zerlegt.
Die Bestimmung von Startwerten und Multiplikatoren geht aus Abb. 40
hervor:

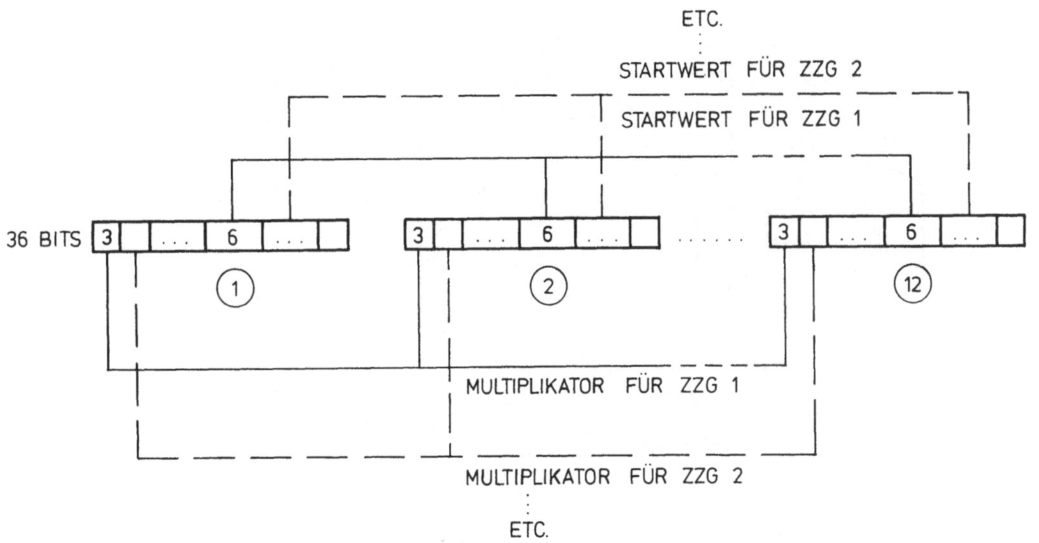

Abb. 40

(Die Positionen der jeweiligen 3-Bit bzw. 6-Bit Felder in den 36-Bit
Kennwörtern können auch variieren.)

ii) Random Chiffrierverfahren (2-stufig)

Dieses Verfahren verwendet zwar den gleichen Typ von Zufallszahlengenerator wie i), macht aber dessen Parameter und Para-
meterwechsel von dem jeweils zu verschlüsselnden Datenblock abhängig.

Die folgende Abbildung zeigt das zweistufige Chiffrierverfahren. ZZG1
und ZZG4 aus i) fehlen. Ihre Funktionen werden durch ein komplexes
Verfahren (Verknüpfung von Kennwörtern und Schlüsselwörtern) ersetzt,
welches 6 Wörter (36 Bits) liefert, von denen 2 durch Hinzufügen von
je 3 Bits zu 39-Bit Multiplikatoren ausgestattet und die übrigen 4

Wörter zu je 2 Startwerten (72 Bits) zusammengefaßt werden.

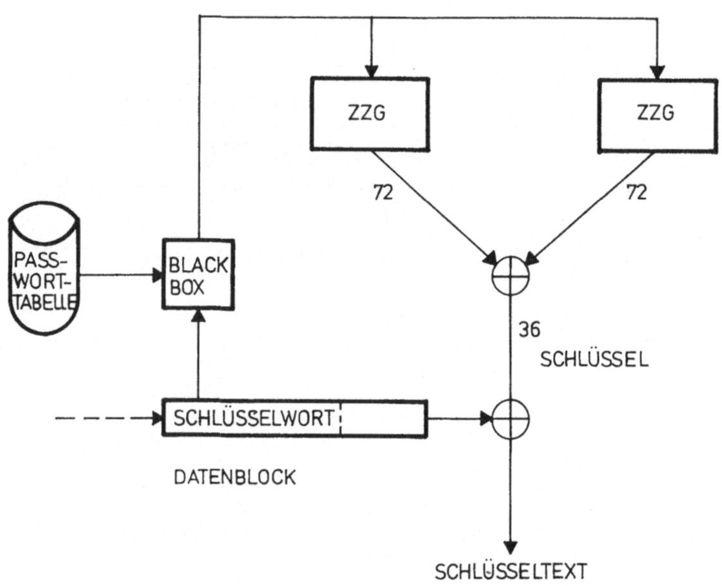

Abb. 41

Die Initialisierung dieses Verfahrens ist im Zusammenhang mit der Verknüpfungsoperation (s. Abb.) definiert.

Roughan et al. haben die erzeugten Zufallszahlen beider Verfahren verschiedenen statistischen Tests (Korrelationstest, Suche nach periodischen Bitmustern etc.) unterworfen. Es stellte sich heraus, daß das Chiffreverfahren i) im Gegensatz zu Verfahren ii) keine Korrelation zwischen erzeugten Wortpaaren aufwies, während für das letztere Verfahren eine - allerdings nicht signifikante - Korrelation existierte.

3.1.4.3 Einwegfunktionen und Kryptosysteme mit offenem Schlüssel

Einwegfunktionen

Die folgenden Verschlüsselungsverfahren wurden für Problemstellungen
entwickelt, bei denen eine Verschlüsselung von Daten, nicht aber deren
prinzipielle Entschlüsselung erforderlich ist. R.M. Needham hat nach
[Wil1] als erster die Verwendung sog. Einwegfunktionen (one-way functions) zur Verschlüsselung von Kennwörtern vorgeschlagen.
Hierbei handelt es sich um Funktionen, deren Funktionswerte verhältnismäßig leicht zu berechnen sind, während die Berechnung der Inversen schwierig, d.h. sehr zeitaufwendig ist. Das Prinzip sieht vereinfacht wie folgt aus:

$$f: x \text{ --leicht--> } y = f(x)$$
$$x \text{ <--schwer-- } y : f^{-1}$$

Wir wollen die Verwendung solcher Einwegfunktionen (EWF) am Beispiel
der Benutzeridentifikation plausibel machen:
Bei der Erstanmeldung eines Benutzers in einem Computersystem mit Zugangskontrolle wird das Kennwort (Passwort) x des Benutzers mittels
einer Einwegfunktion f verschlüsselt und der Funktionswert $y= f(x)$ in
einer Tabelle abgestellt.
Bei jedem nachfolgenden Log-in wird ein eingegebenes Kennwort x' nach
$f(x')$ transformiert und mit dem Tabelleninhalt y verglichen. Im Falle
$f(x')=y$ wird dem Benutzer der Systemzugriff gewährt.

Um hierbei ausreichenden Schutz zu gewährleisten, muß die Invertierung
der Funktion f, d.h. die Berechnung von $f^{-1}(y)$, für alle y zeitkomplex
[34], die Berechnung von $f(x)$ für alle x dagegen zeitunkritisch sein.
Letztere Forderung ergibt sich aus anwendungspraktischen Gesichtspunkten (Responsezeit). Fak gibt als typische Werte 10^8 bzw. 10^{-3} Sekunden
an. [35]

Pohlig definiert in [Poh1] eine Einwegfunktion in bezug auf ein
beliebiges Komplexitätsmaß wie folgt:

Eine durch s parametrisierte Funktion Funktion $f(s,)$ ist eine Einwegfunktion der Charakteristik (E,H,P), wenn E obere Schranke für die
Komplexität der Berechnung von $f(s,x)$ für alle x,s und P obere

Schranke für die Wahrscheinlichkeit ist, daß die Komplexität der Inversen von f kleiner als H für gleichverteiltes x ist.

Man unterscheidet in der Literatur 'bekannte' und 'unbekannte' Einwegfunktionen. Das Attribut bezeichnet, ob ein zu einer Einwegfunktion gehöriger Schlüsselparameter bekannt oder nicht bekannt ist bzw. sein darf. Im letzteren Fall spricht man auch von 'trap-door' Einwegfunktionen.

Nach dieser einführenden Beschreibung folgen einige der wenigen bekannten Beispiele für Einwegfunktionen. Die ersten drei Beispiele stellen konkrete Funktionen bzw. Funktionsfamilien als Kandidaten für Einwegfunktionen dar, während in den nachfolgenden Beispielen Einwegfunktionen aus anderen Problemstellungen (NP Probleme) hergeleitet oder Einwegfunktionen als Produkt verschiedener Einzelfunktionen konstruiert sind.

1) Multics Password Scrambler (MPS)

Das am MIT entwickelte Multics-Computersystem (vgl. [Dow]) verwendete
als eines der ersten bekannten Systeme eine Einwegfunktion zur Verschlüsselung von Kennwörtern in einer 'Person Name Table' (PNT).

Wir wollen dieses Verfahren vorstellen, da es später als
Negativbeispiel zeigen soll, wie leicht 'scheinbar' komplexe Funktio-
nen zu invertieren sind (vgl. 3.2.2.4).
Es gelang nämlich 1973 mit verhältnismäßig geringem Aufwand, die bei
Multics eingesetzte Einwegfunktion zu rekonstruieren und die PNT zu
entschlüsseln.

Der MPS operiert wie folgt:

Das aus 8 (Multics-)ASCII Zeichen bestehende Kennwort wird zunächst
durch Ausblenden von je 2 high-order Bits von 72 auf 56 Bits komprimiert. Dies ist notwendig, da in der Multics 9-Bit Darstellung eines
7-Bits ASCII Zeichens die Differenzbits Null sind.
Falls ein Kennwort aus weniger als 8 Zeichen besteht, wird es durch
Blanks aufgefüllt.

Sei nun P das komprimierte Kennwort.
Setze $a \equiv P \pmod{2^{16}}$
Dann erhalten wir den verschlüsselten Wert R aus
$R \equiv Pa \pmod{10^{19}-1}$.

Das Kennwort P wird also mit seinen eigenen 16 low-order Bits multipliziert und danach mod $10^{19}-1$ reduziert.

Während der MPS offenbar vor seiner Implementation nicht ausreichend
auf kryptanalytische Schwächen hin untersucht wurde und damit auch der
Aufwand für eine Invertierung (d.h. Entschlüsselung) nicht bekannt
war, geht der folgende Ansatz von Purdy [Pur] von Einwegfunktionen
aus, für deren Invertierung es Algorithmen bekannter Komplexität gibt,
d.h. deren Zeitminimum ein Maß für die Sicherheit dieser Einwegfunktionen ist.

2) Polynomfunktionen als Einwegfunktionen

Purdy betrachtet ganzzahlige Polynomfunktionen $f(x)$ folgender Form:

$f(x) := p(x)$ mod P, $1 \leq f(x) \leq P$,
wobei $p(x) = x^n + a_1 x^{n-1} + \ldots + a_{n-1} x + a_n$, $n, a_i \in Z$, $1 \leq x \leq P$, und
P eine 'große' Primzahl ist.

Funktionen dieses Typs besitzen wegen P prim höchstens n Wurzeln.
Um den Zeitaufwand zur Berechnung von $f(x)$ hinreichend niedrig zu halten, schlägt Purdy die Verwendung von 'sparse' Polynomen der Form

$p(x) = x^n + a_1 x^{n_1} + \ldots + a_k x^{n_k} + a_{k+1}$ mit $n > n_1 > n_2 > \ldots > n_k \geq 1$ vor.

Die kryptographische Stärke einer solchen Polynomfunktion besteht zusammengefaßt darin, daß sie bei geeigneter Wahl der Parameter ($P \sim 10^{19}$,
$n \sim 10^6$) ein hohes Maß an Sicherheit gegen jeden z.Zt. bekannten Algorithmus zur Berechnung der Wurzeln eines solchen Polynoms ($f(x) - y \equiv$
0 mod P)) besitzt (vgl. 3.2.2.4) und gleichzeitig ihre Entartung, d.h.
die Kardinalität der Mengen $X(y) = \{x \in X | f(x) = y\}$ klein genug ist, um
Trial and Error Verfahren zu verhindern. Ein Beispiel aus [Pur] wird
in 3.2.1.2.2 durchgerechnet.
Knoble [Kno1] hat das Verfahren von Purdy für die Funktion

$f(x) = x^n + a_1 x^{n_1} + a_2 x^3 + a_3 x^2 + a_4 x + a_5$ mod P,

wobei x ein 64-Bit (8-Zeichen) Kennwort ist, als Fortran Routine auf
IBM 360/370 implementiert.

Beispiel: Sei $n = 2^{20} - 7$, $n_1 = 2^{19} - 3$, $P = 2^{64} - 59$ und $a_i = \{2^{64} - c_i$,
$i = 1, 2, 3, 4, 5\}$, mit $c = \{85, 96, 181, 187, 259\}$.
Daraus folgt für die ersten fünfzehn Werte von PARMWORK:
$\{2, 59, 64, 1048569, 524285, (FFFFFFFFFFFFFFAB, FFFFFFFFFFFFFFA0,$
$FFFFFFFFFFFFFF4B, FFFFFFFFFFFFFF45, FFFFFFFFFFFFFFFD)_{16}\}$.
Einige Ergebnisse des Unterprogramms PURDY sind nachfolgend angegeben:

x(IBM EBCDIC)	x(HEXADECIMAL)	f(x)(HEXADECIMAL)
12345678	F1F2F3F4F5F6F7F8	D447CBB6171B382A
1	F140404040404040	19F67AEC803C1664
1	40F1404040404040	8886AF670783E044
1	4040F14040404040	165A82680C25F21F
1	404040F140404040	CC6CE1972345C6CC
1	40404040F1404040	88F58B87601CAA5E
1	4040404040F14040	6DD1269BD095E45C
1	40404040404CF140	798BC10E5C048B74
1	404040404040040F1	D9192D53094FE3C1
11111111	F1F1F1F1F1F1F1F1	991CCCB722089DF7
22222222	F2F2F2F2F2F2F2F2	0D2E7A944E33F1FE
	0000000000000000	FFFFFFFFFFFFFFFD
	0000000000000001	FFFFFFFFFFFFFFDC5
	0000000000000002	16D8E6A366A36947
	0000000000000003	5886722CF29714EA
	0000000000000004	91B11D32021ECEFA
	1000000000000000	B7D42401DC48917D
	0100000000000000	651F128192E34EBB
	0010000000000000	7E73D9D7798E0C2E
	0001000000000000	9C8F23FF83550774
	FFFFFFFFFFFFFFFF	0322F2D75A40D633

3) DES als Einwegfunktion

V. Fak schlägt die Verwendung des DES als Computer Einwegfunktion vor
[Fak1].
Das folgende Bild zeigt die Konfiguration, in der zwei durch verschiedene Schlüssel K_1, K_2 gesteuerte DES-Moduln parallel geschaltet sind
und ihr Output mod 2 addiert wird:

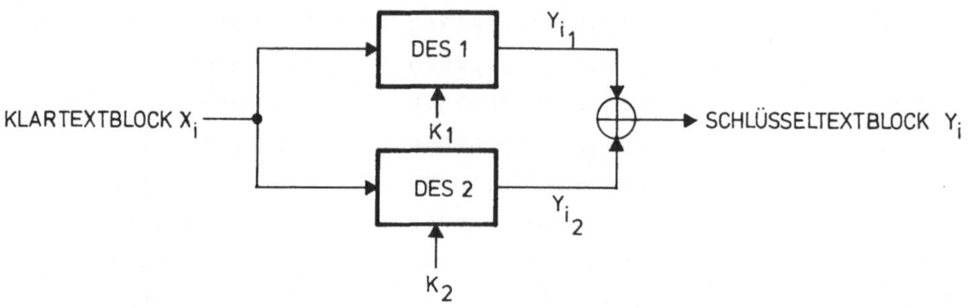

Abb. 42

Bevor wir weitere Kandidaten für Einwegfunktionen wie die Exponential-
funkticn oder 'trap-door' Knapsackprobleme betrachten, die in engem
Zusammenhang mit der Einführung des Begriffs der 'Kryptosysteme mit
offenem Schlüssel (KOS) stehen, ist es zweckmäßig, einige mehr formal-
theoretische Vorschläge für die Konzeption von Einwegfunktionen zu
betrachten.

4) Einwegfunktionen nach Evans und Fak

Während die bisher vorgestellten und noch folgenden Einwegfunktionen
(bis auf Bsp.3) Einzelfunktionen sind, untersuchen Evans und Fak
[Fak2], [Fak3] die Möglichkeit, Einwegfunktionen aus geeigneten
Elementarfunktionen (analcg Produktchiffren) zusammenzubauen.

Sei F eine Menge elementarer (nicht notwendig verschiedener) Funktionen $f_i:X \rightarrow Y$ und $f(x)$ eine Einwegfunktion, die sich aus der Verknüpfung einer definierten Auswahl dieser f_i ergibt.

Die Funktionen können wie folgt verknüpft werden:

i) seriell

d.h. $y = f(x) = f_n(f_{n-1}(...(f_1(x))))$

Abb. 43

ii) <u>parallel</u>

d..h. $f(x) = f_n(f_{n-1}(x), f_{n-2}(x), \ldots, f_1(x))$

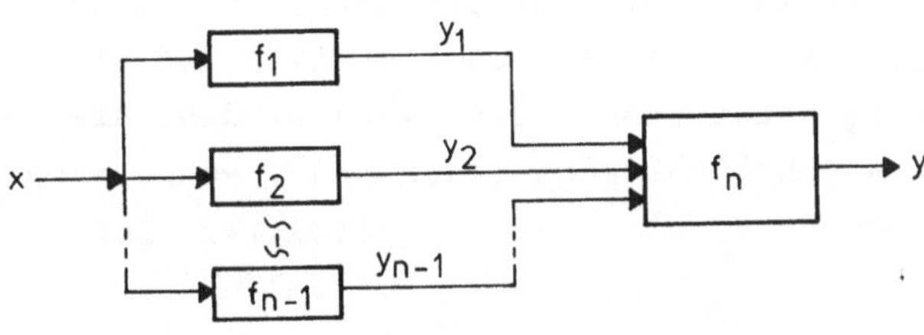

Abb. 44

iii) <u>seriell/parallel</u> [Fak1]

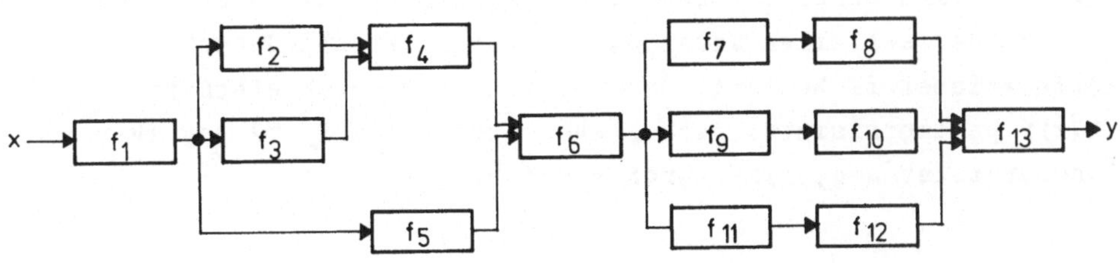

Abb. 45

Die Beispiele i-iii enthalten keine Rückkopplung (feedback). Diese
könnte z.B. durch Iteration einzelner f_i implementiert werden:

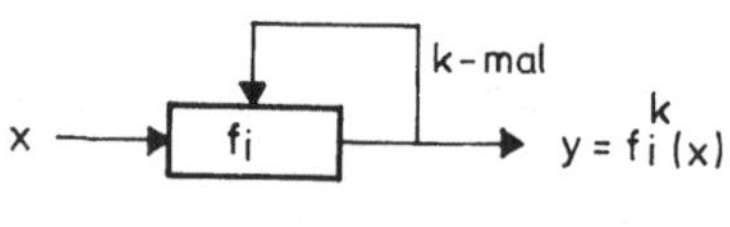

Abb. 46

Fak unterscheidet weiter zwischen statischer und dynamischer Verknüpfung der Elementarfunktionen.
Statisch bedeutet, daß alle f_i in der durch die Verknüpfung definierten Weise durchlaufen werden; dynamisch bedeutet, daß abhängig vom
Dateninhalt gewisse f_i nicht ausgewertet werden, d.h. die Verknüpfung
'geändert' wird. Dies geschieht auch immer dann, wenn Datenzeichen x_i
Fixpunkte der betroffenen f_j sind, d.h. $y_i = f_j(x_i) = x_i$ ist.

In Zusammenhang mit dem Vorschlag von Fak steht ein Ansatz von Evans
et al. [Eva], der eine serielle Einwegfunktion f(x) mit Feedback kon-
zipiert und einige mögliche Elementarfunktionen f_i zusammengestellt
hat. Die Einwegfunktion soll zur Verschlüsselung von Kennwörtern dienen.

Das Verfahren von Evans können wir zunächst wie folgt skizzieren.
Ein Kennwort P wird durch J Verarbeitungszyklen transformiert, von de-
nen jeder aus der seriellen Verarbeitung von K verschiedenen
Elementarfunktionen f_i besteht. Jeder Zyklus ist durch einen Wert x
(=Next X(x)) parametrisiert, jede Elementarfunktion $f_k^{(m)}$ und ihre
Iterationsparameter $m = g_k(x, P)$ durch x und P.

Das Prinzip des Verfahrens beruht darauf, die Gesamtfunktion dadurch
irreversibel zu machen, daß jede Iteration (Zyklus) durch die vor-
hergehende Iteration parametrisiert wird.

Der Ablaufplan hat dann die Form [Eva]:

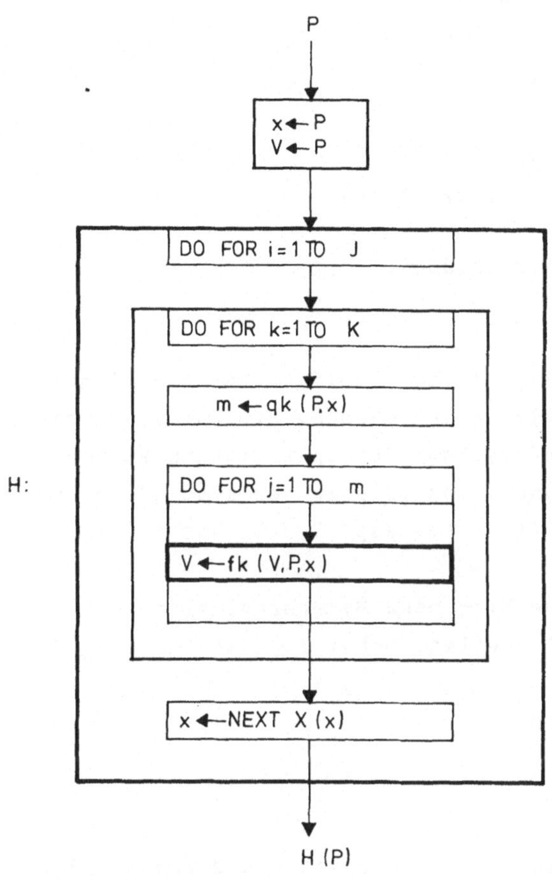

Abb. 47

Seien o.E.d.A. V,P,x binäre n-Tupel, d.h. Elemente aus $V_n(GF(2))$.
Dann können wir f_k schreiben als Funktion:

$$f_k: V_n(GF(2)) \longrightarrow V_n(GF(2))$$
$$V_{(j)} \longrightarrow V_{(j+1)}, \qquad 1 \leq j \leq m-1$$

Zusätzlich kann f_k noch durch das Kennwort P und den Zyklenparameter x
parametrisiert werden (s. Ablaufplan).

q_k ist die Abbildung:

q_k: $V_n(GF(2))$ x $V_n(GF(2))$ --> Z

$\qquad$ (P,x) $\qquad\qquad$ --> m,

d.h. q_k liefert die Anzahl m von Iterationen je f_k.

Next X ist die Abbildung:

Next X: $V_n(GF(2))$ --> $V_n(GF(2))$

$\qquad$ $x_{(n-1)}$ $\qquad$ --> $\quad$ $x_{(n)}$, $1 \leq n \leq J$.

Next X liefert die Zyklenparameter $x_{(i)}$.

Wir wollen nun nach [Eva] einige mögliche Funktionsfamilien auflisten,
aus denen die f_j gewählt werden können. Hierbei unterscheiden Evans et
al. entsprechend ihrer kryptographischen Eignung zwischen linearen und
nichtlinearen Operationen. Vom Prinzip her sind diese Operationen bereits als Elementarchiffren aus Kap. 3.3 bekannt:

  i) Parameterabhängige Bit- oder Bytepermutationen
     (z.B. Shifts um l Stellen, wobei l:=l(m) und m=q_k(P,x))

  ii) Mischtransformationen

     $f_k(V)$:= $V \oplus Q$;

     V=Bild f_{k-1}, Q=h(P), h Permutation und $\oplus$ binäre Addition ohne
     Übertrag

  iii) Tabellenverfahren (table look-up)

     Hierbei wird das zu transformierende n-Bit Kennwort P (mit n=cd)
     in einer (c x d) Matrix dargestellt, jeder Zeilenvektor als d-Bit
     Ganzzahl interpretiert und entsprechend seiner Position in einer
     Zufallsanordnung aller Ganzzahlen $\leq 2^d$ wieder in eine
     (c x d) Matrix ein- und letztlich als n-Bit Wert $f_k(P)$ ausgelesen.

  iv) Additionen mit parameterabhängigen Konstanten auf Byte-Niveau

  v) Verwendung von Maschinenbefehlen

Kryptosysteme mit offenem Schlüssel (KOS)

Diffie und Hellman [Dif3],[Dif4] haben mit dem neuartigen Konzept eines 'Kryptosystems mit offenem Schlüssel' (public-key cryptosystem)
das Problem des Schlüsselaustausches wie in herkömmlichen
Kryptoverfahren zumindest vom Prinzip her abgeschafft.
Während in einem konventionellen Kryptosystem Kommunikationspartner
über einen sicheren Schlüsselkanal verfügen müssen, um Schlüssel für
die Nachrichtenübertragung über einen unsicheren Kanal zu vereinbaren
(s.Abb.),

```
Teilnehmer: A,B            A  <------- S -------->  B
Schlüssel: S
Nachrichten: N(A), N(B)          Schlüsselkanal
                                    (sicher)



                           A    ----- N(A) ----->  B

                           A  <----- N(B) -----    B

                                  Datenkanal
                                  (unsicher)
```

erübrigt sich ein solcher Schlüsselaustausch in einem Kryptosystem mit
offenem Schlüssel. Wir können uns das Prinzip eines Kryptosystems mit
offenem Schlüssel an der folgenden Graphik verdeutlichen:

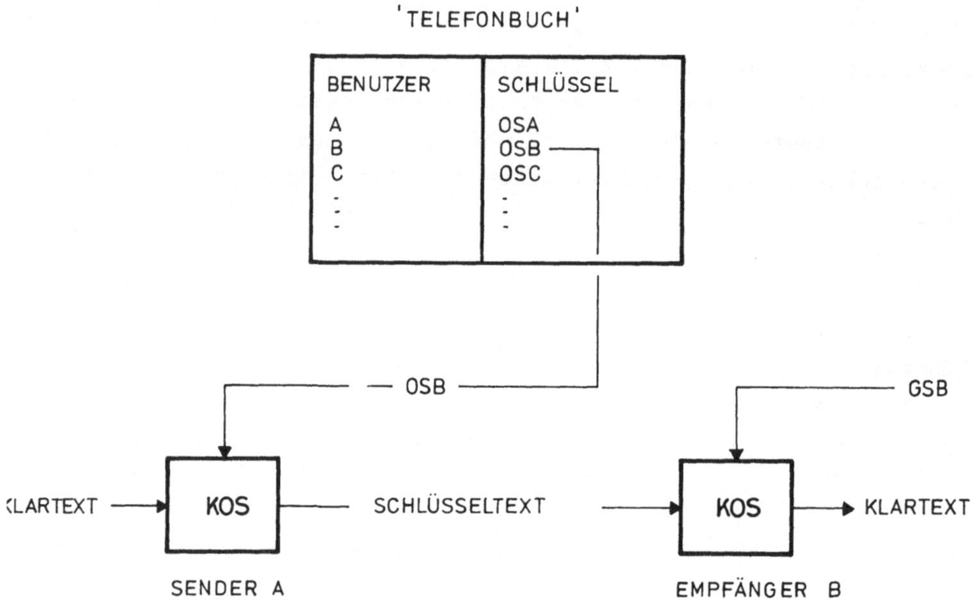

Abb. 48

Zwischen den Kommunikationsteilnehmern ist ein bestimmtes Kryptosystem
mit offenem Schlüssel vereinbart. Sender A sendet eine verschlüsselte
Nachricht (Klartext) an B, indem er in einem 'Telefonbuch' B's offenen
Schlüssel OSB ermittelt und seine Nachricht mit diesem Schlüssel verschlüsselt. Der Empfänger B kann diese Nachricht dann mit dem geheimen
(nur ihm bekannten) Schlüssel GSB entschlüsseln.
Dieses Prinzip setzt voraus, daß die beiden Schlüssel CS und GS zueinander invers sind, nicht aber – mit sinnvollem Aufwand – auseinander
berechenbar.

Es muß bereits hier der Unterschied zu konventionellen Kryptoverfahren
deutlich werden: bei diesen wird e i n Schlüssel s zur Verschlüsselung $t(n,s)$ und Entschlüsselung $t^{-1}(n,s)$ einer Nachricht n verwendet.
Bei einem Kryptosystem mit offenem Schlüssel dagegen haben wir
z w e i zueinander inverse Schlüssel, d.h. $t(n,OS)$ als Verschlüsselung und $t(n,GS)$ als Verschlüsselung einer Nachricht n mit $GS = OS^{-1}$.

Wir sind in unserer Veranschaulichung davon ausgegangen, daß den Kommunikationsteilnehmern ein gemeinsames Kryptosystem mit offenem Schlüssel zur Verfügung steht. Es ist auch denkbar, daß jeder Kommunikationsteilnehmer ein eigenes Kryptosystem mit offenem Schlüssel besitzt, für das er den OS bekanntgibt, während er den GS geheimhält.

Um den Begriff eines Kryptosystems mit offenem Schlüssel schärfer zu fassen, geben wir die folgende Definition [Dif4] :

Def.:   Ein Kryptosystem mit offenem Schlüssel ist ein Kryptosystem T auf $N(A)$ mit Schlüsselpaaren (OS_i, GS_i), $i \in K$, so daß gilt:

    i) $t(t(n, OS_i), GS_i) = n$ für $t \in T$, $n \in N(A)$ und $i \in K$

    ii)   für alle $i \in k$ ist GS_i faktisch nicht aus OS_i berechenbar:

    iii)   der Aufwand zur Berechnung von $T(n, GS_i)$ und $T(n, OS_i)$ ist für alle n und i vertretbar (feasible)

    iv)   der Aufwand zur Erstellung von Schlüsselpaaren (OS_i, GS_i) ist für alle i vertretbar

Eigenschaften i) und ii) gewährleisten die Invertierbarkeit von $t \in T$ bzw. die Sicherheit vor Entschlüsselung auch bei öffentlicher Kenntnisgabe des Schlüssels OS.
Eigenschaften iii) und iv) ermöglichen die praktische Implementation eines Kryptosystems mit offenem Schlüssel durch eine - nicht allgemein quantifizierbare - Aufwandsbeschränkung für die Initialisierung und Operation eines Kryptosystem mit offenem Schlüssel .

Exponentialfunktionen

Ein in [Dif4] und [Poh2] betrachteter Kandidat eines Kryptosystems mit offenem Schlüssel bzw. einer 'trap-door' Einwegfunktion ist die Exponentialfunktion mod p (p prim).

Wir betrachten in diesem Zusammenhang Paare inverser Funktionen:

$$y = f(x) \equiv a^x \pmod{p}, \qquad 1 \leq x \leq p-1$$
$$x = g(y) \equiv \log y \pmod{p}, \quad 1 \leq y \leq p-1.$$

Die Funktion $g(=f^{-1})$ ist die zu f gehörige Logarithmusfunktion. Wir setzen voraus, daß p prim und a ein festgewähltes primitives Element [36] aus GF(p) ist. Diese Voraussetzung garantiert, daß f bijektiv ist.

Kryptosystem mit offenem Schlüssel nach Pohlig / Hellman

Die Autoren konstruieren unter Verwendung der Exponentialfunktion das folgende Kryptosystem [Poh2]:

Seien n eine Nachricht, s der Schlüssel und k das zugehörige Kryptogramm, wobei:

  i) $1 \leq m \leq p-1$, $1 \leq k \leq p-1$, $1 \leq s \leq p-2$
 ii) $n \in GF(p)$ primitiv
iii) GGT $(s, p-1) = 1$

Die Bedingung ii) garantiert, daß s durch n und k eindeutig bestimmt ist, Bedingung iii) garantiert, daß $e := s^{-1} \pmod{p-1}$ mit $1 \leq e \leq p-2$ eindeutig ist.
Dann erhalten wir als Verschlüsselungsoperation:

$$k \equiv n^s \pmod{p}$$

Als inverse Operation (Entschlüsselungsoperation) ergibt sich:

$$n \equiv k^e \pmod{p}$$

Trap-door Information ist hier der Schlüssel s bzw. $e = s^{-1} \pmod{p-1}$, wobei die Berechnung von e bei Kenntnis von s unter Verwendung des Euklidischen Algorithmus in der Größenordnung von $\lceil \log_2(p) \rceil$ Operationen benötigt.

Für einen Mißbraucher stellt sich dieses Kryptosystem bei geeigneter Wahl der Parameter p und s als Einwegfunktion dar, da zur Berechnung des Schlüssels

$$s \equiv \log_n k \,(\text{mod } p)$$

wenigstens $2\lceil p^{1/2}\rceil$ Multiplikationen mod p zuzüglich anderer
(zeit-)komplexer Operaticnen sowie ein Speicherplatzbedarf von $2\lceil p^{1/2}\rceil$
Worten der Länge $\lceil \log_2(p)\rceil$ Bits benötigt wird.

Pohlig und Hellman benutzen solche Werte für p, für die ein von ihnen
selbst entwickelter Algorithmus zur Berechnung von Logarithmen mod p
[Poh2] am wenigstens effizient ist: das sind Primzahlen p der Form
$p=2p'+1$, p' prim. [37]
Moduli dieser Form sind nach Auffassung der Autoren Voraussetzung für
ein sicheres Kryptosystem auf Basis der Exponentialfunktion. Diese
Aussage gilt natürlich nur vorbehaltlich der Existenz oder Entwicklung
schnellerer Algorithmen bzw. von Algorithmen, die anderes 'worst case'
Verhalten zeigen.

Ein Organisationsmodell zeigt, wie auf Grundlage dieses Kryptosystems
Benutzer eines Kommunikaticnsnetzes mit Hilfe eines gemeinsamen
Schlüssels, der nicht vorat üter einen sicheren Schlüsselkanal ausgetauscht zu werden braucht, vertraulich miteinander korrespondieren
können:

Jeder Benutzer B_i erzeugt eine 'trap-door' Information (Schlüssel) s_i
und bildet $y_i = a^{s_i}\,(\text{mod } p)$, wobei die Parameter a,p im Kryptosystem mit
offenem Schlüssel vorgegeben sind. B_i stellt y_i in einer öffentlichen
Liste [38] ab, während er s_i geheimhält.

öffentl. Liste	trap-door Information
$B_1,\ y_1$	s_1
$B_2,\ y_2$	s_2
$B_3,\ y_3$	s_3
.	.
.	.
.	.

Wenn nun B_i und B_j Nachrichten austauschen wollen, können teide den gemeinsamen Schlüssel $S_{ij} := a^{s_i s_j} \pmod{p}$ benutzen.

Dies liegt daran, daß
$S_{ij} = Y_j^{s_i} = Y_i^{s_j}$ gilt und
B_i die Information (Y_j, s_i),
B_j die Information (Y_i, s_j) zur Verfügung steht.

Ein Dritter, der diesen Nachrichtenaustausch verstehen will und weder s_i noch s_j kennt, muß S_{ij} durch

$$S_{ij} \equiv y_i^{(\log_a y_j)} \pmod{p} \text{ ermitteln.}$$

Hellman und Diffie haben berechnet, daß mit wachsendem p der Aufwand eines Mißbrauchers zur Berechnung von S_{ij} gegenüber den berechtigten Benutzern exponentiell wächst.

Kryptosystem mit offenem Schlüssel nach Rivest, Shamir und Adleman (RSA)

Den ersten praktischen Vorschlag für ein Kryptosystem mit offenem Schlüssel haben Rivest et al. vom MIT gemacht. Die Grundlage, d.h. die Sicherheit ihres Verfahrens besteht in der Schwierigkeit der Faktorisierung eines Produktes großer Primzahlen.

Wir stellen das Verfahren vor, ohne den gesamten mathematischen Hintergrund (s. [Riv1], [Riv2], [Sim]) aufzubereiten.

Voraussetzungen sind:

   i) Seien p,q Primzahlen (Größenordnung 2^{128}) und r := pq
  ii) Seien s,d$\in$Z und relativ prim zu $(p-1) \cdot (q-1)$,
     d.h. $sd \equiv 1 \pmod{(p-1) \cdot (q-1)}$
 iii) Sei n eine Nachricht mit $1 \leq n \leq r-1$, n relativ prim zu r;
     Sei k das Kryptogramm

Dann lautet die Verschlüsselungsoperation V_S:

$$k \equiv V_s(n) \equiv n^s \pmod r$$

Die Entschlüsselungsoperation $E_d = V_s^{-1}$ ist:

$$
\begin{aligned}
n = E_d(k) &\equiv k^d \pmod r \\
&= n^{sd} \pmod r \\
&= n^{k\varphi(n)+1} \pmod r \quad \text{für ein } k \in Z \qquad \text{[39]} \\
&= n \pmod r \\
&= n
\end{aligned}
$$

Das Verschlüsselungsverfahren besteht also darin, eine Nachricht als
Folge von Ganzzahlen $\leq r-1$ darzustellen und jede Zahl sukzessive zur
s-ten Potenz modulo r zu erheben.

Ein Organisationsmodell für dieses Kryptosystem mit offenem Schlüssel
hat die Form:

öffentl. Liste	trap-door Information
$B_1,\ s_1,\ r_1$	$p_1,\ q_1$
$B_2,\ s_2,\ r_2$	$p_2,\ q_2$
. . .	. .
. . .	. .

Rivest gibt in [Riv1] verschiedene Anwendungsmöglichkeiten für das
vorliegende Kryptosystem mit offenem Schlüssel an. Die von den Autoren
behauptete kryptographische Stärke dieses Kryptosystems mit offenem
Schlüssel und eine von T. Herlestam [Her1], [Her2] formulierte Kritik
werden in 3.2.2.4 gegenübergestellt.

'trap-door' Knapsackprobleme als Kryptosystem mit offenem Schlüssel

Merkle und Hellmann schlagen in [Mer1] vor, Knapsackprobleme [40] zur
Konstruktion von Einwegfunktionen bzw. von 'trap-door' Einwegfunktio-

nen zu verwenden.

Knapsackprobleme sind NP-vollständige kombinatorische Probleme (s. Anhang zu Kap. 3.2.2.4), die i.a. schwierig zu berechnen sind. Die Verwendung eines NP-vollständigen Problems zur Konstruktion einer Einwegfunktion f geschieht derart, daß diese Einwegfunktion gerade so definiert wird, daß die Berechnung ihrer Inversen der Lösung dieses NP-vollständigen Problems entspricht.

Zur Definition:

Seien $A=(a_1,\ldots,a_n)$ und $X=(x_1,\ldots,x_n)$ n-Tupel mit $a_i \in Z^+$ und $x_i \in \{0,1\}$. Dann definieren wir eine Einwegfunktion f durch

$$Y = f_A(X) = \sum_{i=1}^{n} a_i x_i.$$

Der Schwierigkeitsgrad eines 0-1 Knapsacks hängt von der Wahl von A ab (s. [Mer1]). Ein Trial and Error Verfahren über alle 2^n möglichen X schließen wir durch eine entsprechend große Wahl von n ($n \geq 100$) grundsätzlich aus.

Wir stellen hier zwei Kryptoverfahren unter Verwendung von 0-1 Knapsackproblemen vor:

i) Knapsackprobleme als Einwegfunktionen ohne 'trap-door' Parameter V. Pak schlägt entsprechend obiger Definition in [Pak1] die Implementation eines 0-1 Knapsacks ohne trap-door Parameter (Schlüssel) vor. Dies bedeutet allerdings, daß die Invertierbarkeit eines solchen Knapsacks auch für den Anwender unmöglich ist.

ii) 'trap-door' Knapsackprobleme (Merkle / Hellman)
Merkle und Hellman haben die interessantere Idee eines 'trap door' Knapsacks als Grundlage für ein Kryptosystem mit offenem Schlüssel entwickelt:

Nehme zunächst ein einfach zu lösendes 0-1 Knapsackproblem [1] mit

$A'=\{a_1',a_2',\ldots,a_n'\}$, n groß (z.B. n=100) und
$Y'=f_{A'}(X) = \sum_{i=1}^{n} a_i' x_i$

Transformiere nun dieses einfache Knapsackproblem (Y') in ein

schwieriges Knapsackproblem (Y) durch Wahl einer Primzahl p mit
p> Σ a_i' und einer Zahl $w \in Z^+$ mit w<p und setze

$$a_i := w \bullet a_i' \pmod{p}, \quad 1 \leq i \leq n.$$

Wir erhalten damit die folgende 'trap-door' Einwegfunktion:
$$Y = f_A(X) = \sum_{i=1}^{u} a_i x_i.$$

Hierbei müssen die Parameter p,w und w' (mit $w' \bullet w \equiv 1 \pmod{p}$) geheimgehalten werden. A ist bekannt.

Die Entschlüsselung geschieht dann durch Rekonstruktion und Lösung des
Knapsacks (Y') wie folgt:

$$
\begin{aligned}
Y' &= w' \bullet Y \pmod{p} \\
   &= w' \bullet \Sigma\ a_i x_i \pmod{p} \\
   &= w' \bullet \Sigma\ a_i'\ w x_i \pmod{p} \\
   &= \Sigma\ a_i' \bullet x_i \pmod{p} \\
   &= \Sigma\ a_i' \bullet x_i
\end{aligned}
$$

Nachfolgend wird das einfache Knapsackproblem (Y') gelöst.

Zur Klarstellung ein kleines Beispiel aus [Mer1] :

Sei n = 5
    p = 8443
    A' = (171,196,457,1191,2410)
    w = 2550 d.h. w' = 3950

Dann ist
A = (5457, 1663, 216, 6013, 7439)

Sei nun Y gegeben durch:
Y = 1663 + 6013 + 7439
  = 15115

Dann 'entschlüsselt' der berechtigte Benutzer X wie folgt:

$$
\begin{aligned}
Y' &= w' \bullet Y \pmod{p} \\
   &= 3950 \bullet 15115 \pmod{8443}
\end{aligned}
$$

$= 3797$

Mit Hilfe von Y' erhalten wir nun nach Voraussetzung (Anmerkung 41)
den Lösungsvektor x mit:

$$X = (x_1, x_2, x_3, x_4, x_5)$$
$$= (0,\ 1,\ 0,\ 1,\ 1) \ .$$

Insbesondere prüft man X durch $Y = \sum_{i=1}^{5} a_i x_i$.

Man kann ein solches 'trap-door' Knapsackproblem noch schwieriger gestalten, indem man die Reihenfolge der a_i permutiert bzw. die a_i noch
mit pseudozufälligen Vielfachen von p (Modulus) multipliziert.

Merkle und Hellman schlagen auch einen sogenannten 'multiplikativen'
0-1 Knapsack vor, in dem ein einfach zu lösendes Knapsackproblem (Y')
als 'bootstrap' für einen additiven Knapsack (Y) wie folgt verwendet
wird:

Sei $Y' = f_{A'}(X) = \prod_{i=1}^{n} {a_i'}^{x_i}$ 42) mit $A' = (a_1', a_2', \ldots, a_n')$, alle a_i' relativ prim, und $X = (x_1, \ldots, x_n) \in V_n(GF(2))$.

Ein solcher Knapsack (Y') ist unter der Bedingung, daß alle a_i' relativ prim sind, leicht zu lösen.

Diesen Knapsack transformieren wir nun mit Hilfe der Logarithmusfunktion über GF(p), p prim, wie im vorigen Beispiel in einen additiven
Knapsack (Y):

$$Y = f_A(X) = \sum_{i=1}^{n} a_i x_i \qquad \text{und}$$

$$a_i := \log_{a_i'} b \pmod{p}.$$

Wir erhalten dann als Beziehung zwischen Y' und Y:

$$Y' = \prod_{i=1}^{n} {a_i'}^{x_i}$$

$$= \prod_{i=1}^{n} (b^{a_i})^{x_i} \pmod{p}$$

$$= b^{\sum_{i=1}^{n} a_i x_i} \pmod{p}$$

$= b^Y \pmod{p}$.

Nachfolgend geben wir ein Beispiel für die Lösung eines mutiplikativen 'trap-door' Knapsack:

Sei n = 4

   p = 257

   A' = (2,3,5,7)

   b = 131

Dann ist

A = (80,183,81,195),

(z.B. a_1=80=$\log_2$131(mod 257))

Sei nun Y gegeben durch:

Y = 183 + 81 = 264

Dann entschlüsseln wir X wie folgt:

Y' = 131^{264} mod 257

   = 15

   = 3•5   d.h.

X   = (x_1, x_2, x_3, x_4)

    = (0, 1, 1, 0).

Die Autoren schlagen vor, die beiden beschriebenen Verfahren miteinander zu kombinieren bzw. ein einfaches Knapsackproblem mehrfach zu transformieren, um die Struktur des Startproblems zu verschleiern. Dies ist möglich, da entsprechende Transformationen 'problemerhaltend' sind.

Eine wichtige Randbedingung bei der Spezifikation ist die Wachstumsrate des Knapsacksvektors A bei mehrfacher Transformation, die u.U. ein Komprimierungsverfahren (Hash-Funktion) für die Einträge in der öffentlichen Liste notwendig macht.

Ein Organisationsmodell für dieses Kryptosystem mit offenem Schlüssel hat die folgende Form:

öffentl. Liste	trap-door Information
B_1, A_1	(p_1, w_1, w_1')
B_2, A_2	(p_2, w_2, w_2')
. .	. . .
. .	. . .

Wenn ein Teilnehmer B_i mit B_j korrespondieren will, wendet er das beschriebene Verfahren auf seine Nachricht X an und sendet $Y = f_{A_j}(X) = A_j X$. B_j entschlüsselt diese Nachricht dann wie beschrieben mittels seiner eigenen 'trap-door' Information (p_j, w_j, w_j').

Kryptosystem mit offenem Schlüssel nach Merkle

Merkle schlägt in [Mer2] ein Kryptosystem mit offenem Schlüssel vor, das sich auf eine spezielle Prozedur der Schlüsselvereinbarung über einem ungeschützten Kanal stützt. Das Prinzip besteht vereinfacht darin, daß der Sender einer Nachricht dem intendierten Empfänger eine Anzahl Kryptogramme (Inhalt: Schlüsselparameter) anbietet, von denen dieser eines auswählt und - da er den Schlüssel des Senders nicht kennt - mittels vollständiger Suche (!) des Schlüsselraumes (vgl. Kap. 3.2.1.2.3) entschlüsselt. Den erhaltenen Schlüssel speichert der Empfänger, den miterhaltenen Schlüssel-ID sendet er zwecks Synchronisation dem Sender zurück.

T ist vereinbartes Kryptosystem

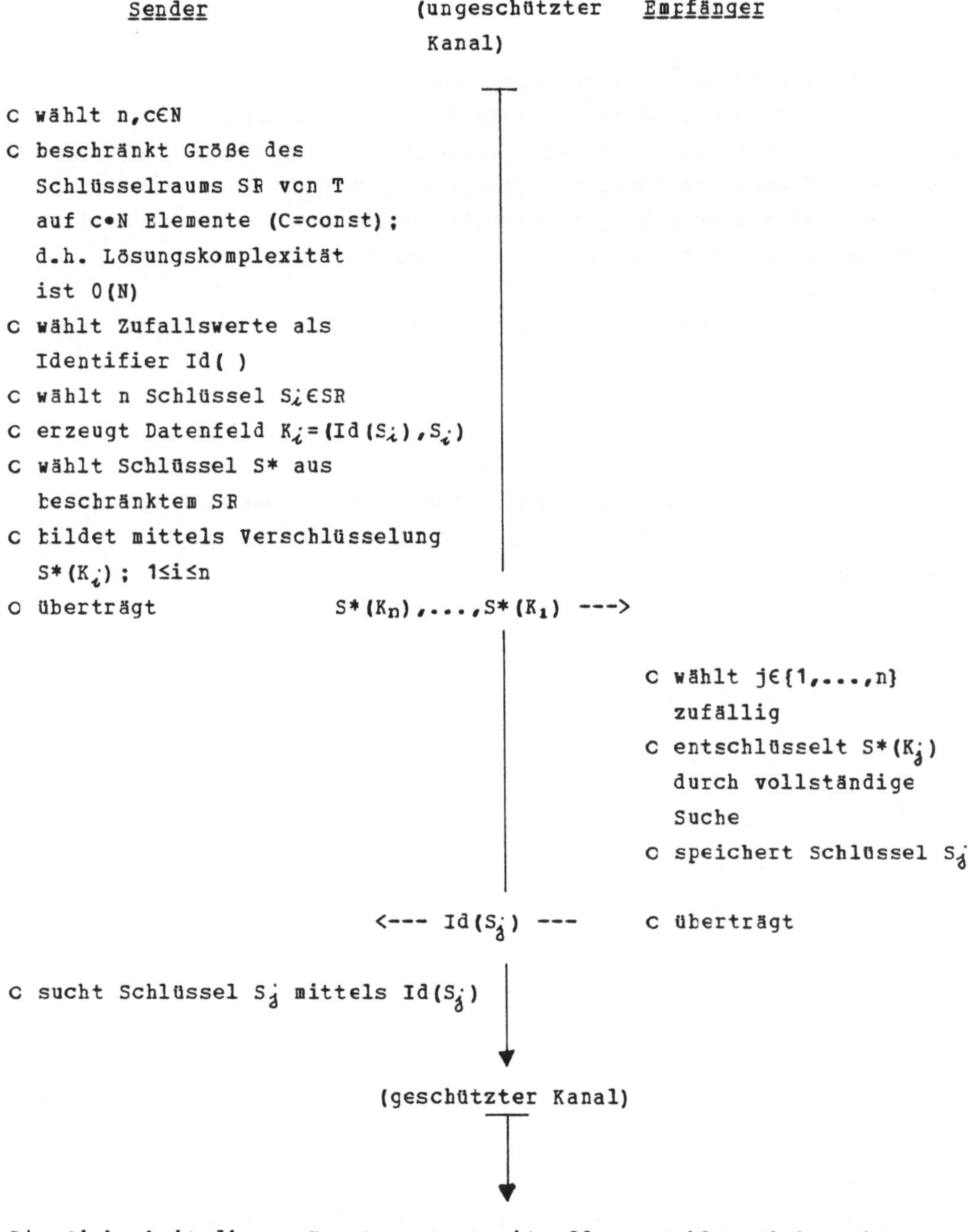

Die Sicherheit dieses Kryptosystems mit offenem Schlüssel besteht
darin, daß einem Mißbraucher zwar sämtliche Kryptogramme und der
Schlüssel-ID bekannt sind, er aber im statistischen Mittel die Hälfte

dieser Kryptogramme durch vollständige Suche entschlüsseln muß, um den
zu dem bekannten Schlüssel-ID gehörigen Schlüssel zu finden. Sein Aufwand bei der vollständigen Suche wächst quadratisch gegenüter dem des
autorisierten Empfängers.

Merkle weist allerdings darauf hin, daß das
'Kosten-Leistungs'-Verhältnis dieses Kryptosystem mit offenem
Schlüssel nur $O(n):O(n^2)$ beträgt, während die vorgenannten Kryptosy-
steme mit offenem Schlüssel ein günstigeres Verhältnis aufweisen. Dies
bedeutet, daß n hier sehr groß gewählt werden muß, um ausreichenden
Schutz gegen vollständige Suche von Seiten des Mißbrauchers zu
garantieren.
Der Autor glaubt immerhin, daß auch exponentielle Methoden für sein
Verfahren realisierbar sind.

Zum Abschluß des Kapitels über den Aufbau von Kryptosystemen wollen
wir noch einmal eine Übersicht über Klassen und Kategorien von
Kryptosystemen geben und diese durch Beispiele und Grundprinzipien
illustrieren:

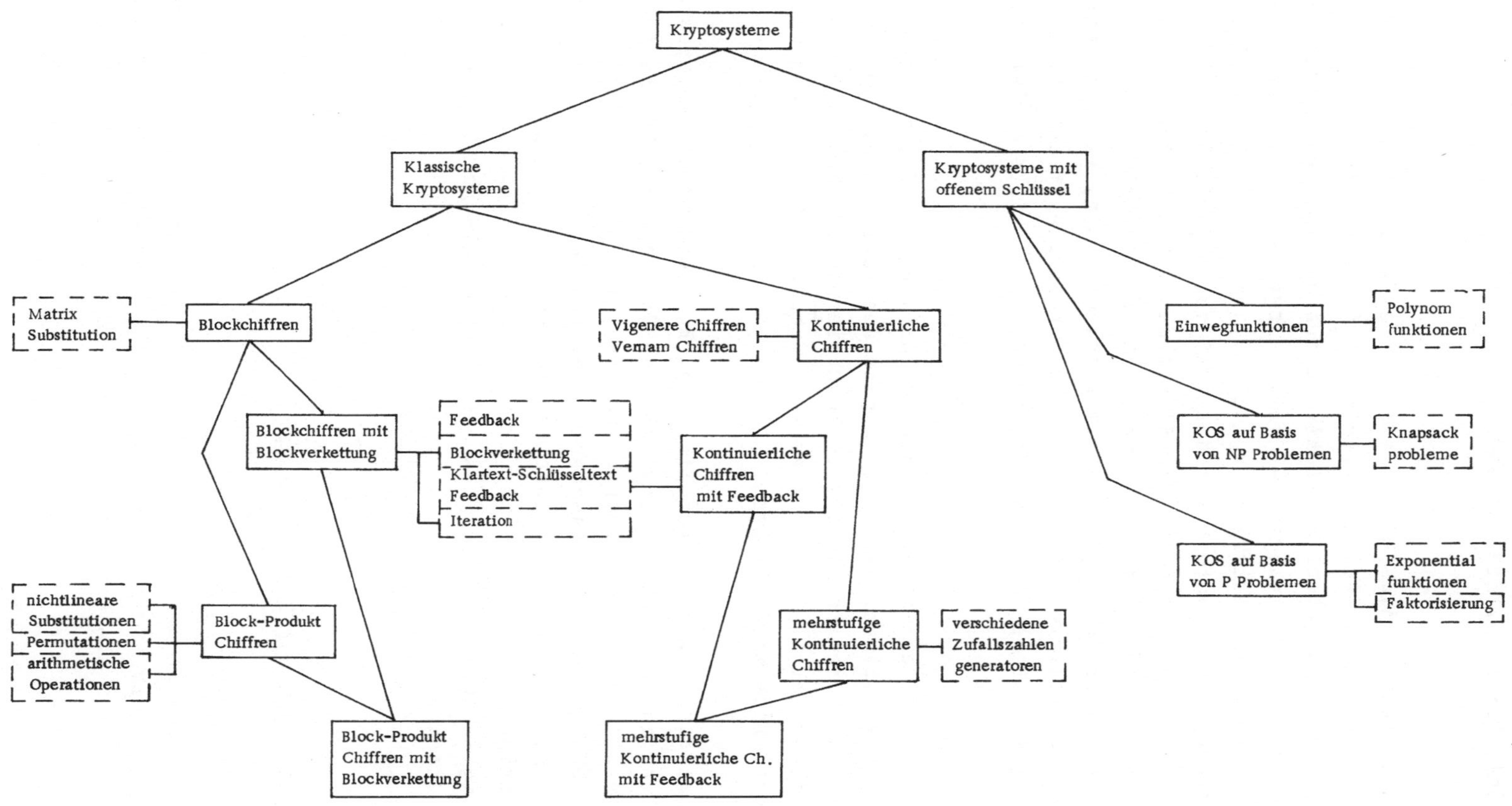
Kryptosysteme
Klassische Kryptosysteme
Kryptosysteme mit offenem Schlüssel
Matrix Substitution
Blockchiffren
Vigenere Chiffren
Vernam Chiffren
Kontinuierliche Chiffren
Einwegfunktionen
Polynom funktionen
Feedback
Blockverkettung
Klartext-Schlüsseltext
Feedback
Iteration
Blockchiffren mit Blockverkettung
Kontinuierliche Chiffren mit Feedback
KOS auf Basis von NP Problemen
Knapsack probleme
nichtlineare Substitutionen
Permutationen
arithmetische Operationen
Block-Produkt Chiffren
mehrstufige Kontinuierliche Chiffren
verschiedene Zufallszahlen generatoren
KOS auf Basis von P Problemen
Exponential funktionen
Faktorisierung
Block-Produkt Chiffren mit Blockverkettung
mehrstufige Kontinuierliche Ch. mit Feedback

3.2 Analyse von Kryptoverfahren

Es ist die Aufgabe dieses Kapitels, einen Überblick über die Problematik des Entwurfs und der sicherheitsspezifischen Bewertung von
Kryptosystemen zu geben. Das Fehlen einer geeigneten 'Metrik' zur
Beschreibung der Sicherheit [43] vieler Kryptosysteme macht einen positiven Beweis ihrer Sicherheit unmöglich. Man muß sich also darauf
beschränken, Kryptosysteme mit den verfügbaren Methoden der
Kryptanalysis zu testen und die Sicherheit eines Verfahrens an seiner
Resistenz gegen diese Analysen abzuschätzen.
Wir werden allerdings später Ansätze kennenlernen, in denen mit Hilfe
der Theorie diskreter Algorithmen und der Komplexitätstheorie versucht
wird, Kryptosysteme derart zu konstruieren, daß ihre Sicherheit abschätzbar wird.

Um den Begriff der Sicherheit bzw. Gefährdung von Kryptosystemen
genauer zu verstehen, werden zu Beginn des Kapitels einige Prinzipien
und Strategien der Kryptanalysis beschrieben. Auf dieser Basis wird
die Resistenz einiger der bisher vorgestellten Chiffren gegenüber verschiedenen Ansätzen skizziert.

Wir verzichten bei der Darstellung und Beurteilung von Kryptosystemen
weitgehend auf informationstheoretische Hilfsmittel. Die in der jüngeren Literatur bekanntgewordenen Ansätze gehen nur unwesentlich über
die von Shannon in [Sha] zusammengestellten Fakten und Ergebnisse hinaus. Sie sind darüberhinaus zur Lösung praktischer Fragen
(kryptographische Stärke einer Chiffre etc.) oft nicht sehr hilfreich,
da häufig lediglich Randprobleme oder pathologische Fälle behandelt
werden (können).

3.2.1 Methoden der Kryptanalysis

Die Kryptanalysis umfaßt die Methoden und Verfahren zur Rekonstruktion
von Chiffren bzw. Schlüsselparametern oder Kryptogrammen auf Basis unterschiedlichen Klartext- und/oder Schlüsseltextmaterials. [44]

Ausgangspunkt unserer Darstellung einiger Methoden und Verfahren der
Kryptanalysis ist zunächst die Bewertung qualitativ und quantitativ
unterschiedlichen Textmaterials (Klar-/Schlüsseltext). Anschließend
werden verschiedene Strategien wie die Methode 'wahrscheinlicher Wörter', Trial and Error Verfahren, vollständige Suche und analytische
Verfahren in ihren Grundzügen vorgestellt.

Es liegt nicht im Rahmen dieser Arbeit, die verschiedenen Methoden und
Techniken der Kryptanalysis - soweit überhaupt bekannt - zu vertiefen.
Hierzu verweisen wir auf die uns zugänglichen Quellen wie Gaines
[Gai1], Hellman [Hel1], [Hel3], Kahn [Kah], Sinkov [Sin2] oder
Tuckerman [Tuc3], die z.T. elementare kryptanalytische Techniken be-
nutzen.

<u>Voraussetzungen</u>

Um eine methodische Ausgangsbasis zu haben, ist die Festlegung einiger
Begriffe und Voraussetzungen sinnvoll:

Ein Kryptosystem heißt

<u>theoretisch</u> sicher: wenn die Rekonstruktion von Klartext oder von
                       Schlüsselparametern durch Kryptanalysis auch mit
                       unbegrenzten Ressourcen (Rechen- und Speicher-
                       kapazität) unmöglich ist;

<u>praktisch</u> sicher: wenn es gegen Kryptanalysis mit begrenzten
                       Ressourcen sicher, nicht aber theoretisch sicher
                       ist. [45]

Es ist weiter notwendig, die Voraussetzungen (Ressourcen) festzulegen,
unter denen Kryptanalysis möglich ist. In Anlehnung an [Tur2], [Bri2]
u.a. machen wir die folgenden konservativen Annahmen:

Ein Kryptanalytiker (Mißbraucher) hat

  i) Kenntnis von Prinzip und Aufbau eines Kryptoverfahrens
 ii) freien und zeitlich unbegrenzten Zugriff zu diesem Kryptoverfah-
     ren
iii) aktuelle Kenntnisse der Kryptanalysis

iv) ausreichende Computerressourcen

Die Annahme i) ist aus der Anforderung eines 'freizügigen' Umgangs mit
Kryptosystemen vor allem im kommerziellen Bereich abgeleitet. Sie
stellt hohe Anforderungen an die kryptographische Stärke einer Chiffre, indem sie voraussetzt, daß die Sicherheit der Chiffre ausschließlich auf der (geheimen) Wahl der Schlüsselparameter, nicht aber auf
der Geheimhaltung der Chiffre selbst oder ihres Prinzips beruht.

3.2.1.1 Qualität und Quantität von Textkontingenten

Grundlage jeder Kryptoanalyse ist zunächst einmal die Verfügbarkeit
entsprechenden 'Arbeitsmaterials', d.h. von Klartext- und/oder
Schlüsseltextkontingenten. Unterscheidungskriterien für das Textmaterial sind seine Qualität und Quantität. Diese Kategorien entschei-
den mit über den kryptanalytischen Ansatz bzw. über die prinzipielle
Entschlüsselbarkeit von Kryptogrammen oder Rekonstruktion von
Schlüsselparametern.

Textqualität

Wir unterscheiden bei einer Chiffre drei Textqualitäten als Basis für
die Kryptoanalyse: die (alternative) Verfügbarkeit von

   i) Schlüsseltextmaterial
  ii) Klartext-Schlüsseltextmaterial
 iii) Klartext-Schlüsseltextmaterial nach Wahl.

Die Reihenfolge entspricht gerade dem wachsenden kryptanalytischen
Wert des Textmaterials. Umgekehrt kann die Einteilung der
kryptographischen Stärke von Chiffren entsprechend ihrer Resistenz
gegenüber Kryptanalysis auf Basis von i), ii) oder iii) vorgenommen
werden. Diese Sicherheitsklassifikation ist auch in der Praxis
gebräuchlich.

Wir wollen die Ansätze i-iii genauer spezifizieren:

zu   i) Der Kryptanalytiker besitzt eine signifikante (d.h. für
        Analysezwecke ausreichende) Menge von Schlüsseltext, der unter
        Verwendung eines oder mehrerer Schlüsselparameter generiert
        wurde. Er kennt weder den zugehörigen Klartext noch die
        Schlüssel, möglicherweise aber strukturelle oder statistische
        Eigenschaften von diesen.
        Dieser klassische Ansatz ist nach Voraussetzung jederzeit mög-
        lich und damit das schwächste Bewertungskriterium für die
        kryptographische Stärke einer Chiffre.

zu ii) Der Kryptanalytiker besitzt eine signifikante Menge zusammen-
        gehörigen Klartext- und Schlüsseltextmaterials.
        Auch dieser Ansatz ist gerade in der kommerziellen Anwendung
        von Kryptoverfahren realistisch, da verschlüsselte Information
        häufig nach einer gewissen Zeit entklassifiziert und damit im
        Klartext bekannt wird oder aber ihr Inhalt bspw. im
        Geldverkehr Kunden bereits bekannt ist.

zu iii) Der Kryptanalytiker ist sogar in der Lage, Klartext eigener
        Wahl zu verschlüsseln. Damit kann er zum einen das Verhalten
        einer Chiffre gegenüber Datenmustern verschiedener Charak-
        teristik analysieren oder - im denkbar günstigsten Falle -
        sich sogar ein 'Wörterbuch' einander entsprechender Klartext-
        Schlüsseltextblöcke erzeugen, ohne einen Schlüssel zu kennen.
        Dieser Ansatz ist zwar schwieriger zu realisieren als i) oder
        ii), ist aber in solchen kommerziellen Anwendungen denkbar, in
        denen das zu verschlüsselnde Nachrichtenvokabular klein oder
        stereotyp ist bzw. Nachrichten stark formatiert sind.

Diese Gegenüberstellung zeigt, daß eine Chiffre mit hohen Sicherheitsanforderungen zumindest gegenüber Kryptanalysis auf Basis von ii)
resistent sein muß. [46)] Das NBS hat z.B. den DES als Kryptoverfahren
qualifiziert, das sogar gegen kryptanalytische Tests auf Basis von
Klartext-Schlüsseltextmaterial nach Wahl praktisch sicher ist.

<u>Textquantität</u>

Neben den beschriebenen Textqualitäten ist der Umfang bzw. die Länge
des zur Verfügung stehenden Klartext- und/oder Schlüsseltextmaterials
ein für die Vorgehensweise der Kryptoanalyse wichtiger Parameter. [47]
Es gilt die Faustregel, daß die Kryptoanalyse umso einfacher bzw. der
kryptanalytische Aufwand umso geringer ist, je mehr Textmaterial zur
Verfügung steht. Dies liegt, vereinfacht ausgedrückt, an der mit der
Länge des Textes wachsenden Redundanz. [48]

Die Länge eines Kryptogramms entscheidet aber nicht nur mit über Form
und Aufwand der Kryptoanalyse, sondern auch über die Eindeutigkeit der
Lösung oder m.a.W. darüber, mit welcher Wahrscheinlichkeit eine
gefundene Lösung auch die gesuchte ist [Sha]. Shannon hat in diesem
Zusammenhang den Begriff des 'Eindeutigkeitswertes' (unicity distance)
eingeführt, der die minimale Anzahl N_0 von Schlüsseltextzeichen, die
für die eindeutige Lösung eines Kryptogramms notwendig ist, bezeichnet. [49] Dieser Wert ist eine Funktion der Größe des Schlüsselraums,
der Redundanz der zugrundeliegenden Sprache und anderer Parameter, wie
z.B. der Anzahl von Alphabeten in polyalphabetischen Substitutionen
oder der Periode von Transpositionen [Tur2]. Wir können diesen Index
wie folgt interpretieren:
Für ein Kryptogramm der Länge $N \geq N_0$ existiert gewöhnlich eine eindeutige Lösung und die Gewißheit über diese gesuchte Lösung wächst nach
Shannon mit wachsendem N. Ein solches Kryptogramm ist damit nicht vor
eindeutiger Entschlüsselung sicher. Für ein Kryptogramm der Länge $N < N_0$
ist nach Definition keine eindeutige Lösung möglich und Anzahl und
Bedeutung existierender Lösungen bestimmen die Sicherheit des Kryptogramms vor eindeutiger Entschlüsselung.

3.2.1.2 Kryptanalytische Strategien

Wir wollen im folgenden einige wichtige kryptanalytische Strategien
skizzieren, die auf Basis der verfügbaren Textqualitäten und -quanti-
täten möglich sind. Es geht hier um die Darstellung ihres Prinzips. In
der Praxis werden diese Methoden zweifellos meist kombiniert verwendet, so daß im Rahmen deterministischer Analysen häufig (nicht-
deterministische) Strategien wie Raten, Trial and Error- und andere

Suchverfahren eingesetzt werden.

Wir beginnen mit den von der Erfordernis kryptanalytischer Expertise
her gesehen unqualifizierten Verfahren und stellen hernach ein Spektrum analytischer Verfahren vor, die im wesentlichen auf Untersuchungen der Sprachstatistik und Struktur von Kryptosystemen beruhen.

3.2.1.2.1 Methode_wahrscheinlicher_Wörter

Diese kryptanalytische Vorgehensweise ist von ihrer Anwendbarkeit her
nur schwer beschreibbar. Sie hängt wesentlich davon ab, welche 'Vor-
kenntnisse' ein Kryptanalytiker bereits vom Text- oder Sinn-
zusammenhang eines vorliegenden Kryptogramms hat.
Ein denkbarer Ansatz ist die Annahme 'wahrscheinlicher' Wörter wie
Artikel, Pronomen, Hilfsverben etc., deren Auftreten gerade in längeren Kryptogrammen sehr wahrscheinlich ist, an bestimmten Stellen im
Schlüsseltext [Tur2],[Ham].
Als mod-2-Differenz von Schlüsseltext und angenommenem Klartext erhält
man etwa im Fall einer kontinuierlichen Chiffre einen 'Schlüssel' bzw.
Schlüsselfragmente und testet diese durch den Versuch der Entschlüsse-
lung anderer Textteile.

3.2.1.2.2 Trial_and_Error_Methode

Unter Trial and Error (TaE) Verfahren wollen wir das mehr oder weniger
systematische Testen (Durchprobieren) verschiedener Kryptoparameter,
z.B. von Schlüsseln auf vorgegebenen Klartext-Schlüsseltextpaaren verstehen. Wir wollen diese lokale Strategie von der vollständigen Suche
unterscheiden, die nachfolgend beschrieben wird und aus dem Test aller
möglichen Parameter besteht.

Bei der Anwendung von Trial and Error Verfahren auf Schlüsselparameter
eines Kryptosystems hängt der 'Erfolg' in erster Linie von der Dimension und Kenntnis der Struktur des Schlüsselraums ab. Die Methode ist
dabei nur praktikabel, wenn ein einfaches analytisches Verfahren

existiert, mit dessen Hilfe der Schlüsselraum in Teilräume zerlegt und
derjenige Teilraum identifiziert werden kann, in dem sich der gesuchte
Schlüssel befindet. Dies ist bspw. der Fall, wenn die Anzahl
äquivalenter Schlüssel (vgl. auch Kap. 3.1.6) hinreichend groß ist.
In Fällen von Chiffren mit schwacher Fehlerfortpflanzung ist die folgende Variante eines Trial and Error Verfahrens zur Approximation des
Schlüssels denkbar: falls bei der Verschlüsselung eines Klartextes unter zwei ähnlichen, d.h. nur in wenigen Positionen verschiedenen
Schlüsseln ähnliche Schlüsseltexte entstehen, kann man umgekehrt über
ähnliche Schlüsseltexte versuchen, den verwendeten (gesuchten)
Schlüssel bis auf einige Bit-Positionen zu approximieren. Hellman et
al. geben die folgenden Richtwerte für einen 56-Bit DES Schlüssel: die
Bestimmung eines Schlüssels S, der sich von dem gesuchten in fünf oder
weniger Bits unterscheidet, erfordert das Testen von nur noch $2^{40} \sim
10^{12}$ ausgewählten Schlüsseln. Anschließend müssen noch die etwa $4 \cdot 10^6$
Schlüssel, die sich von S um 5 oder weniger Bits unterscheiden, gete-
stet werden, um den korrekten Schlüssel zu finden. Der Aufwand für
dieses Trial and Error Verfahren ist um die Größenordnung 5 kleiner
als derjenige für eine vollständige Suche. Die genannten Verfahren
können demnach auch dann zum Erfolg führen, wenn sie zunächst nur die
Rekonstruktion von Teilen der Parameter zulassen.

Wir betrachten zum Abschluß ein Beispiel [Pur], bei dem anhand von
Einweg-Funktionen zur Verschlüsselung von Kennwörtern die Abhängigkeit
der 'Treffer'-Wahrscheinlichkeit von Trial and Error Verfahren von der
Entartung [50] der Funktion und der Länge des Kennwortes x dargestellt
werden kann:

Seien $x_1, \ldots, x_m$ Kennwörter, $x_i \in [1, P \sim 10^{10}]$ (pseudo-)zufällig.
Sei $y_i = f(x_i)$, $1 \le i \le m$.
Wir setzen voraus, daß der Kryptanalytiker sämtliche y_i kennt und verschiedene Werte x ($1 \le x \le P$) testet. (Hierbei ist es statistisch
irrelevant, ob ein Schlüssel x mehrfach ausprobiert wird.) Falls f(x)
injektiv ist, ist die 'Treffer'-Wahrscheinlichkeit bei jedem Versuch
m/p, da m zulässige Kennwörter definiert sind.
Ist die Entartung d(f)>1, wächst die Erfolgswahrscheinlichkeit auf
(höchstens) dm/p, d.h. dm Kennwörter werden korrekt identifiziert.
Sei a=dm/p. Dann ist die Erfolgswahrscheinlichkeit beim k-ten Versuch:
$a(1-a)^{k-1}$. Es folgt, daß die zu erwartende Versuchsanzahl vor einem
Erfolg

$$k_e = \sum_{k=1}^{\infty} ka(1-a)^{k-1} = 1/a = P/dm \text{ ist.}$$

Daraus ergibt sich die wichtige Konsequenz, daß die Anzahl zu
erwartender Versuche zum Brechen eines Kennwortes umgekehrt proportional zur Entartung der Funktion f ist. Die Sicherheit eines Systems
hängt von der Kenntnis der Schranken von d ab.

Ein praktisches Beispiel aus [Kno1] soll dies verdeutlichen:
Danach würde bei Verwendung der Routine PURDY für die oben zitierte
Polynomfunktion (Kap. 3.1.4.3) mit 10^4 (64 Bit-)Kennwörtern der Auf-
wand eines Trial and Error Versuchs etwa 2 Monate Rechenzeit auf einer
IBM 370/168 in Anspruch nehmen.

3.2.1.2.3 Methode der vollständigen Suche

Die praktische Durchführbarkeit einer vollständigen Suche hängt von
der Gesamtzahl der zu testenden Parameter und den hierzu verfügbaren
Ressourcen (Rechen- und Speicherkapazität) ab. Eine vollständige Suche
bezieht sich in der Regel entweder auf den Schlüsselraum oder auf den
Nachrichtenraum. Dies bedeutet im ersten Fall das Testen aller möglichen Schlüssel auf einer gegebenen Menge von Klartext und
korrespondierendem Schlüsseltext:

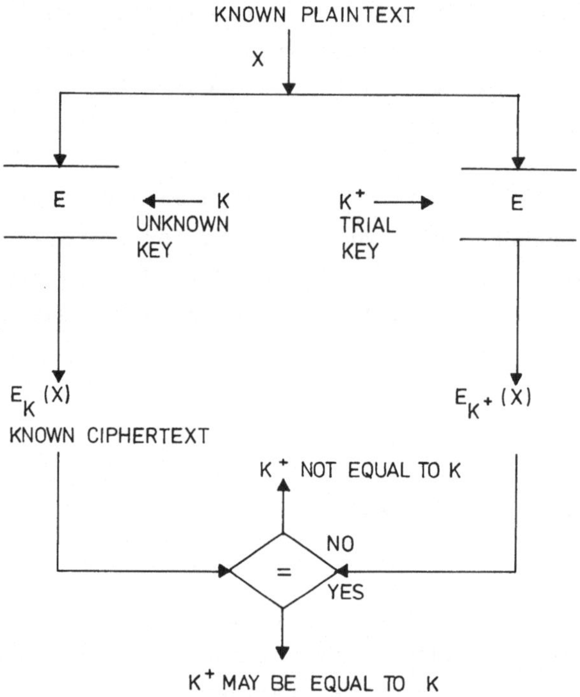

Abb. 49

Die Möglichkeit des vollständigen Durchtestens des Nachrichtenraumes
dagegen besteht darin, ohne Kenntnis des verwendeten Schlüssels möglichst alle Klartext-Schlüsseltextpaare zu erzeugen und in einem
'Wörterbuch' einzutragen.

Eine solche Suche ist allerdings nur unter bestimmten Voraussetzungen
möglich, wenn nämlich:

a)   der absolute oder zumindest der 'verwendete' Nachrichtenraum
     (standardisierte Nachrichten) nicht zu groß ist;
b)   Schlüssel über einen längeren Zeitraum konstant sind (bei einem
     Schlüsselwechsel muß das 'Wörterbuch' neu aufgebaut werden);
c)   der Schlüsseltext keine variablen Authentifizierungsfelder, Zähler
     etc. enthält.

Wir wollen die Problematik und Organisation einer vollständigen Suche
anhand des Vorschlages von Diffie und Hellman zum Testen aller möglichen 56-Bit Schlüssel des DES darstellen (zum DES vgl. Kap. 4.1.4.1).

Diffie und Hellmans Strategie besteht darin, einen unbekannten
Schlüssel auf Grundlage verschiedener Klartext-Schlüsseltextpaare (je
2x64 Bits) durch vollständige Suche zu ermitteln. Nach Gait [Bra2] benötigt man im Durchschnitt 2.5, maximal 8 Klartext-Schlüsseltextpaare
zur eindeutigen Identifizierung eines Schlüssels.
Der Aufwand einer solchen Methode wird bei der Anzahl von $2^{56} \sim 10^{17}$
Schlüsseln deutlich. Selbst bei einer Testrate von einem Schlüssel je
Mikrosekunde würde eine vollständige lineare Suche 10^{11} Sekunden oder
etwa 10^6 Tage in Anspruch nehmen:

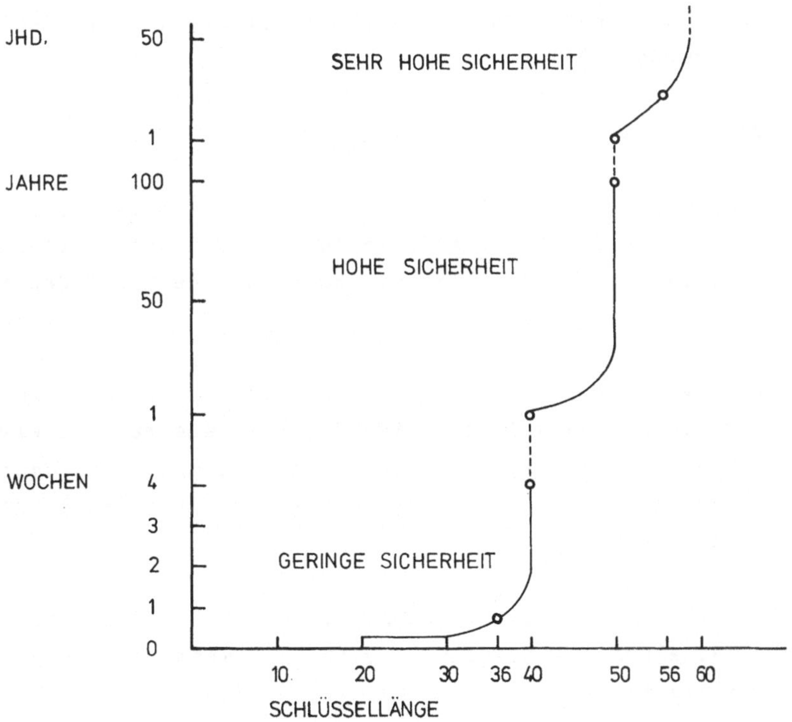

Abb. 50 [Bra4]

Gegenüber diesen Voraussetzungen schlagen Diffie und Hellman die
Parallelisierung der Schlüsselsuche auf einem 'Parallelprozessor' mit
10^6 speziell für diesen Zweck zu entwickelnden ICs vor. Dieses Vorgehen reduziert den Zeitaufwand für eine vollständige Suche auf einen
Tag bzw. auf einen halben Tag im statistischen Durchschnitt.

Diffie und Hellman entwickeln das folgende Kosten/Leistungs-Modell:
Wenn man den Gesamtpreis für 1 Mio. ICs (geschätzter Stückpreis) wegen
Entwurfskosten, zusätzlicher Kontrollogik und Netzteilen etc. mit dem
Faktor 2 multipliziert, erhält man Gesamtkosten für ein solches Verfahren in der Größenordnung von 20 Mio. Dollar. Die Umlage dieser Kosten auf 5 Jahre ergibt tägliche Betriebskosten von $10000, was einer
Durchschnittsrate von $5000 je vollständiger Schlüsselsuche ent-
spricht. Zu diesem Preis wären damit einem Kryptanalytiker sämtliche
unter jeweils einem Schlüssel chiffrierte Daten und Informationen zugänglich.

Dieser Vorschlag hat eine ausgesprochen kontroverse Diskussion
([Bra2],[Dif1]) zwischen dem NBS als Förderer des DES und den Autoren
über die technische und ökonomische Realisierbarkeit eines solchen
Vorhabens ausgelöst. [51)]

Folgende Fragestellungen wurden diskutiert:

Problem 1: Gilt für eine 1 Mio. IC-Maschine wie für Parallelprozesso-
           ren, daß der Kostenaufwand für Entwurf und Kontrolle des
           Systems sehr viel stärker wächst als der Grad der Paralle-
           lität des Systems?

Problem 2: In welchem Maße beeinträchtigt die bei einer 1 Mio. IC-
           Maschine zwangsläufig niedrige MBTF die fehlerfreie Opera-
           tion des Systems bzw. kann unter den gegebenen Umständen
           überhaupt jemals eine fehlerfreie Schlüsselsuche durch-
           geführt werden?

Problem 3: Ist es möglich, LSI Chips, die einen Schlüssel innerhalb
           von einer Mikrosekunde testen, zu einem Preis von etwa $10
           herzustellen?

Problem 4: Kann die räumliche Größe einer solchen Maschine Einfluß auf
           ihre Realisierbarkeit haben?

Problem 5: Liegt der Stromverbrauch der Hardware ICs bei einer
          geforderten Testzeit von einer Mikrosekunde noch in reali-
          stischen Größenordnungen?

Da Antworten auf diese Fragestellungen in bezug auf die verfügbare
Computertechnologie z.T. spekulativ sind, kann an dieser Stelle die
Argumentation der beiden Parteien nicht bewertet werden. Immerhin läßt
sich vermuten, daß die technische Durchführbarkeit solcher Suchverfahren, wenn nicht schon heute, so doch mit Sicherheit in den nächsten 5
bis 10 Jahren durch neue Technologien und ein damit verbessertes
Kosten/Leistungsverhältnis gegeben sein wird.

S. Kent [Ken1] macht in diesem Zusammenhang darauf aufmerksam, daß mit
der Entwicklung immer schnellerer und preiswerterer Verschlüsselungshardware - unerwünschterweise - auch die Möglichkeiten
und Chancen einer vollständigen Suche und anderer kryptanalytischer
Strategien wachsen werden. Demgegenüber kann man eine vollständige Suche immer dann schon grundsätzlich ausschließen, wenn die Anwendung
den Einsatz von Kryptosystemen mit sehr langen Schlüsseln ($\sim$100 Bits)
zuläßt. Beim Testen eines Schlüsselpotentials von 2^{100} Schlüsseln
stößt die Technik an physikalische Grenzen.

3.2.1.3 Analytische Methoden

Unter analytischen Methoden der Kryptanalysis verstehen wir die Ge-
samtheit aller Vorgehensweisen, die durch Untersuchung der Sprachstatistik und Struktur von Kryptosystemen - entsprechend der Problemstellung - zur Rekonstruktion von Chiffren, Schlüsselparametern oder
Klartexten beitragen. Diese Methoden streben in der Regel die vollständige und jederzeit reproduzierbare Kryptanalysis einer Chiffre an.
Ziel ist damit ein kryptanalytischer 'Algorithmus', der möglichst
ökonomisch (Systemaufwand) und zeitgünstig eine Chiffre löst.

Das Fehlen einer allgemeinen Methodik führt zu einer der Vielzahl verschiedener kryptographischer Systeme entsprechenden methodischen Vielfalt bei der Analyse von Chiffren. Gerade für nichttriviale Chiffren
müssen oft sehr spezielle Lösungsmethoden [Tuc3] entwickelt oder aus

allgemeinen Methoden abgeleitet werden. Daher wollen wir uns im folgenden auf die Darstellung typischer Merkmale und Eigenschaften von Kryptoverfahren beschränken, die analytischen Methoden zugänglich sind.

Sprachstatistik von Kryptosystemen

Bei der Sprachstatistik von Kryptosystemen geht es nach Shannon [Sha] darum, ein möglichst feines statistisches Raster über das verfügbare Textmaterial zu legen und durch nachfolgende Auswertung die gesuchte Lösung schrittweise zu approximieren. Hierbei ist wichtig, daß die statistische Struktur einer (Quell-)Sprache einen gewissen Grad an Voraussagbarkeit für die Konstruktion von Wörtern oder Sätzen in dieser Sprache liefert. Diese Voraussagbarkeit ist über den Begriff der Redundanz meßbar. [52]

Es soll an dieser Stelle nicht im Detail auf die verschiedenen statistischen Verfahren und Tests eingegangen werden, wie sie etwa in [Kul],[Cei],[Ree2],[Ree5] u.a. zur Lösung von Kryptosystemen verwendet wurden. Wir wollen uns damit begnügen, die Untersuchungsgegenstände, i.e. typische sprachstatistische Eigenschaften zu nennen:

-   Häufigkeitsverteilungen von Einzelzeichen oder Zeichengruppen (n-Gramm Häufigkeiten)

<u>relative Häufigkeitsverteilung für englischen Klartext</u>

A B C D E F G H I J K L M N O P Q R S T U V W X Y Z

```
* * * * * * * *     * * * *     * * * * * *     *
*   * * * * * * *    * * * * *    * * * *   *     *
*   * * * *   * *    * * * * *    * * * *
*     * *     * *    *   * *      * * *
*       *       *      * *      * * *

*       *       *      * *      * * *
*       *       *      * *      *   *
        *              *        *   *
        *                           *
        *

        *
        *
        *
```

                    Abb. 51

Abb. 52 zeigt in einer Zusammenstellung

Häufigkeiten von: a) Einzelzeichen

                  b) Digrammen

                  c) Trigrammen

                  d) Doppelzeichen (pp, tt, usw.)

                  e) Zeichenumkehrungen (er,re)

                  f) Zeichennachbarschaften (o <--> e)

                  g) linksseitige Zeichennachbarschaften (0 <-- a)

                  h) Rechtsseitige Zeichennachbarschaften (e --> y)

a) Single Letter Frequencies
Log Scale
ETOANIRSHDLCFUMPYWGBVKXJQZ
b) Digram Frequency
Log Scale
TIERAHAETTAOHOIESONHEVCDRRL
HNRENERNIETNAUTSTRTIAEOEAOI
c) Trigram Frequency
Log Scale
TIAIEFTEHAVTTAHEHRIACNAEIT
HNNONOIRETEEHTARIELROCLVTE
EGDNTROERERRAITSSSLENELEHD
d) Doublet Frequency
Log Scale
LTSEPORFCDNHMBAGZ
e) Reversal Frequency
Linear Scale
EEATOIEATOIRSIEO
RSNINNNTEROATSDF
f) Total Contact Variety
Linear Scale
OEPIASBGLTYCFJUKMNRWDXHVQZ
g) Left Contact Variety
Linear Scale
OAEPITBJLSKFGMUCQRYDHVNXZ
h) Right Contact Variety
Linear Scale
EYGIOPCNSABFLUXDRTJKMWHVZQ

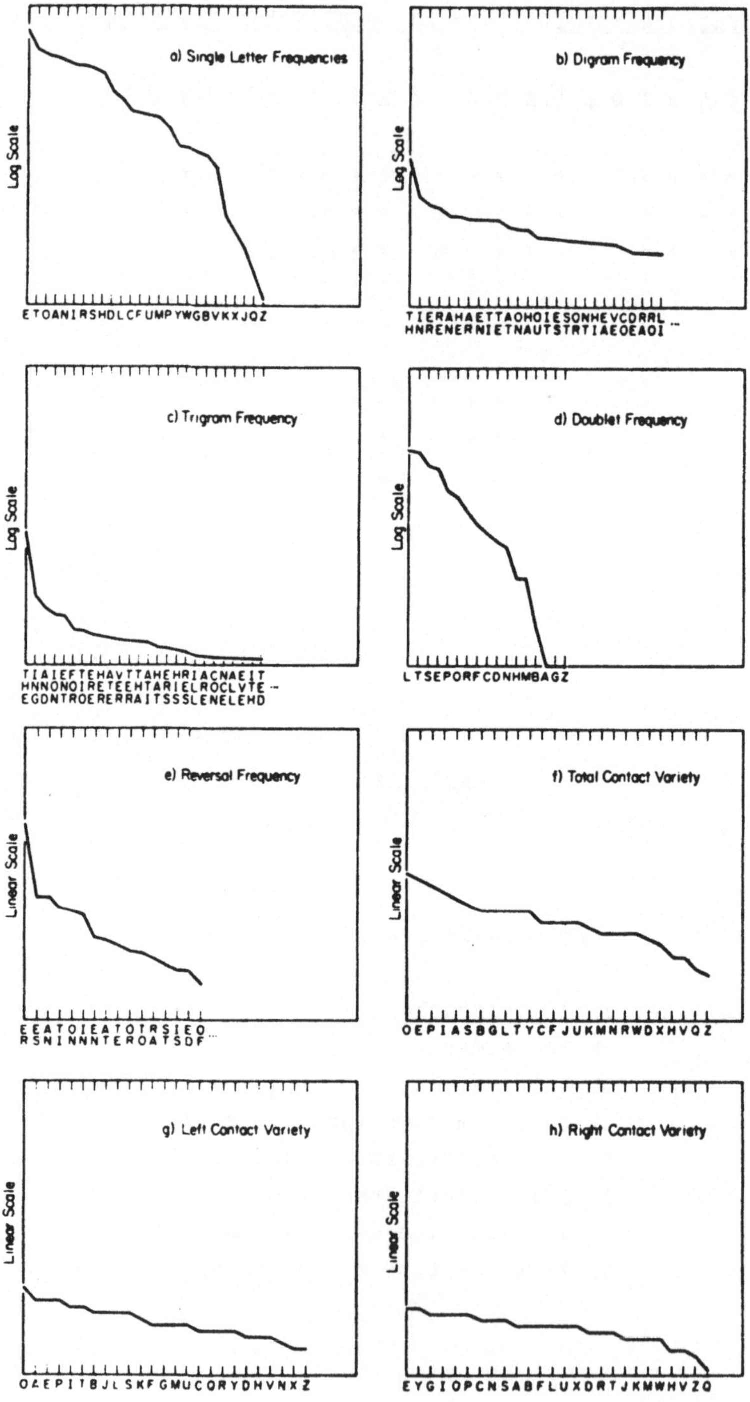

Abb. 52

- Äquipartition

  Bei Nachrichtenblöcken ausreichender Länge gibt es eine Tendenz,
  daß sich die kombinatorisch möglichen Blöcke in eine Gruppe
  'typischer' Blöcke mit etwa gleicher Wahrscheinlichkeit und in
  eine Gruppe 'nicht-typischer' Blöcke mit sehr geringer Wahrscheinlichkeit unterteilen lassen (Äquipartitionsprinzip).
  Aus diesem Grund sind die Häufigkeiten von Schlüsseltextblöcken,
  die typischen Klartextblöcken entsprechen, etwa gleich und deshalb für einen Kryptanalytiker nicht von Nutzen. Es ist jedoch
  zu beachten, daß bspw. die Menge typischer 64-Bit-Blöcke wesentlich geringer als 2^{64} ist. Falls es sich bei 64 Bits um (acht)
  Zeichen englischer Sprache handelt, gibt es davon etwa 2^{12} typische Blöcke [Ing7].

- Zeichennachbarschaften
  (Übergangswahrscheinlichkeiten: z.B. Q-->U, P(U|Q)=1)
- Doppelzeichen oder andere existierende Zeichenmuster
- Wortstrukturmuster (pattern words):

xx x	xxy y	xx yy	xyyx	(Muster)
ruNNiNg	suFFErEd	aDDreSS	AFFAir	
loSSeS	suFFIcIent	aNNuaLLy	ARRAnge	
sEEmEd	flOODeD		ATTAck	[Dev2]

- Wortgebrauchsmuster
- Standards und Formate von Daten bzw. Nachrichten
- Sprachsyntax (insb. künstliche Sprachen,
  Programmiersprachen) [53]

Die Verwendung der verschiedenen statistischen Methoden hängt zunächst
von der Verfügbarkeit ausreichenden Textmaterials ab; andernfalls sind
die Ergebnisse u.U. nicht signifikant, d.h. sie können nicht mit
Standardwerten oder -verteilungen in Beziehung gebracht werden. Die
erforderliche Differenziertheit statistischer Methoden richtet sich
danach, wie (in welchem Maße) eine Chiffre die Sprachstatistik eines
Klartextes verändert (Konfusion bzw. Diffusion [Sha]).

Es ist allerdings fraglich, ob diese Methoden, die - soweit bekannt -

nur bei der Lösung verhältnismäßig elementarer Chiffren behilflich waren, auch auf komplexere Kryptosysteme (DES etc.) übertragbar sind.

Shannon hat in [Sha] einige Anforderungen an eine Gesamtstatistik zusammengestellt:

  i) Sie muß eine einfache Auswertung zulassen.

 ii) Sie muß im Fall der Rekonstruktion eines Schlüsselparameters stärker vom Schlüssel als von der zugehörigen Nachricht abhängen. Die Varianz bzgl. einer Nachricht sollte nicht die Varianz bzgl. des Schlüssels überlagern.

iii) Die statistischen Werte sollen eine Untergliederung des Schlüsselraumes in Teilmengen vergleichbarer Wahrscheinlichkeit und die Spezifizierung derjenigen Teilmenge erlauben, in der der gesuchte Schlüssel liegt.

 iv) Die statistische Information muß einfach, aussagekräftig und eindeutig sein.

Strukturanalyse

Eine Strukturanalyse von Kryptosystemen verwendet Methoden und Verfahren, die vor allem mathematische Eigenschaften und Strukturen von Chiffren suchen bzw. untersuchen. Sie nutzt gewissermaßen die Regularität einer Chiffre für kryptanalytische Zwecke aus. Strukturbezogene Methoden der Kryptanalysis dienen zur Untersuchung von

Strukturen des Schlüsselraums

- Schlüssellänge (in Bits)
- Komplementäre bzw. äquivalente Schlüssel
- Algebraische Strukturen des Schlüsselraums (Gruppenstruktur etc.)

Mathematische Eigenschaften einer Chiffre

- Funktionstyp: z.B. linear, affin, etc.
- Produktabbildung oder Einzelabbildung
- Entartung der Funktion
- Fixpunktverhalten
- Periodizität
- Fehlerfortpflanzung
- Längentreue oder Expansion

Während die Relevanz statistischer Aussagen u.a. von der verfügbaren Textquantität abhängt, profitiert die strukturbezogene Analyse vor allem von der Textqualität, insbesondere also von Klartext-Schlüsseltext nach Wahl. Es ist klar, daß die Kenntnis des zu analysierenden Kryptosystems i.a. einen gezielteren Einsatz strukturbezogener Untersuchungsmethoden erlaubt.

Nach dieser Zusammenstellung einiger häufiger Untersuchungsmerkmale von Verschlüsselungsverfahren wollen wir anhand der Kryptanalysis bekannter Chiffren der methodischen Apparat genauer kennenlernen und damit die Vorgabe von Sicherheitsanforderungen an ein Kryptosystem begründen helfen (vgl. 3.1.2).

3.2.2 Kryptoanalyse einiger Verschlüsselungsverfahren

Im folgenden wird die Kryptoanalyse einiger der bisher kennengelernten Kryptosysteme skizziert. Dabei geht es vorwiegend um den Lösungsweg auf Grundlage verschiedener kryptanalytischer Methoden, weniger um die Darstellung von Einzelschritten einer Kryptoanalyse. Wir müssen uns verständlicherweise auf Verschlüsselungsverfahren beschränken, zu denen in der spärlichen veröffentlichten Literatur wie [Gai1], [Sin2], [Tuc3] oder [Hel3] eine erfolgreiche oder versuchte Kryptoanalyse vorliegt. Eine zusätzliche Einschränkung bedeutet die Tatsache, daß das methodische Vorgehen der Autoren bzgl. Auswahl und Voraussetzungen (Textqualität oder -quantität [54]) oft keiner sichtbaren Sytematik unterliegt. Ausnahmen sind Tuckerman [Tuc3], Grossman [Gro2] und z.T.

Sinkov [Sin2].

Dies deutet auf die Schwierigkeit hin, spezielle Lösungsansätze für bestimmte Chiffren, die zudem nicht-deterministische oder intuitive Vorgehensweisen enthalten, übertragbar zu machen oder zu verallgemeinern. Für Elementarchiffren (Substitutionstypen) gehen die meisten Autoren davon aus, daß Chiffren gleichen Typs kryptanalytisch äquivalente Probleme darstellen. [55]

Wir werden deshalb, wenn wir 'Äquivalenzklassen' von Chiffren im Sinne kryptographischer Ordnungsbegriffe betrachten, den methodischen Rahmen abstecken, der erfahrungsgemäß zu einer Lösung führt oder bei einzelnen Vertretern solcher Klassen die Methoden angeben, die zu einer Lösung geführt haben. In Unkenntnis der unveröffentlichten Literatur zu diesem Thema können wir die Existenz oder Möglichkeit optimierter Lösungsmethoden oder von Lösungsmethoden - überhaupt - nicht ausschließen.

Wir gehen nach Voraussetzung davon aus, daß dem Kryptanalytiker zumindest Typ oder Prinzip der zu untersuchenden Chiffre oder eines Kryptosystems bekannt sind bzw. bekannt sein dürfen, ohne daß eine Lösung dadurch trivial wird. Andernfalls ist - vor allem bei klassischen Chiffren - der Typ verhältnismäßig einfach durch statistische Überlegungen (Koinzidenzindex u.a.) [Sin2] identifizierbar.

3.2.2.1 Kryptoanalyse_elementarer_Chiffren

1) **Monoalphabetische_Substitution** (einfache Substitution)

ST: Eine Lösung bedarf in der Regel umfangreicher Trial and Error Verfahren zur Rekonstruktion statistischer Zeichenhäufigkeiten, der Verwendung von Bigramm-Häufigkeiten, der Analyse von Zeichenmustern oder der Methode wahrscheinlicher Wörter. Die Methode hängt stark davon ab, ob die Substitution linear oder nichtlinear (zufällig) ist.
Eine Lösung ist möglich wegen der festen Zuordnung von Klartext- und Schlüsseltextzeichen, d.h. wegen der Erhaltung statistischer Charakteristika der Klartextsprache [Sin2].
Bei Kenntnis der Klartextsprache werden ca. 100 Schlüsseltextzeichen für eine Analyse benötigt [Tuc3].

KT-ST: Rekonstruktion der Substitution trivial, wenn alle Klartextzeichen auftreten. Ansonsten Trial and Error Verfahren auf al-
ternativem Schlüsseltext bzw. Suche nach Periodizität, Zyklen
von Permutationen etc.

1') <u>Monoalphabetische Substitution als lineare Transformation</u>

ST: Ermittlung mindestens 2er Klartext-Schlüsseltext Paare durch
obige Verfahren.

KT-ST: Auflösen der beiden Kongruenzen nach den additiven und multiplikativen Konstanten trivial, wenn 2 Klartext-Schlüsseltext
Paare vorhanden [Sin2].

1'') <u>Monoalphabetische Substitution als Caesar-Chiffre</u> [56]

ST: Ermittlung des Schlüssels (= additive Konstante) durch Trial
and Error-'Verschieben' der relativen Standardhäufigkeitsver-
teilung von Einzelzeichen oder durch vollständige Suche (26
Zeichenblöcke) [Gai1], [Sin2].

KT-ST: trivial

```
****** FORTRAN PROGRAM FOR CRYPTANALYSIS OF CIPHER SYSTEMS ******
C      CRYPTANALYSIS  [Che]
C
       INTEGER ALPHA(27), BLANK, R, W
       DIMENSION KRYPT(200),KTA(200),LTRS(26),LIST(26),KALL(26),KOLL(26)
       DATA ALPHA / 'A','B','C','D','E','F','G','H','I','J','K','L','M',
      1 'N','O','P','Q','R','S','T','U','V','W','X','Y','Z'/
       BLANK = 16448
       R = 2
       W = 3
       ALPHA(27) = ALPHA(1)
       DO 1 J = 1,200
       KRYPT(J) = BLANK
      1 KTA(J) = BLANK
       DO 2 K = 1,26
      2 KOLL(K) = 0
       DO 3 K = 1,26
      3 LIST(K) = 0
C      NOTE---IF THE NUMBER OF CRYPTOGRAM CARDS DOES NOT EQUAL FOUR,
C      BE SURE TO MAKE UP THE DIFFERENCE WITH BLANK CARDS.
       READ (R,4) (KRYPT(J), J = 1,200)
      4 FORMAT (50A1)
C      NOTE---IF CRYPTOGRAM IS KNOWN NOT TO BE CAESAR TYPE, INSERT
C      A 'GO TO 20' CARD HERE.
C
C      CAESAR-CIPHER TEST SUB-PROGRAM
C
```

```
      WRITE (W,5)
5     FCRMAT (1H1,//,45X,'CAESAR RUNDOWN',//)
      WRITE (W,6) (KRYPT(J), J=1,100)
6     FOBMAT (5X,100A1)
      WRITE (W,66)
66    FORMAT (5X,100('-'))
      DO 7 J = 1,100
7     KTA(J) = KRYPT(J)
      DO 11 I = 1,25
      DO 10 J = 1,100
      DO 9 K = 1,26
      IF (KTA(J) - ALPHA(K)) 9,8,9
8     KTA(J) = ALPHA(K + 1)
      GO TO 10
9     CONTINUE
10    CONTINUE
      WRITE (W,6) KTA
11    CONTINUE
C     NOTE---IF CRYPTOGRAM IS KNCWN TO BE CAESAR TYPE, INSERT
C     A 'GO TC 50' CARD HERE.
C
C     FREQUENCY COUNT SUE-PROGRAM
C
20    CONTINUE
      WRITE (3,21)
21    FORMAT (1H1,//,13X,'FREQUENCY COUNT',//)
      NK = 0
      DO 24 J = 1,200
      DO 23 K = 1,26
      IF (KRYPT(J) - ALPHA(K)) 23,22,23
22    IIST(K) = LIST(K) + 1
C     NK = NUMBER OF LETTERS IN CRYPTOGRAM.
      NK = NK + 1
      GO TO 24
23    CONTINUE
24    CONTINUE
C     COLLATICN ROUTINE
C     TO SAVE TIME, ASSUME NO LETTER EXCEEDS 25PC CF TCTAL.
      KL = 0
      IK = NK/4
      DO 26 I = 1,IK
      DO 26 K = 1,26
      IT = IK - I
      IF (LIST(K) - IT) 26,25,26
25    KL = KL + 1
      KCLL(KL) = LIST(K)
      KALL(KL) = ALPHA(K)
26    CCNTINUE
      DO 27 K = 1,26
27    WRITE (W,28) ALPHA(K), LIST(K), KALL(K), KOLL(K)
28    FORMAT (10X, A1,' = ',I2,9X,A1,' = ',I2)
      WRITE (W,29) NK
29    FORMAT (////, 5X, 'NO. OF LETTERS IN CRYPTOGRAM = ',I3)
C
C     SUESTITUTICN SUE-PROGRAM
C
```

```
C           INSERT N = I CARD HERE, I = NO. OF LETTER CARDS TO RUN.
            N = 15
            NL = 0
30          WRITE (W,31)
31          FORMAT (1H1, 40X, 'TRIAL SUBSTITUTIONS')
32          DO 33 K = 1,26
33          ITRS(K) = BLANK
            READ (R,34) LTRS, NR
34          FORMAT (26A1, 3X, I2)
            NL = NL + 1
            DO 35 J = 1,200
35          KTA(J) = BLANK
            DO 38 J = 1,200
            DO 37 K = 1,26
            IF (KRYPT(J) - KALL(K) ) 37,36,37
36          KTA(J) = LTRS(K)
            GO TO 38
37          CONTINUE
38          CONTINUE
C           PRINT-OUT ROUTINE
            WRITE (W,40), NR, LTRS
40          FORMAT (//,5X,'TRIAL DECIPHERMENT NO.',I3,', USING- ',26(A),1X),//)
            MA = 1
            MB = 50
41          WRITE (W,42) (KRYPT(M), M = MA, MB)
42          FORMAT (5X,50(A1,1X))
            WRITE (W,43) (KTA(M), M = MA, MB)
43          FORMAT (5X,50(A1,1X),/)
            IF (MB - 200) 44,46,46
44          IF (NK - MB) 46,46,45
45          MA = MA + 50
            MB = MB + 50
            GO TO 41
46          IF (NL - N) 47,50,50
47          IF (NL - 5) 32,30,48
48          IF (NL - 10) 32,30,49
49          IF (NL - 15) 32,30,32
50          CALL EXIT
            END
```

2) **Polyalphabetische Substitution** (m-alphabetische Substitution)

ST: Eine Lösung setzt zunächst die Bestimmung der Schlüssellänge,
        d.h. Anzahl der verwendeten Alphabete (Permutationen) durch
        Häufigkeitsanalysen und Trial and Error von Wieder-
        holungsmustern und ihren Abständen voraus.
        Nachfolgend werden die Einzelalphabete wie unter 1) analysiert
        oder ihre Verknüpfung (vermischte Alphabete) zur Reduktion der
        polyalphabetischen Substitution auf eine monoalphabetische Sub-
        stitution ausgenutzt. Eine Lösung ist möglich wegen der
        Periodizität der verschiedenen Einzelsubstitutionen (Alphabete)
        [Sin2], [Tuc3].

2') **Vernam-Chiffren (1 Schleife)** [57]

ST: Im Gegensatz zu klassischen Methoden, die solche Systeme u.a.
        durch Trial and Error, Häufigkeitsstatistik, wahrscheinliche
        Wörter etc. lösen, liefert Tuckerman eine Lösung mit rein
        deterministischen Verfahren. [58]
        Zunächst wird durch einen Koinzidenztest die Schlüssellänge
        (Periode) ermittelt und nachfolgend die Chiffre durch statisti-
        sche Analysen auf Caesar-Chiffren reduziert und gelöst.
        Tuckerman genügen ~20m Schlüsseltextzeichen für eine Analyse
        [Tuc3].

KT-ST: Der Lösungsaufwand hängt von der Länge N des Textpaares im Ver-
        gleich zur Periode m ab. Für N≥m ist die Lösung trivial, wenn m
        bekannt ist (sonst Periodizitätstest). Falls m unbekannt und
        N<m ist, kann der korrekte Schlüssel (aus mehreren) nur durch
        Plausibilitätstests auf anderen Schlüsseltext- oder Klartext-
        Schlüsseltext- Fragmenten gefunden werden.

2'') **Vernam-Chiffren (2 Schleifen)**

ST: Eine solche Chiffre mit den Perioden u,v (rel. prim) kann als
        1-schleifige Vernam-Chiffre definiert [59] mit einem
        Schlüsseltext der Länge N~20uv gelöst werden.
        Als zweischleifige Vernam-Chiffre kann sie durch besondere al-
        gebraische Methoden (u-differencing) und statistische Analysen

auf eine einschleifige Vernam-Chiffre reduziert und nachfolgend
gelöst werden. Der methodische Aufwand ist erheblich größer als
für einschleifige Vernam-Chiffren (vgl. [Tuc3], [Mey7]).
Tuckerman benötigt Schlüsseltext in der Länge N~200 min(u,v)
bzw. N~100(u+v).

KT-ST: Die Lösungsmethoden hängen stark von der Kenntnis verschiedener
        Parameter (Perioden, primäre oder sekundäre Schlüssel) und der
        verfügbaren Textmenge ab. Bei Kenntnis des sekundären
        Schlüssels und der Periodenlängen u,v genügt eine Textlänge von
        N=u+v für eine einfache algebraische Lösung. Falls u,v unbe-
        kannt sind, erzielt Tuckerman durch Differenzrechnung eine Lö-
        sung mit N≥u+v+1. (Der Aufwand variiert mit v^2) [60]

3) <u>Homophone Substitution</u>

ST: Eine computerorientierte Lösung für homophone Substitution mit
        zwei Substituten hat Matyas in [Mat1] geliefert. Lösungsansatz
        ist die Annahme der Entschlüsselung mit höchster a priori Wahr-
        scheinlichkeit als 'Lösung'. Diese Wahrscheinlichkeit wird
        durch eine Markov Approximation 2-ter Ordnung ermittelt, die
        auf 500.000 englischen Trigrammen basiert. Die Rekonstruktion
        von Einzelzeichen lag i.a. bei 50-60%, die Identifikation von
        Vokalen und Konsonanten bei 90-95%.
        Voraussetzungen für diese Verfahren sind, daß die Quellsprache
        (1) redundant und (2) dem Kryptanalytiker bekannt ist und (3)
        ausreichendes Textmaterial zur Ermittlung der Markov Wahr-
        scheinlichkeit zur Verfügung steht.

Diese kleine und unvollständige Auswahl von Beispielen zeigt, daß bereits unter sehr schwachen Voraussetzungen bzgl. Textqualität und
-quantität eine erfolgreiche Kryptoanalyse vieler - wenn nicht aller -
elementarer Chiffren möglich und unter bestimmten Voraussetzungen
trivial ist.
Der Aufwand hierzu ist gerade bei computerunterstützten Analysemetho-
den vergleichsweise gering. Man kann erwarten, daß sich mit
geheimgehaltenen Methoden noch viel komplexere Chiffren, etwa von
Rotormaschinen gelieferte Permutationschiffren [Poh1],[Ree4] lösen
lassen.

Eine erste Schlußfolgerung hieraus muß lauten, daß derartige elementare Chiffren und Kryptosysteme auch für kommerzielle Anwendungen, bei denen die Sicherheitsanforderungen nicht so streng wie im militärischen oder staatlichen Anwendungsbereich sind, ungeeignet sind. Diese Analyse soll insbesondere davor warnen, aufgrund (noch) fehlenden Know Hows auf diesem Gebiet, Chiffren oder Kryptosysteme obigen Typs nach 'Do it yourself' Manier zu konstruieren und zu implementieren.

3.2.2.2 Kryptoanalyse von Produktchiffren (DES)

Im Gegensatz zu den bisher analysierten Verfahren ist der DES eine Produktchiffre, die im wesentlichen aus der Iteration von Permutationen (Diffusion) und nichtlinearen Substitutionen (Konfusion) unter einem 'rotierenden' Schlüssel besteht. In welchem Maße eine solche Konstruktion zur kryptanalytischen Resistenz dieser Chiffre beiträgt, zeigt sich daran, daß nach Aussagen des NBS und der IBM-Entwickler [Bra2] trotz der Veröffentlichung einer genauen Spezifikation des DES (1974) bisher noch keine erfolgreiche Kryptoanalyse des Systems bekannt ist. [61] Wie schwierig insbesondere eine mathematische oder statistische Analyse des DES offenbar ist, beweist einerseits die vergleichsweise magere Ausbeute aus bekanntgewordenen Untersuchungen und andererseits der trotz enormer Kosten ernstgemeinte Vorschlag, eine vollständige Suche auf Basis einer Parallelmaschine (1 Mio. ICs) durchzuführen (vgl. Kap. 3.2.1.2.3).

Wir wollen nun einige Diskussionspunkte aus [Hel3] und [Her1] über existierende und potentielle Schwachstellen [62] des DES und Verbesserungen des Entwurfs zusammenstellen. Besonders in bezug auf potentielle Schwächen des Systems ist die Diskussion zwischen Befürwortern (u.a. den Entwicklern) und Kritikern des DES aufgrund unterschiedlichen Informationsstandes und noch verhältnismäßig oberflächlicher und isolierter Ergebnisse kontrovers.
Die kommentierte Zusammenstellung der wichtigsten Untersuchungsergebnisse zeigt:

<u>Untersuchungen und Ergebnisse</u>

C Intersymbol Dependance am Beispiel des DES-Algorithmus

Meyer unterscheidet in [Mey6]:

Abhängigkeit   a) Klartextbits:Schlüsseltextbits (direkt)
               b) Klartextbits:Schlüsseltextbits (durch Autoklave)
               c) Klartextbits:Schlüsseltextbits (direkt und durch
                  Autoklave)
               d) Schlüssel:Schlüsseltext

Hierbei existiert eine Autoklave Abhängigkeit (b) zwischen einem Inputbit und einem Outputbit, wenn ersteres in einer Iteration die Auswahl einer der Substitutionsfunktionen beeinflußt, es existiert eine
direkte Abhängigkeit (a), wenn ein Inputbit in einer Iteration das
Argument einer Substitutionsfunktion beeinflußt.

Die Abhängigkeiten zwischen den Klartextbits und den Outputbits der
j-ten Iteration des DES (j=1,2,.....,5) werden entsprechend ihren Typen
als Einträge in einer 64 x 64 Matrix dargestellt:

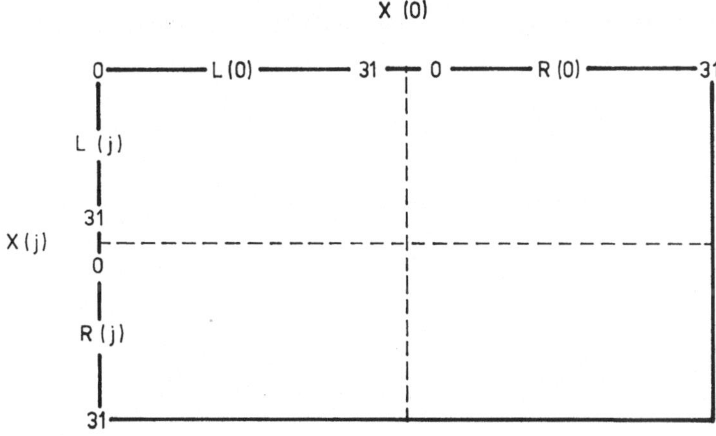

Abb. 53

L(j) bzw. R(j) sind die jeweils 32 linken bzw. rechten Bits.

Die Autoren haben für die Iterationen (rounds) 1-5 prozentual den An-
teil belegter Stellen dieser Matrix gegenüber der (leeren) Startmatrix
berechnet:

Ciphertext/Plaintext Intersymbol Dependence
Output/Input Relation

Round					
j	L(j) vs L(0)	L(j) vs R(0)	R(j) vs L(0)	R(j) vs R(0)	X(j) vs X(0)
1	0.00	3.13	3.13	18.75	6.26
2	3.13	18.75	18.75	88.18	32.20
3	18.75	88.18	88.18	100.00	73.78
4	88.18	100.00	100.00	100.00	97.05
5	100.00	100.00	100.00	100.00	100.00

Tab. 5 [Mey6]

Entsprechend existiert auch für die Abhängigkeit d) eine 64x64 Matrix.
Für diese Abhängigkeit ergibt sich die folgende prozentuale Entwicklung:

<pre>
                  Ciphertext/Key Intersymbol Dependence
                        Output/Input Relation

Round ---
   j   L(j) vs Key   R(j) vs Key   X(j) vs Key
       ----

   1   0.00   10.71   5.36
   2   10.71   79.02   44.86
   3   79.02   96.43   87.72
   4   96.43   100.00   98.22
   5   100.00   100.00   100.00

</pre>

Tab. 6 [Mey6]

c Der DES ist invariant unter binärer Komplementierung (⁻),
   d.h. aus DES (KT,S) = ST
   folgt: DES $(\overline{KT},\overline{S}) = \overline{ST}$

Diese Eigenschaft kann die Schlüsselsuche um den Faktor ~2 reduzieren, wenn zwei Klartext-Schlüsseltext Paare KT1-ST1,KT2-ST2 zur Verfügung stehen mit KT2 = $\overline{KT1}$.
Der kryptanalytische Aufwand bei der Schlüsselsuche wird allerdings
nicht um 50% reduziert, da zwar nur die Hälfte der Schlüssel gete-
stet werden muß, die erhaltenen Schlüsseltexte aber jeweils zwei
Vergleichsoperationen durchlaufen müssen. Diese Eigenschaft bedeutet
also keine ernsthafte Einschränkung der Sicherheit des DES.

c Der DES besitzt vier schwache Schlüssel (d.h. DES^2=id):

<pre>
   01 01 01 01 01 01 01 01
   FE FE FE FE FE FE FE FE
   1F 1F 1F 1F 0E 0E 0E 0E
   E0 E0 E0 E0 F1 F1 F1 F1   hexadezimal
</pre>

C Untersuchung der Struktur der S-Boxen:

- Aus der statistischen Häufigkeit bestimmter Komplementbildungen
  wurde festgestellt, daß die Inhalte der S-Boxen nicht zufällig
  sind, sondern eine (unbekannte) Struktur besitzen [Hel3].
  Die Entwickler bestätigen, daß die S-Boxen nicht zufällig erzeugt
  sind, sondern unter nicht näher genannten Gesichtspunkten, die zur
  Sicherheit des Systems beitragen, ausgewählt wurden. Aus einer
  Auswahl kryptographisch gleich effizienter S-Boxen wurden letztlich solche mit den günstigsten Implementierungseigenschaften
  gewählt. Die Diskussion, ob strukturierte oder zufällige S-Boxen
  kryptographisch stärker sind, ist offen.

- Tests zeigten, daß keine der S-Boxen linear oder affin ist.
  Nichtlinearität und -affinität sind Entwurfskriterien des DES. Die
  'eigentliche' Stärke des DES liegt in den S-Boxen, da alle übrigen
  Operationen (XOR, Expansion und Permutation) linear sind. Hellman
  et al. halten allerdings einige S-Boxen für 'quasilinear' [Hel3].
  Herlestam kritisiert, daß (16) Iterationen einer nichtlinearen Abbildung im Prinzip die Nichtlinearität reduzieren können [Her1].

- Untersuchungen der S-Boxen auf Symmetrie, Komplementbildung,
  lineare Abhängigkeiten, Ein-Ausgabemuster und 'redundante' Merkmale ergeben u.a. [Hel3]:
    o keine S-Box ist invariant unter: $x <-- x + c$ für $c \neq 0$
    o S-Boxen sind paarweise nichtäquivalent unter Permutation und
      partieller Komplementierung von Ein- und Ausgaben.
    o Die S-Boxen enthalten keine Polynomstrukturen niedrigen Grades.
    o Die Zeilen der S-Boxen (Matrizen) liefern gerade Permutationen
      für S1, ungerade für S2, S3, S4 und gemischt gerade/ungerade für
      die übrigen S-Boxen.

C Jede S-Box besitzt eine 2:1 Fehlerfortpflanzung, d.h jede Veränderung eines Klartextbits verändert mindestens zwei Schlüsseltextbits.

C Statistische Tests konnten nicht nachweisen, daß Klartext-
Schlüsseltext Paare Schlüsselbits prädeterminieren.

C Der DES besitzt gute statistische Eigenschaften [Bra2]:

Vergleich des Power Spektrums für 1 Iteration des DES mit dem Power

Spektrum für den Gesamtalgorithmus (Für 'weißes Rauschen' ist F(P) konstant).

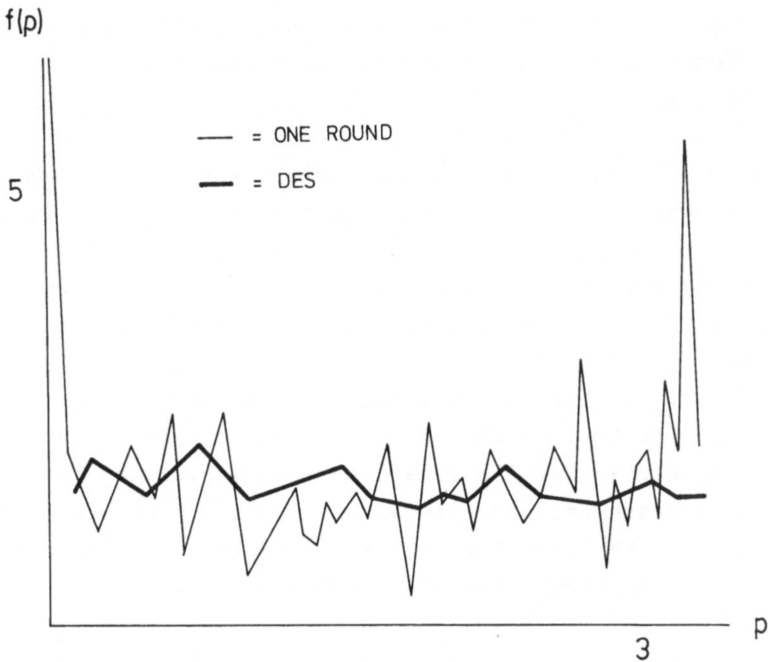

Abb. 54

o Kryptoanalyse des DES für 2 Iterationen war erfolgreich; es wurden 1 Mio. Operationen zur Lösung benötigt. Hellman et al. schlagen vor, diese Form der Kryptoanalyse auch für höhere Iterationen durchzuführen. [63)]

o Die Permutationen zu Beginn und zu Ende des Verschlüsselungsablaufs des DES tragen unwesentlich zur kryptographischen Stärke des Verfahrens bei. Sie dienen bei seriellem Laden von Schlüssel und Daten vielmehr der einfachen Implementation des DES auf einem Einzelchip [Mey7].

Wir müssen nach den ersten Untersuchungen des DES feststellen, wie aufwendig gerade die strukturbezogene Analyse eines solchen Kryptosy-

stems ist. Die Suche nach 'aussagefähigen' Strukturen ist das Haupt-
problem bei der Lösung dieser komplexen Kryptosysteme.
Wie obige Analyse zeigt, hat diese Methode für den DES - soweit
bekannt - bisher nur geringen kryptanalytischen Fortschritt gebracht.
Das Fehlen eines positiven Sicherheitsnachweises läßt allerdings die
theoretische Möglichkeit offen, daß weiterführende und ergänzende Untersuchungen (doch) noch zu einer signifikanten Schwachstelle des Systems führen können.

Immerhin bedeutet die Tatsache, daß das Verfahren seit mehreren Jahren
bekannt ist und somit jeder denkbaren Form von Kryptoanalyse zur Verfügung steht, eine beträchtliche Sicherheitsgarantie. Darüberhinaus
kann man annehmen, daß der Vorschlag des NES, den DES als Standard-
algorithmus zu empfehlen, durch entsprechende kryptographische
Effizienz gerechtfertigt ist.
Wenn wir also davon ausgehen können, daß der DES für kommerzielle
Anwendungen kryptographisch sicher ist, ergibt sich als eigentlich
kritischer Sicherheitsfaktor die Verwaltung und Verteilung der zugehörigen Schlüsselparameter; die illegale Beschaffung von Schlüsseln
durch Diebstahl oder ähnliche Manipulation wird sehr viel wahrscheinlicher als ihre kryptanalytische Rekonstruktion.

Es sollte abschließend nicht übersehen werden, daß der DES als
Blockchiffre bisher keine vergleichbaren 'Konkurrenten' besitzt und
damit auch keinen sicherheitsspezifischem Vergleich unterworfen werden
kann. Neben dem Wunsch nach solchen Aternativverfahren besteht auch
die häufig genannte Forderung, Kryptosysteme für verschiedene Sicher-
heitsstufen zu entwickeln, um auf diesem Wege eine genauere Anpassung
(finer graining) an unterschiedliche Sicherheitsbedürfnisse von Anwendungen zu erzielen.

3.2.2.3 Kryptoanalyse von kontinuierlichen Chiffren

Während bei Blockchiffren der Schlüssel (als Element eines
großdimensionierten Schlüsselraums) auf möglichst komplexe Weise den
Verschlüsselungsprozeß steuert, ist der Schlüssel einer kontinuierlichen Chiffre in der Regel eine (Pseudo-)Zufallszahlenfolge, die im
einfachsten Fall mod-2 auf den Klartext addiert den Schlüsseltext lie-

fert. [64] Wenn eine solche Zufallszahlenfolge - wie in der Praxis üblich - deterministisch erzeugt wird, reduziert sich der 'Schlüssel'
des Verfahrens auf die Spezifikation eines Zufallszahlengenerators und
dessen Startwert, also auf eine kleinere Zahl unbekannter Parameter.
Die Aufgabe der Kryptoanalyse besteht hier also darin, aufgrund der
Struktur (Redundanz) der Zufallszahlenfolge den verwendeten Zufallszahlengenerator zu rekonstruieren bzw. dessen Startwerte zu
ermitteln. [65]

Wir werden einige Beispiele für die Kryptoanalyse von kontinuierlichen
Chiffren kennenlernen, die Typen linearer Zufallszahlengeneratoren
verwenden. An diesen Beispielen soll deutlich werden, daß solche Zufallszahlengeneratoren für kryptographische Zwecke ungeeignet sind.

Meyer zeigt in [Mey1], daß bei Verwendung von n-stufigen linearen
Feedback-Schieberegister als Schlüsselzeichengeneratoren, die erzeugte
Zahlenfolge zu jedem Zeittakt eindeutig durch einen n-dimensionalen
Initialisierungsvektor und n Schalterstellungen definiert ist (vgl.
auch Kap. 3.1.4.2). Um ein solches System zu brechen, müssen also 2n
linear unabhängige Gleichungen gelöst werden. Es genügt demgemäß zur
Rekonstruktion eines solchen linearen Feedback-Schieberegister die
Verfügbarkeit von mindestens 2n Klartext-Schlüsseltextzeichen. [66] Die
Stärke einer solchen Chiffre ist damit lediglich proportional zu n,
nicht aber zu 2^n.

Johnson weist in [Joh] bei der Analyse eines Systems zur Erzeugung von
Kennwörtern für Datenbankanwendungen nach, wie man auf
Schlüsseltextbasis einen gemischt kongruenten Zufallszahlengenerator
der Form $x_{r+1} \equiv a x_r + b \pmod{m}$, $m \sim 2^{40}$, rekonstruieren kann. Unter der Voraussetzung, daß Zufallszahlen festen Abstands N, d.h. x_i, x_{N+i}, x_{2N+i},
... etc. verfügbar sind, lassen sich die Parameter a,b und n mit
Methoden der elementaren Zahlentheorie berechnen. Der Aufwand hierzu
ist linear in n. [67]
Reeds zeigt in [Ree3] die Rekonstruktion eines linear kongruenten Zufallszahlengenerators mit Hilfe der Methode wahrscheinlicher Wörter.

Während von der Verwendung linearer Feedback-Schieberegister aufgrund
obiger Analyse abzuraten ist, bietet sich als Alternative die Verwendung nichtlinearer Feedback-Schieberegister etwa nach dem Modell von
V. Pless (vgl. 3.1.4.2) an. Hierzu sind allerdings aus der Literatur
noch keine kryptanalytischen Untersuchungen bekannt.

Hellman schlägt aufgrund der Tatsache, daß hochstrukturierte Zufallszahlengeneratoren wegen ihrer Struktur 'anfälliger' für Kryptoanalyse sind, andererseits aber statistische Regularität gewährleisten, vor, als Schlüsselfolge die mod-2 Summe zweier Zufallszahlengeneratoren zu verwenden. Hierbei sollen ein unstrukturier-
ter und ein hochstrukturierter Zufallszahlengenerator mit garantierten
statistischen Eigenschaften (Periodenlänge etc.) Verwendung finden.
Die statistische Qualität eines Zufallszahlengenerators ist also nicht
hinreichend für die kryptographische Qualität der zugehörigen kontinuierlichen Chiffre.

3.2.2.4 Kryptoanalyse_von_Einwegfunktionen_und_Kryptosystemen_mit offenem_Schlüssel

Einwegfunktionen und Kryptosysteme mit offenem Schlüssel sind ein erster Schritt in der Entwicklung von Kryptosystemen, deren Aufbau eine
möglichst exakte und vollständige Quantifizierung der kryptographischen Stärke eines Verfahrens (= minimaler kryptanalytischer Aufwand)
anstrebt.
Ziel dieser Entwicklung ist es, die Sicherheit von Kryptosystemen
mathematisch beschreibbar zu machen. Der methodische Ansatz hierbei
unterscheidet sich grundsätzlich von dem der klassischen
Kryptographie. Während im ersteren Fall der Entwurf eines Kryptosystems in der Konstruktion eines kryptanalytisch schwierigen Problems
besteht, das nachfolgend mit (beschränkten) analytischen Mitteln gete-
stet wird, beschreitet die aktuelle Entwicklung von Einwegfunktionen
und Kryptosystemen mit offenem Schlüssel den entgegengesetzten Weg,
nämlich die Anpassung bereits als schwierig bekannter Probleme der
Komplexitätstheorie für kryptographische Zwecke, so daß die Kryptoanalyse gerade der Lösung dieser Probleme entspricht.
Der Vorteil gegenüber dem klassischen Ansatz besteht darin, daß der
gesamte Fundus bisheriger Lösungsansätze und -methoden zur Verfügung
steht und daß die Dauer der Problemstellung einen Richtwert für die
Sicherheit eines solchen Kryptosystems bietet (Rivest).

Um die kryptanalytische Fragestellung einzuschränken, wollen wir uns
nur mit analytischen Lösungsmethoden beschäftigen. Wir können nämlich
- wie obige Beispiele zeigen - voraussetzen, daß für bekannte Krypto-

systeme der Aufwand für TRIAL and Error Verfahren und vollständige Suche berechenbar ist und damit durch entsprechende Dimensionierung
Sicherheit gegen diese Lösungsmethoden gegeben ist. Dies gilt insbesondere auch für die bisher bekannten Kandidaten für Einwegfunktionen
und Kryptosysteme mit offenem Schlüssel.

Anders verhält es sich dagegen mit analytischen Lösungsmethoden. Hier
kann bei der Konstruktion von Chiffren die kryptographische Stärke,
d.h. in der Regel die Komplexität [68] des Verschlüsselungsverfahrens
gleichzeitig auch eine mögliche Schwachstelle bedeuten: abhängig vom
Grad der Komplexität besteht die Gefahr, daß analytische Schwächen des
Kryptosystems beim Entwurfsprozeß nicht erkannt werden (können) und
demnach erhalten bleiben. Hinzu kommt, daß die Zahl potentieller
Lösungsansätze und -methoden vermutlich mit wachsender Komplexität eines Verschlüsselungsverfahrens unüberschaubar wird. In diesem Zusammenhang ist der Hinweis Hellmans [Hel3] wichtig, daß die Beziehung
zwischen der Komplexität von Ver-/Entschlüsselung und kryptanalytischer Komplexität - seines Wissens nach - bisher noch auf keine
mathematische Basis gestellt wurde.

Wenn nun aber die Sicherheit einer Chiffre von der Qualität ihrer
Tests abhängt und diese Tests bei wachsender Komplexität der Verfahren
- wenn überhaupt - nur mit sehr hohem Aufwand durchgeführt werden können, müssen aus praktischen, wirtschaftlichen und sicherheitsspezifischen Gesichtspunkten standardisierte Verfahren, die einem solchen
speziellen Testaufwand rechtfertigen, Anwendung finden.

Einen alternativen Lösungsweg für diese Problematik stellt das Konzept
der Einwegfunktionen und Kryptosysteme mit offenem Schlüssel dar: als
Kandidaten für Verschlüsselungsfunktionen werden Problemstellungen
allgemeinen Forschungsinteresses ausgewählt, deren Lösungsansätze und
-methoden aufgrund der Forschungsdynamik dem Versuch laufender Optimierung unterliegen. Damit wird ein solches Kryptosystem sozusagen einem ständigen 'Qualitätstest' - auch mit möglicherweise negativem Aus-
gang - unterzogen.

Zu diesem Zweck hat man sich Ergebnisse der Komplexitätstheorie und
der Analyse diskreter Algorithmen zunutze gemacht: erstere Theorie
befaßt sich u.a. damit, bekannte Berechenbarkeitsprobleme in Kom-
plexitätsklassen [69] zu unterteilen. Die Analyse diskreter Algorithmen
besteht in der Entwicklung besserer (z.B. schnellerer) Algorithmen für

diese Anwendungsgebiete und in der Untersuchung der Systembelastung
(Speicher/Zeitkomplexität) solcher Algorithmen.

Ausgehend von obigen Definitionen für den Begriff der Komplexität,
können wir die beiden Hauptklassen [70] der Komplexitätstheorie wie
folgt identifizieren [Pop1],[Aho] :

a) Ein Problem gehört zur Komplexitätsklasse P (für Polynom), falls
   ein deterministischer Algorithmus existiert, für den die Anzahl von
   Lösungsschritten (abhängig von der Länge des Inputs) ein Ausdruck
   in Polynomform ist.

Alle praktisch brauchbaren Algorithmen sind Elemente dieser Klasse.

b) Ein Problem gehört zur Komplexitätsklasse NP [71], falls ein nichtdeterministischer Algorithmus existiert, für den die Anzahl von
   nichtdeterministischen Lösungsschritten ein Ausdruck in Polynomform
   ist. Wenn man einen nichtdeterministischen Algorithmus durch einen
   deterministischen simuliert, erhält man üblicherweise einen Algorithmus, der eine exponentielle Anzahl von Lösungsschritten benötigt. Ein Problem, das einen solchen Lösungsalgorithmus erfordert,
   wird allgemein als schwierig bezeichnet und wird für hinreichend
   große Problemparameter unberechenbar.

Es gilt nun: $P \subset NP$. Dagegen ist es ein offenes Problem der Komplexitätstheorie, ob P=NP gilt, d.h. ob es Probleme in NP gibt, die
nicht durch einen deterministischen Algorithmus mit einer durch einen
Polynomausdruck beschränkten Anzahl von Schritten zu lösen sind.
Karp hat in [Kar2], [Kar3] eine Teilklasse von NP-Problemen, sog. NP-
vollständige Probleme identifiziert, für die gilt, daß, wenn eines
dieser Probleme in P liegt, alle NP-Probleme in P liegen (NP=P). Karp
zitiert 21 NP-vollständige Probleme (vgl. auch Anhang).

Die Sicherheit von Kryptosystemen mit offenem Schlüssel beruht also
wesentlich in dem Vermögen, abzuschätzen, wie zeit-/speicheroptimal
verfügbare und voraussehbare Lösungsalgorithmen für eine Problemstellung sind bzw. sein können. Beweisbar sichere Einwegfunktionen und
Kryptosysteme mit offenem Schlüssel gibt es (noch) nicht, zumal ein

solcher Beweis insbesondere auch einen wesentlichen Schritt zur Lösung
des Problems P=NP bedeuten würde.

Wir wollen nun die grundsätzlichen Überlegungen zur Kryptoanalyse von
Einwegfunktionen und Kryptosystemen mit offenem Schlüssel an einer
Reihe uns bekannter Kandidaten überprüfen.

Multics_Password_Scrambler

Das in Kap. 3.1.4.3 vorgestellte Verfahren zum Schutz einer
Kennworttabelle durch eine Einwegfunktion soll als Negativbeispiel
zeigen, wie einfach sich scheinbar kompliziert erscheinende Funktionen
invertieren lassen. In [Dow] wird zunächst eine Lösung für den Fall
entwickelt, daß ein Kennwort Leerzeichen als Füllzeichen (Redundanz)
enthält.
Ein einfacher Algorithmus (s. Abb. 55) rekonstruiert damit bereits 62%
aller Kennwörter im Multics System:

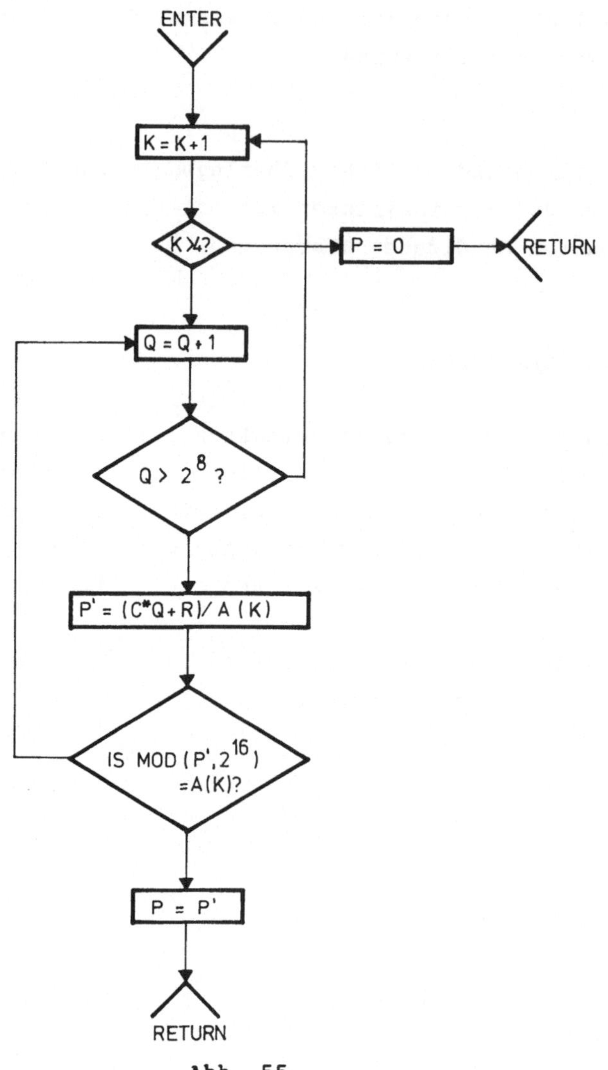

Abb. 55

Eine allgemeine Lösung wurde schließlich aufgrund der Übereinstimmung bestimmter Zeichenfelder innerhalb der Einwegfunktion entwickelt. Ein Tabellensuchverfahren approximiert dabei in mehreren Schritten die Lösung, d.h. das gesuchte Kennwort:

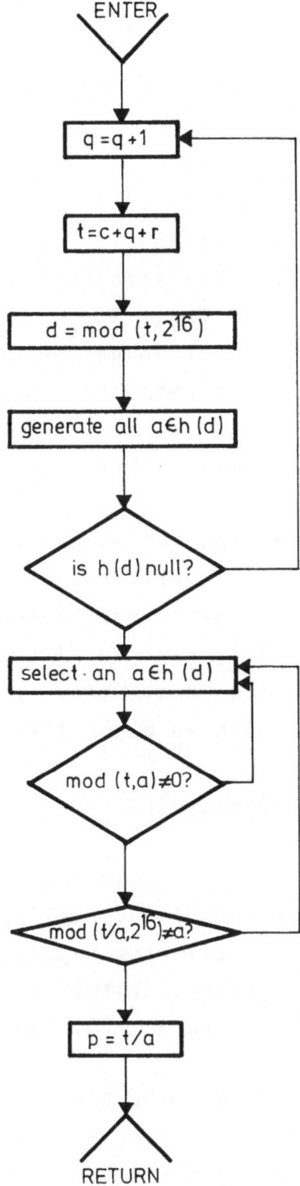

Abb. 56

Die Untersuchung des oben genannten Verfahrens zum Schutz von Kennwörtern im Multics System macht deutlich, wie suggestiv und gleichzeitig
gefährlich es ist, die 'optische' Komplexität eines Verschlüsselungsverfahrens als Indikator für seine Sicherheit zu werten

und eine solche Funktion ad hoc (d.h. ohne hinreichende Analyse) zu
implementieren.

Polynomfunktionen

Purdy hat eine in Kap. 3.1.4.3 vorgestellte Polynomfunktion als Einwegfunktion zur Verschlüsselung von Kennwörtern vorgeschlagen. Die
Auswahl einer solchen elementaren mathematischen Funktion gestattet
eine verhältnismäßig genaue Abschätzung des kryptographischen Risikos,
d.h. hier von Trial and Error Verfahren und zeitgünstigen Algorithmen
zur Berechnung der Inversen. Der Aufwand für Trial and Error Verfahren
hängt in diesem Fall von der Länge und Anzahl der Kennwörter und der
für die diskutierten Polynomfunktionen bekannten Entartung ab und kann
berechnet werden (s. 3.2.1.2.2).
Andererseits mißt Purdy den Aufwand für deterministische Verfahren,
d.h. die derzeit zeitgünstigsten Invertieralgorithmen mit
$O(n) \geq Cn^2 (\log P)^2$ Operationen. Der Autor stellt fest, daß für die von
ihm vorgeschlagene Einwegfunktion Trial and Error Verfahren bei Vorhandensein einer großen Menge von Kennwörtern sogar wesentlich zeit-
günstiger als Invertieralgorithmen zu einer Lösung führen.

Drei Beispiele sollen dies verdeutlichen:

- Für das Polynom $f(x) \equiv p(x) = x^n + a_1 x^{n_1} + a_2 x^3 + a_3 x^2 + a_4 x + a_5 \pmod{P}$, mit
  $P = 2^{64} - 59$, $n = 2^{24} + 17$, $n_1 = 2^{24} + 3$ und den a_i beliebigen (19
  Zeichen-)Zahlen, benötigt ein Invertierungsalgorithmus $> 10^{16}$ Operationen. Bei einer Maschinengeschwindigkeit von 10^6 Operationen je
  Sekunde dauert eine Entschlüsselung ~ 4000 Jahre. [72]

- Bei $m = 10^3$ Kennwörtern, $P \sim 10^{19}$ und der Entartung $d \leq 10^7$ beträgt die
  benötigte Anzahl von Trial and Error Versuchen $P/dm > 10^9$.
  Bei obiger Maschinengeschwindigkeit und 10^3 Operationen zur Berechnung von $f(x)$ beläuft sich die Zeit zur Rekonstruktion eines
  Kennworts auf etwa 2 Wochen [Pur].

- Bei $m = 10^4$ Kennwörtern und dem obigen Polynom mit $P = 2^{64} - 59$, $n = 2^{20} - 7$,
  $n_1 = 2^{19} - 3$ und den $a_i \in \{2^{64} - C_i, 1 \leq i \leq 5\}$ für $C = \{85, 96, 181, , 187, 259\}$
  schätzt Knoble [Kno1] den Aufwand für die Rekonstruktion eines
  Kennwortes durch Trial and Error auf 2 Monate Rechenzeit auf einem
  IBM System /370-168.

Zum Vergleich: die Berechnung des obigen Polynoms erfordert nach
[Kno2] ca. 3 ms auf einer IBM /370-168.

Der breite Einsatz solcher Einwegfunktionen erscheint allerdings fraglich, da vor allem bei höherem Sicherheitsbedarf nur Großsysteme das
Laufzeitverhalten einer Einwegfunktion verkraften können. Bei mittle-
ren und kleinen Computersystemen würden die Responsezeiten etwa bei
der Prüfung von Zugriffsberechtigungen (mittels Einwegfunktionen) un-
vertretbar hoch.

Exponentialfunktionen

Das von Pohlig und Hellman konstruierte Kryptosystem (Kap. 3.1.4.3)
beruht auf der Verwendung der Exponentialfunktion als Kandidat für eine Einwegfunktion. Das heißt, daß das Kryptosystem gegen einen
Klartext-Schlüsseltext Ansatz genau dann sicher ist, wenn die Exponentialfunktion eine Einwegfunktion ist. Die Kryptoanalyse, d.h. die
Rekonstruktion des verwendeten Schlüssels, besteht hier gerade in der
Berechnung des Logarithmus über GF(p).
Die kryptographische Stärke des Verfahrens wird an der Zeitkomplexität
der verschiedenen Invertieralgorithmen gemessen. Während bisher
bekannte Algorithmen zur Berechnung von Logarithmen über GF(p) $O(p^{1/2})$
Zeit- und Speicherkomplexität [73] benötigen, beschreiben die Autoren
ein Verfahren, das lediglich $O(\log_2 p)$ Komplexität besitzt, wenn p-1
nur kleine Primfaktoren hat, aber für p-1 mit großen Primfaktoren [74]
sehr hohen Rechenaufwand benötigt. Ein möglichst sicheres Kryptosystem
auf dieser Basis darf also zumindest obige Werte für p nicht verwenden. [75]
Der Algorithmus zeigt dagegen 'worst case' Verhalten für Primzahlen
p=2p'+1, mit p' prim. Nach [Poh2] würde eine solche Primzahl p in der
'Länge' von 200 Zeichen die Verwendbarkeit des neuen Lösungsalgorithmus aus Zeitgründen grundsätzlich ausschließen, während die Berechnung
des Funktionswertes exp(x) mod p nur 1330 Multiplikationen mod p und
ca. 2 K Bits Speicherbedarf erfordert.

Während Pohlig und Hellman das Kryptosystem im Hinblick auf ihren
eigenen Invertieralgorithmus parametrisieren und angeben, für welche
Restklassenmoduli p dieser effizient bzw. nichteffizient ist, hat R.
Merkle [Poh1] einen Algorithmus zur Berechnung von Logarithmen über

GF(p) entwickelt, der - abhängig von den verfügbaren Speicherkapazitäten - untere Schranken für die Größe von p festlegt, für die die Exponentialfunktion eine Einwegfunktion ist. Merkles Algorithmus
systematisiert die Berechnung des Logarithmus über GF(p), p fest, indem er in einem ersten Arbeitsschritt (Algorithm 4.1) die Logarithmen
der ersten n Primzahlen $p_1, \ldots, p_n$ berechnet und in einer Tabelle ab-
stellt. Nachfolgend lassen sich die Logarithmen aller y, $0 < y < p$, deren
Primfaktoren Elemente aus $p_1, \ldots, p_n$ sind, leicht berechnen: zur Berechnung des Logarithmus für beliebiges y bestimmt der Algorithmus
(Algorithm 4.2) durch Trial and Error Verfahren ein y', dessen
Logarithmus im obigen Sinne leicht zu berechnen ist und für das log
y'=log y + Konstante gilt.

Der für den Gesamtalgorithmus benötigte Rechenaufwand hängt direkt von
der Anzahl von y ($1 < y < p-1$) ab, für die Logarithmen über GF(p) leicht
zu berechnen sind.
Aus einer Abschätzung der Komplexität seines Algorithmus gewinnt Merkle untere Schranken für die Wahl der Größe von p, die eine Anwendung
seines Algorithmus ausschließt (s. Tabelle).

Lower Bounds for p Which Ensure Algorithm 4.2
Performs at Least 10^{25} Operations.

Words of Memory Available	Lower Bound	Lower Bound with Memory Restrictions Applied to Alg. 4.1	Lower Bound, Improved Algorithm 1 with p = 2p' + 1
10^{10}	10^{31}	10^{29}	10^{35}
10^{15}	10^{37}	10^{35}	10^{40}
10^{20}	10^{42}	10^{40}	10^{45}
10^{25}	10^{47}	10^{46}	10^{50}
10^{30}	10^{52}	10^{51}	10^{55}
10^{35}	10^{57}	10^{56}	10^{60}

Tab. 7

Kryptosystem_mit_offenem_Schlüssel_nach_Rivest_/_Shamir_und_Adleman

Das von Rivest et al. [Riv1] entwickelte Kryptosystem mit offenem
Schlüssel (vgl. 3.1.4.3) leitet seine kryptographische Stärke aus dem
hohen (= exponentiellen) Rechenaufwand für die Faktorisierung sehr
großer Zahlen ab, genauer für die Rekonstruktion einer unbekannten
Primfaktorzerlegung $r=p \cdot q$, p,q prim. Eine Faktorisierung von r würde
in diesem Verfahren die Berechnung der Eulerfunktion $\varphi(r)$ und damit
des inversen Iterationsexponenten d ermöglichen. Die Dimensionierung
des Verfahrens haben die Autoren an dem schnellsten ihnen bekannten
Faktorierungsalgorithmus (R. Schroeppel) ausgerichtet. Dieser besitzt
für die Faktorisierung von r (Angabe in Dezimalstellen) bei einer Verarbeitungszeit von 1 us je Operation das folgende Zeitverhalten:

Stellenzahl	Anzahl_Operationen	Zeit	
50	$1.4 \cdot 10^{10}$	3.9	Stunden
75	$9.0 \cdot 10^{12}$	104	Tage
100	$2.3 \cdot 10^{15}$	74	Jahre
200	$1.2 \cdot 10^{23}$	$3.8 \cdot 10^{9}$	Jahre
300	$1.4 \cdot 10^{29}$	$4.9 \cdot 10^{15}$	Jahre
500	$1.3 \cdot 10^{39}$	$4.2 \cdot 10^{25}$	Jahre

Tab. 8 [Riv1]

Diese Tabelle liefert einige Richtwerte, um ein Kryptosystem mit offenem Schlüssel den Sicherheitsanforderungen und der zulässigen Ver-
schlüsselungszeit anzupassen. Rivest schlägt die Verwendung einer
200-stelligen Zahl $r=p \cdot q$ vor, mit der zusätzlichen Anforderung, daß
$p \sim q$ ist ($2\sqrt{r}$ ist nach [Koh2] eine gute Approximation für $p+q$), $p-1$ und
$q-1$ große Primfaktoren besitzen und der GGT $(p-1,q-1)$ klein ist.
Die Parametrisierung ist offenbar so gewählt, daß auch eine Optimierung von Faktorisierungsalgorithmen in bezug auf
Zeit/Speicherkomplexität unter Sicherheitsgesichtspunkten toleriert
werden kann.

Die Autoren untersuchen in ihrer Veröffentlichung neben der direkten
Faktorisierung von r auch andere naheliegende kryptanalytische Ansätze

wie die direkte Berechnung von $\psi(r)$ und d. Sie zeigen, daß die
Rekonstruktion dieser Parameter kryptanalytisch mindestens so aufwendig wie die Faktorisierung von r ist.
Ein Beweis, daß dies auch für andere allgemeinere Lösungsmethoden
gilt, fehlt allerdings!

Ein interessanter von Rivest nicht berücksichtigter Lösungsansatz wurde von Simons, Norris [Sim] und Herlestam [Her1] zur Diskussion gestellt. Da für die Kryptofunktion V_S jedes Kryptogramm k= V_S (n) = n^S
(mod r) Element der zyklischen Gruppe Z_r ist, gibt es für jedes n ein
(kleinstes) d$\in$Z mit n^d = 1 (mod r), d.h. n^{d+1} = n (mod r). Der Ex-
ponent d ist Teiler der Ordnung r von Z_r.
Aufgrund dieser Eigenschaft schlagen Simons und Herlestam vor, eine
Nachricht n durch sukzessive Verschlüsselung zu 'entschlüsseln'.
Sei k_1=V_S (n) $\equiv n^S$ (mod r), $0 \leq n \leq r$.
Dann bilde k_{i+1}=k_i (mod r), bis k_{i+1}=k und damit k_i=n gilt.
Wir nennen i wegen n $\equiv n^{S^i}$(mod r) den Iterationsexponenten von n.

Simons illustriert das Entschlüsselungsverfahren an dem folgenden
Beispiel:
Seien p=383, q=563, r=215629, s=49, GGT(S,ψ(r)))=1.
Als bekannt werden vorausgesetzt: r,s und $k_1 \equiv n^{49}$(mod r).
Wegen $49^{10} \equiv 1$(mod ψ(r)) folgt dann:
Es existiert ein i$\in$\{1,2,5,10\}, so daß k_i=k, d.h. n=k_{i-1} wird nach
höchstens 10 Iterationsschritten rekonstruiert.

Herlestam [Her1] zeigt u.a., daß für p=281, q=337, r=94697, s=211 und
$0 \leq s \leq r$ insgesamt 3053 Nachrichten (3.2%) den Iterationsexponenten i=0
und 47489 Nachrichten (50%!) i=1 besitzen, d.h. durch einmalige Iteration des Schlüsseltextes wird die Hälfte des Klartextes einer Nachricht wiederhergestellt. Damit wird deutlich, daß bei 'günstiger'
Parametrisierung (insbes. r klein) bereits kleine Iterationsexponenten
zur vollständigen oder zumindest partiellen Entschlüsselung von Nachrichten führen. Es ist in solchen Fällen immer gegeben, daß bei einer
Nachricht n=$n^1 n^2 ... n^k$ ($0 \leq n^i \leq r$) zumindest die n^i mit kleinen
Iterationsexponenten berechnet werden können und damit die Nachricht
partiell entschlüsselbar ist. [76] Herlestam hat seine Kritik am RSA-
Algorithmus in [Her2] weiter vertieft (siehe auch [Bla1]).

Wir können aus dieser Erfahrung zwei Anforderungen ableiten, die
Rivest für das von ihm vorgeschlagene Kryptosystem mit offenem

Schlüssel bei entsprechender Parametrisierung erfüllt sieht:

i) Die Wahrscheinlichkeit, daß ein kleiner, allgemeiner
    Iterationsexponent existiert, der für alle Nachrichten eines gege-
    benen Systems gültig ist, muß ebenfalls klein sein.
ii) Die Wahrscheinlichkeit, daß eine signifikante Zahl der möglichen
    Nachrichten kleine Iterationsexponenten besitzt, muß klein sein.

Test	hohe Sicherheit	mittlere Sicherheit
$n > \alpha$	$\alpha = 10^{200}$	$\alpha = 10^{100}$
$p/q > \alpha$	$= 10^5$	$= 10^3$ (Annahme: $p > q$)
$p/q < \alpha$	$= 10^{20}$	$= 10^{10}$
$\lvert d/(p-1) \rvert > \alpha$	$= 10^{80}$	$= 10^{30}$
$\lvert d/(q-1) \rvert > \alpha$	$= 10^{80}$	$= 10^{30}$
$\alpha < d < n - \alpha$	$= 10^{20} \log_2 n$	$= 10^{10} \log_2 n$
$\alpha < e < n - \alpha$	$= 10^{20} \log_2 n$	$= 10^{10} \log_2 n$

Tab. 9 [Koh2]

Trap-door Knapsackprobleme als Kryptosystem mit offenem Schlüssel

Wir wollen uns bei der Analyse von Knapsackproblemen als Kandidaten
für Einwegfunkticnen auf den Vorschlag von Merkle und Hellman zur Kon-
strukticn sog. 'trap door' Einwegfunktionen beschränken.
Die Verwendung solcher Einwegfunktionen für Kryptosysteme mit offenem
Schlüssel besteht zusammengefaßt darin (vgl. Kap. 3.1.4.3), daß jeder
Kommunikationspartner zur Verschlüsselung an ihn gerichteter Nachrichten ein schwieriges Knapsackproblem (spezieller Knapsackvektor A) ver-
öffentlicht, das er selbst aufgrund des Entwurfs durch Zusatzinforma-
tion (trap door) in eine leichtes Knapsackproblem transformieren und
damit lösen kann. Randbedingung ist hier wiederum, daß die Größe (=
Länge) des Knapsacks ($n \geq 100$) Trial and Error Verfahren ausschließt.

Während Merkle und Hellman darauf hinweisen, daß die von ihnen vorge-
schlagenen additiven und multiplikativen 'trap door' Knapsackprobleme
keinen Bedingungen genügen, unter denen bestehende effiziente Lösungsalgorithmen anwendbar sind, hat Herlestam in [Her1] ,[Her2] einen Vorschlag zur Diskussion gestellt, wie man ein additives 'trap door'

Knapsackproblem möglicherweise lösen kann:

Sei $Y = f_A(X) = \sum_{i=1}^{n} a_i x_i$ eine Verschlüsselungsfunktion f_A auf Basis eines 'trap door' Knapsacks $A = \{a_1, \ldots, a_n\}$.

Dann besteht das Prinzip der Lösung darin, das vorhandene Knapsackproblem durch ein Trial and Error Verfahren auf ein einfaches Knapsackproblem im Sinne von Kap. 3.1.4.3 zu reduzieren und entsprechend zu lösen.
Die Lösungssuche verläuft wie folgt:

Wähle eine Primzahl $p > \sum a_i$, einen Index j, $1 \le j \le n$ und berechne w sodaß $w a_j \equiv 1 \pmod{p}$. Dann erhalten wir einen Knapsack $A' = \{a_1', \ldots, a_n'\}$ durch

$a_i' \equiv w a_i \pmod{p}$ und $Y' \equiv w Y \pmod{p}$.

Falls nach geeigneter Umordnung der Indizes

$$a_n' > \sum_{i<n} a_i' \quad \text{und} \quad Y' + p > \sum_{i=1}^{n} a_i' \quad \text{gilt,}$$

können wir x_n entsprechend den Voraussetzungen für ein einfaches Knapsackproblem bestimmen. Das Verfahren läßt sich dann iterativ für den reduzierten Knapsack unter Wahl einer neuen Primzahl wiederholen. Falls p für $j = 1, 2, \ldots, n$ keine Reduktion des Knapsacks liefert, muß das Verfahren mit einer neuen Primzahl wiederholt werden.

<u>Anhang</u>

Zu den NP(-vollständigen) Problemen gehören u.a. Fragestellungen aus
der Graphentheorie, Spieltheorie und der Operations Research. Wir wollen hier fünf 'anschauliche' Beispiele zitieren. Entsprechend der
Formulierung eines NP-vollständigen Problems kann die Lösung eine
ja/nein Antwort oder ein Optimierungswert sein.

1) Hamilton'scher Graph

   Gegeben sei ein gerichteter Graph $G = (K,V)$ bestehend aus Kanten K
   und Knoten V. Frage: Gibt es einen geschlossenen Pfad (Zyklus) in
   G, der jeden Knoten von V genau einmal durchläuft ?

2) Problem des Handlungsreisenden (travelling salesman problem)

   Gegeben seien n Städte und ihre paarweisen Entfernungen. Gesucht
   ist die kürzeste Rundreise, d.h. der kürzeste geschlossene Pfad,
   der durch jede Stadt genau einmal führt.

3) Scheduling

   Gegeben seien n Aufträge (partiell geordnet) mit Zeitlimits
   (deadlines) und zugehörigen Strafen sowie k Prozessoren. Gesucht
   ist diejenige Reihenfolge der Bearbeitung, die die Summe der Strafen bei Überschreiten der jeweiligen Zeitlimits minimiert.

4) K-Färbbarkeit

   Gegeben sei ein ungerichteter Graph $G = (K,V)$ und eine ganze Zahl
   $k > 3$. Können die Knoten von G mit k Farben so eingefärbt werden,
   daß benachbarte Knoten verschiedene Farben haben ?

5) Ganzzahlige Programmierung (Optimierung)

   Gegeben sei eine ganzzahlige Matrix C und ein ganzzahliger Vektor
   d. Gibt es einen 0-1 Vektor s, sodaß $C \cdot s = d$?

1) Wir beschränken uns auf die Verfahren zur Verschlüsselung digitaler Daten (Signale). Bei der Verschlüsselung analoger Signale (z.B. Sprachverschlüsselung) werden vom Prinzip her ähnliche Methoden wie bei digitaler Verschlüsselung verwendet [Sam],[Kak] oder [Orc]; Zerlegung des Frequenzspektrums in verschiedene Frequenzbänder mit anschliessender Permutation dieser Bänder, Frequenzinversion etc.

2) Wir setzen o.B.d.A. voraus, daß die Elemente eines Alphabets in einer festgelegten Reihenfolge vorliegen, d.h. daß die Zeichenmenge geordnet ist.

3) In einer allgemeineren Definition wird als Nachricht jede abzählbar-unendliche Zeichenfolge über einem Alphabet bezeichnet. Für unsere Betrachtungsweise genügt die Beschränkung auf Nachrichten endlicher Länge.

4) $N^p(A)$ besteht aus n^p Elementen (Nachrichten) der Länge p.

5) Wir können $N(A)$ auch definieren durch $N(A):=\{n_1 n_2 \ldots n_r / n_i \in A$ und $r \in N\}$.

6) Eine Chiffre t_s mit $p=L(n)=L(t_s(n))=q$ für alle $n \in N^p$ heißt <u>längentreu</u>. Das Verhältnis q:p wird als <u>Expansionsfaktor</u> von t_s bezeichnet.

7) Um neueren Entwicklungen auf dem Gebiet der Kryptographie Rechnung zu tragen, werden im folgenden auch solche Funktionen als Kryptofunktionen bezeichnet, die ausschließlich zur
V e r schlüsselung von Daten dienen, deren eindeutige Invertierbarkeit also nicht gefordert ist. Hierzu zählen neben Einwegfunktionen auch Verfahren zur Verschlüsselung statistischer Datenbanken. Diese ersetzten z.B. Individualdaten durch ihre Durchschnittswerte (Aggregation) oder verschlüsseln Daten unter Beibehaltung ihrer statistischen Signifikanz (Zufallsmodifikation mit bekannter statistischer Verteilung) etc. [Dal],[Ing2].

8) Es sei in diesem Zusammenhang darauf hingewiesen, daß sich Kryptosysteme auch automatentheoretisch beschreiben lassen (s. [Hom]). Diese Darstellung beruht auf dem Nachweis, daß t_s als sequentielle Wortfunktion interpretiert werden kann, die sich durch einen deterministischen Mealy-Automaten realisieren läßt.
Ecker hat einen speziellen Mealy-Automaten als 'kryptographische Maschine' definiert und damit Ver- und Entschlüsselung algebraisch beschrieben [Eck].
In formaler Hinsicht lassen sich Kryptosysteme auch im Rahmen der Theorie formaler Sprachen behandeln, die der Beschreibung, Erkennung und Manipulation von Mengen von Zeichenfolgen gewidmet ist [Sal1].

9) Es ist noch der folgende Spezialfall interessant:
$k=t_s(n)=t_{s'}(n')$ für $s \neq s'$ und $n \neq n'$. Wegen $t^{-1}(k) = \{(n,s),(n',s')\}$ besitzt die Kryptofunktion t für k zwei 'Lösungen'.
Wir werden später sehen, daß dieser Spezialfall gerade die Sicherheit von kontinuierlichen Chiffren (one-time tapes) gewährleistet.

10) Über dem Alphabet $A=\{0,1\}$ heißt diese Chiffre auch Bitchiffre.

11) Shannon definiert in [Sha] die Verknüpfung von Kryptosystemen
mittels Hintereinanderausführung '•' und gewichteter Addition '+'.
Er setzt dabei voraus, daß für jeden Schlüssel (=Auswahl einer
Kryptofunktion) eine sog. a priori Wahrscheinlichkeit existiert.

Shannon definiert das Produkt P zweier Kryptosysteme $T_\mathcal{S}$ und $T_\mathcal{S}'$

$$P = T_\mathcal{S} \bullet T_\mathcal{S}'$$

als das Kryptosystem, das aus allen möglichen Produkten von
Kryptofunktionen aus $T_\mathcal{S}$ und $T_\mathcal{S}'$ besteht. Ein Schlüssel in P ist
also ein Paar von Schlüsseln aus $T_\mathcal{S}$ und $T_\mathcal{S}'$. Seine Wahrscheinlichkeit ist das Produkt der Wahrscheinlichkeiten des Schlüsselpaares.

Shannon definiert weiter die 'Summe' zweier Kryptosysteme $T_\mathcal{S}$ und
$T_\mathcal{S}'$ mit zugehörigen Wahrscheinlichkeiten p und q als Kryptosystem
R mit

$$R = p\, T_\mathcal{S} + q\, T_\mathcal{S}' \qquad p+q=1$$

R ist abhaengig von den vorgegebenen Wahrscheinlichkeiten p,q ent-
weder das Kryptosystem $T_\mathcal{S}$ oder $T_\mathcal{S}'$. R besteht also aus der Vereinigung aller Kryptofunktionen aus $T_\mathcal{S}$ und $T_\mathcal{S}'$. Ein Schlüssel in R
beinhaltet zunächst die Auswahl von $T_\mathcal{S}$ bzw. $T_\mathcal{S}'$ sowie den
betreffenden Schlüssel in dem ausgewählten Kryptosystem. Die Wahrscheinlichkeit eines Schlüssels in R entspricht seiner Wahrscheinlichkeit in $T_\mathcal{S}$ bzw. $T_\mathcal{S}'$ multipliziert mit p bzw. q.

Kryptosysteme bilden damit bzgl. der genannten Operationen über
einem verträglichen Definitions- und Bildbereich eine lineare
assoziative Algebra.

12) Eine Kryptofunktion $t : N^p \times N^p \longrightarrow N^p$ mit $k=t(n,s)$ besitzt die
Eigenschaft der starken Fehlerfortpflanzung, wenn jedes
Schlüsseltextzeichen k_i $(1 \leq i \leq p)$ von allen Klartextzeichen n_j und
Schlüsselzeichen s_j $(1 \leq j \leq p)$ abhängt.

Eine formale Definition lautet: Sei t wie oben definiert. Seien
n,n' Klartextblöcke, k,k' Schlüsseltextblöcke und s,s'
Schlüsselblöcke. Dann besitzt t die Eigenschaft der starken
Fehlerfortpflanzung, wenn für alle $i,j \in \{1,\ldots,p\}$ gilt:

aus $s_i \neq s_i'$ folgt: $k_j \neq k_j'$ für mindestens ein j, $\quad k'=t(n,s')$ bzw.
aus $n_i \neq n_i'$ folgt: $k_j \neq k_j'$ für mindestens ein j, $\quad k'=t(n',s)$

Es wird häufig gefordert, daß die Anzahl (j) der unterschiedlichen
Schlüsseltextzeichen für jedes i sehr viel grösser als 1 ist.

13) Seien $x=(x_1,x_2,\ldots,x_n)$, $b=(b_1,b_2,\ldots,b_n)$ und A eine mxn Matrix.
Dann heißt T affin, wenn T von der Form $y=T(x)=Ax+b$ ist.

14) Diese Eigenschaft ist möglicherweise nicht immer realisierbar, da
die Existenz äquivalenter Schlüssel vor allem bei nichtlinearen
Chiffren kaum nachzuweisen ist. Meyer und Matyas [Mey7] fordern
deshalb, daß die Anzahl möglicher injektiver Abbildungen wesentlich größer als die Anzahl möglicher Schlüssel ist. Die Anzahl injektiver Abbildungen $X \longrightarrow Y$ (X, Y endliche Mengen) beträgt:
$|Y|! / (|Y|-|X|)!$

15) Beispiel aus [Kon1]:
Sei $\sigma : \{0,1\}^n \longrightarrow \{0,1\}^n$
Definiere $T : \{0,1\}^{2n} \longrightarrow \{0,1\}^{2n}$ durch
$(x,x') \longrightarrow (x, \sigma(x) \oplus x')$
Dann ist $(T_\sigma)^2 = Id$.

16) Es ist wichtig, in diesem Zusammenhang darauf hinzuweisen, daß die
Eigenschaften (3), (4) für Produktchiffren und (2) für kontinuierliche Chiffren die Möglichkeit der Weiterverarbeitung verschlüsselter Daten im Sinne einer 'processable cipher'
weitestgehend verhindern.
Zwar können auch Schlüsseltextdaten Vergleichs- oder Suchoperationen unterworfen werden (retrievable cipher), aber eine über eine
formale Interpretation hinausgehende inhaltliche Interpretation
der Daten ist per definitionem unmöglich. Eine solche Kryptofunktion müßte Klartextdaten sozusagen 'homomorph', d.h. strukturerhaltend abbilden.

17) Stahl hat in [Sta2] ein Verfahren der Textkompression auf Basis
einer Variante des Huffman-Kodes entwickelt. Dabei werden Daten
einer großen Datenbank (mit verhältnismäßig festem Vokabular) mit
Hilfe eines 'Wörterbuchs' (de-)komprimiert und anschließend ver-
bzw. entschlüsselt.

18) Wenn notwendig, erweitern wir das Alphabet um Satz- oder Sonderzeichen.

19) Die Addition ist involutorisch, d.h. für $x,y,z \in GF(2)$ gilt:
Aus $x \oplus y = z$ folgt $x = (x \oplus y) \oplus y = z \oplus y$.
Diese Eigenschaft wird vor allem bei der Konstruktion von
Bitchiffren ausgenutzt (XOR).

(Grossmann schlägt in [Gro1] die Verwendung einer Addition $\star$ (mod
2^n) als nichtlineare Funktion von Nachricht und Schlüsselparameter
vor.)

Von den 16 möglichen binären Relationen in einer zweiwertigen
Boole'schen Algebra sind neben der Addition mod 2 nur noch die
Negation (-) und die Äquivalenz ($\equiv$) invertierbar.
Negation: Aus $\bar{M} = C$ folgt $M = \bar{C}$
Äquivalenz: Aus $(M \equiv K) = C$ folgt $M = (C \equiv K)$

Unter den Boole'schen Relationen eignet sich nur das 'XOR' für
kryptographische Zwecke, da aus der Wertigkeit $(0,1)$ eines
Schlüsseltextbits in jedem Fall mit nur 50% Wahrscheinlichkeit auf
ein Klartextbit geschlossen werden kann. Bei der Relation 'AND'
bspw. folgt aus der Wertigkeit 1 eines Schlüsseltextbits die
Wertigkeit 1 des zugehörigen Klartextbits.

20) Dieser Unterteilung liegt allerdings kein natürliches Klassifi-
kationsschema zugrunde, sondern lediglich die Ausklammerung von
Transpositionen als speziellen (über geometrischen Figuren definierten) Permutationen aus den allgemeinen Substitutionschiffren.

21) G. Rodin hat in [Rod] die auf einem Computersystem verfügbaren
Operationen ADD(mod n), MULT(mod n), XOR und den binären Ringshift
ROT miteinander verknüpft und untersucht, wie groß die Zahl der
erzeugbaren Permutationen ist.
Für eine Menge von $n = (2^m)$ Elementen existieren insgesamt $n!$ ver-
schiedene Permutationen.
Davon erhält man

durch Einzeloperationen:

ADD: n (verschiedene) Permutationen
MULT: n/2
XOR: n
ROT: m

durch Verknüpfungen von zwei Operationen (vgl. auch [Kon1],
[Cop]):

	ADD	XOR	ROT	MULT
ADD	n	h^m(*)	n!	$n^2/2$
XOR		n	n•m	–
ROT			m	–
MULT				n/2

(*) $h = 2^{(m-1+2^{m-1})}$

durch (ausgewählte) Verknüpfungen von drei Operationen:

ADD • XOR • ROT : n! Permutationen
ADD • MULT • XOR: h^m
MULT • XOR • ROT: –

22) Eine Variante dieses Verfahrens hat Rondon [Ron] implementiert,
    indem er statt periodischer Verwendung der Schlüssel ihre Reihen-
    folge mittels eines Zufallszahlengenerators ständig variiert.

23) Eine homophone Substitution ist eine polyalphabetische Substitu-
    tion, in der jedem Zeichen des Quellalphabets eine geordnete Menge
    von Zeichen des Bildalphabets zugeordnet ist. Für je zwei ver-
    schiedene Zeichen des Quellalphabets sind die zugeordneten Mengen
    disjunkt. Ein Zeichen wird dabei zyklisch durch die Zeichen der
    ihm zugeordneten Menge ersetzt. Auf diesem Wege kann die Vertei-
    lung von Zeichenhäufigkeiten (einer natürlichen Sprache) eingeeb-
    net werden ([Chu],[Sta1],[Sta2]).

24) Die Vernam Chiffre ist damit im Gegensatz zu den vorhergehenden
    Verfahren von der Länge der zu verschlüsselnden Zeichenfolge ab-
    hängig.

25) Über GF(2) gibt es bspw. 2^n nxn-Matrizen. Die Anzahl S verschiede-
    ner nichtsingulärer binärer nxn-Matrizen wird nach [Pay] durch die
    Formel

$$S(n) = \prod_{i=0}^{n-1} (2^n - 2^i) \text{ berechnet.}$$

Bsp.: für n=3 erhalten wir S(n)=168 nichtsinguläre 3x3 Matrizen.

26) Coppersmith et al untersuchen in [Cop] Grundfunktionen einer Pro-
    duktchiffre folgender Art:
    Def.: Sei 1≤k≤n-1. Dann ist eine K-Funktion auf V_n(GF(2)) eine
    Permutation P von V_n, die durch $\{i_1,\ldots,i_k,j\} \subseteq \{1,\ldots,n\}$ und eine
    Funktion F: $V_k \longrightarrow$ GF(2) wie folgt definiert ist:
    Für $(A_1,\ldots,A_n) \in V_n$ ist
    $((A_1,\ldots,A_n)P)_m = A_m$, $m \neq j$,
    $((A_1,\ldots,A_n)P)_j = A_j + F(A_{i_1},\ldots,A_{i_k})$.

Eine K-Funktion verändert also jeweils nur eine Komponente von V_n.
P ist selbstinvers, d.h. $P^2 = Id$.

Die Autoren zeigen nun, daß die Menge der Permutationen, die durch
K-Funktionen erzeugt wird, in den für die kryptographische Fragestellung interessanten Fällen die alternierende Gruppe $A(V_n)$ ist.
Sie besteht aus allen geraden Permutationen von $S(V_n)$, der symme-
trischen Gruppe. Ihre Ordnung ist die halbe Ordnung von $S(V_n)$.

27) Die Produktchiffre aus Beispiel ii) realisiert die von Shannon
definierten Prinzipien der Konfusion (durch Permutation) bzw.
Diffusion (durch nichtlineare Substitution). Konfusion bedeutet
hier die Bildung einer komplexen Beziehung zwischen der Statistik
eines Schlüsseltextes und dem zugehörigen Schlüssel, während durch
Diffusion die lokalen statistischen Eigenschaften des Klartextes
gewissermaßen auf ein großes (Schlüssel-) Textkontingent zerstreut
werden [Sha].

28) Ein Zufallszahlengenerator ist ein deterministisches Verfahren,
das unter Vorgabe eines Startwertes rekursiv eine periodische Zah-
len- (Zeichen)folge erzeugt. Unterscheidungskriterien für Zufallszahlengeneratoren sind u.a. statistische Eigenschaften,
Periodenlänge, Geschwindigkeit und Speicherbedarf.

29) Wir gehen in Kap. 4.3 noch allgemein auf Verfahren zur
Schlüsselerzeugung ein. Bei kontinuierlichen Chiffren ist dieser
Prozeß aber gerade wesentlicher Bestandteil der Chiffre selbst.

30) Golomb hat in [Gol] einige grobe statistische Anforderungen an
(Pseudo-)Zufallsfolgen zusammengestellt:
Sei $a = (a_1, a_2, \ldots, a_n)$ eine periodische Folge der Länge n, $a_i \in \{0,1\}$.

Dann ist a eine (Pseudo-)Zufallsfolge, wenn gilt:

  i) die Anzahl von 0 und 1 ist 'gleich' (Disparität $\leq$ 1);
 ii) für jede 0- bzw. 1-Folge (run) der Länge n+1 existieren zwei
     Folgen der Länge n, n>1. Die Anzahl von Folgen gleicher Länge
     ist für 0 und 1 gleich.
iii) Die Autokorrelationsfunktion $C(r)$ ist zweiwertig:

$$nC(r) = \sum_{i=1}^{n} a_i \cdot a_i + r = \begin{cases} n & \text{wenn } r=0 \\ k & \text{wenn } 0<r<n, \ k \in \mathbb{Z} \end{cases}$$

31) Eine wichtige Variante von iv) ist der Generalized Feedback Shift
Register (GFSR) Algorithmus ([Lew]).

32) Jede periodische Binärfolge läßt sich durch eine geeignete Familie
von linearen FSR erzeugen. Dies bedeutet insbesondere, daß auch
die Binärfolgen nichtlinearer FSR durch entsprechende LFSR realisiert werden können. Das lineare Äquivalent eines NLFSR ist dabei
derjenige zugehörige LFSR mit der geringsten Anzahl von Stufen.

33) Ein J-K Flip Flop ist ein elektronischer Schaltkreis mit zwei Eingängen J und K. Die Zustandsänderungen sind aus der Wahrheitstafel
des J-K Flip Flops ersichtlich:

J^n	K^n	Q^{n+1}	$\overline{Q}^{n+1}$
0	0	Q^n	$\overline{Q}^n$
0	1	0	1
1	0	1	0
1	1	$\overline{Q}^n$	Q^n

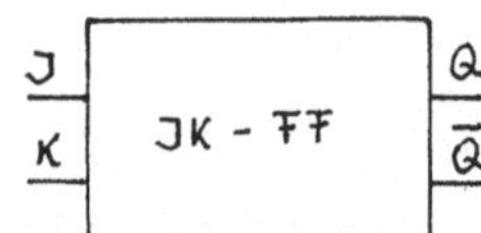

34) Viele Autoren weisen allerdings darauf hin, daß 'Zeitkomplexität'
immer relativ zu der Effizienz verfügbarer Algorithmen und Rech-
nerkapazitäten zu verstehen ist und vermeiden deshalb absolute
Größen oder geben physikalische Grenzen für Speicherkapazitäten
und Rechnergeschwindigkeiten an.

35) Pohlig und Hellman sind der Meinung, daß der kryptanalytische Aufwand allgemein um den Faktor 10^9 größer als der Aufwand für
autorisierte Ver- und Entschlüsselung sein sollte [Poh2].

36) $a \in Z$ $(1 \leq a \leq p-1)$ heißt primitiv bzgl. p, wenn gilt:
$a^1 (\bmod\ p), \ldots, a^{p-1} (\bmod\ p)$ ist eine Permutation von $(1,2,\ldots,p-1)$.

37) Bsp. für p aus [Poh2]:
p = 2p' + 1 prim
$p' = (2^{121} \cdot 5^2 \cdot 7^2 \cdot 11^2 \cdot 13 \cdot 17 \cdot 19 \cdot 23 \cdot 29 \cdot 31 \cdot 37 \cdot 41 \cdot 43 \cdot 47 \cdot 53 \cdot 59) + 1$

38) Eine solche öffentliche Liste muß selbstverständlich vor mißbräuchlicher Veränderung der Einträge geschützt werden. Statt der
Verwendung öffentlicher Listen können die Benutzer ihre
Listenparameter auch auf direktem Wege miteinander austauschen
(vgl. [Koh2]).

39) $\varphi(n)$ bezeichnet die Eulerfunktion. Sie mißt die Anzahl ganzer Zahlen zwischen 1 und n, die keinen gemeinsamen Faktor mit n haben.

40) Ein Knapsackproblem ist ein Optimierungsproblem folgender Art:
Aus n Gegenständen, deren Gewicht G(i) und deren Wert W(i),
(i=1,...,n), gegeben sind, sind Gegenstände derart auszuwählen,
daß einerseits die Wertsumme maximal wird und andererseits die
Gewichtssumme eine vorgegebene Grenze Gmax nicht übersteigt.
Formal bedeutet dies:

Finde $\max \sum_{i=1}^{n} W(i) X(i)$ unter der Bedingung $\sum_{i=1}^{n} G(i) X(i) \leq Gmax$.

$X(i) \in Z^+$ stellt eine Wichtung des Wertes W(i) eines Gegenstandes i
dar.
Ein Knapsackproblem mit $X(i) \in \{0,1\}$ heißt 0-1 Knapsackproblem.

Wir betrachten im folgenden 0-1 Knapsackprobleme (Partitions-
Probleme), die unter der Bedingung $\sum_{i=1}^{n} G(i) X(i) = Gmax$ zu lösen
sind.
Es gilt insbesondere:
Eine Zerlegung von Gmax in $\{G(1),\ldots,G(n)\}$ existiert g.d.w.
$\max \sum_{i=1}^{n} G(i) X(i) = Gmax$.

41) Wir setzen in diesem Fall voraus, daß $a_i > \sum_{j<i} a_j$ für alle i gilt.
Dann gilt:

$x_n = 1$ g.d.w. $Y \geq a_n$

$x_i = 1$ g.d.w. $Y - \sum_{j=i+1}^{n} x_j \cdot a_j \geq a_i$, $1 \leq i \leq n-1$

42) Wir setzen $\prod_{i=1}^{n} a_i' < p$ voraus, um $\prod_{i=1}^{n} a_i' x_i (\bmod\ p) = \prod_{i=1}^{n} a_i x_i$ zu erhalten.

43) Schon vom Sprachgebrauch her wird Sicherheit häufig als ein zwei-
wertiges Attribut (Shapiro) verstanden. Eine Graduierung fehlt.
Der Begriff 'Sicherheit' stellt daher oft eher ein Urteil als eine
meßbare Größe dar.

44) Es ist für Nichtfachleute in diesem Zusammenhang schwierig, den
Beitrag an Intuition, Erfahrung und auch Zufall bei der erfolgrei-
chen Kryptoanalyse von Verschlüsselungsverfahren zu messen (vgl.
[Roh]).

45) Diese Definition ist selbstverständlich nur im Sinne einer Kosten-
Nutzen Rechnung sinnvoll, d.h. der Kosten- bzw. Zeitaufwand für
die notwendigen Betriebsmittel größer als der Nutz- bzw. Zeitwert
der verschlüsselten Information sein.

46) Meyer und Matyas [Mey7] halten den Ansatz iii) für eine notwendige
Bewertungsgrundlage für die kryptographische Stärke von Chiffren.

47) Es ist in diesem Zusammenhang bemerkenswert, daß Tuckerman [Tuc3]
bei der Kryptanalysis von V-V Chiffren auf Basis verschiedener
Textqualitäten umso kürzere Textfragmente benötigte je besser die
Textqualität war.

48) Shannon hat als Index für den kryptanalytischen Gesamtaufwand einen Arbeitsfaktor w definiert und gezeigt, daß dieser eine monoton
wachsende Funktion der Länge des Kryptogramms ist. Auch andere
Sicherheitsparameter wie die aus der Informationstheorie übernom-
mene 'Äquivokation', die die Wahrscheinlichkeit einer eindeutigen
Lösung mißt, sind Funktionen der Länge eines Kryptogramms.

49) Dieser Wert ist häufig nicht berechenbar. Als gute Annäherung für
'Random' Chiffren [Hel4] hat sich $n=H(S)/d$ erwiesen. $H(S)$ bezeich-
net die Entropie des Schlüssels in Bits, d die Redundanz der
Quellsprache.

Type of cipher	Unicity point in number of letters
Vigenere, key of length P	1.27P
Vigenere, mixed cipher alphabet, key length P (Quagmire II)	23.97 + 1.27P
Vigenere, mixed cipher alphabet and mixed plain alphabet	47.94 + 1.27P
sequence, key length P (Quagmire IV)	23.97N
N independently mixed alphabets used sucessively	23.97N + 1.27P
N independently mixed alphabets, key of length P, key composed of M distinct characters	.90 log M + 23.97N
Random digraphic substitution	1460.61
Playfair	22.69
Foursquare (Two mixed alphabets)	45.38
Random N-gram substitution	.90 log (26)!
Homophonic substitution with N substitutes per letter	$(\log(26N!/N!^{26}))/1.11$

Tab. 4 [Dea1]

50) Die Entartung $d(f)$ einer Funktion f definieren wir als
$d(f) := \max \#X(y)$ mit $X(y) = \{x \in X / f(x) = y\}$.

Es ist häufig sehr schwierig, die Entartung einer Funktion zu
berechnen. Konsequenz der obigen Berechnung ist es also, nur solche nicht-bijektiven Funktionen zu verwenden, deren Entartung man
kennt oder für die zumindest eine obere Schranke der Entartung
bekannt ist. Purdy wählt deshalb Polynomfunktionen f, für die $d(f)$
$\leq$ Grad des Polynoms gilt.

Allgemein gilt auch für die Iteration von Funktionen:
$d(f^r) \leq (d(f))^r$.

Diffie hat in [Dif4] berechnet, daß für ein (gutes) Kryptosystem
f, in dem die $f(x_i)$ gleichverteilt im Bildraum liegen und
statistisch unabhängig sind, bei gleicher Anzahl von Nachrichten
und Schlüsseln die Wahrscheinlichkeit, daß ein $y_i = f(x_i)$ k+1 Inverse besitzt ($\#X(y_i) = k+1$), bei ungefähr $e^{-1}/k!$ für $k = 0, 1, 2, 3, \ldots$
liegt (Poisson Verteilung).

Pohlig gibt in [Poh1] einige Ergebnisse über die Entartung addi-
tiver Knapsackprobleme an. Ein einfaches Beispiel für die Entar-
tung einer Knapsackfunktion f ergibt sich, wenn $\max f(x) = \Sigma a_i << 2^n - 1$
für einen Knapsack $A = (a_1, a_2, \ldots, a_n)$ gilt, d.h. das Maximum aller
Funktionswerte wesentlich kleiner als die Anzahl möglicher Urbildwerte ($\neq$ Nullvektor) ist. Anschaulich bedeutet dies bei einem
Knapsack A, der aus 1000 zehnziffrigen Zahlen besteht, daß max
$f(x) < 10^{13}$ gilt, während 2^{1000} Urbildwerte möglich sind, d.h. auf
einen Funktionswert im Durchschnitt 10^{288} Urbildwerte kommen.
Pohlig zeigt, daß die Anzahl verschiedener Funktionswerte von f im
Durchschnitt der Anzahl benötigter Versuche zur Invertierung von f
entspricht.
Wenn wir a_i ganzzahlig mit $1 \leq a_i \leq B$ wählen, ist $\max f(x) = A \bullet X = nB$, wo-
bei X ein binäres n-Tupel ist. Eine notwendige aber nicht hinrei-
chende Bedingung für die Eineindeutigkeit von f ist also die
Forderung: $nB > 2^n$.
Der folgende Satz beschreibt die Wahrscheinlichkeit der Wahl eines
Knapsacks ohne Entartung:
Satz (Pohlig): Sei $A = (a_1, a_2, \ldots, a_n)$ ein Knapsack mit a_i gleich-
verteilt in [1,B]. Dann wird die Wahrscheinlichkeit P, daß der
Knapsack 2^n verschiedene Summen liefert, beschränkt durch:
$P > 1 - (2^{2n-1}/B)$.

51) Ein vom NBS initiierter Workshop [Bra2] war mehrheitlich der An-
sicht, daß die Aufwandskosten für ein vollständige Suche eines 56
Bit Schlüssels die Sicherheit des DES in kommerziellen Anwendungen
(Geldverkehr etc.) 'garantieren'.

52) Eine Redundanz von .75 bedeutet, daß 75% der Wörter dieser Sprache
nicht bedeutungstragend sind.

53) Über die Beziehung zwischen der Struktur künstlicher Sprachen und
kryptographischer Effizienz schreibt Turn [Tur2]:
Die Gesamtwirkung eines festen, begrenzten Vokabulars, großer
Zeichenmengen, starrer Strukturen und das Fehlen syntaktischer
Zweideutigkeiten bedeuten eine Verringerung der Effizienz bei der
Anwendung kryptographischer Verfahren. Andererseits kann die Verfügbarkeit eines variablen Vokabulars dazu verwendet werden, die
statistischen Eigenschaften einer Sprache fast beliebig zu verändern.

54) Zur Notation:
   ST   = Schlüsseltext
   KT-ST   = Klartext-Schlüsseltext
   KT-ST n.W. = KT-ST nach Wahl

55) Shannon nennt in diesem Zusammenhang zwei Kryptosysteme ähnlich,
    wenn sie durch eine invertierbare Transformation ineinander über-
    führt werden können. Dies induziert auch kryptanalytische
    Äquivalenz, eine Tatsache, die nach Shannon in der Praxis häufig
    zum Lösen von Chiffren verwendet wird (vgl. auch [Bra7]).

56) Eine Caesar Chiffre heißt in der Notation von Tuckerman [Tuc3] V-V
    Chiffre (0-Schleife).

57) V-V Chiffren (Vigenere-Vernam Chiffren) (n≥1 Schleifen) nach der
    Definition von Tuckerman sind Spezialfälle periodischer
    polyalphabetischer Substitutionen.

58) Tuckermans Lösungsmethoden sind beispielhaft für com-
    puterunterstützte Kryptanalysis. Er verwendet diverse Programme
    für Konsistenz- und Korrelationstests, Erzeugung von Zu-
    fallsparametern, diverse Häufigkeitsverteilungen etc. (vergl. auch
    [Edw], [Sch1]).

59) Eine zweischleifige V-V Chiffre mit Perioden u,v (u,v rel. prim)
    ist äquivalent zu einer einschleifigen V-V Chiffre der Periode uv.

60) Die Lösungsmethoden für V-V Chiffren unter KT-ST Voraussetzung
    lassen sich nach Tuckerman für n-schleifige V-V Chiffren verall-
    gemeinern. Der Aufwand hängt hierbei in wachsendem Maße von der
    Kenntnis der Schlüsselperioden ab, liegt aber beträchtlich unter
    dem eines vollständigen Tests des Schlüsselraums.

61) IBM selbst hat nach Angaben aus [Hel3],[Tuc2] 17 Mannjahre in die
    erfolglose Kryptanalysis des DES investiert.
    Hellman et al. [Hel3] haben für eine erste Analyse des DES
    insgesamt 10 Mannwochen aufgewendet und mögliche Schwachstellen
    und Ansatzpunkte für eine weitergehende Analyse ermittelt, die in
    einem Arbeitskatalog zusammengestellt sind (s. 3.2.2).
    Darüberhinaus haben sich - soweit bekannt - auch Organisationen
    und Institutionen wie NBS, NSA, BELL-Labs [Mor], Univ. Linköping
    u.a. an der Analyse des DES beteiligt.
    Umstritten ist in diesem Zusammenhang die Frage, ob IBM-
    Entwickler, Mitarbeiter des NBS oder der NSA (als Berater) in der
    Lage sind, den DES aufgrund bestimmter Entwurfsparameter ('Hinter-
    türen') zu kryptanalysieren. Diese Vermutung wurde durch die Tat-
    sache genährt, daß NBS und IBM auf Ersuchen der NSA, die Ver-
    öffentlichung bestimmter Entwurfskriterien und der verschiedenen
    kryptanalytischen Tests ablehnen.

62) Der Begriff 'Schwachstelle' bezieht sich auf die Rekonstruktion
    eines DES-Schlüssels. In [Bra7] wird der Begriff wie folgt
    quantifiziert: Eine Reduktion (der Entropie) des Schlüssels um
    8-10 Bits durch mathematische oder statistische Analysen wird für
    signifikant gehalten, wobei die Meinungen zwischen 3 und 20 Bits
    schwanken. (Hellman ist der Meinung, daß bei einer Reduktion um
    5-10 Bits eine vollständige Suche trivial ist, da der Suchfaktor
    im letzteren Fall um 2^{10} abnimmt.

63) Grossman und Tuckerman haben in [Gro3] eine schwächere Form des
    DES, die statt eines rotierenden Schlüssels einen Schlüssel ver-
    wendete, der von von den Iterationsparametern abhängig ist
    (Autoklave), erfolgreich kryptanalysiert. Sie konnten durch Opti-
    mierung ihrer Suchverfahren erreichen, daß für KT-ST n.W. bereits
    etwa 500 Verschlüsselungen zur Rekonstruktion des Schlüssels aus-
    reichen.

64) Wir wollen uns auf diesen elementaren Typ einer kontinuierlichen
    Chiffre beschränken. Die Kryptanalysis mehrstufiger kontinuierli-
    cher Chiffren oder von kontinuierlichen Chiffren mit integrierten
    Feedbackverfahren ist vermutlich noch erheblich schwieriger.

65) Tuckermans Lösungsmethoden für V-V Chiffren (Bsp. 2) sind hier in
    der Regel nicht anwendbar, da sie auch unter günstigsten Voraus-
    setzungen ein Mehrfaches der Schlüssellänge an Textmaterial erfor-
    dern und die Perioden moderner Zufallszahlengeneratoren hierfür
    meist zu groß sind.

66) Wenn diese 2n Zeichenpaare 'zufällig' gewählt sind, ist es u.U.
    nicht möglich, sämtliche 2n Unbekannten eindeutig zu ermitteln.
    Dies wird nach [Mey1] allerdings mit hoher Wahrscheinlichkeit für
    2n+8 Zeichenpaare möglich.

67) Auch auf Zufallszahlengeneratoren in Polynomform:
    $x_{n+1} \equiv ax_n^2 + bx_n + c \pmod{m}$ läßt sich die Lösungsmethode von
    Johnson erweitern, wenn 2 Zufallszahlenfolgen x_i, x_{N+i}, ..., x_j,
    x_{N+j},... (d=i-j klein) zur Verfügung stehen.

68) Unter Komplexität verstehen wir hier im Gegensatz zu späteren
    Definitionen (3.2.2) die komplexe funktionale Steuerung der Ver-
    schlüsselung durch Schlüsselparameter und Klartext (z.B. DES,
    Lucifer).

69) Der Begriff der Komplexität wird in der Literatur häufig wie folgt
    (äquivalent) definiert:

    i)   Als Maß für die Komplexität eines Problems nimmt man die An-
         zahl von Schritten an, die ein bestimmter Algorithmus zur Lö-
         sung dieses Problems benötigt.
    ii) Man kann dieses Komplexitätsmaß abbilden auf den zeitlichen
         Lösungsaufwand in bezug auf Turing-Maschinen oder spezielle
         Computersysteme und erhält ein Maß für die Zeitkomplexität
         des Problems.
    iii) Bei computerorientierten Lösungen solcher Probleme ist es üb-
         lich, die Komplexität eines Lösungsalgorithmus als Funktion
         des Zeit- und Speicherbedarfs zu verstehen, da das Zeit-
         Speicher Produkt häufig konstant ist.

70) Die Klassifizierung bezieht sich bzgl. der Lösungsalgorithmen auf
    ein 'worst-case' Verhalten dieser Algorithmen, d.h. auf die obere
    Schranke der Anzahl benötigter Rechenschritte bei gegebenem Input.
    Diese Perspektive ist insofern inkompatibel mit den Anforderungen
    von Kryptalgorithmen, als diese ein konstantes, d.h. für a l l e
    Eingabeparameter gleiches Komplexitätsmaß verlangen.

71) Probleme in NP sind häufig Optimierungsprobleme (s. Anhang).

[72] Zum Vergleich: Der theoretische Zeitaufwand zur Verschlüsselung eines Passwortes liegt für das genannte Polynom unter 60 Minuten.

[73] O(p) bedeutet: in der Größenordnung von höchstens p; ein Algorithmus besitzt demnach O(p) Komplexität, wenn für die Anzahl p' seiner Lösungsschritte gilt: $p' \leq c \cdot p$, $c > 0$ konstant.

[74] Pohlig zeigt in [Poh1], daß man unter bestimmten Voraussetzungen die Existenz unendlich vieler solcher Primzahlen nachweisen kann.

[75] Für $p = (5^2 \cdot 2^{448} + 1)$prim ist der Zeitaufwand für die Invertierung (Logarithmusfunktion) bspw. nur 450 mal größer als der für die Verschlüsselung (Exponentialfunktion).

[76] Simons und Norris weisen besonders auf diese Problematik und die daraus resultierende Schwierigkeit der Sicherheitsbewertung dieses PKK hin, zumal ein Anwender wegen des erforderlichen Rechenaufwandes nicht in der Lage sein wird, zu überprüfen, ob eine spezielle Wahl von s und r kleine Iterationsexponenten ausschließt.

4. Integration von Kryptoverfahren in Computersysteme

Nach der grundsätzlichen Beschäftigung mit Kryptoverfahren und ihren
Sicherheitsaspekten soll dieses Kapitel in die praktische Anwendung
computerorientierter Kryptoverfahren einführen. Voraussetzung hierfür
ist die Integration eines Kryptoverfahrens in die vorhandene Systemumgebung und den organisatorischen und anwendungsbezogenen Überbau.
Wir wollen uns in diesem Kapitel zunächst auf die systembezogene und
organisatorische Integration von Kryptoverfahren beschränken und die
Anpassung an die beiden zentralen Anwendungsfälle, die Verschlüsselung
von Überstragungsdaten (Netzwerke) und Speicherdaten (Datenbanken) in
eigenen Kapiteln vollziehen.

Unter systembezogener Integration verstehen wir die Realisierung eines
spezifizierten Verfahrens in Hardware oder Software, seinen physikalischen Systemanschluß und wesentlich die logische Einbindung des
Kryptoverfahrens in die System- und Anwendungssoftware. Die organisatorische Integration umfaßt den Entwurf und die Realisierung eines
Systems zur Schlüsselverwaltung mit weitgehender Computerunterstüt-
zung.

Die folgenden Überlegungen gehen von der Voraussetzung aus, daß die
Systemumgebung, in die ein Verschlüsselungsmodul (V-Modul) integriert
werden soll, sicher ist, d.h. daß weder das Betriebssystem noch die
Systemhardware eine mißbräuchliche Manipulation des V-Moduls, insbesondere von Daten oder Schlüsseln, erlauben. Überlegungen zur Sicherheit von Betriebssystemen gehen über den Rahmen dieser Arbeit hinaus.

Die Darstellung gliedert sich im wesentlichen in die Beschreibung der
(logischen) Schnittstellen des V-Moduls zu den verschiedenen Systemebenen, den Vergleich von Implementationsalternativen und ihrem
jeweiligen Bedarf an Systemfunktionen und Betriebsmitteln sowie in die
Untersuchung des Verhaltens (Belastung) des Gesamtsystems bei Einsatz
von V-Moduln.
Im Rahmen der organisatorischen Integration werden die verschiedenen
Praktiken und Methoden der Schlüsselverwaltung vorgestellt.

4.1 Physikalische_und_logische_Schnittstellen

Die Integration eines V-Moduls in ein Computersystem besteht in der
physikalischen Realisierurg eines Kryptosystems als Programm oder
Elektronikmodul und in der Definition von Steuerebenen und Schnittstellen zu System und Anwender. Die Form der Einbettung ist weitgehend
unabhängig von dem Kryptcverfahren selbst. Wir können einen Verschlüsselungsmodul im folgenden deshalb als eine 'Black Eox' betrachten, die über definierte Schnittstellen mit einer Steuerebene verbunden ist, von dort Aufträge und die zu ihrer Ausführung notwendigen
Übergabeparameter erhält und Ergebnisse in Form ver- oder ent-
schlüsselter Daten rückübermittelt.
Um die Kryptofunktion auf einer möglichst hohen logischen, d.h. anwen-
dungsfreundlichen Ebene anbieten zu können, übernimmt ein Steuerprogramm in der Regel nicht nur die Ausführung eines Ver- oder Ent-
schlüsselungsauftrages sondern auch die Kontrolle des V-Moduls und die
Ausführung anwenderunterstützender Routinen.

Eine erste Vorstellung von der räumlichen Integration eines V-Moduls
und seinen Realisationsformen (in Hardware oder Software) vermittelt
das folgende Blockdiagramm, das ein IBM-Demosystem zur hard- und soft-
waremäßigen Verschlüsselung von Daten in einem Mehrbenutzersystem
zeigt [Fei5] :

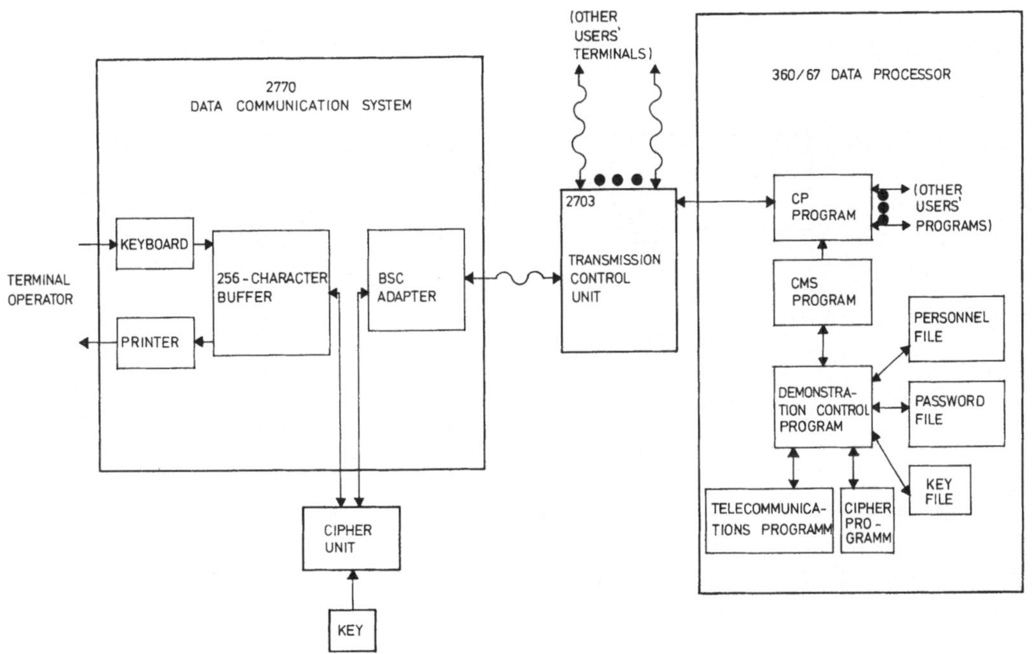

Abb. 57

4.1.1 Physikalische Schnittstellen

Auf der untersten Stufe der Integration steht der physikalische
Geräteanschluß (Hardware-Modul) bzw. das Einbringen eines Ver-
schlüsselungsprogramms (Software-Modul) in eine Systembibliothek. Diese Stufe der Integration ist nicht eigentlich verschlüsselungs-
spezifisch sondern unterliegt den üblichen technischen und organisatorischen Vereinbarungen (Kompatibilität physikalischer Schnittstellen,
Organisation von Programmbibliotheken etc.).

Nachfolgend sind einige Möglichkeiten der physikalischen Integration
von Hardware-Verschlüsselungsmoduln zusammengestellt. Die Auswahl
richtet sich nach der Verwendungsart eines solchen Moduls, d.h. der
Verschlüsselung von Speicherdaten und/oder Übertragungsdaten.

<u>V-Modul für Dateiverschlüsselung</u>

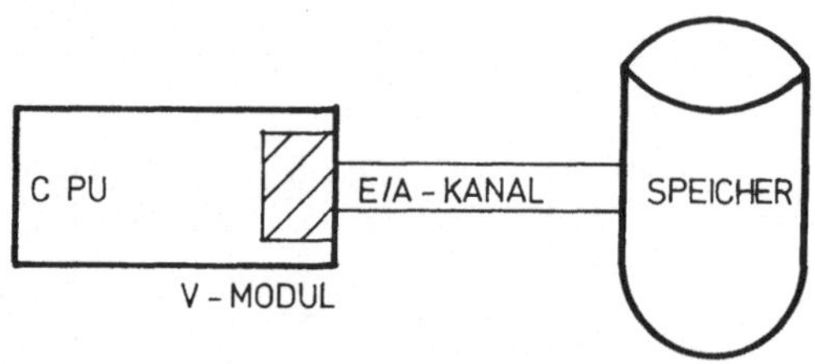

Abb. 58

<u>V-Modul für Leitungsverschlüsselung [NBS4]</u>

1) V-Modul als Stand alone Gerät

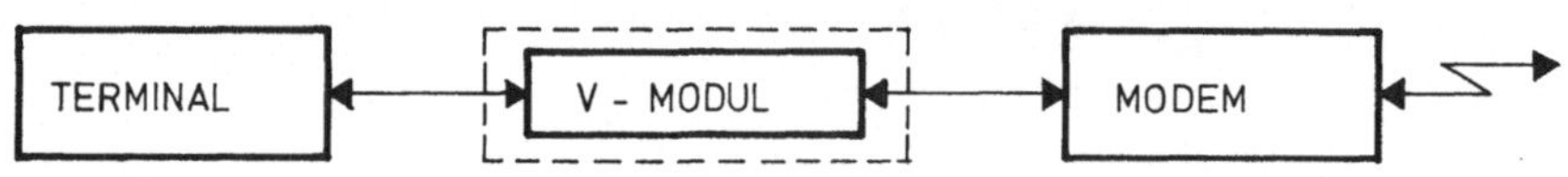

Abb. 59

2) V-Modul eingebaut in Terminal

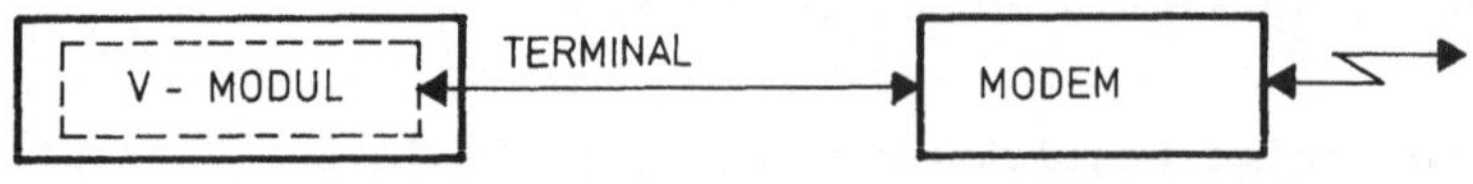

Abb. 60

3) V-Modul eingebaut in Modem

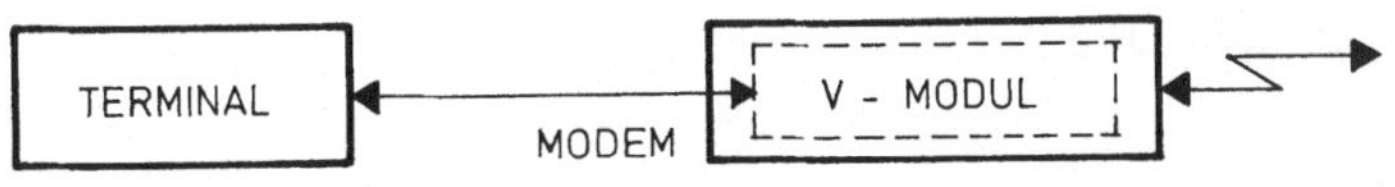

Abb. 61

Eine Bewertung dieser drei Integrationsformen ergibt, daß 2) und 3) zwar ein höheres Maß an physikalischer Sicherheit besitzen, 1) dafür eine geringere Anpassung an die vorhandene Systemumgebung, vor allem in Netzwerken erfordert.

4.1.2 Logische Schnittstellen

Die logische Integration eines V-Moduls wollen wir durch den Datenfluß zwischen Anwender/System und Steuerprogramm einerseits und Steuerprogramm und V-Modul andererseits beschreiben.

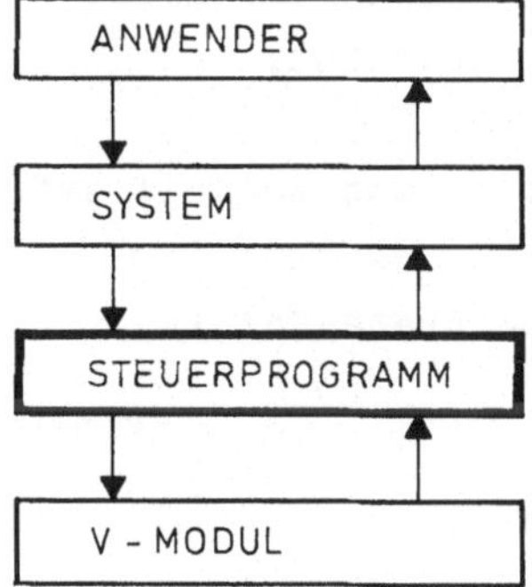

Abb. 62

Wir setzen der Einfachheit halber voraus, daß Anwender und System über

die gleiche Schnittstelle auf das Steuerprogramm und damit den V-Modul
zugreifen.
Ein Ver- oder Entschlüsselungsauftrag besteht im Aufruf des Steuerprogramms und der Übergabe der benötigten Parameter (Daten, Schlüssel
etc.).
Der Aufruf erfolgt aus der

o   Systemebene   oder
o   Anwenderebene

Bei Aufruf aus der Systemebene sprechen wir auch von anwen-
dertransparenter Verschlüsselung. Verschlüsselung wird vom System ohne
Kenntnisgabe an den Anwender bzw. das Anwenderprogramm durchgeführt.
Verschlüsselung ist damit als Funktion sozusagen fest installiert,
d.h. obligatorisch. Bei Aufruf aus der Anwenderebene kann Verschlüsselung dagegen abhängig vom Schutzwert zu übertragender oder zu spei-
chernder Daten auch selektiv erfolgen. Die Entscheidung, Daten selektiv oder obligatorisch zu verschlüsseln, muß sich nach den Anforderungen an Systemdurchsatz und Sicherheit richten. Diese sind bedingt
durch das Verhältnis von schutzwürdigen zu offenen Daten und durch die
verfügbare Systemkapazität. Hierbei muß auch Beachtung finden, daß die
Möglichkeit fehlerhafter oder mißbräuchlicher Anwendung selektiver
Verschlüsselung leichter zur Indiskretion von Daten führen kann.
Das Angebot einer Verschlüsselungsfunktion auch auf Anwenderebene
hängt davon ab, ob ein benutzerindividueller Einsatz entsprechend unterschiedlichen Sicherheitsbedürfnissen von Anwendern gefordert wird.
Anwendergesteuerte (selektive) Verschlüsselung kann zumindest geringere Kosten und Systembelastung bedeuten.

Der Aufruf einer Kryptofunktion kann manuell erfolgen über

o   Schalterstellungen (an Hardware-Modul)
o   Tastaturdialog

oder aber programmgesteuert über

c   Supervisor Call (SVC), Macro-Call

Schnittstelle: Anwender/System - Steuerprogramm

Ein Auftrag für die Grundfunktion 'Ver- oder Entschlüsseln' vom
Anwender/System an das Steuerprogramm

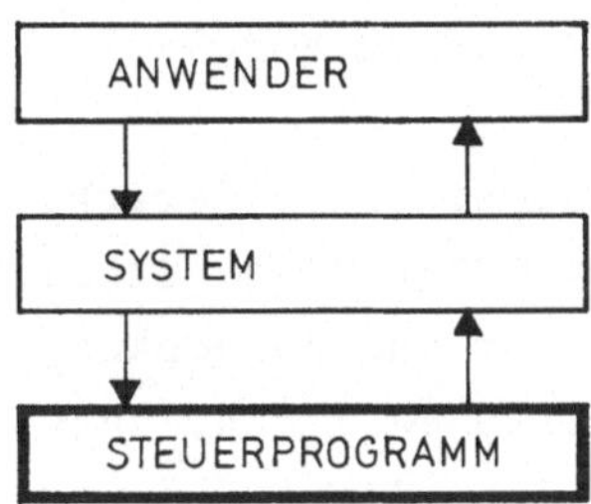

Abb. 63

wird üblicherweise wie folgt parametrisiert:

Parameter	Bedeutung
OP-Code 0,1	0=Verschlüsselung, 1=Entschlüsselung
Adr Quellfeld	Adresse zu ver- oder entschlüsselnder Da-ten [1]
Adr Zielfeld	Adresse ver- oder entschlüsselter Daten
Länge Quellfeld	
Länge Zielfeld	
Adr Schlüsselfeld	Adresse der Schlüsselparameter

Das Parameterfeld liegt im Daten- oder Codebereich des rufenden Programms. Wie das Parameterfeld zeigt, haben wir zunächst nur den mini-
malen Funktionsumfang eines Steuerprogramms angesprochen.

Weitere optionale Funktionen eines Steuerprogramms können sein:

o   Realisierung der verschiedenen Anwendungsmodi eines Ver-
      schlüsselungsverfahrens - wenn diese nicht bereits im V-Modul

fest implementiert sind.

Am Beispiel des DES etwa ergibt sich der folgende Para-
meteraufbau:

Parameter	Bedeutung
ECB	Electronic Code Book Mode
CBC, ICV	Cipher Block Chaining Mode (ICV = Startwert)
CFB, IV	Cipher Feedback Mode (IV = Startwert)

o   Erzeugung bzw. Auswertung eines Fehlererkennungsfeldes (tag,
    EDC), das im Sinne einer CRC-Prüfung durch Verknüpfung (XOR) der
    Nutzdaten gebildet wird und zur Aufdeckung der Veränderung einer
    Nachricht durch fehlerhafte Ver- bzw. Entschlüsselung (oder durch
    mißbräuchliche Manipulation) dient

o   Verschlüsselungstest durch Vergleich (Kurzschließen) von Ein- und
    Ausgabezeichen des V-Moduls

o   Verwaltung eines internen Blockzählers, der die korrekte Reihen-
    folge der übertragenen Schlüsselblöcke prüft.

Neben diesen Grundfunktionen kann ein Steuerprogramm, wie wir später
sehen werden, auch Aufgaben der Schlüsselverwaltung (Erzeugen, Verteilen von Schlüsseln etc.) übernehmen.

Ein System- oder Anwenderprogramm, das den Steuermodul aufruft, wird
sinnvollerweise erst nach Bearbeitung des vollständigen Auftrags wieder fortgesetzt. Falls mehrere Anwender(-programme) einen V-Modul benutzen, unterliegen sie der im System festgelegten Auftragsverwaltung.

Schnittstelle: Steuerprogramm - V-Modul

Wir wollen nun anhand der Schnittstellenbeschreibung Steuerprogramm -
V-Modul die Ausführung eines Anwender- oder Systemauftrags nach-
vollziehen.

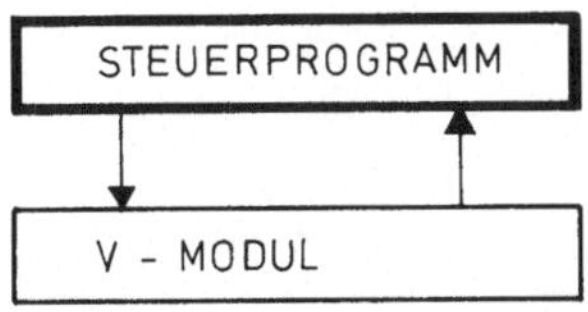

Abb. 64

Wir beschreiben den Funktionsumfang des Steuerprogramms in bezug auf
die Hardwareversion eines Verschlüsselungsverfahrens, die eine zusätzliche gerätespezifische Kontrolle erfordert. Der Hardware-Modul soll
hierbei über einen E/A-Kanal an einen Mikroprozessor (als Steuerorgan)
angeschlossen sein.

Das Steuerprogramm zerlegt den Anwenderauftrag in Einzelaufträge an
den V-Modul. Hierbei übernimmt es insbesondere die Segmentierung des
Auftragsfeldes in die vorgeschriebene Verarbeitungsblocklänge bzw. das
Auffüllen (padding) des Auftragsfeldes auf ein Vielfaches dieser
Blocklänge. Die notwendigen Einzelaufträge (Operationsmodi) lauten:

- WRITE Daten, Schlüssel [2)]
- VERschlüssele Daten
- ENTschlüssele Daten
- READ Daten
- READ Status
- WRITE Status (Status- bzw. Fehlermerker löschen)

Jeder Einzelauftrag besteht aus einem Adreß-, Daten- und OP-Zyklus.
Die Aufträge und Daten werden über definierte E/A-Zeilen ausgegeben
und nach Bearbeitung mit entsprechenden Rückmeldungen des V-Moduls vom
Steuerprogramm wieder übernommen.

Der Aufbau eines solchen Moduls, seine Ansteuerung und der interne
Datenfluß wird an dem folgenden Blockdiagramm eines Hardware-
Verschlüsselungsmoduls für den DES (DSD von Motorola) deutlich:

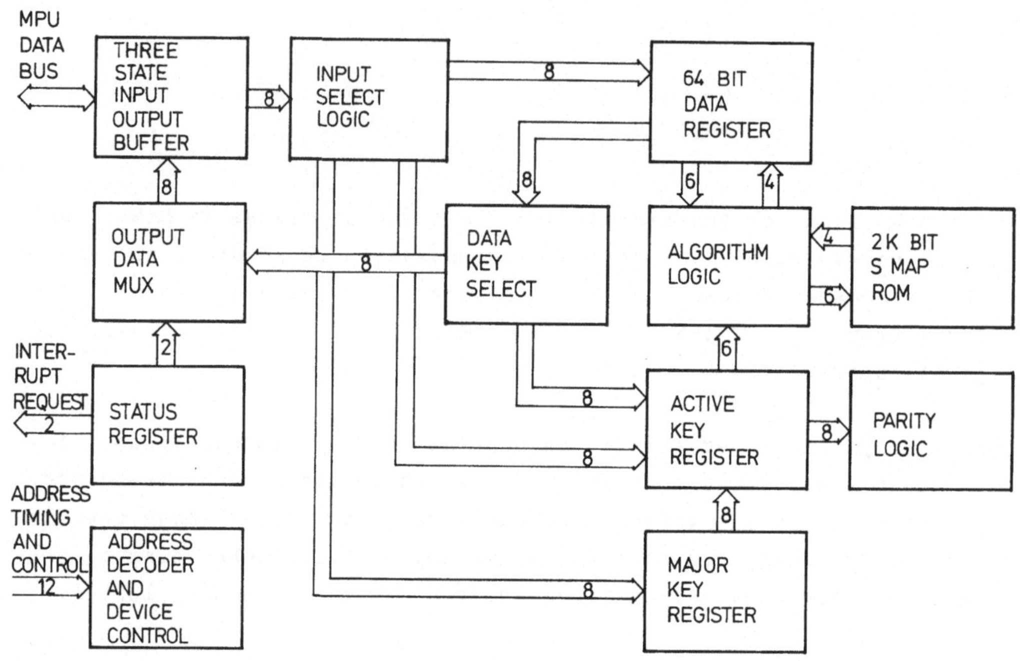

Abb. 65

Neben der Abwicklung eines Verschlüsselungsauftrages obliegt dem
Steuerprogramm auch die Kontrolle des Hardware-Moduls durch Abfrage
und Auswertung der verschiedenen Status- und Fehlermeldungen. Da Fehler im Rahmen einer Ver- oder Entschlüsselungsoperation ein Sicherheitsrisiko für die zur Verarbeitung anstehenden Daten bedeuten, muß
die Fehlerbehandlung lückenlos sein. Nachfolgend sind einige typische
Status- und Fehlermeldungen sowie ihre Behandlung zusammengestellt.
Dabei können Fehler entweder per Programm oder per optischer Anzeige
(LEDs etc.) gemeldet werden:

```
Status/Fehler     Bedeutung/Behandlung
-----------------------------------------------------------------
```

Status/Fehler	Bedeutung/Behandlung
BUSY / IDLE	BUSY = V-Modul bearbeitet Auftrag, IDLE = ¬ BUSY
TEST	V-Modul in Teststatus (Testschleife)
	Ein Selbsttest des V-Moduls kann bspw. immer anlaufen, sobald sich das Gerät im 'IDLE'-Zustand befindet. Der Test sollte auch durch das Steuerprogramm oder manuell aufrufbar sein.
	Im Fehlerfall: Fehlermeldung und automatisches Ausschalten des V-Moduls
PF	Parityfehler in MP-ZE bzw. V-Modul
	Ein Parityfehler-Merker wird gesetzt, wenn ein empfangenes Datenfeld parityfalsch ist
	Im Fehlerfall: Abbruch der Verschlüsselungsoperation und Übergang in einen definierten Nullzustand (Resynchronisation)
PFS	Parityfehler Schlüssel
	Falls Schlüsselparameter (wie im Falle des DES) einer eigenen Parityprüfung unterliegen, wird ein solcher Status eingerichtet.
	Im Fehlerfall: Ausgabe eines Programmierfehlers
ZF	Zeitfehler
	V-Modul ist nicht angeschlossen bzw. nicht betriebsbereit (eingeschaltet).
NA	Netzausfall: Neusynchronisation der Verschlüsselung über vereinbarte Initialisierungsschlüssel

4.2 Implementationsformen von Kryptoverfahren

Nach der Beschreibung der Steuerung eines Kryptoverfahrens wollen wir seine Implementation in bezug auf verschiedene Implementationsmerkmale untersuchen. In der Bewertung von Hardware oder Software Implementationen von Kryptoverfahren kommt Systembelastungsfaktoren wie Laufzeit, Speicherbedarf, zusätzliches Handling sowie Sicherheitsgesichtspunkten zentrale Bedeutung bei.

Es werden zunächst die Implementationsvarianten eines Kryptoverfahrens in Hardware und Software vorgestellt. Auf dieser Grundlage können die für eine Implementation maßgeblichen Beschreibungskriterien in ihrem Sachzusammenhang entwickelt werden und stehen nachfolgend zur Auswahl der jeweils günstigsten Implementationslösung für einen Anwendungsfall zur Verfügung. [3]

4.2.1 Implementationsvarianten

Ein Kryptoverfahren, genauer ein Verschlüsselungsalgorithmus, kann grundsätzlich in Hardware oder Software realisiert werden. Es kommt in der Praxis auch vor (siehe IBM), daß Software- und Hardwareversionen des gleichen Verfahrens Anwendung finden. Wir wollen in diesem Zusammenhang jedoch zunächst nur die verschiedenen Varianten vorstellen:

Software:

Implementation eines Kryptoverfahrens als Unterprogramm in maschinenorientierter oder höherer Programmiersprache. [4]

Hardware:

Implementation eines Kryptoverfahrens als Hardware IC (in verschiedenen Technologien und Integrationsstufen) oder als Mikroprogramm.

Im ersten Fall werden Verschlüsselungsoperationen rein hardwaremäßig, im letzteren Fall (mikroprogrammiert) von einem Mikroprozessor ausgeführt. Die Verschlüsselungsmodule werden je nach Implementationsart als E/A-Kanäle oder Peripheriegeräte adressiert [NBS4] :

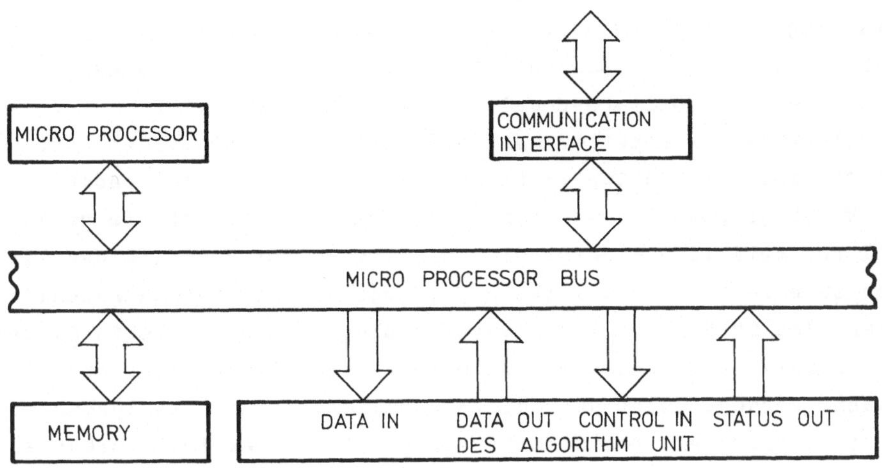

Abb. 66

Die Architektur eines solchen Verschlüsselungsmoduls ist häufig dem
Konzept von Terminals auf Basis 8-Bit zeichenorientierter
Mikroprozessoren angepaßt. Der Modul ist hierbei unter vollständiger
Kontrolle des Mikroprozessors, der das Gerät lädt, startet und das
Ergebnis ausliest.

4.2.2 Implementationsmerkmale und Systemverhalten

Wir betrachten nun die wichtigsten Implementationsmerkmale eines
Kryptoverfahrens im Vergleich einer Hardware : Software Realisierung.
Diese Merkmale sind insbesondere auch Auswahlkriterien für ein Verfah-
ren.
Es werden zunächst einige allgemeine Auswahlfaktoren zusammengestellt.
Anschließend gehen wir auf solche Merkmale der Verfahren ein, die sich
direkt auf das Systemverhalten des Kryptomoduls beziehen.

Kosten

Eine Kostenrechnung soll sich in diesem Zusammenhang auf den Ankauf
von V-Moduln in Software oder Hardware beschränken. In der Praxis
dürften die Standardisierung von Kryptoverfahren und hohe Stückzahlen
das Hardwareangebot von V-Moduln preislich begünstigen, während unter
dem Gesichtspunkt der Flexibilität (Mehrzweckeinsatz) in manchen
Anwendungsfällen ein Software-Modul mehrere Hardware-
Verschlüsselungsgeräte ersetzen kann und damit kostengünstiger ist.
Insgesamt scheinen sich durch wachsendes Interesse und wachsenden
Bedarf an kryptographischen Verfahren einerseits und durch die wachsende Zahl von Anbietern andererseits die Preise für V-Module deutlich
nach unten zu bewegen. Hierbei ist allerdings (für Computerhersteller)
zu beachten, daß in der Regel Hardware-Module nur als komplette Systeme, d.h. Verschlüsselungs-ICs + Kontrollogik, Schnittstellen, Modems
etc. verkauft werden, wobei dann die eigentliche Verschlüsselungshardware nur einen Bruchteil des Gesamtpreises und der Herstellungskosten
ausmacht.

Standardisierung

Es soll hier kurz die Frage des Einsatzes von standardisierten gegenüber individuellen Kryptoverfahren diskutiert werden. Vereinfacht
bedeutet dies für den Anwender insbesondere die Wahl zwischen Sicherheit durch Öffentlichkeit oder Sicherheit durch Geheimhaltung.

Argumente <u>für</u> einen Verschlüsselungsstandard [Mey7]:

+   Kosten und Zeitaufwand für die Sicherheitsbewertung (Test) eines
       Kryptoverfahrens sind hoch. Es ist deshalb sinnvoll, ein ausge-
       testetes Verfahren, dessen Stärke nachgewiesen ist, zu
       standardisieren und dem vorhandenen Kreis von Anwendern zur Ver-
       fügung zu stellen.

+   Die Verwendung mehrerer nichtkompatibler Kryptoverfahren in ei-
       nem System macht eine Umsetzung der Verfahren ineinander notwen-
       dig. Dieses Vorgehen hat folgende mit Sicherheitsrisiken behaf-
       tete Konsequenzen:
       a) die zu verschlüsselnden Daten erscheinen während jeder Umset-
          zung im Klartext

b) das kryptographische Gesamtsystem ist nur so stark wie sein
   schwächstes Verfahren

+   Ein gemeinsamer Verschlüsselungsalgorithmus vermeidet In-
     kompatibilitäten zwischen verschiedenen Herstellern und Geräten.

Argumente _gegen_ einen Verschlüsselungsstandard:

-    Die Verwendung eines individuellen, d.h. geheimen Ver-
     schlüsselungsverfahrens erhöht dessen Sicherheit, da es der
     Kryptanalysis nicht allgemein zugänglich ist.

-    Die Zurücknahme oder Änderung eines Verschlüsselungsstandards
     aufgrund nachträglich festgestellter kryptographischer Schwächen
     macht umfangreiche Austauschaktionen und Reorganisationen not-
     wendig. Dieser Gesichtspunkt ist von Bedeutung, da die Sicher-
     heit eines Kryptoverfahrens i.a. nicht in jeder Hinsicht testbar
     ist und somit auch standardisierte Verfahren der Möglichkeit
     (Gefahr) erfolgreicher Kryptanalysis unterliegen.

Eine erste Abwägung der Argumente zeigt, daß die Verwendung eines
genormten Verschlüsselungsverfahrens, das hohe Sicherheitswahrschein-
lichkeit mit hoher Lebenserwartung (5 - 10 Jahre) verbindet, insbesondere für Anwender ohne spezielles Know How auf dem Gebiet der
Kryptographie verbindlich sein sollte. [5]

Hierbei ist es im Prinzip unerheblich, ob ein solcher Standard in
Hardware oder Software implementiert wird. Es bleibt lediglich zu
bedenken, daß die Einheitlichkeit von Kryptoverfahren durch in ROMs
'gegossene' Programme oder standardisierte Hardware-Bauteile leichter
garantiert werden kann.

Sicherheit

Sicherheitsanforderungen beziehen sich auf den Schutz eines Verschlüsselungsalgorithmus und/oder der Schlüsselparameter vor unbefugter Kenntnisnahme oder Veränderung. Wenn wir von der Voraussetzung
ausgehen, daß ein Kryptoverfahren bekannt ist bzw. bekannt sein darf,
ist nur der Schutz der Schlüsselparameter erforderlich. Falls auch das
Verfahren geheimzuhalten ist, ergeben sich bzgl. der Hardware : Soft-

ware Alternative folgende Gesichtspunkte:

Kryptoprogramme (SW) sind auf einem Datenträger (MP, FD etc.) gespeichert und werden zur Laufzeit ins System geladen. Hardware-Module sind
physikalisch an die Systemhardware angeschlossen und werden zur Laufzeit vom übergeordneten Steuerprogramm gestartet.

Die physikalische Sicherung eines Kryptoverfahrens kann durch Sicherung des Datenträgers oder der Spezialhardware (Schloß,Aufsicht etc.)
gewährleistet werden. [6]

Wartung und Änderungsfreundlichkeit

Die Anforderung an Wartungskomfort und Änderungsfreundlichkeit von
V-Moduln ist zunächst nicht verschlüsselungstypisch. Man kann allgemein sagen, daß die Durchführung von Programmänderungen, Einführung
neuer Releasestände etc. in Software weniger aufwendig als in Hardware
ist. Während im ersten Fall vor allem in Netzwerken Änderungen mittels
'down-line' Laden durchgeführt werden können, ist in Hardware der
physikalische Systemzugriff erforderlich.
Anforderungen bestehen hier weniger für Änderung bzw. Austausch von
V-Moduln selbst als für Änderungen im Rahmen der begleitenden
Schlüsselverwaltung (siehe Kap. 4.3.2).

Testmittel und Testverfahren

Die Funktionstreue eines V-Moduls kann wie bei anderen Systemkomponenten durch verschiedene Testmethoden und -verfahren überprüft werden.
Neben Fabrikationstests von seiten der Halbleiter- oder Software-
hersteller, Gütetests durch unabhängige Normungsinstanzen (z.B. NBS
[NBS3]) können bei den meisten Verfahren auch während des Betriebs
Testdurchläufe vom Anwender abgerufen werden oder erfolgen automatisch
durch das System. Falls der V-Modul eine Anwenderschnittstelle hat,
kann der Anwender selbst Testmuster zur Kontrolle periodisch ver- und
entschlüsseln. Ein aufwendiger, aber sehr zuverlässiger Real-time
(Laufzeit) Test besteht in der Verwendung redundanter V-Module, die
mit dem primären V-Modul synchronisiert sind und dessen korrekte Funktion anhand des Vergleichs der Ausgänge überprüfen.

Indirekt kann die Funktionstreue eines Kryptosystems während der Laufzeit auch durch die Verwendung des oben erwähnten Fehlererkennungsfeldes kontrolliert werden. Bei einem k-Bit Feld kann eine Fehlfunktion mit einer Wahrscheinlichkeit von $1-1/(2^k)$ erkannt werden.

Ein Laufzeittest eines Kryptomoduls ist empfehlenswert, da häufig auch fehlerhaft ver- oder entschlüsselte Daten (Bitmuster) auf Systemebene interpretiert werden und zu unvorhersehbaren Systemreaktionen führen können.

Zuverlässigkeit

Die Zuverlässigkeit eines V-Moduls hängt von der fehlerfreien Programmierung in Software bzw. Hardware und der Funktionstreue der Elektronik (MTBF) ab. Da Kryptoprogramme in der Größenordnung von 1 - 2 KBytes Code liegen, kann man bei den angebotenen Produkten in der Regel von ausgetesteten und damit fehlerfreien Programmen ausgehen. Desgleichen besitzen Hardware-Bauteile bei entsprechend geringer Packungsdichte, ausreichender Klimatisierung und Netzversorgung hohe MTBF ($\geq 10^4$ Betriebsstunden). Motorola gibt z.B. für sein CR 300 Verschlüsselungsgerät eine MTBF von 6000 Stunden an.

Qualität von LSI-Chips	Fehlerrate
o Military Grade	0,01 / 1000 hrs
o Good Grade	0.03 / 1000 hrs
o Commercial Grade	0.30 / 1000 hrs [NBS1]

Die Zuverlässigkeit (reliability) stellt in der Praxis daher kein Vergleichskriterium für die verschiedenen Hardware-Produkte, wohl aber für die Alternative Hardware : Software dar, da letztere Lösung insgesamt ausfallsicherer ist.

Anschlußfähigkeit

Unterhalb des logischen Anschlusses von V-Moduln, der von Hardware- oder Softwareimplementationen unabhängig ist, verbleiben für Hardwaremoduln verschiedene Kompatibilitätsanforderungen bzgl. Anschlußfähig-

keit an die verschiedenen eingeführten Mikroprozessoren. Aufgrund
weitgehender Standardisierung (siehe nachfolgenden Punkt) bei
Hardware-Verschlüsselungsgeräten werden heute Anschlüsse an alle
gängigen Mikroprozessoren (z.B. Intel 8080, Z 80, M 6800, DEC LSI-11)
angeboten. Auf Leitungsebene verfügen die Hardware-Module meist ebenfalls über standardisierte Schnittstellen (RS232 = V24).

Platzbedarf

Der Platzbedarf eines V-Mcduls bezieht sich bei Software-
Verschlüsselung auf den Speicherbedarf der entsprechenden Routine, bei
Hardware-Verschlüsselung auf den physikalischen Platzbedarf des gesamten Moduls. Während der Platzbedarf für Hardware-Module, insbesondere
LSI-Implementationen von Kryptoverfahren, in der Regel vernachlässig-
bar ist, kann die Größe 7) eines Kryptoprogramms (meist 1-2 KB) vor
allem bei kleineren Computersystemen Einfluß auf die Laufzeit nehmen,
da es wegen der Hauptspeichergröße oft nicht systemresident sein kann
und jeweils geladen werden muß. Im Vergleich der Chiffretypen sind
Blockchiffren speicheraufwendiger als kontinuierliche Chiffren, insbesondere dann, wenn bei kontinuierlichen Chiffren benötigte Zu-
fallszahlenfolgen (Schlüsselzeichen) erst zur Laufzeit generiert werden und damit wesentlicher Speicherplatz eingespart wird.

Laufzeit

Die Laufzeit eines Verschlüsselungsverfahrens ist das wohl wichtigste
Implementationskriterium und der entscheidende Systembelastungsfaktor.

Bedauerlicherweise gibt es bisher noch keine systematische Untersuchung des Laufzeitverhaltens der verschiedenen in diesem Text zitier-
ten Kryptoverfahren. Wir wollen aber dennoch verschiedene Perspektiven
der Laufzeitbetrachtung von Kryptoverfahren untersuchen.

Zunächst soll in Anlehnung an eine Untersuchung von Friedman und
Hoffman [Fri] die Laufzeit kontinuierlicher Chiffren bei variierender
Schlüssellänge betrachtet werden. Die Implementation in Fortran und
Assembler macht das unterschiedliche Zeitverhalten bei maschinenorien-
tierten und höheren Programmiersprachen deutlich. Eine andere Perspek-
tive bietet der Laufzeitvergleich zwischen der Software-Implementation
und diversen Hardware-Implementationen des DES als Beispiel einer

punkt fließt, der dann ein hohes Verkehrsaufkommen hat. Mehrere derartige Netzknotenpunkte werden zu einem Maschennetz verbunden, so daß ein 'Kombiniertes Netz' entsteht.

durchgeführt. Ver- und Entschlüsselung sind bei diesem Chiffretyp
(zeit-)identisch. Die Meßreihe untersuchte die Dauer eines V-Zyklus
für:

1. Nulltransformationen
2. KC mit konstantem 1-Wort-Schlüssel (Wortlänge = 60 Bits)
3. KC mit periodischem 125-Wort-Schlüssel
4. KC mit zwei periodischen (125, 123)-Wort-Schlüsseln [11]
5. KC mit Zufallszahlenschlüssel [12]

Ergebnisse

Die folgenden Tabellen geben die Ergebnisse für Assembler- und Fort-
ranimplementationen obiger Chiffren wieder: Die Werte wurden in verschiedenen Testreihen ermittelt, um systemabhängige Variationen bei
der Laufzeitermittlung auszuschalten.

Assembly Language Routines
CPU time required by CDC 6400 to encipher data using assembly language
routines

	Time per word*	Approximate data rate [†]	Enciphering time coefficient [‡]
Null transformation	4.76 ± .10 sec	2,100,800 chars/sec	1.00
One-word key	4.78 ± .11	2,092,000	1.00
Long key	8.25 ± .11	1,212,100	1.73
Double key	12.56 ± .14	796,200	2.64
Pseudo random key	20.05 ± .15	498,800	4.21

* 95% confidence level
[†] Based on 10 characters per word
[‡] Ratio of encipherment time to null transformation time

Tab. 10 [Fri]

Fortran Routines

CPU time required by CDC 6400 to encipher data using Fortran routines

	Time per word	Approximate data rate	Enciphering time coefficient
Null transfor- mation	8.42 ± .07 sec	1,187,600 chars/sec	1.00
One-word key	22.55 ± .10	443,500	2.68
Long key	33.95 ± .12	294,600	4.03
Double key	55.55 ± .12	180,000	6.60
Pseudo random key	83.86 ± .14	119,200	9.96

Tab. 11 [Fri]

Die Zeitunterschiede der verschiedenen Verfahren resultieren nicht aus
dem unterschiedlichen Zeitaufwand für die V-Operation selbst, sondern
aus dem je nach Verfahren unterschiedlichen Aufwand zur Erzeugung,
Bereitstellung und Verwaltung der Schlüssel (Schleifenabfragen etc.).
Im Vergleich der Sprachen zeigt sich, daß die Laufzeit in Fortran 2-4
mal größer als in Assembler ist, was u.a. darauf zurückzuführen ist,
daß eine mod-2-Addition in Fortran nur durch eine Zusammensetzung
Boole'scher Funktionen $(x \oplus y \equiv (x \wedge y) \vee (x \wedge y))$ realisiert werden
kann und deshalb im Test als Assemblerroutine eingebunden werden muß-
te. Hier ist also die Laufzeit in besonderem Maße sprachabhängig (s.
Abb. aus [Tur3]) :

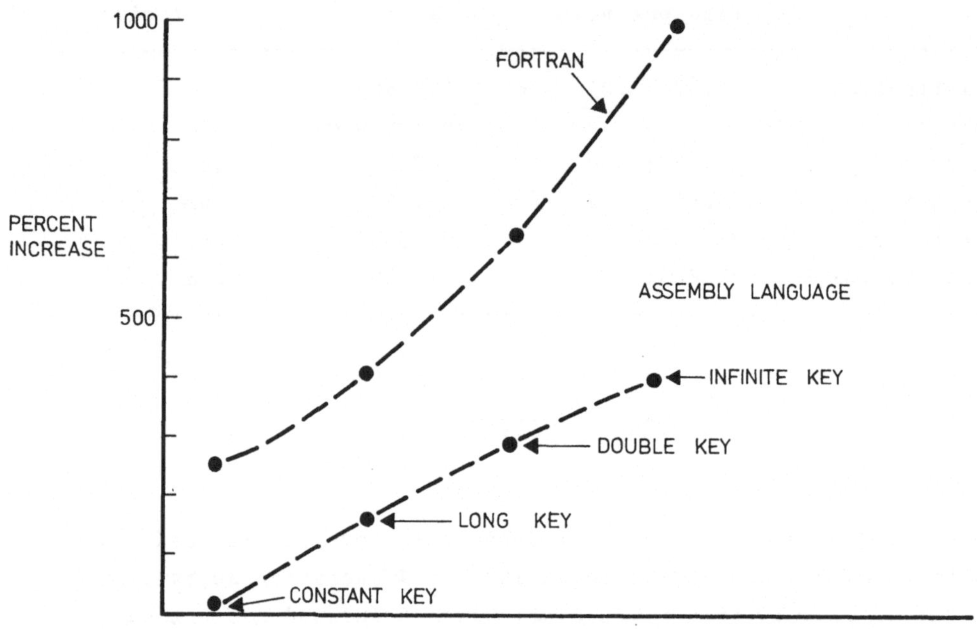

Abb. 67

Man sieht weiter, daß die Laufzeit bei einstufigen kontinuierlichen
Chiffren wesentlich durch die Laufzeit des verwendeten Zufallszahlengenerators bestimmt wird, sofern nicht Speicherangebot und
Sicherheit eine Voraberzeugung von Zufallszahlen(-folgen) erlauben. Um
eine Vorstellung von der Laufzeit von Zufallszahlengeneratoren zu vermitteln, geben wir drei Beispiele:

ZZG		Laufzeit/Einheit	System
TLP	$(x^{521}+x^{32}+1)$	241 us/64 bits	IBM 360/65 [Bri1]
		(ohne Laden der Startmatrix und 'idle loops')	
GFSR	$(x^{98}+x^{27}+1)$	24 us/15 bits	Interdata 4 [Lew]
		5-6 us/15 bits	IBM 360/65 (mikroprogrammiert)

Laufzeitvergleich_Hardware_:_Software_am_Beispiel_des_DES

Am Beispiel der verschiedenen bekannten Hardware- und Software-
Implementationen des DES als einer typischen Block-Produktchiffre lassen sich Laufzeitunterschiede zwischen Hardware und Software und zwischen den verschiedenen Halbleitertechnologien gut verdeutlichen:

Zur Vereinfachung der Beschreibung verwenden wir die folgenden Abkür-
zungen:

DVZ:	Dauer V-Zyklus
DVO:	Dauer V-Operationen
DL:	Dauer (Ent-)Laden einer Dateneinheit
DR:	Durchsatzrate [13]

Hersteller/ Anwender	Gerät/ Programm	Technologie	Laufzeit/8 Byte	Bemerkung
[Bri1]	Software		7-10 ms (DVZ)	auf IBM 370/155 Univac 1108
Intel		Mikroprog.	100ms (DVZ)	
	Z80	Mikroprog.	50ms (DVZ)	
Motorola	MGD8080 DSM	NMOS-LSI- IC	160us (DVC) Clock) (DVO)	ohne Software- Overhead
Rockwell	CR 300	PMOS-LSI- IC	110-9600 Baud (DR)	CFB-Mode synchron
	CR 100	PMOS-LSI- IC	110-19200 Baud (DR)	CFB-Mode synchron
NBS		TTL-MSI- ICs	8us (DVO) [14] 26us (DL)	
Nixdorf	VEM	TTL-Logik	4 - 5,6us (DVO)	
IBM	3845/3846		110-19200 Baud (DR)	

Tab. 12

Der Laufzeitvergleich zeigt, daß sich bei Blockchiffren vor allem Bit-
operationen (Permutationen) auf die Laufzeit von Software-Moduln aus-
wirken, während diese Operationen in Hardware durch einfaches 'wire
crossing' sehr zeitgünstig sind. Hardware-Module sind damit um den
Faktor 10^3 - 10^4 schneller als entsprechende Software-Routinen.

<u>Laufzeit elementarer Kryptofunktionen</u>

H. Block schlägt in [Blo1] verschiedene Funktionen zur Konstruktion
von Verschlüsselungsverfahren für Speicherdaten vor. Es geht hierbei
im Rahmen eines Schichtenmodells aus Permutationen, Substitutionen und
sog. strukturzerstörenden Operationen um die zeitgünstige Verwendung
verfügbarer Systemoperationen (IBM 370/158).
Die folgende Tabelle gibt eine Übersicht über die Laufzeit in Assembler programmierter elementarer Kryptofunktionen (Reihenfolge: ab-
nehmender Zeitbedarf).

Operation	Operand	Zeit/Byte in us
Euklidischer Algorithmus	Wort (32 bits)	160
$f(x) = x^a$	Wort (32 bits)	83
$f(x) = a^x$	Wort (32 bits)	73
Permutation der Ordng 8	Doppelwort	60
Matrizenmultiplikation	Wort	47
F o I o F [15]	Doppelwort	2.5
Registershift in $GF(2^n)$	Wort	2.0
XOR (a,x) • b	Doppelwort	1.7
Ringshift (x)	Doppelwort	1.3
Permutation	lang	
Kartenmischen		3.2
(1 - 4 Karten)		
Kartenmischen		1.8
(1 - 8)		
Invertierung von		
Permutationen		2.4
feste Permutationen		1.2
Substitutionen	lang	0.9
XOR (x,a)	lang	0.4

Tab. 13 [Blo1]

Diese Aufstellung macht deutlich, daß eine geeignete Kombination von
elementaren Kryptofunktionen (entsprechend [Blo1]) zeitgünstige
Software-Verschlüsselungsroutinen liefern kann. Eine Abschätzung der

kryptographischen Stärke der oben genannten Funktionen wird allerdings nicht gegeben.

Zusammenfassend läßt sich feststellen, daß Hardware-Implementationen von Kryptofunkticnen (vor allem bei Blockchiffren) etwa um den Faktor 10^3 schneller als vergleichbare Software-Routinen sind. Dies garantiert, daß auch sehr komplexe in Hardware realisierte Verschlüsselungsverfahren eine hohe Durchsatzrate erlauben, während bei Software-Routinen die Auswahl zu verwendender Kryptofunktionen vor allem auch unter Laufzeitgesichtspunkten erfolgen muß.

4.3 Spezifikation und Verwaltung von Schlüsseln

Die Integration von Kryptoverfahren in Computersysteme und Com-
puternetze verlangt den Entwurf und die Verwaltung häufig eines ganzen
Systems von Schlüsselparametern, die verschiedene durch Sicherheitsanforderungen und Systemstruktur vorgegebene Aufgaben wahrnehmen
und über ein ganzes Netzwerk verteilt sein können. Neben der Spezifikation von Schlüsseln besteht ein Verwaltungsproblem, das im einzelnen
die Erzeugung, Verteilung und Installation (Laden und Speichern) der
verschiedenen Schlüssel unter System- oder Anwenderregie umfaßt.

Es gibt heute bereits umfassende Lösungen zum Entwurf solcher
Schlüsselsysteme und deren Verwaltung in den verschiedensten System-
konfigurationen [Ehr],[Mat2],[IBM3],[Mey7].

Unsere Aufgabe soll sein, unter Rückgriff auf diese Konzepte eine allgemeine Bestandsaufnahme der Möglichkeiten und Alternativen, die für
Entwurf und Verwaltung von Schlüsselsystemen in Datenbank- oder
Netzwerkanwendungen in Frage kommen, zu liefern. Dies soll die Entwicklung anwendereigener Lösungen unterstützen. Gleichzeitig soll
deutlich werden, daß eine Vereinheitlichung von Richtlinien und Imple-
mentationsformen durch Standardisierung von Schlüsselsystemen und
Schlüsselverwaltung erreicht werden muß.

Die Effizienz eines Schlüsselsystems und damit des Kryptoverfahrens
insgesamt hängt von der Geheimhaltung sämtlicher im Einsatz befindlicher oder gespeicherter Schlüssel ab. Gleichzeitig müssen aber auch
niedriger Verwaltungsaufwand und hoher Anwendungskomfort gewährleistet
sein.

4.3.1 Spezifikation von Schlüsseln

Es ist für die jetzige Betrachtungsweise sinnvoll, Schlüssel nicht
mehr als Auswahlparameter eines Kryptosystems sondern als Zugriffs-
erlaubnis im Sinne einer 'capability' zu betrachten. Es ist deshalb im
folgenden meist auch nicht notwendig, zwischen Schlüsseln verschiedener Chiffretypen zu unterscheiden.

Im Blick auf existierende Schlüsselsysteme können wir Schlüssel wie
folgt nach charakteristischen Funktionen und Eigenschaften paarweise

gruppieren:

a) Dateischlüssel (FILESEC)   -   Leitungsschlüssel (COMSEC)
b) Host Masterschlüssel   -   Terminal Masterschlüssel
c) Primärschlüssel   -   Sekundärschlüssel
d) zeitabhängige Schlüssel   -   zeitunabhängige Schlüssel
e) Benutzerschlüssel   -   Systemschlüssel

In der Praxis werden diese Schlüsseltypen meist im Sinne einer
Schlüsselhierarchie geordnet.

zu a)

In bezug auf die beiden Hauptanwendungsgebiete von Kryptoverfahren unterscheiden wir Datei- und Leitungsschlüssel:
Dateischlüssel (DS) schützen Speicherdaten. Sie sind in der Regel
zeitunabhängig (statisch) und möglichst je logischer Speichereinheit
(Benutzer) verschieden.
Leitungsschlüssel (LS) schützen Übertragungsdaten. Sie sind in der Regel zeitabhängig, d.h. je Übertragungseinheit (log on - log off) und /
oder je Leitungsverbindung verschieden.

zu b)

In bezug auf eine Host-Terminal-Verbindung unterscheiden wir Host
Masterschlüssel und Terminal Masterschlüssel:
Host Masterschlüssel (HMS) schützen sämtliche in einem Host verwaltete
und gespeicherte Schlüssel (Dateischlüssel, Leitungsschlüssel) durch
Verschlüsselung [Mey7] :

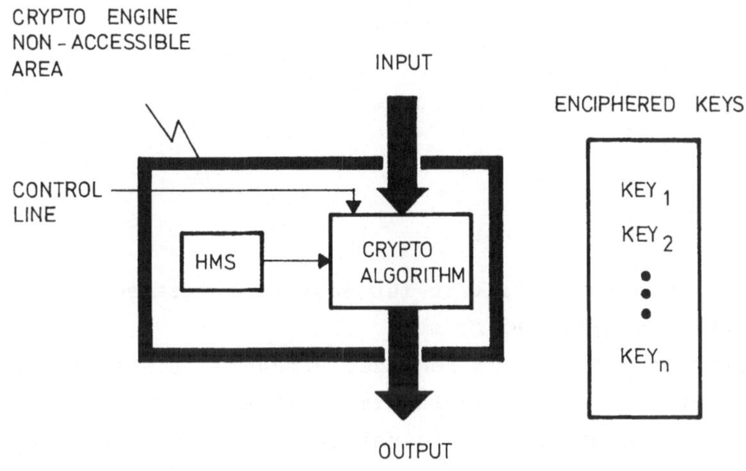

Abb. 68

(Reprinted with permission of John Wiley & Sons)

<u>Terminal Masterschlüssel</u> (TMS) schützen gemeinsam mit dem zugehörigen
HMS die Übertragung von Leitungsschlüsseln zwischen Host und Terminal.
Sie müssen demzufolge auch im Host (in verschlüsselter Form) vorhanden
sein.
HMS und TMS sind je System verschieden.

zu c)

In bezug auf eine Host-Host-Verbindung (cross-domain) unterscheiden
wir Primärschlüssel und Sekundärschlüssel:
Datei- und Leitungsschlüssel sind <u>Primärschlüssel</u>. Zum verschlüsselten
Austausch solcher Primärschlüssel zwischen Hosts dienen als vereinbar-
te Schlüssel <u>Sekundärschlüssel</u>. Analog existieren in logischen
Netzwerkstrukturen (SNA) sog. 'cross-domain' Schlüsselpaare zum Austausch (Senden, Empfangen) von Schlüsseln zwischen Netzwerk-domains.

zu d)

Abhängig von einem variablen oder festen Verwendungszeitraum von
Schlüsseln unterscheiden wir:
<u>zeitabhängige</u> oder dynamische Schlüssel
und
<u>zeitunabhängige</u> oder statische Schlüssel

zu e)

In bezug auf die Verantwortlichkeit für Schlüssel unterscheiden wir
Benutzerschlüssel und Systemschlüssel:
<u>Benutzerschlüssel</u> sind von einem Benutzer erzeugte, installierte und
verwaltete Schlüssel. Sie sind je Benutzer eindeutig. Typische Benutzerschlüssel sind statische Schlüssel (Masterschlüssel) oder Datei-
schlüssel. [16)
<u>Systemschlüssel</u> sind von einem Computersystem erzeugte, installierte
und verwaltete Schlüssel. Sie sind je System oder definiertem System-
paar eindeutig. Systemschlüssel sind dem Benutzer in der Regel nicht
bekannt. Beispiele für Systemschlüssel sind Leitungsschlüssel (primäre
und sekundäre Schlüssel).

Nach diesem Versuch der Einordnung von Schlüsseln liegt es nahe, den
sicherheitsspezifischen Hintergrund der verschiedenen Schlüsselarten
und ihren Zusammenhang zu klären.
Zunächst ist die Unterscheidung von Datei- und Leitungsschlüsseln
typisch für eine aufgabenbezogene Risikoverteilung (FIIESEC - COMSEC).
Eindeutige Host und Terminal Masterschlüssel gestatten in einer
Netzkonfiguration die untereinander unabhängige Sicherung jeder einzelnen Host-Terminal-Verbindung. Sie verhindern u.a. auch eine Fehl-
leitung (misrouting) von Nachrichten, das die Gefahr der Indiskretion
birgt. Darüberhinaus reduziert das Prinzip des Host Masterschlüssels
das Sicherheitsrisiko für Schlüssel auf die Geheimhaltung des HMS als
einzigem in einem Hostsystem noch im Klartext gespeicherten Schlüssel.
Sekundärschlüssel ermöglichen den Austausch von Primärschlüsseln zwischen übergeordneten Host-Systemen ohne gegenseitige Indiskretion der
jeweiligen Host Masterschlüssel und damit der Schlüsselsicherheit
schlechthin.
Die Unterscheidung von statischen und dynamischen Schlüsseln (je defi-

nierter Zeiteinheit) weist auf die Möglichkeit hin, einerseits die
Dauer der Verschlüsselung von Daten mit einem Schlüssel zu beschrän-
ken, andererseits im Falle gesichert installierter statischer
Schlüssel den Verwaltungsaufwand und die Gefahr der Preisgabe von
Schlüsseln durch häufige Erzeugung und Verteilung gering zu halten.
Benutzerschlüssel und Systemschlüssel können wir auch als externe bzw.
interne Schlüssel auffassen. Die Sicherung von Benutzerschlüsseln ist
benutzerindividuell, die Sicherung von Systemschlüsseln unterliegt
dagegen einem einheitlichen Schutzprinzip. Verantwortungsteilung durch
Verwendung benutzer- und systemabhängiger Schlüssel bietet sich vor
allem bei Anwendungen an, bei denen sowohl Übertragungsdaten als auch
Speicherdaten durch Verschlüsselung geschützt werden müssen.

Wie die beschriebenen Eigenschaften und Funktionen von Schlüsseln zu
einem konsistenten Schlüsselsystem zusammengefaßt werden können, zeigt
die folgende IBM-Schlüsselmatrix [Mey7]:

Category	Use	Key Name	Item Protected
Key Encrypting Keys			
Primary	Encipher Keys Actively Used Or Stored At Host	Host Master Key (KMC)	Primary Key
		First Variant of Host Master Key (KM1)	Secondary Key
		Second Variant Of Host Master Key (KM2)	Secondary Key
Secondary	Encipher Keys External To Host	Secondary Communication Key (KNC)	Primary Communication Key
		Secondary File Key (KNF)	Primary File Key
Data Encrypting Keys	Encipher Or Decipher Data	Primary Communication Key (KC)	Data In Motion
		Primary File Key (KF)	Data In Storage

Tab. 14

4.3.2 Schlüsselverwaltung

Wenn wir davon ausgehen, daß die Sicherheit eines Kryptoverfahrens im
wesentlichen mit der Geheimhaltung von Schlüsselparametern identisch
ist, kommt der Schlüsselverwaltung die zentrale Rolle bei der Integration von Kryptoverfahren zu.

Schlüsselverwaltung kann im Rahmen zahlreicher Organisationsformen
durchgeführt werden. Sie kann in größeren Netzwerken insbesondere
zentral oder dezentral erfolgen.
Schlüsselverwaltung kann in der Verantwortung der in Kommunikation
befindlichen Netzknoten selbst liegen, z.B. bei Hostsystemen im Rahmen
einer Master-Slave-Hierarchie (s. Abb. für ein vereinfachtes Modell)

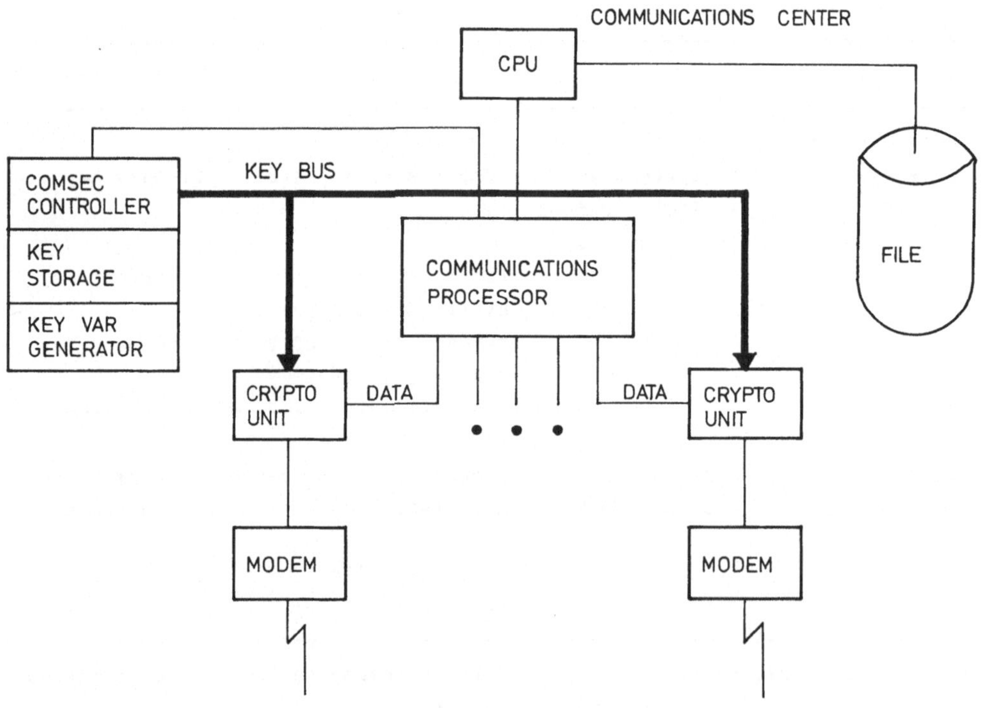

Abb. 69 (Rockwell)

oder von eigens zu diesem Zweck integrierten Netzknoten (NSC = Network

Security Center) als Treuhänder. Wir wollen uns darauf beschränken,
einige grundlegende Prinzipien und Regeln zu erarbeiten und durch
Beispiele zu illustrieren.

Wie angedeutet, können wir den Begriff der Schlüsselverwaltung in drei
Aufgabenbereiche zerlegen: Erzeugung, Verteilung und Installation von
Schlüsselparametern. Schlüsselerzeugung umfaßt die verschiedenen
Methoden und Verfahren zur Erstellung von Schlüsselparametern.
Schlüsselverteilung faßt die Möglichkeiten der Distribution von
Schlüsseln innerhalb oder außerhalb eines Computersystems oder
Netzwerkes zusammen (Schlüsselflußplan). Schlüsselinstallation
letztendlich beschreibt Techniken und Medien zur Installation und
Speicherung der verteilten Parameter.

Wir erhalten also den folgenden Verwaltungskreislauf:

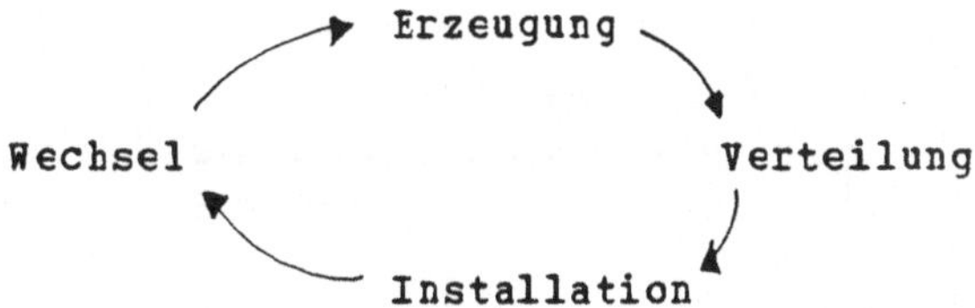

Der funktionale Zusammenhang dieser Abläufe wird aus dem folgenden
Diagramm [IBM3] ersichtlich:

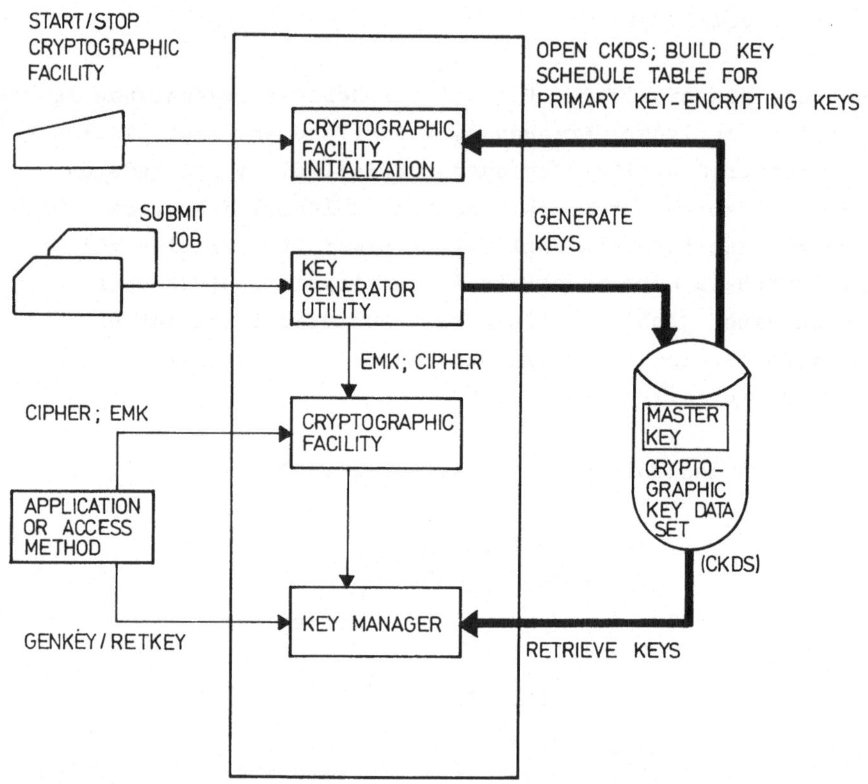

Abb. 70

(Courtesy of International Business Machines Corporation)

Es ist klar, daß Form und Umfang der Verteilung wesentlich von der
Wahl zwischen zentraler/dezentraler bzw. interner/externer Erzeugung
von Schlüsseln abhängen. Andererseits bestimmt die Form der Installation Modus und Trägermedien bei der Verteilung von Schlüsseln.

4.3.2.1 Schlüsselerzeugung

Die Schlüsselerzeugung können wir als Initialisierungsphase der
Schlüsselverwaltung bezeichnen. Verfahren der Schlüsselerzeugung richten sich nach dem Sicherheitsbedarf der verschiedenen im System defi-

nierten Schlüssel, ihrer Wechselfrequenz und dem zulässigen
Erstellungsaufwand. Wir beziehen uns im folgenden auf die Erzeugung
von Schlüsseln für Block-Produktchiffren. Die Erzeugung von
Schlüsselzeichenfolgen für kontinuierliche Chiffren ist bereits in
Kap. 3.1.4.2 behandelt.

Wenn wir vom Sicherheitsbedarf als Auswahlkriterium ausgehen, besitzen
beispielsweise statische Schlüssel einen höheren Sicherheitsbedarf als
dynamische, schlüsselchiffrierende Schlüssel einen höheren als daten-
verschlüsselnde Schlüssel.
Andererseits können wir von Sicherheitsangebot her nichtdeterministische Generierungsverfahren höher als deterministische einstufen. [17]

Nichtdeterministische Verfahren zur Schlüsselerzeugung

Ein nichtdeterministisches Verfahren zur Schlüsselerzeugung setzt zunächst die 'Verfügbarkeit' von (Pseudo-)Zufallsprozessen voraus. Die
Praxis besteht darin, bestimmte Zufallsprozesse ablaufen zu lassen
oder - wenn möglich - im System selbst ablaufende Zufallsprozesse auszuwerten. Es sollen hier als Beispiele die Auswertung elektronischer
Zufallssignale und die Erzeugung und Auswertung von Zufallszahlen
durch Würfeln oder Münzwurf etc. vorgestellt werden.

Elektronische Quellen zur Schlüsselerzeugung können z.B.:

- Impulsgeneratoren
- Geigerzähler
- Transistoren [18] sein.

Die abgegriffenen Signalfolgen können nach Analog-Digital-Wandlung als
binäre Schlüsselzeichenfolgen für kontinuierliche Chiffren und auch
für Blockchiffren verwendet werden. Sie sind nicht reproduzierbar und
müssen in jedem Fall zwischengespeichert werden.

Um diesen Aufwand bei Blockchiffren zu vermeiden, schlagen Matyas und
Meyer [Mat2] als Methode zur Erzeugung von DES-Schlüsseln vor, 56-Bit
Zufallszahlen durch Würfeln oder Münzwurf zu erzeugen. [19] Hierbei
werden jeweils Kopf/Zahl oder gerade/ungerade Augen als Binärwerte interpretiert. Diese Methode ermöglicht eine nichtdeterministische Auswahl von Schlüsseln ohne zusätzlichen Hardwareaufwand oder Rückgriff
auf im Computersystem vorhandene (deterministische) Zu-

fallszahlengeneratoren. [20)]

<u>Deterministische Verfahren zur Schlüsselerzeugung</u>

Für die Erzeugung größerer Mengen vor allem zeitabhängiger Schlüssel
sind vorgenannte Methoden unpraktisch. Hier bietet sich die Verwendung
deterministischer Verfahren zur Schlüsselerzeugung an.
Grunderfordernisse deterministischer Schlüsselerzeugung sind eine möglichst große statistische Unabhängigkeit und Gleichverteilung der
erzeugten Schlüssel sowie die Verwendung geheimer oder
(pseudo-)zufälliger Startparameter. Bei Verwendung eines V-Moduls als
Schlüsselgenerator können die Startparameter als 'Schlüssel' eingegeben werden (irreversible mode), so daß sie in diesem Fall per definitionem nicht rekonstruierbar sind.
Einen zusätzlichen Sicherheitsgewinn sehen Matyas und Meyer [Mat2]
darin, die Erzeugung von Zufallsschlüsseln möglichst systemspezifisch
zu gestalten (z.B. unter Verwendung von Host Masterschlüsseln), um auf
diese Weise die Reproduzierbarkeit von Schlüsselparametern auf anderen
Systemen zu verhindern.
Wenn man davon ausgeht, daß gute Kryptoverfahren auch statistisch gute
Zufallszahlengeneratoren sind und Schlüssel- und Datenblocklängen
identisch sind, können Kryptoverfahren als ihre eigenen
Schlüsselgeneratoren Verwendung finden (vgl. [Gai2].

Bei der Frage, welcher Schlüsseltyp durch welches Verfahren erzeugt
werden soll, ist es auch aus praktischen Erwägungen vernünftig, statische Schlüssel (Masterschlüssel etc.) durch nichtdeterministische,
dynamische Schlüssel durch deterministische Verfahren erzeugen zu lassen.
Ein anwendungspraktischer Gesichtspunkt hierbei ist die Frage, ob die
Erzeugung von Schlüsseln vor Laufzeit oder zur Laufzeit stattfinden
soll. Dies hängt zum einen vom verfügbaren Speicherplatz, zum anderen
von der zulässigen Zeitverzögerung durch eine Schlüsselerzeugung zur
Laufzeit des Kryptoverfahrens ab.

Wir wollen nun verschiedene Alternativen der Schlüsselerzeugung nach
deterministischen und nichtdeterministischen Verfahren geordnet vorstellen. Es geht hierbei weniger um die Vielfalt der Lösungen als um
die unterschiedlichen Prinzipien, die solchen Verfahren zugrundelie-
gen.

Bevor wir verschiedene Abläufe der Schlüsselerzeugung darstellen, wollen wir noch einmal auf die Auswahl von Startwerten eingehen. Als (Pseudo-)Zufallsprozeß kommt in dialogorientierten Computersystemen vor allem die benutzerabhängige Abfrage der Systemuhr (time-of-day (TOD)) in Betracht. Die Taktung liegt meist im Millisekundenbereich und ist damit kaum reproduzierbar. So schlagen Matyas und Meyer [Mat2] vor, über spezielle Makroaufrufe Bedienerhandlungen abzurufen und die jeweiligen Reaktionszeiten als Input für Zufallszahlengeneratoren zu verwenden. Als weitere Quelle für Startwerte kommen auch scratch pad Bereiche des Systems, UP-Stacks oder benutzerabhängige Zähler etc. in Frage.

Wir stellen nun die Erzeugung von Schlüsselparametern an verschiedenen Beispielen zur Erzeugung von DES-Schlüsseln [Mat2],[Mey7] dar. Das allen gemeinsame Prinzip besteht darin, geheime Systemparameter durch spezielle Schlüsseloperationen mit aktuellen Startdaten (TOD) zu verknüpfen und daraus iterativ beliebige Mengen von Schlüsselparametern zu erzeugen. Das Shiften von Zufallszeichen um die Länge einer Nachricht (= Anzahl der Zeichen) hat sich bei Anwendungen mit variabler Nachrichtenlänge als Mittel zur Erzeugung von Startwerten bewehrt (Rockwell).

Beispiel 1 [Mey7]:

Seien RNi voneinander unabhängige Zufallszahlen, ($1 \leq i \leq 3$) wobei RN1, RN2 extern (durch den Anwender) und RN3 intern vorgegeben sind. Dann ist der Erzeugungsprozeß für den i-ten Zufallsschlüssel Y_i (K_i) wie folgt definiert:

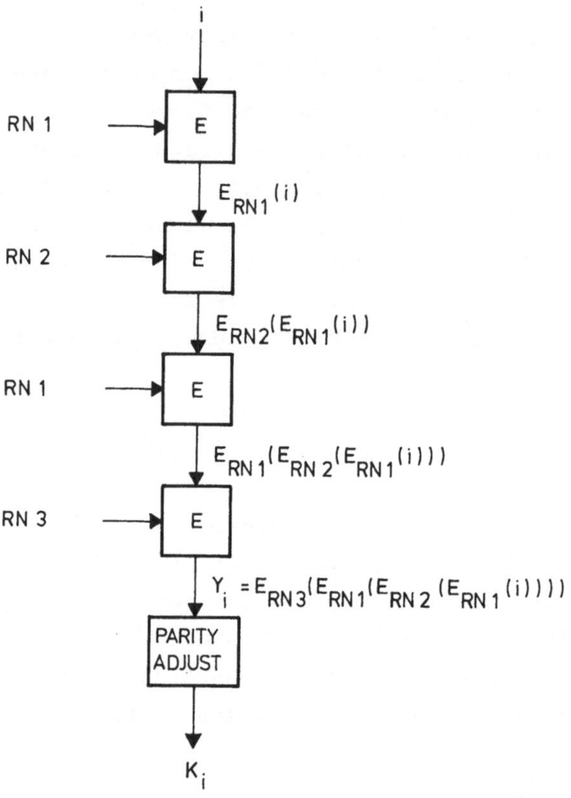

Abb. 71

(Reprinted with permission of John Wiley & Sons)

E=Encrypt (Verschlüsseln)
D=Decrypt (Entschlüsseln)

Grundlage des Verfahrens ist die Tatsache, daß ein einzelner Schlüssel K_i durch drei (unbekannte) Werte parametrisiert ist und die Schlüssel K_i, K_j (i≠j) voneinander unabhängig sind. Dadurch läßt auch die Rekonstruktion eines der Schlüssel keine Rückschlüsse auf die anderen Schlüssel zu. Darüber hinaus garantiert die Irreversibilität des DES in bezug auf verwendete Schlüsselparameter, daß die Werte RN1-3 auch bei Kenntnis von K_i (Y_i) nicht rekonstruierbar sind.

Beispiel 2 [Mat2] :

Sei   RN eine extern erzeugte Zufallszahl

Y_i der i-te Zufallsschlüssel

KMC der Host Masterschlüssel

KM1 die erste Variante eines KMC [IBM-2]   und

RFMK: $\{E_{KM1}(A),\ E_{KM0}(B)\}$ ---> $E_A(B)$

die sog. 'Reencipher from master key operation'

Dann wird die Schlüsselgenerierung (Y_i) wie folgt definiert:

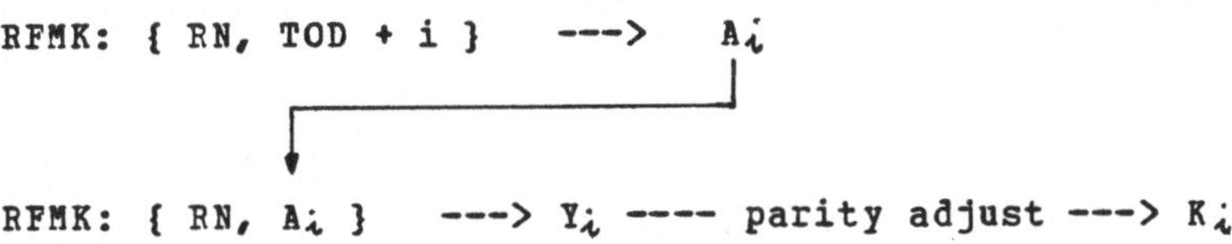

Die Sicherheit des Verfahrens beruht im wesentlichen darauf, daß jedes Y_i eine Funktion der unbekannten Parameter RN und KM0 ist. [21]

Man kann das obige Verfahren durch Verwendung von drei Zufallszahlen RN_i noch wie folgt erweitern:

Beispiel 2' [Mey7]:

$$\text{RFMK: } \{ RN1, i \} \longrightarrow A_i$$

$$\text{RFMK: } \{ RN2, A_i \} \longrightarrow B_i$$

$$\text{RFMK: } \{ RN1, B_i \} \longrightarrow C_i$$

$$\text{RFMK: } \{ RN3, C_i \} \longrightarrow Y_i \longrightarrow \text{parity adjust} \longrightarrow K_i$$

wobei $\quad Y_i = E_\gamma(D_{KM0}(E_\alpha(D_{KM0}(E_\beta(D_{KM0}(E_\alpha(D_{KM0}(i)))))))))$

$$\alpha = D_{KM1}(RN1)$$

$$\beta = D_{KM1}(RN2)$$

$$\gamma = D_{KM1}(RN3)$$

Während RN1 und RN2 wie in Beispiel 1 vom Anwender vergeben werden,
ist RN3 ein wie folgt im System erzeugter Startwert:

RN3 wird unter Verwendung verschiedener unabhängiger Auslesezyklen der
Systemuhr (TOD) als 64-Bit-Zähler erzeugt. Das Prinzip besteht darin,
n getrennte Ein-/Ausgabeoperationen unbestimmter Länge durchzuführen,
so daß die bei Abschluß jeder Operation erhaltene Zeitangabe nicht
vollständig voraussagbar ist. Die Zeitangaben werden mit $TOD_1, \ldots, TOD_n$
bezeichnet [Mey7].

$$\text{RFMK: } \{ \text{TOD}_1, X_0 \} \quad \text{---> } \quad X_1$$

$$\text{RFMK: } \{ \text{TOD}_2, X_1 \} \quad \text{---> } \quad X_2$$

$$\vdots \qquad\qquad\qquad \vdots$$

$$\text{RFMK: } \{ \text{TOD}_n, X_{n-1} \} \text{ ---> } \text{RN3}$$

$$X_0 = 0$$

$$X_i = E_{D_{KM1}(\text{TOD}_i)}(D_{KM0}(X_{i-1})) \qquad ; \ i>0$$

$$RN3 = E_{D_{KM1}(\text{TOD}_n)}(D_{KM0}(\ldots(E_{D_{KM1}(\text{TOD}_n)}(D_{KM0}(0)))\ldots))$$

Während die bisher vorgestellten Verfahren Schlüssel nichtrekursiv
erzeugten, werden jetzt ein Ringzähler und ein rekursives Verfahren
beschrieben [Mat2],[Mey7], das in komplexer Weise externe Startparameter (TOD, Speicheradressen) mit Rückkopplungswerten verknüpft.

Beispiel 3 [Mey7]:

In diesem Beispiel wird der jeweilige Wert eines Ringzählers mit einem
modifizierten Masterschlüssel chiffriert und als neuer Startwert verwendet.

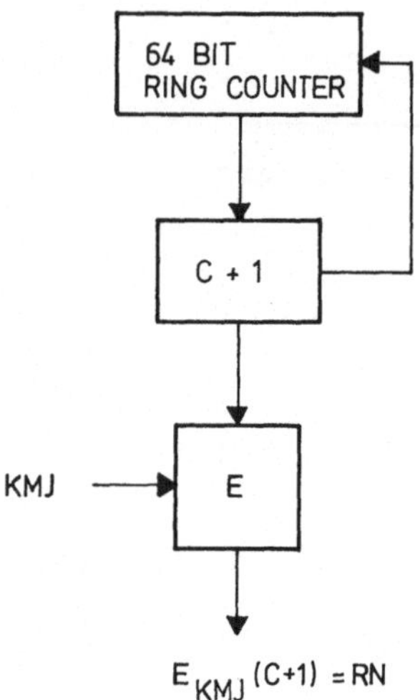

$$E_{KMJ}(C+1) = RN$$

Abb. 72

(Reprinted with permission of John Wiley & Sons)

Die Sicherheit des Verfahrens hängt hier von der Geheimhaltung des
verwendeten Schlüssels ab.

Das nachfolgende Beispiel demonstriert, wie man zwei unabhängige Quellen von Startwerten (TOD$_4$, Speicherzellen) verknüpfen und zur rekursiven Erzeugung von Schlüsseln verwenden kann.

Beispiel 4 [Mey7] :

Read 64 bit real time clock

Save Bytes 3-6 (β_i)

Perform I/O Operation

Read 64 bit real time clock

Save Bytes 3-6 (α_i)

Concatenate α_i and β_i

Read 16 Bytes using a 2 byte
shift each CALL ; resetting
when address is 60

Exclusive-OR

Exclusive-OR

Exercise RTMK operation

Read 64 bit real time clock

Exercise RTMK operation

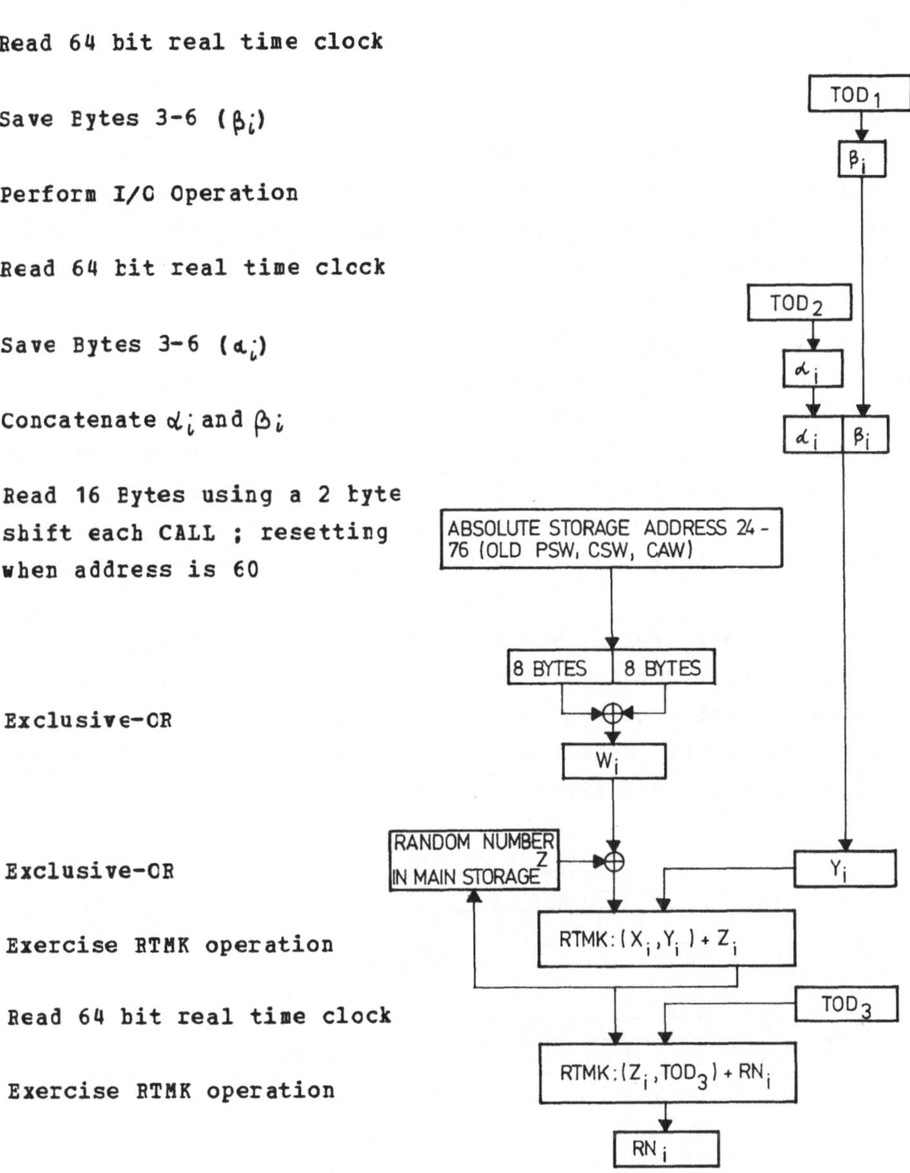

Abb. 73

(Reprinted with permission of John Wiley & Sons)

Die Sicherheit dieses Verfahrens besteht darin, daß auch die Kenntnis verschiedener erzeugter Schlüsselwerte RN keine Rekonstruktion der verwendeten Startparameter zuläßt.

Es ist allerdings davor zu warnen, die optisch suggestive Komplexität eines Generierungsablaufs (s.Abb.) als Garantie für die statistische Qualität des Outputs zu nehmen. Dies gilt umso mehr, als zunächst nicht klar ist, in welcher Weise die (guten) statistischen Eigenschaften des verwendeten Kryptoverfahrens durch zusätzliche Feedbackoperationen, Mehrfachaufruf etc. beeinflußt werden.

Neben den genannten Verfahren der Schlüsselerzeugung besteht auch die Möglichkeit, Schlüssel datenabhängig zu wählen bzw. zu modifizieren. Wir haben einen solchen Fall schon beim Multics-System kennengelernt, wo die Auswahl des Schlüssels für einen Datensatz durch eine Funktion auf dem Vorgängersatz erfolgte. In [Fly] wird diese Vorgehensweise vor allem für Dateiverschlüsselung vorgeschlagen, um Datensätze individuell zu schützen und damit eine Verfeinerung der Sicherheit zu erreichen (fine grain).
Ein Beispiel aus [Gar2] zeigt, wie man mit Hilfe eines vorhandenen Schlüssels einen neuen Schlüssel datenabhängig erzeugen kann. Die Parameter sind in drei Registern R1-R3 abgestellt. A-F sind unterschiedlich positionierte Leseköpfe, deren Input einen in der Black Box Z erzeugten Schlüssel modifiziert:

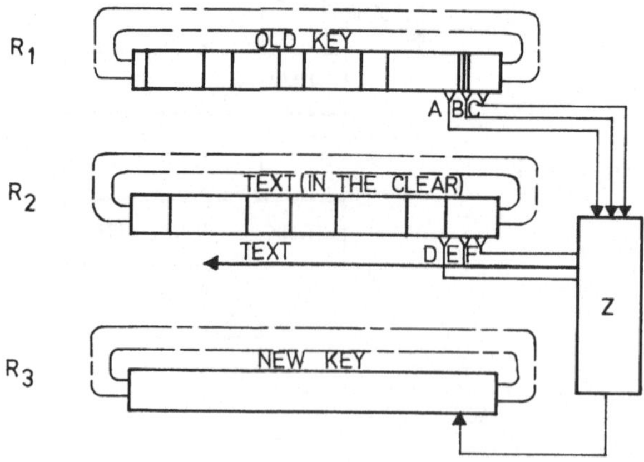

Abb. 74

4.3.2.2 Schlüsselverteilung

Bei der Schlüsselverteilung unterscheidet man interne und externe
Distribution. Unter interner Distribution verstehen wir die Verteilung
von Schlüsseln innerhalb eines Hostsystems oder innerhalb eines
Netzwerkes. Hierbei sind Schlüsselkanal und Datenkanal identisch. Externe Schlüsselverteilung benutzt systemfremde Transportwege und Über-
tragungsformen. Aus dieser Unterscheidung ergeben sich später auch die
verschiedenen Installationsformen für Schlüsselparameter.
Die interne und externe Verteilung von Schlüsseln muß selbstverständlich
über geschützte Transportwege (Kanäle) erfolgen. Sie muß gleichzeitig
die leichte Änderbarkeit (Löschen,Einfügen,Ersetzen) von Schlüsseln
gewährleisten.
Die interne Verteilung von Schlüsseln erfolgt über die im System definierten Datenwege. Sie ist durch ein Übertragungsprotokoll festgelegt
[IBM3].

Wir können die Schlüsselverteilung in dem folgenden Diagramm der
Implementation eines Kryptosystems auf Basis des DES von IBM nach-
vollziehen [IBM1]:

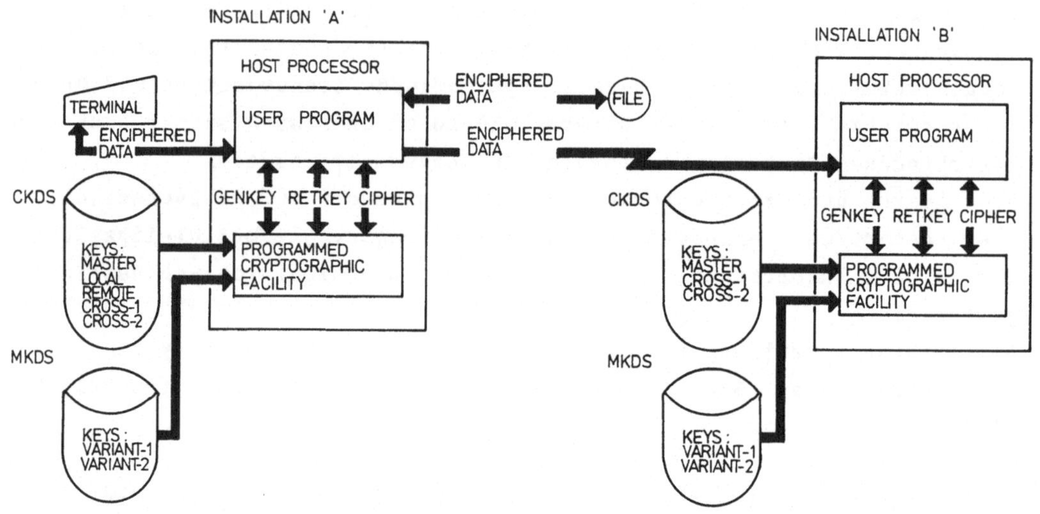

Abb. 75

(Courtesy of International Business Machines Corporation)

Das zugrundeliegende Konzept sieht hierbei vor, daß außer dem
Masterschlüssel keine anderen Schlüssel außerhalb eines physikalisch
geschützten Bereichs im Klartext gespeichert sind oder übertragen werden. Die Verteilung von Schlüsseln innerhalb eines Netzwerkes geschieht am wirtschaftlichsten durch 'down-line' laden, wobei die übertragenen Primärschlüssel wiederum durch Vorgängerschlüssel (chained
key change [Ken1]), Sekundär- oder Cross-domain-Schlüssel (SNA) gesichert werden.

Die externe Verteilung von Schlüsseln erfolgt über traditionelle
Transportwege und -medien wie Post, Kurier, Telefon. Die externe Über-
tragung erfordert zusätzlich die Spezifikation eines Träger- und
Installationsmediums (Tastatur, ID-Karte, Plug-in-Modul).

Der Schutz von Schlüsseln ist bei interner wie externer Übertragung in
gleichem Maße möglich. Auch bei externer Verteilung kann hohe Sicher-

heit durch Übermittlung von Schlüsselparametern in verschlüsselter
Form erzielt werden. Darüberhinaus kann das Transportmedium selbst
Schutz in Form erhöhten technischen Aufwandes zum Kopieren oder Auslesen von Schlüsseln bieten. Entsprechend dem Mehraugenprinzip kann man
auch vorsehen, daß Teile von Schlüsseln getrennt übermittelt und u.U.
von verschiedenen Bedienern installiert werden.

Nachfolgendes Diagramm zeigt Schlüsselpfade innerhalb einer Host-
Konzentrator-Terminal Konfiguration:

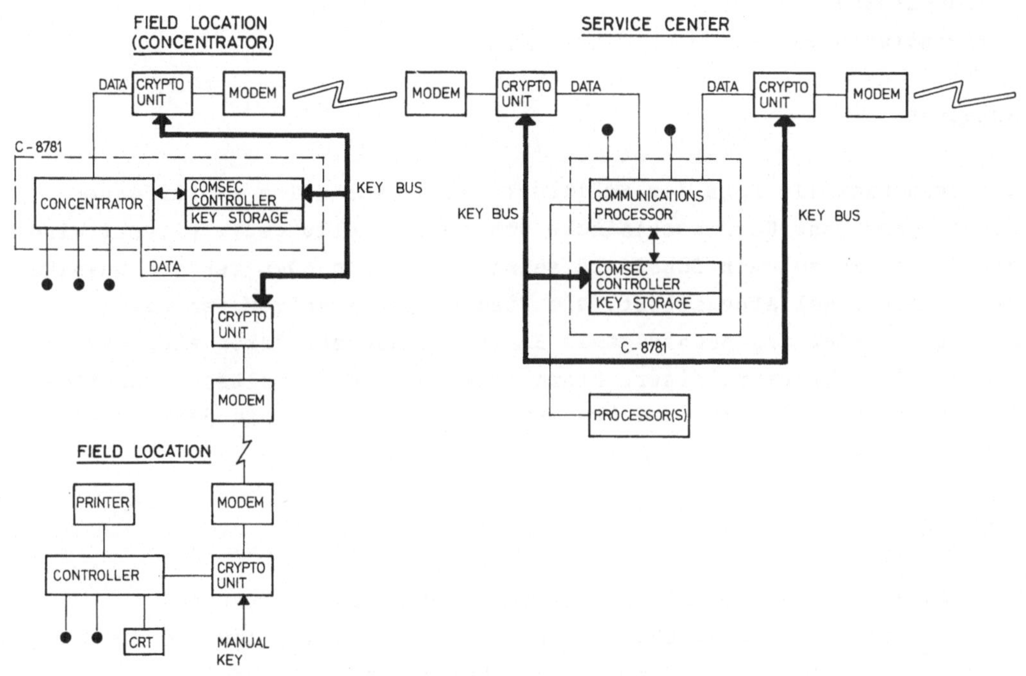

Abb. 76 (Rockwell)

4.3.2.3 Schlüsselinstallation

Die Schlüsselinstallation umfaßt das Laden und Speichern von
Schlüsselparametern in einem System oder Netzwerk. [22)]

Die jeweilige Installationsform ist abhängig vom System der
Schlüsselverteilung und seinen Trägermedien. Während bei interner
Schlüsselverteilung (über Leitung) die Ladeform festliegt, sind bei
externer Schlüsselverteilung verschiedene Ladeformen möglich. Wir können folgende Eingabe- bzw. Trägermedien unterscheiden:

- Mechanische Schalter
- Tastatur
- Plug-in-Modul (PIM)
- ID-Kartenlesegerät

Schalter

Die traditionelle Form der Schlüsseleingabe vor allem in Hardware-
Moduln geschieht über mechanische Schalter(-stellungen). Hierbei wird
der Zugang zu solchen Schaltern meist über einen oder mehrere physikalische Schlüssel abgesichert. Die Eingabe per Schalter ist zwar
kostensparender als nachfolgende Eingabevarianten, dafür aber umständ-
licher und fehleranfälliger. Hinzu kommt, daß ein Schlüssel schrift-
lich fixiert werden muß und dem Bediener des Gerätes in jedem Fall
bekannt ist.

Tastatur

Die Eingabe von Schlüsseln per Tastatur oder Pin Pad ist der
Schaltereingabe vergleichbar. Dabei ist zu beachten, daß die Eingabe
über eine Systemtastatur wegen ihrer freien Zugänglichkeit ein höheres
Sicherheitsrisiko (Verändern von Schlüsseln) birgt als diejenige über
ein spezielles Pin Pad (siehe IBM 3845). Im Fall der Systemtastatur
muß die Schlüsseleingabe über eine systeminterne Privilegierung abgesichert werden.

Plug-in-Modul

Unter einem Plug-in-Modul (PIM) verstehen wir einen mit einem programmierbaren Schlüsselspeicher ((P)ROM) ausgestatteten Elektronikmodul, der einen physikalischen Systemanschluß besitzt, über den die
zu verwendenden Parameter eingelesen werden. Diese verhältnismäßig
teure Installationsvariante bietet immerhin Schutz gegen Auslesen und
Verändern eines Schlüssels durch automatische Zerstörung des ROM Inhalts bei (mißbräuchlicher) Öffnung des Gerätes. Ein Schlüssel kann
damit vor dem Bediener/Überbringer geheimgehalten werden.

ID-Kartenlesegerät

Das Einlesen von Schlüsseldaten über Magnetstreifen oder Lochkarte ist
eine mit der vorigen Alternative vergleichbare Lösung. Die
Trägermedien sind preiswerter als bei einer PIM-Lösung, setzen aber
das Vorhandensein eines (teuren) Lesegerätes voraus.

Die zweite Phase der Schlüsselinstallation ist die Speicherung von
Schlüsseln. Wir müssen dabei zwischen Schlüsseln, die verschlüsselt
abgestellt werden und Schlüsseln, die im Klartext vorhanden sein müssen, unterscheiden. Schlüssel erster Art können auf einem beliebigen
Speichermedium abgestellt werden. Für Schlüssel, die im System im
Klartext vorhanden sein müssen, bieten sich als Schlüsselspeicher
nichtflüchtige Speicher (C-MOS) an, die vor Auslesen der Parameter geschützt sind. Zusätzlich können solche Speicher bei mißbräuchlicher
Entfernung hardwaremäßig gelöscht werden.

Die Form der Verteilung und Installation von Schlüsseln ist an den
vorgegebenen Sicherheitsanforderungen und an der Wechselfrequenz von
Schlüsseln orientiert. Ein sicherheitsoptimales und gleichzeitig ko-
sten- und zeitsparendes Prinzip der Schlüsselverteilung besteht darin,
Schlüsselparameter bei Erstinstallation oder nach Indiskretion von
Sekundärschlüsseln extern und nachfolgende Schlüssel dann systemintern
(down-line) zu verteilen.

Prüfung installierter und gespeicherter Schlüssel

Die Eingabe von Schlüsseln in ein System oder auf ein Trägermedium
(ID-Karte etc.) muß aus Gründen der Synchronisation und
Reproduzierbarkeit fehlerfrei sein. Es bietet sich deshalb an, die
Parametereingabe durch ein Prüfverfahren abzusichern. Dies kann entweder in der Mehrfacheingabe des Schlüssels mit nachfolgendem Vergleich
oder z.B. im Falle eines Binärschlüssels in der Eingabe des Schlüssels
und seines Komplementes mit nachfolgender Komplementierung einer der
beiden Parameter und einem Vergleich bestehen [Mat2].

Bei Verschlüsselungsverfahren für Datenübertragung kann durch eine
Probetransaktion (Handshaking) die Installierung der Schlüsselparameter überprüft werden. Diese Überprüfung ist bei Neuinstallation von
Schlüsseln und auch bei aus Fehlergründen erforderlicher Resynchroni-
sation notwendig. Die nachfolgende Graphik zeigt das Prinzip eines
einfachen Handshaking Protokolls [Mey7].

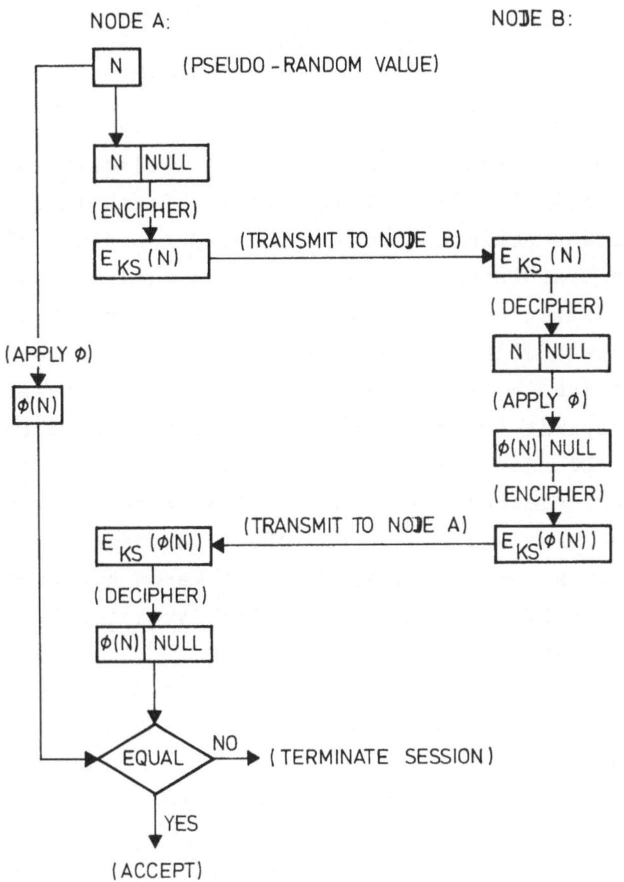

Abb. 77

(Reprinted with permission of John Wiley & Sons)

E_{KS} bezeichnet im Diagramm die Verschlüsselung des Zufallwertes N mit
dem Schlüssel KS; φ stellt eine nichtinvertierbare Funktion dar, die
auf Zufallswerten N operiert.

Neben der Eingabeprüfung von Schlüsseln kann auch die zeitunabhängige
Überprüfung gespeicherter Schlüssel sinnvoll sein. Dadurch gewinnt der
Benutzer Sicherheit, daß tatsächlich mit den von ihm vorgegebenen und
nicht mit mißbräuchlich installierten (also bekannten) Schlüsseln
gearbeitet wird. Eine solche Überprüfung läßt sich in der Form durch-

führen, daß bei Schlüsselinstallation Referenzdaten verschlüsselt werden und anschließend Klartext-Schlüsseltextpaare als Prüfinformation hinterlegt werden.

Schlüsselwechsel

Ein Schlüsselwechsel besteht im Sinne der Schlüsselverwaltung in einem Neudurchlauf der Phasen der Erzeugung, Verteilung und Installation. Zeitpunkt und Form des Schlüsselwechsels sind durch die Definition eines Schlüssels und das Übertragungsprotokoll festgelegt. Neben automatischem Schlüsselwechsel durch das System existiert meist auch die Möglichkeit eines Schlüsselwechsels durch Bedienereingriff. Aus Sicherheitsgründen muß in diesem Fall die Berechtigung zu einem Schlüsselwechsel geprüft werden. Der Schutz vor willkürlichem oder mißbräuchlichen Schlüsselwechsel kann durch eine Privilegierung des Zugriffs auf die entsprechende Änderungsroutine erreicht werden. In manchen Anwendungen wird ein Schlüsselwechsel nur dann zugelassen, wenn ein Bediener auch den Vorgängerschlüssel kennt und eingibt. Die Sicherung des Schlüsselwechsels kann natürlich auch durch physikalische Schlüssel erfolgen.

Schlüssellöschen

Während im Falle des Schlüsselwechsels alte Schlüssel überschrieben werden, kann bei bestimmten Fehlerzuständen eine hardwaremäßig eingebaute Funktion die eingetragenen Schlüssel selbsttätig löschen.

1) Statt der Übergabe einer Adresse kann ein zu ver- oder ent-
   schlüsselndes Datenfeld auch durch Setzen definierter Marken
   (secure/clear flags) kenntlich gemacht werden (vgl. Kap 5.3.1).

2) Wie wir im Kapitel über Schlüsselverwaltung sehen werden, können
   Schlüssel sowohl vom Anwenderprogramm wie vom System zur Verfügung
   gestellt werden. Im letzteren Fall sind bspw. die folgenden Zu-
   satzaufträge zu definieren:

```
CONTROL ADDRESS    CONTROL MODE
------------------------------------------------
A0 A1 A2 R W
------------
1  0  0  0         Reset Initialize
0  1  0  0         Enter Mayor Key
1  1  0  0         Enter Plain Secondary Key
0  1  1  0         Decipher Secondary Key
1  1  1  0         Encipher Secondary Key
1  0  0  1         Transfer Mayor Key
```

3) Dies gilt natürlich nur, soweit von den Voraussetzungen her überhaupt Implementationsvarianten möglich sind. Bei unintelligenten
   Terminals z.B., die keine programmierbaren Prozessoren besitzen,
   ist der Einsatz spezieller Verschlüsselungshardware zwangsläufig
   vorgeschrieben.

4) Benedict beschreibt in [Ben] bspw. eine Implementation des Lucifer
   Algorithmus in PL/I und der Multics Assemblersprache.

5) Neben dem NBS (USA) bemüht sich auch das DIN um die Normung der
   Datenchiffrierung. Für die Normungsarbeit ergeben sich dabei folgende Schritte (aus Vorschlag der GMD an den Beirat des DIN/NI).

   1. Bestimmung von Anforderungen an Chiffrierverfahren

   2. Einbettung von Kryptofunktionen in Architektur und Kommunika-
      tionsprotokolle offener Kommunikationssysteme der Daten-
      verarbeitung.

   3. Festlegung einer einheitlichen Schlüsselverwaltung (eines all-
      gemeinen Rahmens) unter Berücksichtigung einer behördlichen
      (postalischen) Mitsprache zum Verfahren (Nichtmitwisserschaft
      für jeweilige Schlüssel).

   4. Abwägung, ob überhaupt ein oder mehrere bestimmte
      Chiffrierverfahren im engeren Sinne eines Algorithmus zu normen
      sind, gegenüber einer Beschränkung der Normung auf einen allge-
      meinen Rahmen mit Schnittstellen einer Black Box zur Aufnahme
      eines entsprechenden Bausteins. (Eine solche Offenheit könnte
      hinsichtlich unterschiedlicher Sicherheitsanforderungen vor-
      zuziehen sein.)

   5. Untersuchung geeignet erscheinenden Chiffrierverfahren nach den
      zuvor festgelegten Anforderungen.

6) Die häufig anzutreffende Meinung, daß der Austausch bzw. Ausbau
   eines Hardware-Moduls schwieriger sei als der Austausch oder das
   Kopieren eines Datenträgers und damit die Sicherheit einer
   Hardware-Installation von vornherein größer sei, ist aus technischer Sicht nicht zu vertreten.

Ein höheres Sicherheitsrisiko liegt dagegen in dem vermutlich
häufigeren Wechsel des Systemdatenträgers. Hinzu kommt, daß ein
Software-Modul, sobald er systemresident ist, durch Core-Dumps zugänglich ist.

Dagegen ist die Sicherung von Schlüsselparametern in speziellen
nichtflüchtigen Speichern innerhalb eines physikalisch sicheren
Hardware-Moduls erheblich einfacher als in einer Softwarelösung
realisierbar (s.Kap 4.3.2.3).

⁷⁾ Nachfolgende Zahlen geben ein Bild von der Größe zweier in SW
realisierter Blockchiffren:

DES Software Emulation: 9 K Bytes auf IBM 360/370 [Bri1]

Lucifer Algorithmus (SW):   1316 Bytes auf IBM 360/67
                               (Hauptschleife: 236 Bytes) [Smi3]

⁸⁾ Wir betrachten hier die absolute Laufzeit - ohne Berücksichtigung
der Möglichkeit der zeitlichen Überlappung von Ver- und Ent-
schlüsselungsoperationen etwa mit I/O Operationen. Auch die Syn-
chronisationszeit von Kryptoverfahren geht nicht in die Laufzeit
ein, da sie u.a. auch von der Verwendungsart (Modus) des Verfahrens abhängt. (s.Abb.)

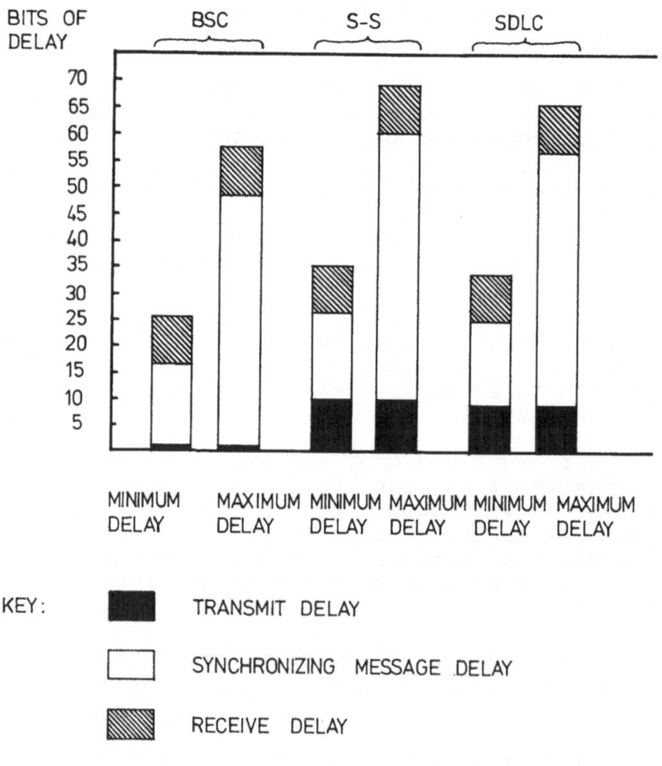

(By permission, Quantum Science Corporation)

9) Die Dateneinheit ist bei Blockchiffren die definierte Blocklänge
des Verfahrens (z.B. 64 Bits beim DES) bzw. die für eine Messung
festgelegte Daten- oder Schlüssellänge bei kontinuierlichen Chiffren.

10) Unter einer Nulltransformation verstehen die Autoren den Transfer
(COPY) von Testdaten innerhalb des Speichers ohne Anwendung einer
Verschlüsselungsoperation. Die Dauer einer solchen Transformation
dient als Einheit zur Berechnung des Ver-
schlüsselungszeitkoeffizienten (VZK), der die 'Zeitstrafe' bei
Verwendung von Verschlüsselung mißt.

11) In diesem Fall werden jeweils 2 Schlüssel auf den Klartext mod 2
addiert (entspricht 1 Schlüssel der Länge 125 x 123 = 15375).

12) Die Schlüsselzeichenfolge wurde mithilfe des Fortran ZZGs 'RANF'
erzeugt.

13) Es wird von manchen Herstellern keine DVZ oder DVO, sondern lediglich die Durchsatzrate des Gerätes angegeben.

14) Einer Schätzung in [NBS1] zufolge läßt sich diese Zeit durch
spezielle Schieberegister auf 3,4 us bzw. durch Schottky TTL auf
1,7 us senken

15) $F(b) = F(b_1,b_2) = (b_1,f(b_1) \oplus b_2)$ und
$I(b) = I(b_1,b_2) = (b_2,b_1)$ sind selbstinvers

16) Wenn verschiedenen Benutzern der Zugriff zu den gleichen verschlüsselt gespeicherten Daten möglich sein muß, erscheint allerdings die Verwendung von Systemschlüsseln als einzig praktische
Lösung.

17) Ein statistisches Verfahren haben wir nichtdeterministisch
genannt, wenn jeder Schlüssel Ergebnis eines
(Pseudo-)Zufallsprozesses ist und alle Schlüssel voneinander unabhängig sind. Bei deterministischen Verfahren ist jeder Schlüssel
Ergebnis eines rekursiven Erzeugungsprozesses. Alle Schlüssel sind
per definitionem voneinander abhängig. (Dies darf in der Praxis
natürlich nicht bedeuten, daß eine Folge erzeugter Schlüssel durch
Kenntnis einiger ihrer Elemente rekonstruierbar wird.)
Der für deterministische Verfahren benötigte Startwert selbst
sollte möglichst Ergebnis eines (Pseudo-)Zufallsprozesses sein.

18) Blockdiagramm eines Zufallszahlengenerators, der Transistorrau-
schen in Binärsignale umwandelt [Kle]:

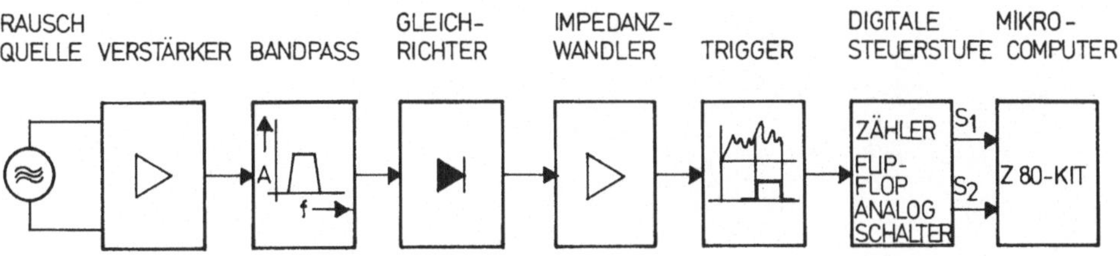

[19] Würfel bzw. Münzen müssen natürlich im statistischen Sinne ideal, d.h. die Ereignisse (1-6) bzw. (0,1) müssen gleichwahrscheinlich sein.

[20] H. Block simuliert bei der Schlüsselerzeugung von Dateischlüsseln [Blo1] den Würfelvorgang, indem er nur 6 Eingabeziffern (1-6) definiert. Diese werden im weiteren Verlauf der Schlüsselerzeugung in andere Zahlsysteme transformiert schließlich als Binärcode ausgewertet.
Aus einem solchen Basisschlüssel werden durch spezielle Operationen sukzessive weitere Schlüssel gleicher Länge erzeugt. Es handelt sich hier also um eine zweistufige Schlüsselerzeugung.

[21] Ehrsam et al. [Ehr] weisen darauf hin, daß die TCD nur verhindern soll, daß bei Wiederverwendung eines RN die Schlüsselfolge dupliziert wird.

[22] Bei Datenbankanwendungen muß das Konzept der Schlüsselinstallation zusätzlich vorsehen, daß Kopien der im System verwendeten Schlüssel separat gespeichert werden, damit ein Schlüsselverlust nicht auch einen Verlust der verschlüsselten Daten bedeutet.

5. Integration von Kryptosystemen in Netzwerke

Während wir die Implementation eines Kryptoverfahrens für die Sicherung der Datenübertragung im Sinne einer Point-to-Point Verbindung bereits dargestellt haben, muß dieser Ansatz auf Computernetzwerke verallgemeinert werden. Dies erfordert die Integration von Kryptoverfahren in die verschiedenen Protokollebenen eines Netzwerkes und die
zentrale/dezentrale Verwaltung von Schlüsselparametern.

Im nachfolgenden Kapitel werden zunächst die Grundformen von Datennetzen unter den für den Einsatz kryptographischer Verfahren wichtigen
Gesichtspunkten der Weglänge, Ausfallsicherheit und Verkehrskapazität
dargestellt. Anschließend werden die Eigenschaften der beiden Inter-
grationsformen End-to-End- bzw. Knotenverschlüsselung diskutiert. Neben der benutzergesteuerten Schlüsselverwaltung wird die
netzwerkgesteuerte Schlüsselverwaltung vermittels eines sog. 'Network
Security Center' (NSC) eingeführt.

5.1 Allgemeine Grundformen von Datennetzen

Wir übernehmen die Darstellung der Grundformen von Datennetzen aus
[Kra2].

Die Grundformen der Nachrichtennetze und damit auch der Netze für
Datenübertragung sind Maschennetz, Sternnetz, Liniennetz und Ringnetz
(s.Abb.)

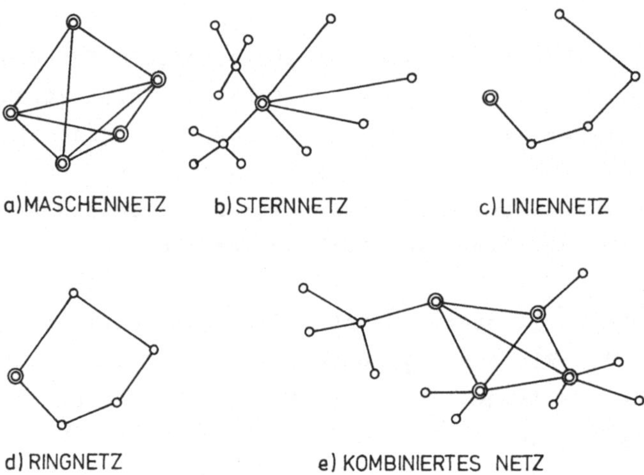

Abb. 78

Im 'Maschennetz' ist jeder Netzknotenpunkt mit jedem anderen
Netzknotenpunkt über einen Übertragungsweg verbunden. Sämtliche
Netzknotenpunkte in einem Maschennetz sind deshalb gleichrangig. An
jeden ist eine oder sind mehrere Teilnehmerstellen, d.h. Datenstationen angeschlossen, jede Datenstation ist dabei über nur eine Teil-
nehmerleitung mit dem betreffenden Netzknotenpunkt verbunden.
Da jeder Übertragungsweg innerhalb des Maschennetzes nur zwei bestimmte Netzknotenpunkte miteinander verbindet, braucht er nur den Anforderungen des Datenverkehrs zwischen genau diesen Datenstationen gerecht
zu werden. Fällt ein Übertragungsweg aus, so wird nur der Verkehr zwischen zwei Netzknotenpunkten gestört. Er kann dann über einen anderen
Netzknotenpunkt umgeleitet werden. Der Datenverkehr mit anderen
Netzknotenpunkten wird kaum beeinflußt, so daß Maschennetze eine hohe
Ausfallsicherheit aufweisen.

Nachteil eines Maschennetzes ist das sehr starke Ansteigen der erforderlichen Anzahl von Übertragungswegen bei Zunahme der Netzknotenpunkte. Maschennetze sind daher nur mit großem Aufwand erweiterbar.

In 'Sternnetzen' sind die einzelnen Netzknotenpunkte nicht gleichrangig; vom Netzmittelpunkt gehen die Übertragungswege sternförmig zu
Netzknotenpunkten und von diesen wiederum sternförmig Leitungen zu den
Teilnehmerstellen (Datenstationen). Die Forderungen an die Ausfallsicherheit der Übertragungswege sind höher als bei Maschennetzen.
Da jeder Übertragungsweg vom Netzmittelpunkt zu einem Netzknotenpunkt
den Datenverkehr aller an diesen Netzknotenpunkt angeschlossenen
Datenstationen bewältigen muß, ist der Ausfall eines Übertragungsweges
in einem Sternnetz schwerwiegender als in einem Maschennetz. Außerdem
ist die Länge des Übertragungsweges zwischen zwei Teilnehmerstellen
größer als in einem entsprechenden Maschennetz, weil er immer über
mindestens einen Sternpunkt führt. Bei Ausfall von Einrichtungen in
Netzknotenpunkten oder im Netzmittelpunkt ist der Datenverkehr einer
Vielzahl oder aller Teilnehmerstellen beeinträchtigt.
Sternnetze haben aber den Vorteil, daß sie den Datenverkehr vieler
Teilnehmerstellen auf einem oder wenigen Übertragungswegen zusammen-
fassen. Diese können dadurch gut ausgenutzt werden. Die Anzahl der
Übertragungswege ist daher geringer als in Maschennetzen und kann dem
Verkehrsbedürfnis leicht angepaßt werden.

Das 'Liniennetz' ist seltener als die zuvor genannten Netzformen.
Es wird angewandt, wenn die Datenstationen geographisch günstig zueinander liegen und die zu lösenden Aufgabe die für diese Netzform verwendete Verkehrsabwicklung (polling, selection) erlaubt. Charak-
teristisch ist, daß immer nur eine Station im zyklischen Wechsel mit
der Zentrale, oder umgekehrt, verkehren kann und dazu Adressen erkennen können muß.
Diese Netzform erfordert die geringste Leitungslänge, ist dafür aber
störanfälliger als andere und bringt Begrenzungen übertragungstechni-
scher Art mit sich. Für die Anzahl der anschließbaren Datenstationen
ist die Wartezeit innerhalb eines Zyklusses mitbestimmend.

Ein 'Ringnetz' entsteht, wenn das Liniennetz, um größere Ausfallsicherheit zu erreichen, geschlossen wird. Die übertragungstechni-
schen Begrenzungen gelten im verstärktem Maße wie beim Liniennetz.

Öffentliche Fernmeldenetze und umfangreiche, private Datennetze sind
so aufgebaut, daß der relativ geringe Datenverkehr der einzelnen Teilnehmerstellen in einem oft mehrstufigen Sternnetz zu einem Netzknoten-

punkt fließt, der dann ein hohes Verkehrsaufkommen hat. Mehrere derartige Netzknotenpunkte werden zu einem Maschennetz verbunden, so daß ein 'Kombiniertes Netz' entsteht.

5.2 Integrationsformen in Netzwerken

5.2.1 End-to-End Verschlüsselung

Unter End-to-End Verschlüsselung verstehen wir die Ver- und Entschlüsselung des Datenverkehrs in einem Netzwerk ausschließlich an den
Endpunkten eines Kommunikationsweges. Diese Endpunkte können im Sinne
physikalischer oder logischer Endpunkte (Prozeß, Benutzer, Programm)
verstanden werden. Nachfolgend sind die Integration der Verschlüsselung in einem Sternnetz bzw. in vermaschten Sternnetzen dargestellt:

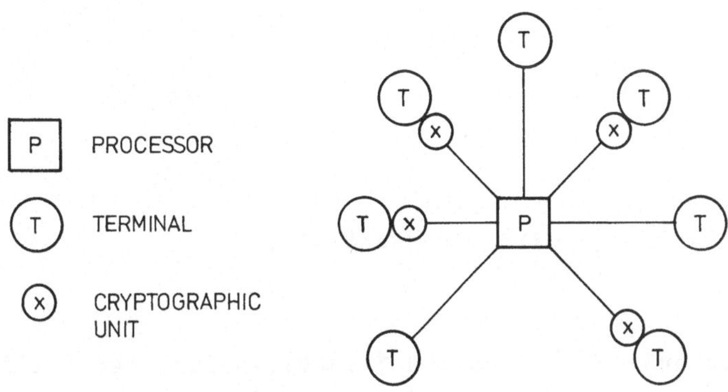

Abb. 79 (Rockwell)

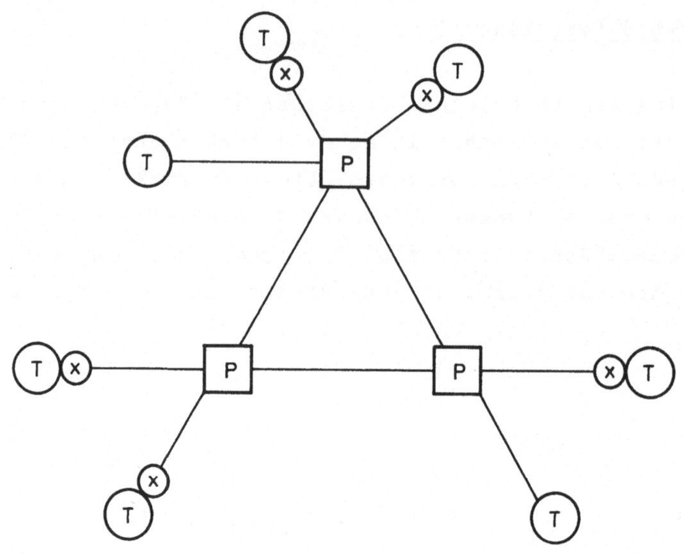

Abb. 80 (Rockwell)

Abb. 81 veranschaulicht End-to-end Verschlüsselung bei Vollduplex Betrieb:

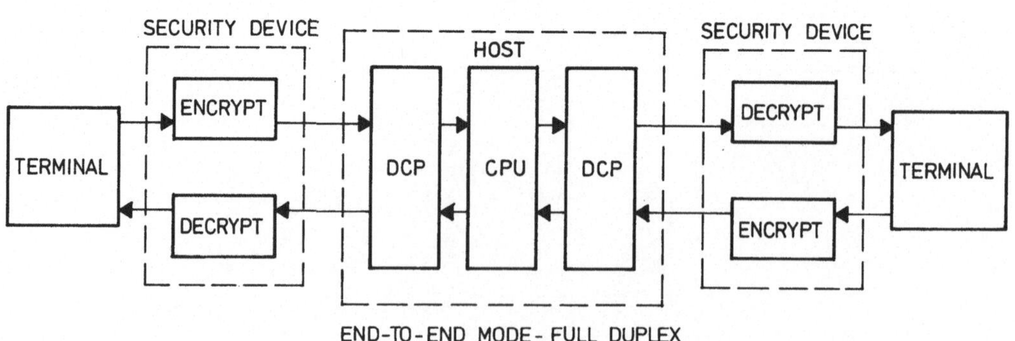

Abb. 81 [NBS4]

Eigenschaften der End-to-End Verschlüsselung sind:

- mögliche Netzwerktransparenz
  Schlüsselverwaltung kann benutzergesteuert sein

- minimaler Systemoverhead
  nur 1 Ver/Entschlüsselung auf einem Kommunikationsweg
  erforderlich
  nur 1 Schlüssel je Benutzerpaar (bei n Benutzern
  existieren demnach n^2-n möglicherweise verschiedene
  Schlüssel)

- minimaler Kostenfaktor
  Verschlüsselungsmodule nur an Endknotenpunkten erforderlich

- Sicherheit gegen 'misrouting'
  Fehlgeleitete Nachrichten sind für den zufälligen
  Empfänger unverständlich, weil nicht entschlüsselbar

- Authentifizierung der Kommunikationspartner (Knotenpunkte)
  Infolge der 'durchgeschalteten' Ver/Entschlüsselung
  ist die Authentizität der Kommunikationspartner
  dauernd gewährleistet

- durchgängiger Datenschutz
  Daten sind nur an den Endknotenpunkten im Klartext
  vorhanden

- Offenlegung aller transportspezifischer Information
  Die für den Transportweg benötigte Routing Information
  und andere 'knotensensitive' Daten [Elo2] dürfen nicht
  (mit-)verschlüsselt werden. Dies gilt auch für andere
  netzwerksteuernde Parameter (Prioritäten [Ken1]).
  Damit wird Traffic Analysis möglich.

5.2.2 Knotenverschlüsselung

Unter Knotenverschlüsselung verstehen wir die Ver- und Entschlüsselung
jeweils zwischen zwei benachbarten Netzknotenpunkten. Sie ist praktisch eine 'lokale' End-to-End Verschlüsselung (s. Abb.).

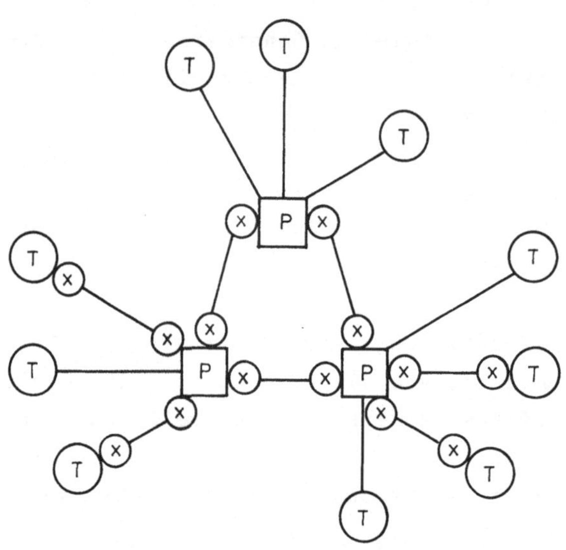

Abb. 82 (Rockwell)

Eigenschaften der Knotenverschlüsselung sind:

-      Netzwerkabhängigkeit
  Schlüsselverwaltung ist netzwerkgesteuert
  (zentral/dezentral)

-      maximaler Systemoverhead
  Bei n+2 Knoten (einschließlich Endknotenpunkten) sind
  insgesamt n+1 Ver/Entschlüsselungen erforderlich.
  1 Schlüssel je Knotenpaar erforderlich

-      maximaler Kostenfaktor
  Anzahl Knotenpunkte = Anzahl Verschlüsselungsmodule

-   unterbrochener Datenschutz
    In jedem Knoten werden Nachrichten jeweils einmal ent-
    und wieder verschlüsselt. Fehlfunktion der
    Ver/Entschlüsselung bereits eines Knotens gefährdet
    Geheimhaltung der Nachricht.

-   Geheimhaltung aller transportspezifischer Information
    Da eine Nachricht an jedem Knoten entschlüsselt wird,
    können auch transport- und netzwerkspezifische Parame-
    ter mitverschlüsselt werden

5.2.3 Link Verschlüsselung

Unter link Verschlüsselung versteht man eine Knotenverschlüsselung,
bei der die Verschlüsselungsmodule zwischen die beidem Modems einge-
schleift sind und unabhängig von der bestehenden Hardware oder Software anwendertransparent sämtliche Übertragungsdaten ver- und entschlüsseln.

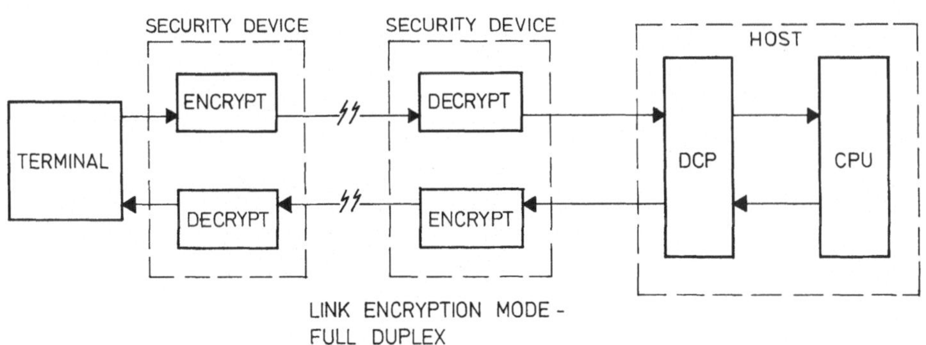

Abb. 83 [NBS4]

Die Übertragungsmodi (simplex, halbduplex, duplex) sind nur flur die
Hardwareausstattung mit Verschlüsselungsmoduln von Bedeutung. Im
Duplexbetrieb müssen per definitionem auf Sende- und Empfangsseite
jeweils zwei Module zur Verfügung stehen.

5.? Implementationsebenen

Die Wahl der Implementationsebene für Verschlüsselung in einem
Netzwerk hängt im wesentlichen davon ab, wie tief Sicherheit angesetzt
werden soll, d.h. wie weit man über die Nutzdaten hinaus weitere Pro-
zedurinformationen verschlüsseln und damit schützen will.

Wenn wir die vorhandenen Systemebenen (levels) in Form der Über-
tragungsformate betrachten, 'wächst' mit jeder Systemebene das zu verschlüsselnde Blocksegment (s. unten).

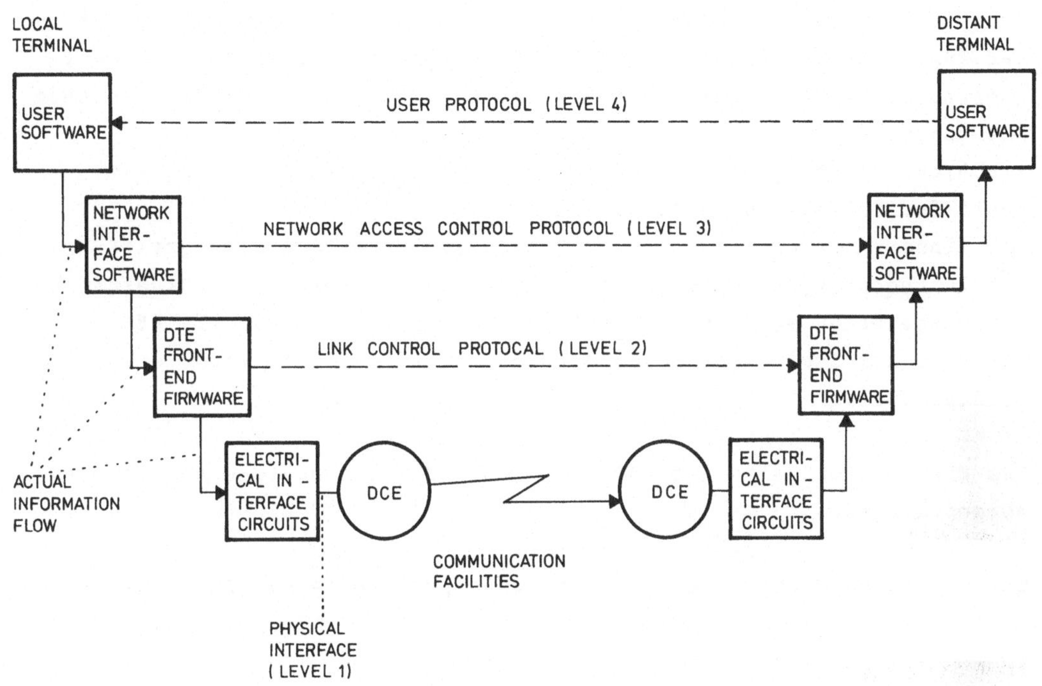

Abb. 84

5.4 Übertragungsarten

Asynchron (Start-Stop):

Asynchrone Datenübertragung beinhaltet ein Start-Stop Prinzip.
Datenbytes (Zeichen) werden mit Hilfe eines Startbits und eines oder
mehrerer Stopbits einzeln übertragen. Start- und Stopbits werden im
Klartext übertragen, nur das Datenbyte wird verschlüsselt.
Asynchrone Übertragung wird gewöhnlich bei interaktiver Verarbeitung
mit niedrigen Übertragungsraten (110-2400 Baud) angewendet.
Für asynchrone Datenübertragung ist der CFB-Mode des DES, d.h. Einzel-

zeichenverschlüsselung, vorgesehen [Ste].

<u>Synchron</u>:

Synchrone Datenübertragung beruht auf dem Prinzip, Sender und Empfänger für die Dauer eines kontinuierlichen Zeichenstroms zu synchroni-
sieren. Falls keine Daten zur Verfügung stehen, werden 'idle' Zeichen
übertragen.
Synchrone Übertragung wird gewöhnlich bei hohen Übertragungsraten
(2400-56000 Baud) angewendet.
Bei Einsatz des CFB-Modes des DES für synchrone Übertragungsverfahren
ist zu bedenken, daß jeweils nur 1 von 8 Bytes der verschlüsselten Daten ausgewertet wird, so daß entweder entsprechend schnelle DES-
Hardware zur Verfügung stehen oder das benötigte Byte vorab erzeugt
werden muß.

Aus diesem Grund wird der CBC-Mode des DES für synchrone Anwendungen
vorgeschlagen.

Zusammenfassung empfohlener Übertragungsprotokolle und DES-Modi [Ste]:

Future Systems (End-to-End & Link)   Transition Systems (Link Only)
     (Main Standard)

System	Mode	Protocol	System	Mode	Protocol
ASYNCH	CFB	Encipher all between	ASYNCH	CFB	Encipher all
BISYNCH	CBC	Encipher between STX and ETX	BISYNCH	CFB	Encipher after STX through ETX and BCC
ADCCP	CBC	Encipher I Field only	ADCCP	CFB	Encipher after flag through final flag

Tab. 15

Die nachfolgende Graphik zeigt für verschiedene Übertragungsprotokolle
die verschlüsselten Felder eines Übertragungsblocks:

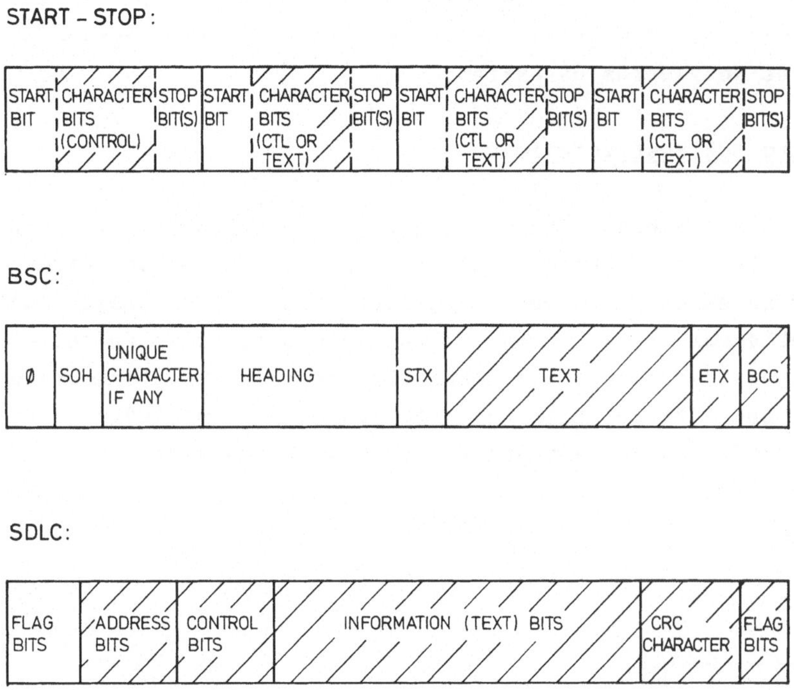

START – STOP:

START BIT	CHARACTER BITS (CONTROL)	STOP BIT(S)	START BIT	CHARACTER BITS (CTL OR TEXT)	STOP BIT(S)	START BIT	CHARACTER BITS (CTL OR TEXT)	STOP BIT(S)	START BIT	CHARACTER BITS (CTL OR TEXT)	STOP BIT(S)

BSC:

Ø	SOH	UNIQUE CHARACTER IF ANY	HEADING	STX	TEXT	ETX	BCC

SDLC:

FLAG BITS	ADDRESS BITS	CONTROL BITS	INFORMATION (TEXT) BITS	CRC CHARACTER	FLAG BITS

Abb. 85

(By permission, Quantum Science Corporation)

5.5 Schlüsselverwaltung in Netzwerken

Abhängig von der Größe (Anzahl Knotenpunkte, Vermaschung) eines
Netzwerkes und der Integrationsform kann die Schlüsselverwaltung ein
beträchtliches logistisches Problem darstellen. Nachdem wir bereits in
Kapitel 4.3 Prinzipien und Formen der (benutzergesteuerten)
Schlüsselverwaltung kennengelernt haben, wenden wir uns nun den Mög-
lichkeiten der netzwerkgesteuerten Schlüsselverwaltung zu

Statische Schlüsselzuteilung

Hierbei werden Endknoten bzw. benachbarten Netzknoten paarweise verschiedene statische Schlüssel zugeteilt. Damit ist die sicher-
heitsspezifische Integrität jedes einzelnen Übertragungsweges innerhalb eines Netzwerkes garantiert.

Dynamische Schlüsselzuteilung

Diese Form der Schlüsselverwaltung beruht auf dem Prinzip, ein unab-
hängiges 'Network Security Center' (NSC) mit der Schlüsselverwaltung
zu beauftragen und dem Kommunikationswunsch von Teilnehmern entsprechend Schlüssel (dynamisch) zu erzeugen und an diese zu verteilen.
Die Schlüsselverwaltung ist dabei eingepaßt in ein übergeordnetes Konzept der Zugriffskontrolle und -steuerung, bei der jeder gewünschte
Systemzugriff dem NSC als Kontrollinstanz zugewiesen wird
([Bra1],[Hei1]).

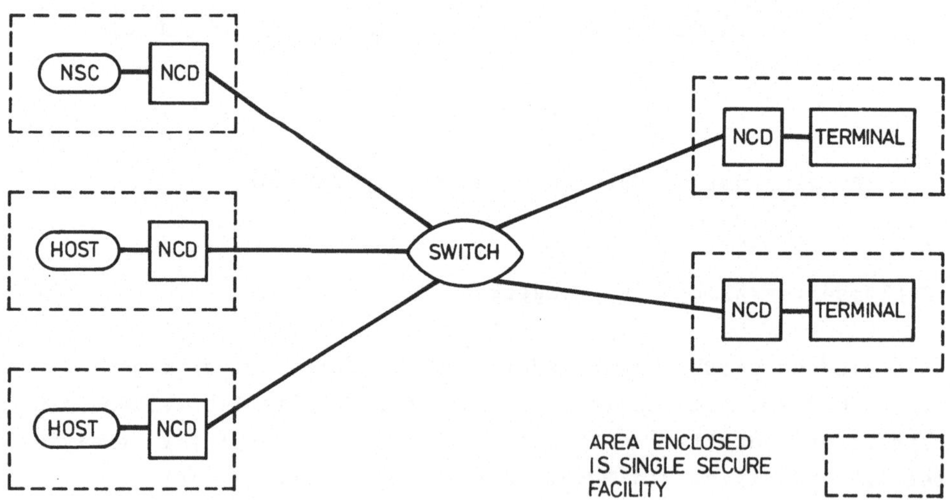

Abb. 86 [NBS4]

Im Rahmen der Schlüsselverwaltung übernimmt das NSC die Aufgabe, nach
Genehmigung eines Kommunikationswunsches einen 'Session Key' zu erzeu-

gen und verschlüsselt an die jeweiligen Kommunikationspartner zu senden.
In gleicher Weise können auch beliebige (benachbarte) Knotenpaare mit Schlüsseln ausgestattet werden.

Die Integration eines NSC in verschiedene Netzwerkkonfigurationen hat folgende Form [Sen1] :

ALTERNATIVE 1
1
2
3
4
HPC
N.S.C.
SWITCH
5
6
7
HPC
RSU'S

ALTERNATIVE 2
1
2
SWITCH
HPC
3
4
C
5
RSU'S
N.S.C.
HPC

ALTERNATIVE 3
1
2
C
3
4
SWITCH
N.S.C.
5
6
7
HPC
RSU'S
HPC
10
8
9
RSU'S

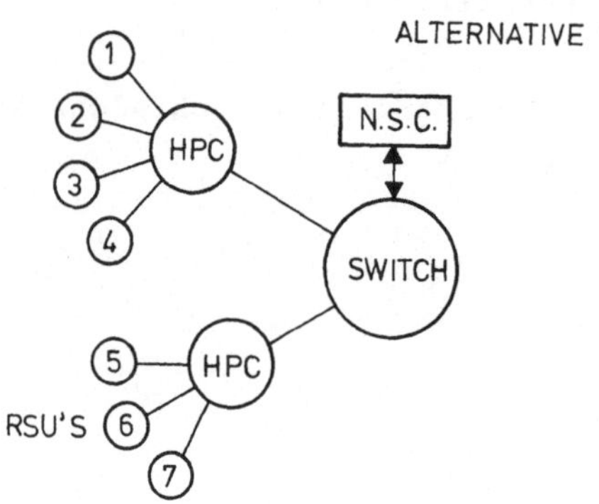

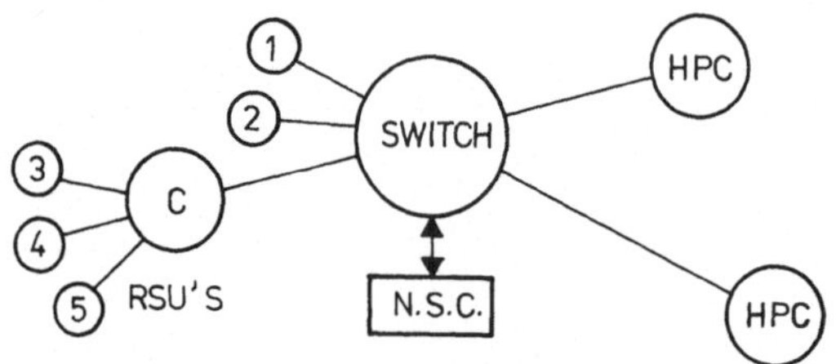

Abb. 87

Die Schlüsselzuteilung richtet sich auch nach der Form der im Netzwerk laufenden Anwendungen. Bei transaktionsorientierten Systemen mit sehr kurzen und breit gestreuten Nachrichten bietet sich im Hinblick auf die jeweils erforderliche Schlüsselsynchronisationszeit eine Knotenverschlüsselung mit statischen Schlüsseln an, während session-orientierte Systeme End-to-End Verschlüsselung mit dynamischer Schlüsselzuteilung begünstigen.

6. Integration von Kryptosystemen in Datenbanken

6.1 Datenbanken und Datensicherheit

6.1.1 Datenbankmodelle und Definitionen

Mit der ständig zunehmenden Benutzung von Großrechnern zur Speicherung
und Nutzung (Abfrage) von häufig sensitiven Daten in Datenbanken und
der zunehmenden Vernetzung von Rechnern zu Datenverbund- und Rechner-
verbundnetzen ist das Problem der Kontrollierbarkeit der Datenflüsse
und speziell der rechtmäßigen Nutzung, wie Zugriff und Weitergabe von
Daten, immer akuter geworden. Die Gesetzgeber vieler Länder haben
Datenschutzgesetze erlassen, die die Zulässigkeit der Verarbeitung
(Speicherung, Nutzung, Veränderung, Weitergabe) und die Integrität
personenbezogener Daten gewährleisten und die Gefahr des Mißbrauches
durch technische und organisatorische Vorkehrungen verhindern sollen.
Für den Bereich der Datenbanken erhebt sich damit die Kernfrage: Wie
müssen die Schutzmechanismen in Datenbanken beschaffen sein, damit
keine Sicherheits- und Integritätsverletzungen auftreten?
Die Autorisierungs- und Zugriffskontrollmechanismen werden in Abschnitt 6.1.4, die Wechselwirkung der Sicherheitsmechanismen in
Betriebssystemen und Datenbanksystemen in Abschnitt 6.1.3 behandelt.
Die meisten heute im Einsatz befindlichen Datenbanken sind ohne umfassende Methodik entwickelt worden. Erst in den letzten Jahren ist mehr
Grundlagenforschung betrieben worden, die auch die Probleme der Datensicherheit und Datenintegrität und - in einem einzigen Fall - die
Anwendung kryptographischer Verfahren auf Daten in Datenbanken berücksichtigt.
Für die Realisierung einer Datenbank ist das zugrundegelegte Modell
von entscheidender Wichtigkeit. Die Zahl der Modelle ist kaum über-
schaubar, ein Überblick findet sich in [Moh]. Eines der ersten um-
fassensten Modelle ist das von Senko et al. entwickelte Schichtenmodell für ein datenunabhängiges Datenbanksystem, das sich in vier
hierarchisch angeordnete Ebenen gliedert (vgl. [Sen2]). Datenbankmodelle lassen sich einteilen in hierarchisch strukturierte, netzartig
strukturierte und in relationale Datenbankmodelle. Das Relationalen-
modell nach Codd und das CODASYL - Modell der Data Base Task Group
(auch DBTG-Modell genannt), das netzartig strukturiert ist, sind die
bekanntesten. Der US-amerikanische Normenausschuß hat einen Vorschlag
für ein Datenbankmodell vorgelegt, das konzeptionell die bisherigen
Modelle integriert (vgl. [ANSI]. Auch fehlt es nicht an

Standardisierungsbemühungen auf internationaler und nationaler Ebene,
um Datenbankschnittstellen festzulegen, wie die KDBS (Kompatible
Datenbank-Schnittstelle) (vgl. [KDBS]).
Im deutsch-sprachigen Raum bezeichnen Datenbank und Datenbasis etwas
Verschiedenes, obwohl über die Abgrenzung (noch) kein Konsens
herrscht. Anders im englisch-sprachigen Raum, wo 'Data Base' und 'Data
Bank' Synonyme sind.
Unter Datenbasis versteht man den Datenbestand an sich, die Definition
der Datenattribute sowie Teile der Datenbasisverwaltungssoftware (oder
auch Datenbasisverwaltungssystem).
Der Begriff Datenbank umfaßt die Datenbasis, das Datenbasisverwaltungssystem, das auch Datenbankverwaltungssystem genannt
wird, die anwendungsorientierte Abfragesprache und Anwendungsprogramme.
Der Begriff Datenbanksystem wird synonym mit Datenbank verwendet, wenn
der Systemaspekt der Datenbank z.B. gegenüber dem Betriebssystem
hervorgehoben werden soll. Oft wird unter Datenbanksystem auch die
Datenbank und das zugehörige Datenverzeichnis verstanden.

6.1.2 Problembereiche der Datensicherheit in Datenbanken

Es gibt eine Reihe datenbankspezifischer Probleme, die die Implementierung von Schutzmechanismen zu berücksichtigen hat.

1) Die Anzahl der zu schützenden Datenobjekte ist sehr hoch: in der
    Regel mehr als 10^4, bei manchen Datenbanken bis 10^8 Objekte.

2) Es ist durchaus möglich, daß unterschiedliche Teilmengen einen
    jeweils verschiedenen Sicherheitsstatus (Sensitivitätsgrad) besit-
    zen. Eine Datenbankabfrage (query) kann prinzipiell jedes Element
    einer Datenbank betreffen, wobei eine Teilmenge eine Zugriffs-
    erlaubnis erfordert, die verschieden ist von der einer anderen
    Teilmenge, die ebenfalls durch die Anfrage spezifiziert ist.

3) Man kann die Daten auf verschiedenen Ebenen unterschiedlicher
    Detaillierung betrachten. Jedweder Schutzmechanismus muß auf jeder
    dieser Ebenen operieren können. So muß er bei einer relationalen
    Datenbank die Relationen, die Attribute, Tupel und Datenelemente
    zu schützen in der Lage sein, bei einer netzartig strukturierten
    Datenbank (z.B. nach dem CODASYL-Modell) dagegen Mengentypen,

Satztypen, Feldnamen oder Feldelemente.

4) Auch muß die Definition der Datentypen (z. B. das Schema im
    CODASYL-Modell), der sensitivste Teil einer Datenbasis, geschützt
    werden.

5) Zusätzliche Tabellen zur Unterstützung von Suchvorgängen, wie der
    Umkehrindex (inverted file), müssen ebenfalls geschützt werden, da
    sie Informationen über die Daten enthalten.

6) Die Zugriffspfade zu den Daten müssen wie die Daten selbst ge-
    schützt werden.

7) Die Beziehungen zwischen den Daten geben häufig ebensoviele Infor-
    mationen wie die Daten selbst und sollten deshalb geschützt wer-
    den. Diese Beziehungen können durch die physische Aufeinanderfolge
    oder durch die Zuordnung von Zeigern gegeben sein.

Welche der genannten Sicherheitsanforderungen mit Hilfe von Zugriffskontrollmechanismen und welche mit Hilfe kryptographischer Verschlüsselung realisiert werden sollten, gehört zu dem Fragenkomplex,
der beim Entwurf einer Datenbank sorgfältig analysiert werden muß.

6.1.3 Sicherheitsanforderungen an Betriebssysteme und Datenbanksysteme

Unterschiede und Gemeinsamkeiten

Entgegen der weitverbreiteten Auffassung bestehen einige Unterschiede
zwischen dem Zugriffsschutz in Betriebssystemen (BS) und in Datenbanksystem (Datenbankverwaltungssystemen) und es genügt keineswegs, die
für Betriebssysteme entwickelten Mechanismen ohne weitere Untersuchungen auf Datenbanken zu übertragen.

1. Der Zugriffsschutz in DB erfordert einen höheren Feinheitsgrad. Der
   Zugriff muß bis auf die Feldebene und nicht nur auf die Satzebene
   kontrolliert werden können. Darüberhinaus muß datenabhängige Zugriffskontrolle gewährleistet sein.

2. Das Betriebssystem hat es vornehmlich mit dem Namens- und Adress-
   raum der Daten zu tun, das DBMS muß darüber hinaus den Kontext der

Daten berücksichtigen. Dies erfordert eine datenabhängige und kontextabhängige Zugriffskcntrolle.

3. Die Notwendigkeit der Datenunabhängigkeit des DPMS macht es erforderlich, daß die Daten und ihre Zugriffsschutzspezifikationen als abstrakte (logische) Einheiten dargestellt sind - im Gegensatz zum Betriebssystem, bei dem auf physische Objekte zugegriffen wird, bei denen diese Unterscheidung nicht notwendig ist. Die abstrakte Beschreibung ist darüterhinaus für die Erhaltung des Kontextes der Daten erforderlich.

4. Bei der DB sind mehr Zugriffstypen erforderlich als im Petriebssystem, wie z.B. statistischer Zugriff, Zugriff für DB-Verwaltung und -Reorganisaticn.

5. In einem DBMS können abgeleitete Daten erzeugt werden, denen keine physische Größen entsprechen, die aber aufgrund einer Anfrage dynamisch erzeugt werden.

6. Den Benutzerschnittstellen in DBMS sind in der Regel mehr Peschränkungen auferlegt als in Betriebssystemen, durch z.B. die Benutzung von speziellen Abfragesprachen oder speziellen prozeduralen Sprachen, speziellen Zugriffsvorschriften (Zugriffsprotokollen) oder parametrischen Zugriffen.

7. Die Datenbeschreibungen sind in der Regel physisch getrennt von den eigentlichen Objekten. Die Datenbeschreibungen werden auch von speziellen Benutzern, wie dem Datenbank-Administratcr, verwaltet.

8. Die Lebensdauer der Daten in einer Datenbank ist gewöhnlich höher als die in Betriebssystemen.

Neben diesen Unterschieden gibt es Gemeinsamkeiten in der Sicherheitsproblematik zwischen DBMS und BS. Die meisten Datenbanken werden zu einem bestehenden Betriebssystem entworfen und implementiert, was dazu führt, daß die Sicherheitsprobleme der DB fast völlig vernachlässigt oder aber separat betrachtet und untersucht werden.

<u>Anforderungen der Datenbanksysteme an Betriebssysteme</u>

Nachfolgend sollen die Anforderungen des DBMS an das Gast-
Betriebssystem und die Sicherheitsvorkehrungen aufgezeigt werden, die
- unter Berücksichtigung der jeweiligen Sicherheitsrichtlinien - beiden gemeinsam sind. Es ist also zu zeigen, welchen Beitrag die im
Betriebssystem bestehenden Sicherheitsmechanismen für den Zugriffsschutz in Datenbanken liefern können.

1. Authentifikationen: die Mechanismen zur Verifizierung der Identität
   des Benutzers sind im Betriebssystem vorhanden und können bei entsprechender Ausgestaltung auch für die Datenbank übernommen werden
   (vgl. Kap. 7).

2. Isolierung von Dateien und Prozessen
   Die DBMS-Dateien und Prozesse, die die Benutzeranfragen ausführen,
   müssen von den Prozessen anderer Benutzer geschützt werden. Es gibt
   eine Reihe von Lösungsmöglichkeiten, wie das Konzept des VMM
   (virtual machine monitors), separate Prozessoren (Datenbank-
   Rechner), oder durch separate Adreßräume (z.B. in virtuellen Speichern).

3. Für DB-Systeme, bei denen die Zugriffskontrolle auf Systemvariablen
   (wie Tageszeit, Nummer der Datenstation) beruhen, ist es unerläßlich, daß das Betriebssystem die exakten Daten liefert (vgl. Abschn. 6.7, NCBS-Algorithmus).

4. Die Ausgestaltung der Benutzerschnittstelle zur Datenbank ist so
   reichhaltig, daß in manchen Fällen die Unterstützung vom Betriebssystem notwendig ist, z.B. muß das Betriebssystem die Kontrolle der
   geschützten Eingänge in Programmen oder die Überprüfung der Parameter bei Zustandsänderung des Systems übernehmen.

5. Da das Betriebssystem die physische Eingabe/Ausgabe einer Zugriffsanforderung auf Datei- oder Satzebene durchführt, ist es zur Ver-
   meidung von Sicherheitsverletzungen unbedingt erforderlich, daß die
   Eingabe-/Ausgabe-Programme des Betriebssystem nachweislich richtig
   sind (Zertifikation).

6. Die DBMS, die die Zugriffskontrollen aufgrund von Festlegungen zur
   Übersetzungszeit durchführen, müssen sich auf einen nachweislich

richtigen Übersetzer (Compiler) verlassen können.

7. Einige DBMS überlassen viele oder alle Zugriffsüberprüfungen dem
   Betriebssystem (BS). In diesem Fall ist es erforderlich, daß die
   sicherheitsrelevanten Funktionen in einem Sicherheitskern zusammengefaßt sind und dieser dem Nachweis der formalen Richtigkeit unterzogen worden ist.

In [Fer2] werden die Eigenschaften experimenteller und kommerziell
verfügbarer Datenbanksysteme in Beziehung gesetzt zu möglichen
Autorisierungsspezifikationen und dem Detaillierungsgrad des Zugriffsschutzes.

6.1.4 Autorisierung und Zugriffsschutz in Datenbanken

Der Problemkreis des Zugriffsschutzes in Datenbanksystemen hat - wie
bei Betriebssystemen - zwei Aspekte, den der Autorisierung (Berechtigungszuweisung) und den der Berechtigungsüberprüfung, also den der
Durchsetzung der festgelegten Rechtsbeziehungen. Beide sind in Systemen durch Mechanismen repräsentiert, den Autorisierungsmechanismen und
den Durchführungsmechanismen, auch Durchsetzungsmechanismen genannt.
Von den Autorisierungsmechanismen wird erwartet, daß sie ein breites
Spektrum von Sicherheitsanforderungen anzunehmen in der Lage sind. Von
den Durchführungsmechanismen wird erwartet, daß sie bei jeder Zugriffsanforderung eine Zugriffsentscheidung auf der Grundlage der
durch die Autorisierungsmechanismen bereitgestellten Autorisierungen
(im einfachsten Fall Zugriffsrechte) vollständig treffen können.
Die bestehenden Sicherheitsmodelle, worunter wir Modelle für die
Autorisierung und die Zugriffskontrolle (Durchführungsmechanismen)
verstehen wollen, konzentrieren sich vornehmlich auf die Durchsetzungsmechanismen. Für die notwendige Transparenz ist eine klare
Trennung von Sicherheitsanforderungen, Autorisierungsspezifikationen
und Durchsetzungsmechanismen (Zugriffskontrollmechanismen) erforderlich.
Damit sind folgende Problembereiche angesprochen, die bei der Implementation eines Zugriffsschutzes im System zu berücksichtigen sind:

1. die Sicherheitsanforderungen an das System aufgrund des Sicher-
   heitskonzeptes, der Sicherheitsrichtlinien aufgrund der Sicher-
   heitsphilosophie des Anwenders.

Die Darstellung der Sicherheitsanforderungen des Anwenders wollen
wir Sicherheitsspezifikationen oder Sicherheitsgrundsätze nennen.
2. die Autorisierungsstrukturen und Autorisierungskonstrukte des Systems, die in der Lage sein müssen, den unterschiedlichsten Sicherheitsanforderungen zu genügen.
Die Darstellung der Eigenschaften dieser Autorisierungskonstrukte
wollen wir Autorisierungsspezifikationen nennen.
Die Menge der in einer Datenbank möglichen Autorisierungsspezifikationen bilden das Autorisierungsprofil des System. Sie sollten den
Sicherheitsspezifikationen der Anwender genügen.
3. die Durchsetzungsmechanismen, als eine Menge primitiver Funktionen,
mit deren Hilfe die Sicherheitsgrundsätze durchgeführt werden
4. die Festlegung der Bindungszeit, d.h. zu welchen Zeiten werden die
Autorisierungsspezifikationen an die Sicherheitsmechanismen gebunden.
5. die Implementation der Sicherheitsmechanismen auf den verschiedenen
(logischen und physischen) Ebene der Datenbank und die Rolle der
Verschlüsselung der Daten als besonderer Sicherheitsmechanismus.

Nach der Klarstellung dessen, was wir unter Sicherheitsspezifikation
verstehen, wird ein Satz von Sicherheitsgrundsätzen bzw.
Autorisierungsspezifikationen angegeben. Wir gehen dann nochmals kurz
auf Autorisierungskonstrukte ein, die bereits in Kap. 1.3 angesprochen
wurden und diskutieren notwendige Erweiterungen für Datenbanksysteme
sowie das Problem der Bindung von Autorisierungsspezifikationen und
Durchsetzungsmechanismen.
Einige Autorisierungsmodelle für Datenbanken werden skizziert und in
Kap. 6.3 das Modell von Gudes vorgestellt, das sich besonders für die
Behandlung der Frage der Integration der Datenverschlüsselung in
Datenbanken und Dateien eignet.
Die Frage der Implementation der auf den verschiedenen Ebenen des vor-
gestellten Modells gültigen Autorisierungsspezifikation und der ent-
sprechenden Durchsetzungsmechanismen wird zum Abschluß behandelt.

6.1.4.1 Sicherheitsrichtlinien und Sicherheitsgrundsätze

Sicherheitsgrundsätze sind allgemeine Richtlinien für den Schutz
sensitiver Daten. Sie werden aufgrund unterschiedlicher Anforderungen
von der das System einsetzenden Organisation ausgewählt und für verbindlich erklärt.

Diese Richtlinien für die Sicherheit (security policies) werden im
einzelnen bestimmt durch das Sicherheitsbedürfnis der Benutzer, durch
das Einsatzumfeld der Installation, durch die Besonderheiten der das
System einsetzenden Organisation und nicht zuletzt durch datenschutzrechtliche Regelungen.
Wir geben hier einen Satz von Autorisierungsspezifikationen nach
[Fer2], weil sie für das Verständnis der Autorisierungsproblematik in
Datenbanken und für die Analyse im Einsatz befindlicher Systeme unerläßlich sind. Sie beeinflussen die Ausgestaltung der Autorisierungsmechanismen und damit letztlich auch der Durchsetzungsmechanismen ent-
scheidend.
Man unterscheidet vier grundlegende Arten des Zugriffs:

1) datenunabhängiger Zugriff
2) datenabhängiger Zugriff
3) kontextabhängiger (oder kontextsensitiver) Zugriff
4) funktionsabhängiger Zugriff

zu 1)   Datenunabhängig bedeutet, daß der Zugriff zu einer Datei unab-
        hängig von dem sich ständig ändernden Inhalt oder von den Daten
        einzelner Felder ist. Die Datei, ihre Sätze und deren Felder
        unterliegen dem gleichen Zugriff.

zu 2)   Datenabhängig bedeutet, daß der Zugriff zu einem Satz einer
        Datei abhängig ist vom Inhalt der Datei. Die einzelnen Sätze
        können einen unterschiedlichen Sicherheitsstatus besitzen, der
        sich ändert, wenn sich der Inhalt des Satzes ändert.

zu 3)   Der kontextabhängige Zugriff ist ein Spezialfall des daten-
        abhängigen Zugriffs.
        Kontextabhängiger Zugriff bedeutet, daß durch das Vorhandensein
        oder Nichtvorhandensein einer spezifischen Kombination von Da-
        ten in der aktuellen Zugriffsanforderung (Datenbankanfrage) ei-
        ne Zugriffsbedingung ausgedrückt wird.
        Die Zugriffskontrolle erfolgt entweder im Kontext der aktuellen
        Zugriffsanforderung oder unter Berücksichtigung der aktuellen
        und den vergangenen Zugriffsanforderungen, die vom System in
        irgendeiner Weise aufgezeichnet worden sind.

zu 4)   Funktionsabhängiger Zugriff bedeutet, daß der Benutzer globale
        Operationen auf den Daten ausführen darf, ohne daß er Kenntnis

über die einzelnen Daten und über mögliche Zwischenwerte
erhält.
Das im Zusammenhang mit Datenbanken wichtigste Beispiel ist der
'statistische Zugriff': das sind Datenbank-Zugriffe für statistische Analysen.

Neben diesen grundlegenden Zugriffsspezifikationen lassen sich eine
Reihe weiterer angeben, die diese primitiven zum Teil beinhalten und
untereinander nicht notwendigerweise disjunkt sind. Ferner werden nur
Daten, Dateien, Datenbanken als Objekte und nicht weitere Betriebsmittel wie Verarbeitungszeit, Leitungen usw. betrachtet.

A1. Jeder Benutzer hat Zugriff zu der Datei/Datenbank, außer wenn der
Eigentümer/Datenbankadministrator sie als geschützt erklärt und
damit den Sicherheitsmechanismen (Autorisierungs- und Zugriffskontrollmechanismen) unterworfen hat (negativer Erlaubniskatalog).

A2. Jede Datei/Datenbank ist grundsätzlich vor dem Zugriff geschützt.
Die Zugriffsrechte müssen explizit vergeben werden, entweder vom
Eigentümer (vgl. C) oder vom Datenbankadministrator (vgl. F)
(positiver Erlaubniskatalog).
Diese beiden Sicherheitsrichtlinien können auch als funktionale
Eigenschaften des Sicherheitssystems betrachtet werden.

B. Vollständige Trennung (Isolation) von Benutzer (-gruppen) und
Datenbeständen.
Die Prozesse und Daten, die einem Benutzer oder einer Benutzer-
gruppe zugeordnet sind, sind vollständig isoliert von denen anderer Benutzer oder Benutzergruppen, d.h. die gemeinsame Nutzung
(sharing) ist nicht möglich.

C. Benutzerbestimmbare Berechtigungszuweisung (discretionary access
control).
Der Benutzer hat das Recht, unter Berücksichtigung anderer Sicherheitsrichtlinien (Detail-Spezifikationen) anderen Benutzern (Benutzerprozessen) Zugriffsrechte zu vergeben (Autorisierung) und
ihnen sogar das Recht zu verleihen (Habilitierung) wiederum Zugriffsrechte an andere Benutzer zu vergeben.

C1. Zugriffsschutz unter Einbeziehung der Subjekte (Akteure), der
Objekte (Daten) und der Zugriffstypen.

Das Recht eines Subjektes (Benutzer, Benutzerprozeß) ist definiert
als die Fähigkeit, auf ein bestimmtes Objekt (Daten, Datensätze,
Datenfelder) mit einem bestimmten Zugriffsrecht zuzugreifen. Diese
Rechtsbeziehung wird üblicherweise durch die Zugriffsmatrix dargestellt, wobei die Subjekte die Reihen und die Objekte die Spalten
bilden und die Elemente der Matrix die Zugriffsrechte beinhalten.

C2. Zugriffsschutz unter Beschränkung auf Objekte und Zugriffstypen.
   Den Objekten sind nur spezifische Sicherheitsattribute zugeordnet,
   z.B. 'nur lesen' (read only), 'nur ausführen' (execute only). Der
   Zugriff ist also unabhängig von den Akteuren (Subjekten), die die
   Zugriffsanforderung stellen.

C3. Zugriffsschutz unter Beschränkung auf Subjekte und Objekte.
   Der Zugriff hängt nur vom angeforderten Objekt und vom Anforderer,
   dem Subjekt ab. Der Zugriffstyp ist beliebig.
   Diese Zugriffsspezifikation kann als Teil der datenabhängigen
   angesehen werden.

C4. Nur vom Objekt abhängiger Zugriffsschutz
   Der Typ des erlaubten Zugriffs auf ein Objekt hängt nur von diesem
   selbst ab, nicht jedoch vom Subjekt, das die Anforderung stellt.
   Die erlaubten Zugriffstypen sind objektspezifisch.

D. Zugriffsschutz aufgrund einer festgelegten Ordnung.
   Die Zugriffstypen sind aufgrund einer Vorschrift geordnet. Ein
   bestimmtes Zugriffsrecht impliziert dann alle nachgeordneten, z.B.
   impliziert das Recht zu schreiben (write), das Recht zu lesen
   (read) und auszuführen (execute).

E. Zugriffsschutz aufgrund des Prinzips der geringsten Privilegien
   (principle of least privilege; need to know principle).
   Die Benutzer haben nur Zugriff zu den Daten, deren Kenntnis sie
   zur Erledigung ihrer Aufgaben benötigen.
   Für die Implementation dieses Sicherheitsgrundsatzes sind weitere
   Spezifikationen erforderlich.

E1. Detaillierungsgrad des Zugriffsschutzes bezüglich der Objekte.
   Die Zugriffskontrollmechanismen sind in der Lage, Berech-
   tigungsprüfungen auf Satzebene oder auch auf Feldebene durchzuführen.

E2. Inhaltsabhängiger Zugriffsschutz / ereignisabhängiger Zugriffs-
    schutz.
    Der Zugriff wird aufgrund des Inhalts der Datenelemente oder auf-
    grund von Systemzuständen nach bestimmten Ereignissen gewährt
    (ereignis-abhängiger Zugriff).

F. Zentralisierter/dezentralisierter Zugriffsschutz.
    Alle sicherheitsrelevanten Aufgaben, wie die Vergabe von globalen
    Nutzungsrechten und Zugriffsrechten beliebigen Detaillierungsgra-
    des, werden von einer zentralen Instanz (Datenbankadministrator,
    Sicherheitsbeauftragter) durchgeführt.
    Die Gefahr zu starker Zentralisierung gründet in der Frage, wer
    kontrolliert die Kontrolleure, denn wer mit allen Privilegien aus-
    gestattet ist, unterliegt auch leicht der Versuchung, diese zu
    mißbrauchen.

    Aus diesen und aus Gründen der Flexibilität und Effizienz wird –
    insofern es das Einsatzumfeld zuläßt – der dezentralisierte Zu-
    griffsschutz vorgezogen.

G. Zugriffsschutz aufgrund einer Partialordnung der Zugriffsrechte
    der Benutzer.
    Die Benutzer sind aufgrund der Zugriffsrechte in Klassen einge-
    teilt. Diese Klassen sind in der Weise hierarchisch strukturiert,
    daß die Klassen höherer Hierarchiestufen die Rechte der Klassen
    niedriger Hierarchiestufen enthalten.
    Das wichtigste Beispiel hierfür ist die streng lineare Ordnung der
    Benutzerklassen im militärischen Bereich.

H. Zugriffsschutz aufgrund einer Partialordnung der Benutzer und der
    Daten: Mehrstufiges Sicherheitskonzept (multilevel security).
    Entsprechend der Sicherheitsspezifikation G sind sowohl die Benut-
    zer aufgrund gleicher Privilegien als auch die Daten aufgrund der
    gleichen Sensitivität in halbgeordnete Klassen eingeteilt.

J. Zugriffsschutz aufgrund abstrakter Datentypen.
    Der Zugriffsschutz wird erreicht durch die Spezifizierung der Men-
    ge zulässiger Operationen auf den Datentypen.
    Zur Ausführungszeit werden garantiertermaßen nur die explizit
    angegebenen Operationen durchgeführt.

Die Sicherheitsspezifikation H und J stellen einen möglichen Ausweg
aus dem Dilemma dar, daß es im allgemeinsten Fall nicht entscheidbar
ist, ob ein auf der Zugriffsmatrix basierendes Sicherheitssystem ab-
solut sicher ist, wie in [Har1] gezeigt werden konnte.

Einige Sicherheitsgrundsätze , wie z.B. B und C, schließen sich gegenseitig aus. Andere können bis zu einem gewissen Grad kombiniert werden, z.B. ist die Kombination B und G häufig im militärischen Bereich
anzutreffen.
Wir kommen bei der Diskussion über die zweckmäßige Implementation von
Sicherheitsmechanismen auf die Sicherheitsgrundsätze und ihre Kombi-
nierbarkeit zurück.

6.1.4.2 Autorisierungsmechanismen und Zugriffsbindung

Von den Autorisierungsmechanismen wird erwartet, daß sie einem breiten
Spektrum der oben angegebenen Autorisierungsspezifikationen gerecht
werden.
Das in Kapitel 1.3 bereits erwähnte Autorisierungskonstrukt, die
Sicherheitsmatrix, erlaubt die Darstellung der Rechtsbeziehung zwischen den Sicherheitssubjekten (Benutzer, Benutzerprozesse) und den
Sicherheitsobjekten (Daten, Programme, Programmeingänge, Subjekte)
durch die Angabe der Zugriffsattribute (Rechte) in den Elementen der
Matrix. Die Elemente der Matrix können nicht nur Zugriffsrechte enthalten, sondern auch Verfügungsrechte im Sinne der Weitergabe von Zugriffsrechten bezüglich eines Objektes.
Es gibt verschiedene Lösungsansätze, die Zugriffsmatrix zu erweitern,
so daß die obengenannten Forderungen (Autorisierungsspezifikationen)
erfüllt werden können. Wir kommen bei der Diskussion existierender Modelle und Systeme darauf zurück.

Zwei Randbedingungen sind beim Entwurf von Zugriffsschutzmechanismen
in Datenbanken von besonderer Bedeutung:

1) die datenbankspezifischen Anforderungen an den Zugriffsschutz
2) die Komplementarität der Sicherheitsmechanismen des Betriebssystems
   für Datenbanken. Auf welche Mechanismen der Autorisation, der Identifikation /Authentifikation und der Zugriffskontrolle des
   Betriebssystems kann das Datenbanksystem zurückgreifen, welche müssen im DBS selbst realisiert werden?

Diese Frage wird im Abschnitt 6.1.3 eigenständig behandelt
3) die Bindungszeit
   Zu welcher Zeit sollen die Autorisierungsspezifikationen mit den
   Zugriffskontrollmechanismen verknüpft - gebunden - werden.

Die Festlegung der Bindungszeiten in Datenbanken wird bestimmt durch
die Art der Autorisierungsspezifikation, die Entscheidung darüber,
welche Mechanismen vom Betriebssystem übernommen werden, die Implementation der Zugriffskontrollmechanismen der Datenbank und durch die
Entscheidung darüber, ob die Zugriffskontrolle zentral oder dezentral
durchgeführt werden soll.
Darüberhinaus wird die Festlegung der Bindungszeit von drei Kriterien
bestimmt:
a) der Effizienz
b) der Flexibilität und
c) der Möglichkeit einer Sicherheitsverletzung.

Generell kann festgestellt werden, daß eine frühe Bindungszeit die
Effizienz erhöht, jedoch die Flexibilität bei Änderung der
Autorisierungsspezifikation beeinträchtigt.
Darüberhinaus wird die Wahrscheinlichkeit der Manipulation der an den
Mechanismus gebundenen Rechte erhöht, wenn nicht diese Mechanismen
selbst durch andere geschützt werden. Die Festlegung der Zugriffsbindung für datenunabhängigen und datenabhängigen Zugriffsschutz wird in
der Regel in der Weise getroffen, daß die Bindung für den datenunabhängigen zur Übersetzungszeit der Programme, die für den datenunabhängigen zur Ausführungszeit der Programme erfolgt. Hartson führt
in [Har5] 22 mögliche Zeitpunkte für die Festlegung der Zugriffsbindung an, von denen hier einige genannt werden:

- zur Übersetzung eines Anwendungsprogramms
- bei der Generierung der Software des Datenbankverwaltungssystems
- bei der Übersetzung einer Anfrage (query)
- beim Durchsuchen des Indexes
- einmal pro Tag
- bei der Überprüfung des Dateninhalts
- bei der Anmeldung des Benutzers (log-in)

Das Problem für den Entwurf und die Implementation sicherer Datenbanksysteme besteht in der Festlegung, wie die Autorisierungsspezifikationen auf welchen Ebenen des Datenbanksystems mit welchen Zugriffs-

schutzmechanismen zu welchen Bindungszeiten realisiert werden sollen.

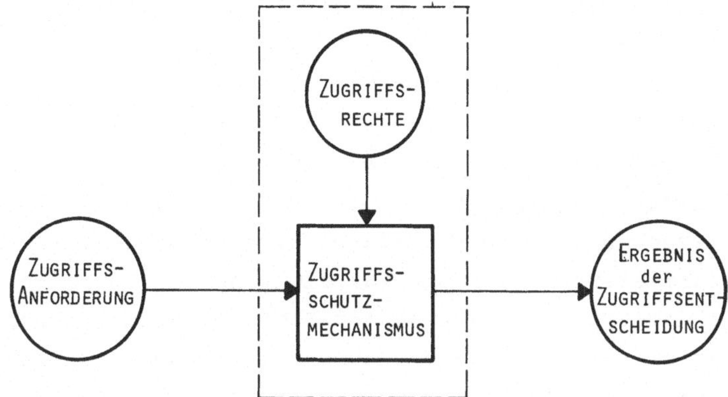

Abb. 89   Zugriffskontrolle: Die Überprüfung der Zulässigkeit
           eines Zugriffs

6.1.4.3 Zugriffsschutzmechanismen

Zugriffsschutzmechanismen sind primitive Funktionen, die die Sicherheitsgrundsätze in Übereinstimmung mit den Autorisierungsspezifikationen durchsetzen (enforcement mechanisms).
Die (Zugriffs-) Anforderungen werden unter Verwendung der (Zugriffs-)
Rechte auf ihre Zulässigkeit geprüft (vgl. Abb. 99). Zugriffsschutzmechanismen bestimmen, wie z.B. Synchronisationsmechanismen, das Verhalten des Systems: es wird kein unzulässiges Verhalten gestattet.

Wir wollen die Sicherheitsmechanismen (Autorisierungs- und Zugriffsschutzmechanismen) einiger Datenbankmodelle kurz erläutern, um zu zeigen, wie die Autorisierungsspecifikationen und die Durchsetzungsmechanismen auf den verschiedenen Ebenen der Datenbank zu unterschiedlichen Bindungszeiten implementiert werden.

1) Die Implementation der Zugriffsschutzmechanismen in Prozeduren ist
häufig in Datenbanken anzutreffen. Jede Zugriffsanforderung bewirkt
den Aufruf eines Programmes, das die Anforderung auf ihre Zulässigkeit
hin überprüft.
Diese Prozeduren werden in dem Modell von Hoffman 'Formularies'
genannt (vgl. [Hof1]). Die Zugriffsbindung geschieht nach der Übersetzung der Benutzeranfrage aber vor dem physischen Datenzugriff durch
die Prozedur ACCESS.
Das CODASYL-Modell erlaubt die Benennung von Datenbankprozeduren, die

das Datenbankverwaltungssystem dann zur Verfügung stellt, wenn sich
die Benutzeranforderung auf Sätze bezieht, die für diese Prozedur
angegeben worden sind.
Hartson und Hsiao schlagen in ihrem Modell einer Sprache für den Zugriffsschutz in [Har3] und [Har4] ebenfalls die Verwendung von Prozeduren vor (auxiliary program invocation), die von demjenigen, der
die Zugriffsrechte weitergibt, detailliert spezifiziert werden können.
Der Autorisierer kann diese Prozeduren angeben für die Be-
nuzterauthentifizierung, für die Aufzeichnung von Zugriffen, zum
Zwecke der Alarmierung bei versuchten Sicherheitseinbrüchen, für die
Überwachung sicherheitsrelevanter Vorgänge und für die Gültigkeitsprüfung der Eingabedaten von Anfragen (queries).

2) Erweiterung der Zugriffsmatrix durch Prädikate [Fer1]
Diese Erweiterung der Matrixelemente durch Prädikate erlaubt die
Spezifikation von datenabhängigen und kontextabhängigen Zugriffsrech-
ten. Der Zugriffsschutz kann bis zur Feldebene erreicht werden, wenn
die Objekte dem Datenbankverwaltungssystem bekannt sind.
Dieser Mechanismus wird im relationalen Datenbanksystem INGRES
"Anfragemodifikation" (query modification) genannt (vgl. [Sto]). Die
Anfragen werden entsprechend den Zugriffsrechten bzw. Prädikaten ver-
ändert. Die Zugriffsbindung geschieht zur Übersetzungzeit der Anfrage.

3) Manche Datenbanksysteme haben einen 'Sicht'-Mechanismus (view
mechanism), um den verschiedensten Anforderungen an eine Datenbank gerecht zu werden [CODA]. Eine 'Sicht' wird im allgemeinen aus vorhandenen Datenstrukturen gebildet und ihre Definition enthält die Beschreibung, aus welchen Datenstrukturen und auf welche Weise diese 'Sicht'
zusammengesetzt ist. Unterwirft man diese 'Sichten' den Sicherheitsmechanismen, so läßt sich der Zugriffsschutz bis zur Feldebene sowie
datenabhängiger, kontextabhängiger und funktionaler Zugriffsschutz
durchführen.

4) Erweiterung der Zugriffsberechtigung des Benutzers mit Hilfe
höherprivilegierter Programme.
Die Erweiterung der Zugriffsberechtigung ist die Lösung des Problems,
daß zur Verarbeitung der Daten mitunter höhere Privilegien erforderlich sind, als sie der Benutzer sonst benötigt, z.B. funktionaler,
statistischer Zugriff. Es muß gewährleistet werden, daß dem Benutzer
keine Daten übermittelt werden, die er zu erhalten nicht berechtigt
ist. Dies erfordert jedoch, daß das Programm nachweisbar richtig ist

und selbst vor unbefugter Modifikation geschützt wird.

5) Kryptographische Verschlüsselung
Die Möglichkeit der Verwendung kryptographischer Verfahren als Zu-
griffsschutzmechanismus wird von nur wenigen Modellen und im Einsatz
befindlichen Rechnern bereitgestellt.
Hoffman sieht in [Hof1] die Möglichkeit einer
SCRAMBLE/UNSCRAMBLE-Prozedur vor, ohne jedoch näher auf deren Implementation einzugehen.
Das CODASYL-Modell [CODA] stellt in der Datendefinitionssprache (DDL)
die ENCODING/DECODING Klausel bereit, die die Implementation der
Datenverschlüsselung in Datenbanken ermöglicht.
Das bisher umfassenste Datenbankmodell, das die Integration der
kryptographischen Verschlüsselung in Datenbanken zum Ziel hat, ist das
in [Gud1] und [Gud2] vorgestellte Modell von Gudes. Diese Modell geht
von vier bzw. fünf logischen Ebenen einer Datenbank aus, wobei jeder
logischen Ebene eine physische Ebene entspricht. Es erlaubt die
Beschreibung der kryptographischen Transformationen als Teilmenge möglicher Transformationen zwischen den physischen Ebenen einer Datenbank. Dieses Modell wird in Abschnitt 6.3 ausführlich dargestellt.

6.2   Anforderungen an die Datenverschlüsselung in Datenbehältern

6.2.1 Unterschiede zwischen Datenverschlüsselung auf Übertragungswegen und in Datenbehältern

Für die Implementierung eines Algorithmus für die Verschlüsselung von Daten in Dateien/Datenbanken ist es unerläßlich, die zum Teil erheblichen Unterschiede zwischen der Verschlüsselung der Daten für die Übertragung und der für die längerfristige Speicherung zu kennen. Es lassen sich nach Turn [Tur1] und Gudes [Gud1] folgende Unterschiede feststellen:

Anwendungsbezogene Unterschiede

1. In Datenübertragungssystemen werden die kryptographischen Transformationen an zwei verschiedenen Orten durchgeführt, so daß der Schlüssel für die Ver- und Entschlüsselung über einen sicheren Weg von einem zum anderen Ort übertragen werden muß. Im Gegensatz dazu findet die Verschlüsselung von Daten in Speichermedien an einem Ort statt und der Schlüssel braucht nur an diesem Ort gehalten zu werden. Andererseits birgt gerade die Schlüsselverwaltung für langfristige Datenhaltung verschlüsselter Daten verschiedene Probleme.

2) Der Schlüsselwechsel besteht bei der Übertragungsverschlüsselung darin, daß der neue Schlüssel den alten ersetzt - vorausgesetzt, das Übertragungsnetz läßt sich 'austrocknen'. Bei der Verschlüsselung von Daten in Speichermedien führt der Schlüsselwechsel zu einer Umschlüsselung, d.h. zu einer Entschlüsselung der Daten mit dem alten Schlüssel und einer Verschlüsselung mit dem neuen Schlüssel. Auf die Archivdateien zur Reservehaltung der Daten (back-up Dateien) muß u.U. das gleiche Verfahren angewendet werden oder Vorkehrungen für die Haltung der verschiedenen Schlüsselgenerationen getroffen werden.

3) In Übertragungssystemen ist der Zeitraum, in dem die Nachrichten verschlüsselt vorliegen, relativ kurz verglichen mit dem Zeitraum der Haltung verschlüsselter Daten in Dateien/DB. Einem Angreifer, dem der erlaubte Zugriffspfad verwehrt ist, sich aber durch Umgehung der Zugriffskontrollmechanismen den Zugang zu den verschlüsselten Daten beschafft hat, stehen diese über einen längeren

Zeitraum zur Verfügung.

4) Bei der Datenübertragung ist in der Regel ein Akteur beteiligt. Eine Datei hingegen kann von mehreren Akteuren gleichzeitig benutzt werden. Dies hat Konsequenzen für das Autorisierungskonzept: die Vergabe des Schlüssels zu einem Datensatz z.B. ist nicht notwendigerweise gleichberechtigt mit der Zuweisung der Zugriffsberechtigung zu einem bestimmten Datenelement in diesem Satz.

5) Während der Übertragung werden Daten nicht geändert, dagegen müssen die Daten in Dateien/DB selektiv und/oder in unregelmäßigen bzw. regelmäßigen Zeitabständen geändert werden können. Die Schlüsseltexte vor und nach einer auch nur geringfügigen Änderung sollten keine Ähnlichkeit aufweisen.
Die Datenbanken sind im allgemeinen so organisiert, daß selektiv auf die einzelnen Datensätze zum Zwecke des Änderns, Löschens, Einfügens zugegriffen werden kann. Daraus folgt für die Verschlüsselung, daß die einzelnen Sätze unabhängig voreinander verschlüsselt werden müssen, d.h. die Verschlüsselung/Entschlüsselung eines Satzes darf nicht von einem anderen Satz abhängig sein. Die häufig verwendete Vernam-Verschlüsselung mit einer Pseudo-Zufallszahlenfolge mit langer Periode eignet sich daher vornehmlich für die Archivierung von Datenbanken.

6) Bei der Datenübertragung dürfen u.U. diejenigen Zeichen (Signalfolgen) nicht im Schlüsseltext auftreten, die von den Steuereinrichtungen (Leitstationen) als Steuerzeichen interpretiert werden. Bei der Verschlüsselung von Daten in Dateien/DB bestehen diese Restriktionen bezüglich des Alphabets des Schlüsseltextes nicht.

7) Bei der Übertragung von Daten kann es zu Übertragungsfehlern durch Signalumformung, Nebensprechen, Rauschen etc. kommen, die je nach verwendeten Verschlüsselungsverfahren gravierende Folgen für die Wiederherstellung des Klartextes haben können. Die Fehler bei der Speicherung sind dagegen seltener und auch eher zu erkennen und leichter zu beheben.

8) Bei der Verschlüsselung durch Software steht im Zentralrechner mehr Rechenkapazität zur Verfügung als in einer Benutzerstation (Vorort-Station). Trotzdem werden mehr und mehr intelligente Terminals die Verschlüsselung bei DB/DC-Verarbeitung übernehmen, um die Zentral-

einheit zu entlasten und um das Sicherheitsrisiko zu minimieren.

9) Die Daten in Dateien und Datenbanken - allgemein: in Datenbehältern
   - sind zum Zwecke der Verarbeitung und nicht um der Speicherung
   willen gespeichert. Hsiao und Baum vergleichen in [Bsi1] deshalb
   die zu schützenden Daten mit Juwelen in einem Tresor. Solange sie
   sich im Tresor befinden, kann ihre Sicherheit garantiert werden. Es
   ist jedoch ihre Bestimmung gezeigt, d.h. getragen zu werden. Das
   Problem liegt darin, auch dann den hohen Sicherheitsgrad auf-
   rechtzuerhalten. Bei Daten führt dieses Sicherheitsproblem zu der
   Farge nach einer Chiffre, die operationsinvaiant ist (processable
   cipher), sodaß die Daten während der Verarbeitung im Hauptspeicher
   nicht im Klartext vorliegen müssen.

6.2.2 Anforderung an Chiffren für die Verschlüsselung von Daten in Datenbanken

Es werden kurz die Anforderungen an eine Chiffre für die Daten in
Datenbanken angegeben, die nur teilweise mit den Anforderungen für die
der Übertragung von Daten identisch sind.

1) Verschlüsselung und Entschlüsselung sollten einfach, d.h. nicht
   zeitkomplex sein.

2) Die kryptographische Stärke der Chiffre sollte hoch sein. Falls die
   Sensitivität der zu schützenden Information zunimmt, sollte eine
   andere Chiffre zur Verfügung stehen.

3) Die Chiffre sollte unabhängig von der Länge der Nachricht sein,
   also auch die Länge eines Datenelementes haben.

4) die fehlerhafte Verschlüsselung einer kleinen Datenmenge sollte
   nicht dazu führen, daß ein großer Datenblock nicht zu entschlüsseln
   ist.

5) Die Integrität der Daten sollte durch einen Editierprozeß der
   chiffrierten Daten durch normale Edit-Funktionen, wie Löschen, Einfügen, Substituieren ganzer Zeichenketten nicht zerstört werden.

6) Die Chiffre sollte die Länge der Nachricht nicht oder unwesentlich

erhöhen.

7) Die Chiffre sollte von der Art sein, daß die Sicherheit selbst dann
   gewährleistet ist, wenn der Verschlüsselungsalgorithmus bekannt
   ist.

Darüberhinaus entstehen einige Probleme dadurch, daß die Daten verschlüsselt sind. Der unbefugte Entschlüßler hat genügend Zeit, zum
vorliegenden Schlüsseltext Hinweise auf den Klartext zu erlangen. Der
zweite Problembereich ist der der gemeinsamen Nutzung (sharing) und
der operationsinvarianten Verarbeitung.

1) das Problem, daß die Nachrichten auch unverschlüsselt vorliegen
   (decoded message problem) führt zum Angriff mit Klartext-
   Schlüsseltext (known-plaintext - cipher-text attack).

2) das Problem der eingeschränkten Syntax bei Programmiersprachen; der
   Kryptoanalytiker kennt die restriktiven Eigenschaften der Sprachen.

3) das Problem, arithmetische Operationen auf den Daten auszuführen:
   falls die Daten im Rechner nicht entschlüsselt werden können oder
   sollen, können arithmetische Operationen auf starken Chiffren nicht
   ausgeführt werden.

4) das Problem des überlappenden Zugriffs:
   Zugriff zu den gleichen Feldern mit verschlüsselten Daten ist
   mehreren Benutzern möglich, zu anderen Feldern nicht,
   d.h. das Zugriffsrecht kann hier nicht mehr über den (gemeinsamen)
   Schlüssel geregelt werden.

6.2.3   Operationsinvariante Chiffren und Krypto-Homomorphismen

Ein Nachteil - wenn nicht der schwerwiegenste - verschlüsselter Daten
besteht darin, daß sie, bevor sie verarbeitet werden können,
dechiffriert werden und im Fall, daß sie geändert werden, wieder verschlüsselt werden müssen. Wünschenswert wäre eine Chiffre, auf der
gewisse Operationen ausgeführt werden können, wie Vergleich, Abfrage,
Sortieren oder sogar arithmetische Operationen. Der Nachteil dieser
Chiffren besteht jedoch darin, daß sie nicht sicher genug sind gegenüber unbefugter Entschlüsselung. Dieser Nachteil ist abzuschätzen
gegenüber zwei Vorteilen, die die "verarbeitbaren" oder operationsinvarianten Chiffren bieten:

1) die Daten befinden sich in chiffrierter Form im Speicher

2) die Verarbeitungszeit wird durch den Fortfall der Entschlüsselung
   und eventuellen Verschlüsselung reduziert.

Eine Möglichkeit, den Nachteil einer zu schwachen Chiffre zu umgehen,
besteht darin, die Chiffre als Produkt von zwei Verschlüsselungsoperationen, z.B. Permutation und Substitution, zu erzeugen. Zur operationsinvarianten Verarbeitung wird eine Verschlüsselungsoperation -
meist mit einem systemseitig bereitgestellten Schlüssel - "zurück-
genommen". Man erhält auf diese Weise eine starke Chiffre für die Daten, die längerfristig auf externen Speichern gehalten werden und eine
relativ schwache, aber verarbeitbare Chiffre für die Daten im Hauptspeicher während der Verarbeitung. Der Mehraufwand für die Verschlüsselung / Entschlüsselung kann durch geeignete Hardware-
implementierung des Verschlüsselungsmoduls reduziert werden.

Ein weitaus schwierigeres Problem als die Verarbeitung von chiffrierten alphabetischen Daten mit den oben angegebenen Operationen ist die
Ausführung arithmetischer Operationen auf chiffrierten numerischen Daten.
Das Problem ist ein zweifaches:

1) es muß eine Transformation gefunden werden, die das algebraische
   System des Benutzers (das algebraische System des Klartextes),
   bestehend aus einer bestimmten Klasse von Zahlen, aus den Operationen und ausgewählten Konstanten in ein anderes System, in das System des Rechners (das algebraische System der Chiffre), überführt.

es muß die Frage geklärt werden, was der Benutzer dem Rechner (in Form
von Benutzerprogrammen) mitteilen muß, um die Operationen auf dem
Schlüsseltext auszuführen, ohne daß die Sicherheit der Chiffre beeinträchtigt wird.

Einen Lösungsansatz für diese Problem gibt Rivest in [Riv4] unter der
Bezeichnung "privacy hcmomorphism" (Krypto-Homomorphismus), da sich
die Transformation als ein Homomorphismus aus dem algebraischen System
der Chiffre in das algebraische System des Benutzers darstellt.

Bevor wir auf dieses Problem zurückkommen, wollen wir diejenigen
Chiffren alphabetischer Daten untersuchen, die abfragbar (retrievable)
und sortierbar (sortable) sind. Am Beispiel der Dateiverschlüsselung
soll dann eine Produktchiffre als verarbeitbare Chiffre behandelt werden.

Abfragbare Chiffren

Eine abfragbare Chiffre ist eine solche, die für den gleichen Klartext
(Kt) immer den gleichen Schlüsseltext (St) liefert, also
$$Kt_1 = Kt_2 \iff St_1 = St_2$$

Diese Forderung schließt die Anwendung der polyalphabetischen Substitution aus, wenn nicht der in Frage kommende Text mit der gleichen
Schlüsselposition verschlüsselt wird. Nur die monoalphabetischen
Chiffren sind abfragbare Chiffren (vgl. Kap.3.1.3.1). Jedoch sind
monoalphabetische Chiffren nicht sicher genug.

Sortierbare Chiffren

Eine sortierbare Chiffre muß folgender Bedingung genügen:
$$Kt_1 > Kt_2 \iff St_1 > St_2 \quad \text{oder}$$
$$Kt_1 > Kt_2 \iff St_2 > St_1$$

Eine sortierbare Chiffre ist auch eine abfragbare.

Erhöhung der Sicherheit verarbeitbarer Chiffren durch Produktchiffren

Gudes gibt in [Gud1] ein Beispiel einer Dateiverschlüsselung, bei der
die Sicherheit durch Transposition (Permutation) und Substitution

erhöht wird gegenüber einer einzelnen Verschlüsselungsoperation.
Folgende Forderungen werden an die Datei und deren Verschlüsselung gestellt:

(i)   Zugreifbarkeit: der Zugriff auf einen Satz i sollte aus Gründen
                         der Effizienz nicht den Zugriff auf einen ande-
                         ren Satz j implizieren; d.h. der verschlüsselte
                         Satz soll genau dieselben Felder enthalten wie
                         die Klartextversion dieses Satzes

(ii) Verarbeitbarkeit: alle Felder eines Satzes sollen abfragbar,
                         einige Felder sollen sortierbar sein

(iii) Einfachheit: für alle Sätze soll der gleiche
                        Verschlüsselungs-Algorithmus anwendbar sein.

Die Datei besteht aus n Sätzen gleicher Länge mit folgender Struktur:

$$\text{ident} \quad f_1 \quad f_2 \quad f_3 \quad \ldots\ldots\ldots\ldots \quad f_m$$

Dabei bedeutet 'ident' der Satzidentifikator und die f sind die Fel-
der fester Länge l . Um die Forderung (ii) zu erfüllen, muß durch die
Verschlüsselung die Feldstruktur im Satz erhalten bleiben. Es wird
deshalb eine Transpositionschiffre in der Weise gewählt, daß die ein-
zelnen Felder aller Sätze umgestellt (permutiert) werden, wobei die
Permutation für jeden Satz verschieden ist. Zu diesem Zweck wird jedem
Satz ein Transpositionsschlüssel hinzugefügt, wodurch sich die obige
Satzstruktur in folgender Weise verändert:

$$\text{ident} \quad d_1 \quad d_2 \quad d_3 \quad \ldots\ldots\ldots \quad d_m \quad f_1 \quad f_2 \quad f_3 \quad \ldots\ldots\ldots \quad f_m$$

Die d_i sind dabei nichts anderes als Binärzahlen, die den Abstand -
die Distanz - des Feldes f_i vom Anfang des Satzes angeben.

Der gesamten Datei wird _ein_ Satz mit Substitutionsschlüsseln hinzugefügt, wobei die Länge der den einzelnen Feldern zugeordneten
Schlüssel s_i im einfachsten Fall gleich der Länge der Felder ist und
somit die Schlüssel als Vernam-Schlüssel dienen. Dieser zusätzliche
Satz - der Schlüsselsatz - der Datei hat folgende Struktur:

$$\text{id} \quad s_0 \quad s_1 \quad s_2 \quad s_3 \quad \ldots\ldots\ldots\ldots \quad s_m$$

Mit dem Schlüssel s_0 werden die Transpositionsschlüssel d aller Sätze
verschlüsselt, mit den s_i alle Felder f_i.

Die Verschlüsselung der Datei läßt sich nun in folgenden Schritten
durchführen:
1) man wählt eine geeignete Permutation für die Felder f_i,
   zweckmäßigerweise mit Hilfe eines Zufallszahlengenerators
2) man berechnet die Transpositionsschlüssel d_i und vertauscht die
   Felder entsprechend
3) man verschlüsselt jedes Feld f_i eines Satzes mit dem entsprechenden
   Substitutionsschlüssel s_i, sowie die jeweiligen Transpositionsschlüssel d_j mit dem Substitutionsschlüssel s_0

Man erhält auf diese Weise eine Produktchiffre, bestehend aus einer
Permutation (Transposition) und einer Substitution (Vernam-Chiffre).

Bewertung der Eigenschaften

Die Anforderung nach selektiver Abfrage (i) und nach Einfachheit (iii)
ist erfüllt. Um das Feld f_i in chiffrierter Form abzufragen, muß zunächst der Transpositionsschlüssel mit Hilfe des Sub-
stitutionsschlüssels s_0 entschlüsselt werden. Dies ist ein Kompromiß
mit der Anforderung (ii), daß alle Felder 'abfragbar' (retrievable)
sein sollen.
Der Aufwand für das Entschlüsseln des Transpositionsschlüssels ist
relativ gering, so daß nach dieser teilweisen Entschlüsselung die Daten in der verschlüsselten Form 'abfragbar' sind, denn die Vernam-
Chiffre ist eine abfragbare, jedoch ist sie nicht sortierbar. Eine
Substitutionschiffre mit dieser Eigenschaft ist - wie bereits
erwähnt - die Caesar-Chiffre (vgl. Kap.3.1.2.1).

Die Sicherheit des Verfahrens

Das System kann als sehr sicher betrachtet werden. Das Brechen eines
Satzes ist theoretisch unmöglich (Vernam-Chiffre). Um die gesamte
Datei zu knacken, muß zunächst der Transpositionsschlüssel gebrochen
werden, der jedoch hat m! mögliche Werte. m! ist in der Regel wesentlich größer als die Anzahl der Sätze der Datei. (z.B. m=10 und n=10⁵;
$m! \sim 3{,}7 \cdot 10^6$)
Werden die Transpositionsschlüssel d_i zufallsverteilt gewählt, so
erhält der Angreifer keinen Hinweis auf die Statistik des Schlüssels.

<u>Verarbeitung numerischer Daten</u>

Ein besonderes Problem ist die Verarbeitung numerischer Daten, mit denen arithmetische Operationen durchgeführt werden sollen. Fordert man z.B. für die Addition

$$Kt_1 + Kt_2 = Kt_3 \iff St_1 + St_2 = St_3,$$

so ist St =a•Kt eine mögliche Transformation, wobei a eine Zahl ist. Dies ist jedoch eine indiskutable Chiffre, wenn davon ausgegangen werden kann, daß der Angreifer den Wertebereich der Daten kennt oder leicht ermitteln kann. Die Forderung nach einer Transformation von Klartext in Schlüsseltext, die die arithmetischen Operationen selbst invariant läßt, kann nicht aufrechterhalten werden.
Der Ansatz von Rivest einer Transformation zwischen algebraischen Systemen, bei denen die Operationen ebenfalls transformiert, also nicht invariant bleiben, verspricht einen möglichen Ausweg aus dem Dilemma der Bereitstellung verarbeitbarer Chiffren. Wir stellen im nächsten Abschnitt diesen Ansatz von Rivest [Riv4] vor.

<u>Krypto-Homomorphismen</u>   (privacy homomorphisms)

Eine Algebra $A = \langle D_A; F_A; P_A \rangle$ besteht allgemein aus einer Menge D_A, dem Wertebereich von A und den endlichen (indizierten) Mengen F_A und P_A Funktionen (d.h. Operationen) und Prädikate (d.h. Relationen) auf D_A.
Explizit: $A = \langle D; f_1, f_2, \ldots\ldots; p_1, p_2, \ldots\ldots; s_1, s_2, \ldots\ldots \rangle$

D ist die Menge der ganzen Zahlen **Z**,
die f_i sind unäre Funktionen, wie Addition, Subtraktion, usw.,
die p_i sind unäre Prädikate, wie '$\leq$',
die s_i sind 0-äre Funktionen, also Konstanten.

Man kann nun zwischen dem algebraischen System des Benutzers und dem des Rechners unterscheiden. Die Verschlüsselung und Entschlüsselung läßt sich dann darstellen als Abbildung zwischen den Elementen zweier algebraischer Systeme, dem System B des Benutzers und dem System C des Computers:

$$B = \langle S; f_1, f_2, \ldots\ldots, f_k; p_1, p_2, \ldots\ldots, p_\ell; s_1, s_2, \ldots\ldots, s_m \rangle$$
$$C = \langle S'; f'_1, f'_2, \ldots\ldots, f'_k; p'_1, p'_2, \ldots\ldots, p'_\ell; s'_1, s'_2, \ldots\ldots, s'_m \rangle$$

Man muß jetzt geeignete (Verschlüsselungs-) Funktionen ϕ finden mit
der Eigenschaft ϕ: S' → S und ihre Inverse ϕ^{-1}: S → S'

Damit das System in der Lage ist, auf den verschlüsselten Daten zu
operieren ohne sie zu entschlüsseln, muß die Entschlüsselungsfunktion
ϕ ein Homomorphismus von C in B darstellen.
Dies bedeutet formal ausgedrückt:

1) $(\forall i)$ $(a,b,\ldots)$ $[f'_i(a,b,\ldots) = c ==> f_i(\phi(a),\phi(b), \ldots) = \phi(c)]$
2) $(\forall i)$ $(a,b,\ldots)$ $p'(a,b,\ldots) \equiv p(\phi(a), \phi(b), \ldots)$ und
3) $(\forall i)$ $\phi(s'_i) = s_i$

Zur Verarbeitung der Chiffren muß der Benutzer dem System eine
Beschreibung des algebraischen Systems C, z.B. in Form einer Softwareroutine liefern, die jede Operation f'_i, jedes Prädikat p'_i und jede
Konstante s'_i berechnen kann. Die Daten d_1, d_2, ... des Systems $S \subseteq \{d_i\}$
liegen in der Datenbasis in verschlüsselter Form vor, also als
$\phi^{-1}(d_1)$, $\phi^{-1}(d_2)$, dem System $S' \subseteq \{\phi^{-1}(d_i)\}$ zugehörend.

Will der Benutzer beispielsweise die Werte von $f_1(d_1,d_2)$ wissen, so
muß seine Routine folgende Berechnung durchführen:
$\qquad f'_i(\phi^{-1}(d_1),\phi^{-1}(d_2))$.
Da ϕ ein Homomorphismus ist, erhält man:
$\qquad \phi(f_1(\phi^{-1}(d_1),\phi^{-1}(d_2))) = f_1(d_1,d_2)$
d.h. das Ergebnis liegt in verschlüsselter Form vor, ohne daß die Daten der Datenbasis entschlüsselt werden mußten.

Im allgemeinen kann jedes beliebige Programm, das Berechnungen im System B des Benutzers ausführt, in ein Programm überführt werden, das
in der Lage ist, die Operationen im System C des Rechners auszuführen,
indem lediglich folgende Änderungen im Anwendungsprogramm oder durch
Verwendung einer anderen Makrobibliothek durchgeführt werden:
f_i zu f'_i; p_i zu p'_i; s_i zu s'_i

Inhärente Einschränkungen der Verwendung von Krypto-Homomorphismen

Einige Restriktionen schränken die Anwendung von Krypto-Homomorphismen
ein:
(1) Falls die im System C vorhandenen Operationen dem Computer die
    Bestimmung der verschlüsselten Form einer beliebigen Konstante
    erlauben und ein Prädikat '≤' für die Vollordnung definiert ist,

so gibt es keinen sicheren Krypto-Homomorphismus von C in B.
Dies folgt aus der Strategie der binären Suche (vgl. [Meh], z.B.

$B = \langle N; \ +; \ \leq; \ 0, \ 1 \rangle$
$C = \langle W; \ +'; \ \leq'; \ 0', \ 1' \rangle$

$\phi^{-1}(d)$ läßt sich durch folgende Schritte entschlüsseln:
$\phi^{-1}(1) = 1'$
$\phi^{-1}(2) = 1' \ +' \ 1'$
$\phi^{-1}(4) = \phi^{-1}(2) \ +' \ \phi^{-1}(2)$ usw. bis man ein k findet mit der Eigenschaft:
$\phi^{-1}(2) \geq' \ \phi^{-1}(d_i)$

Mit einer ähnlichen Strategie läßt sich d_i exakt berechnen.

(2) Das System C besteht aus den natürlichen Zahlen und den Operatio-
nen der Addition und der Multiplikation, dem Prädikat der binären
Gleichheit und dem Prädikat 'gleich Null'.
Das System hat dann die Fähigkeit, beliebige Konstanten auf
Gleichheit zu prüfen.
Der Beweis folgt aus: $x = k \iff (x \neq 0) \ \wedge \ \underbrace{(x^2 = x+x+\ldots\ldots+x)}_{k\text{-mal}}$

Lynch und Blum behandeln in [Lyn1] die Beziehung zwischen algebraischen Systemen, von denen das eine die Addition "simuliert". Weitere
Ergebnisse sind von [Lyn2] zu erwarten.

Beispiele_für_Krypto-Homomorphismen

Beispiel_1

Das System B besteht aus ganzen Zahlen modulo (p-1), wobei p eine
Primzahl ist, und den Operationen der Addition und der Subtraktion:

$B = \langle Z_{-1}; \ +_{-1}, \ -_{-1} \rangle$
$C = \langle Z_n; \ *_n, \ /_n \rangle$

Das System C besteht aus den ganzen Zahlen modulo n, wobei n=p·q, das
Produkt von p und einer großen Primzahl q ist. Ist g ein Generator
modulo p, so kann eine Entschlüsselungsfunktion ϕ^{-1} gewählt werden

mit:

$\varphi(x) \equiv g \pmod{n}$

und die Verschlüsselungsfunktion ist die Inverse "mod(p) Logarithmus zur Basis g". Aufgrund der Gesetze der Exponentiation ist φ ein Homomorphismus.

Falls n schwierig zu faktorisieren ist und sich aus der Primzahl p der Logarithmus modulo p hinreichend schnell berechnen läßt (vgl. [Poh2]), kann dem Rechner (in Form der Anwenderprogramme) mitgeteilt werden, ohne daß die Sicherheit gefährdet wird.

Beispiel 2

Das System B besteht aus den ganzen Zahlen modulo p mit der Operation der Multiplikation und dem Prädikat der Gleichheit:

$$B = \langle Z ; * ; \equiv \rangle$$
$$C = \langle Z_n; *_n; /_n\rangle$$

Ist $n = p \bullet q$, wobei q eine große Primzahl und n sehr schwer zu faktorisieren ist, so läßt sich φ^{-1} wählen zu:

$$\varphi^{-1}(x) = x^e \pmod{n}$$

Da $(x^e)(y^e) = (xy)^e$ ist, ist φ^{-1} ein Homomorphismus.
Dies ist das RSA-Verfahren der Implementation von Kryptosystemen mit offenem Schlüssel (vgl. [Riv1], [Riv3]).
Selbst wenn dem Rechner e und n bekannt sind, ist ein hoher Sicherheitsgrad gewährleistet.

Beispiel 3

Das System B besteht aus den ganzen Zahlen modulo n und den Operationen der Addition, der Subtraktion und der Multiplikation:

$$B = \langle Z_n; +_n, -_n, *_n\rangle$$

n ist das Produkt zweier großer Primzahlen $n = p \bullet q$ und schwer zu faktorisieren. Jedes Element Z_n wird als Zahlenpaar dargestellt, so daß

$$\varphi^{-1}(x) = (x \bmod p, \; x \bmod q) \text{ ist.}$$

Der Rechner berechnet die Summe, die Differenz oder das Produkt zweier
verschlüsselter Werte in der Weise, daß die Operationen komponentenweise modulo n ausgeführt werden.
Ohne die Kenntnis von p und q ist der Rechner nicht in der Lage,
irgendwelche Zahlen zu entschlüsseln.
Da für eine gegebene Zahl mehrere verschlüsselte Darstellungen möglich
sind, ist die Abfrage auf Gleichheit nicht möglich.

<u>Beispiel 4</u>

Das System B besteht aus den ganzen Zahlen und den Operationen der
Addition, der Substitution und der Multiplikation:

$$B = \langle Z; +, -, * \rangle$$

Der Benutzer wählt eine ganze Zahl n und stellt seine Daten in der
Wurzel-Notation dar. Die Anwendungsprogramme können auf diesen
Wertepaaren Operationen ausführen, ohne n und damit auch ohne die Daten im Klartext zu kennen, indem Stellenwerte zugelassen werden, die
größer als n sind.

z.B. für n = 17 folgt:

$\phi^{-1}(23) = (1, 4)$

$\phi^{-1}(44) = (2, 10)$

$\phi^{-1}(1012) = \phi^{-1}(23 \bullet 44) = (2,18,40)$

Ein Prüfen auf Gleichheit ist auch hier nicht möglich, da eine gegebene Zahl mehrere Darstellungen haben kann.

Ein anderes Beispiel, n = 15 :

$\phi^{-1}(21) = (1, 6)$

$\phi^{-1}(38) = (2, 8)$

$\phi^{-1}(21 \bullet 38) = (2, 20, 48) = \phi^{-1}(798)$

Durch Kombination zweier Systeme aus den vier hier gegebenen Beispielen lassen sich unter Verwendung von Brüchen Operationen auf rationa-
len Zahlen ausführen.
Diese Systeme sind jedoch nicht sicher genug gegen Anschläge mit ausgewählten Klartext.

Es können eine Reihe von Anforderungen an die Wahl des algebraischen Systems C des Computers und die Funktionen ϕ und ϕ^{-1} gestellt werden. Diese Anforderungen sind weitgehend mit denen in Kapitel 6.2.2 angegebenen identisch. Wir nennen deshalb hier nur die für den Krypto-Homomorphismus spezifischen Anforderungen:

(1) die Operationen f_i' und die Prädikate p_i' sollten effizient berechenbar sein

(2) die Operationen und Prädikate im System C sollten nicht zu einer effizienten Berechnung der Funktion ϕ führen.

Die Anwendbarkeit von Krypto-Homomorphismen

Die Krypto-Homomorphismen sind von begrenzter Anwendbarkeit, da Vergleichsoperationen, wie gezeigt, im allgemeinen nicht möglich sind. Untersuchungen sind notwendig, um die Fragen zu klären, ob es Krypto-Homomorphismen mit einem großen Operationsumfang gibt, die auch sicher genug sind, für welche algebraischen Systeme B sich überhaupt Krypo-Homomorphismen finden lassen und ob dieser Ansatz zweckmäßig und anwendbar ist.

6.3 Das Datenbankmodell zur Darstellung der Verschlüsselung in Datenbanken

6.3.1 Das Fünf-Ebenen-Modell nach Gudes

Die Einteilung einer Datenbank in verschiedene Ebenen findet sich in den meisten existierenden Datenbankmodellen. Durchgehend ist die Unterscheidung zwischen logischen Ebenen oder Strukturen und physischen Ebenen oder Strukturen. Im relationalen Datenbankmodell gibt es mindestens drei Ebenen:

1) die logische Ebene
2) die Ebene der Zugriffspfade
3) die Ebene der physischen Abspeicherung auf den Geräten.

Im CODASYL-Modell werden ebenfalls drei Ebenen unterschieden (vgl.[CODA]):

1) das Subschema
2) das Schema, beide beschreiben die logische Struktur
3) die Speicherebene, sie beschreibt die physische Struktur der Datenbank.

Das Schichtenmodell von Senko et al. (vgl. [Sen2]) gliedert sich in vier hierarchische Ebenen und ist unter dem Namen DIAM-Modell bekannt (Data Independent Accessing Model). Es ist ein Modell für datenunabhängige Datenbanksysteme.

1) die Ebene der logischen Datenstrukturen   (Entity Set Model)
2) die Ebene der logischen Zugriffspfade   (String Model) oder
    (Access Path Model)
3) die Ebene der Speicherstrukturen   (Encoding Model)
4) die Ebene der Speicherzuordnungsstrukturen   (Physical Device Model)

Der Vorschlag des US-amerikanischen Normenausschusses ANSI/SPARC für
ein Datenbankmodell sieht einen dreischichtigen Aufbau vor [ANSI]:

1) das externe Schema
2) das konzeptionelle Schema
3) das interne Schema

Dieses Modell wird auch als Koexistenzmodell bezeichnet, weil die externen Schemata alle bekannten Datenmodelle, die internen Schemata unterschiedliche Speicherungsmodelle abzudecken in der Lage ist.

Wir folgen hier dem von Gudes [Gud1] vorgestellten Modell, das ebenso
wie das DIAM-Modell vor Senko von zunächst vier Ebenen ausgeht und
gegenüber anderen Modellen für den hier verfolgten Zweck zwei entscheidende Vorteile aufweist, die weiter unten beschrieben werden:

1) mit Hilfe dieses Modells ist es möglich, den Sicherheitsaspekt und
   insbesondere die kryptographische Transformation deutlich zu machen
2) es läßt - im Gegensatz zu anderen Datenbankmodellen - mehr als eine
   physische Ebene zu und kommt damit der Realität näher als die anderen Modelle.

In den meisten herkömmlichen Systemen - einschließlich denen mit
virtuellem Speicher - können sich die Daten physisch in mehr als nur
einem Speichermedium befinden. Diese Unterscheidung ist aus sicher-
heitstechnischer Sicht sehr wesentlich; in den meisten Datenbankmodellen wird diese Unterscheidung jedoch nicht gemacht, es wird nur eine
physische Ebene betrachtet und zwar die Struktur des sekundären Speichers.
Im CODASYL-Modell entspricht der Subschema-Ebene das physische Medium
des Arbeitsbereichs des Benutzers, der Schema-Ebene das der System-
puffer, der Speicher-(-struktur)-Ebene das des sekundären Speichers.

Das hier verwendete Modell geht von vier logischen (oder abstrakten)
Ebenen aus, die die Daten beschreiben, die sich physisch in einem oder
mehreren physischen Medien befinden und daher auch entsprechend viele
Strukturen besitzen, d.h. also: zu jeder logischen Ebene gibt es eine
physische Ebene, die an ein physisches Medium gebunden ist.

Beschreibung der Ebenen und ihre Abgrenzung zu denen im CODASYL-
Modell:

1. Benutzer-logische Ebene

logischer Satz der Ebene 1: UR_{ij}
$U(DB) = \{UR_{i1}, UR_{i2}, \ldots\ldots, UR_{in_i}\}$

2. System-logische Ebene

logischer Satz der Ebene 2: LR_j
$S(DB) = \{LR_1, LR_2, \ldots\ldots, LR_s\}$

3. Ebene der Zugriffspfade

logischer Satz der Ebene 3: AR_i
$A(DB) = \{AR_1, AR_2, \ldots\ldots, AR_m\}$

4. Ebene des strukturierten
   Speichers

logischer Satz der Ebene 4: LP_r
$P(DB) = \{LP_1, LP_2, \ldots\ldots, LP_\rho\}$

Es kann für bestimmte Zwecke – z.B. für die nicht-strukturerhaltende
kryptographische Transformation – sinnvoll sein, eine weitere Ebene
einzuführen.

5. Ebene des unstrukturierten
   Speichers

logischer Satz der Ebene 5: LV_i
$V(DB) = \{LV_1, LV_2, \ldots\ldots, LV_n\}$

Außerdem gibt es noch eine Ebene vor der Ebene 1, der Benutzer-
logischen Ebene. Es ist die Ebene der Identifikation und Authentifikation des Benutzers.
Die Benutzer-logische Ebene entspricht der Weise, wie der Benutzer die
Datenbank sieht. Sie entspricht dem Subschema im CODASYL-Modell mit
der Ausnahme, daß diese Ebene nicht eine Teilmenge der System-
logischen Ebene darstellt. Es kann aber gerade wichtig sein, komplexe
Transformationen zwischen diesen Ebenen zu betrachten. Normalerweise
gibt es in einer Datenbank mehrere Benutzer-logische Ebenen.

Die System-logische Ebene beschreibt die gesamte Datenbasis. Sie entspricht dem Schema im CODASYL-Modell mit dem Unterschied, daß In-
dextabellen, Inhaltsverzeichnisse und Zugriffspfade nicht zur System-
logischen Ebene gehören.

Die Zugriffsebene beschreibt die Inhaltsverzeichnisse, die Indextabel-
len und alle Zugriffspfade in der Datenbasis.

Die Ebene des (strukturierten) Speichers ist durch die Anwendung der
Zugriffsebene auf einer bestimmten physischen Speicher gegeben und

beschreibt die spezielle Eigenschaft eben dieses Speichers.

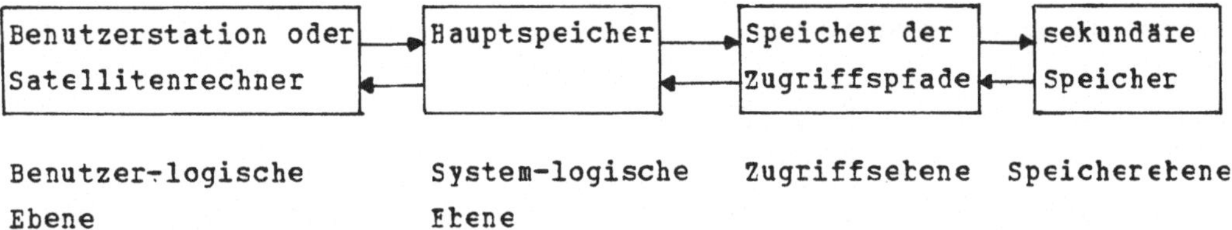

Benutzer-logische   System-logische   Zugriffsebene   Speicherebene
Ebene   Ebene

Die Benutzer-logische Ebene beschreibt die Daten, wie sie dem Benutzer
an der Schnittstelle in Erscheinung treten.
Die System-logische Ebene liefert die Interpretation der Daten im
Hauptspeicher.

Formale Beschreibung, Notation

Die kleinste adressierbare Einheit in einer Datenbank ist das Datenelement (data item), bezeichnet mit d_i, mit den folgenden Eigenschaften:
1) Interpretation: was bedeutet es, wofür wird es gebraucht
2) Länge
3) Wert
4) Darstellung (Codierung)
5) Adresse

Jede physische Ebene der Daten besteht aus einer Menge von Datenelementen, deren Interpretation entweder in einer Teilmenge seiner Datenelemente oder in der logischen Beschreibung dieser Ebene oder außerhalb der Datenbank, z.B. in einer Broschüre, enthalten ist.

Ein physischer Satz j der Ebene i wird bezeichnet mit
PR_j^i , seine Adresse mit A_j .

Ein physischer Satz ist ein geordnetes Tupel von Datenelementen:
$PR_j^i = (d_{1j}^i , d_{2j}^i , \ldots\ldots , d_{nj}^i)$

Die Adresse eines Datenelementes d_{kj}^i ist gegeben durch seine relati-
ve Position und durch die Länge der vor ihm stehenden Datenelemente.
Diese Längen können durch andere Datenelemente oder durch die logische
Beschreibung dieses physischen Satzes gegeben sein.
Die Aufeinanderfolge der Datenelemente innerhalb eines physischen
Satzes ist somit von Bedeutung für die Adressierung der einzelnen

Elemente.

Die physische Datenbank der Ebene i besteht aus der Menge physischer Sätze auf dieser Ebene:

$$PB(i) = \{PR_1^i, PR_2^i, \ldots\ldots, PR_m^i\}$$

In der Wirklichkeit existieren nur Teile einer Datenbank auf den einzelnen Ebenen, außer auf der vierten Ebene, auf der die gesamte Datenbasis besteht.

Weitere Definitionen:

- Zwei Datenelemente werden als <u>ähnlich</u> bezeichnet, wenn sie die gleiche Interpretation haben.

- Ein Feld ist die abstrakte Bezeichnung für eine Menge ähnlicher Datenelemente. Ein Feld hat keine Werte, jedoch gewöhnlich einen eindeutigen Namen oder Identifikator. Ein Feld j der Ebene i wird bezeichnet mit F_j^i .

- $d_j \sim F_k$ bedeutet: d_j ist die Darstellung des Datenelements des Feldes F_k .

- Ein logischer Satz besteht aus einer Menge von Feldern mit eindeutigem Namen oder Identifikatoren. Die Ordnung (d.h. die Aufeinanderfolge) der Felder in einem logischen Satz ist unerheblich, weil jedes Feld durch seinen Namen identifiziert werden kann. Logische Sätze der Ebene i werden bezeichnet mit: LR_j^i .

- Der Zusammenhang zwischen logischen und physischen Sätzen: Ein physischer Satz ist die Darstellung (occurence) eines logischen Satzes, ein Datenelement ist die Darstellung (occurence) eines Feldes.

- Eine logische Datenbank der Ebene i besteht aus einer Menge logischer Sätze und ihrer Interpretation, die in der zugehörigen Datenbeschreibungssprache DL(i) enthalten ist.
  Die logische Datenbank der Ebene i wird bezeichnet mit LDB(i)

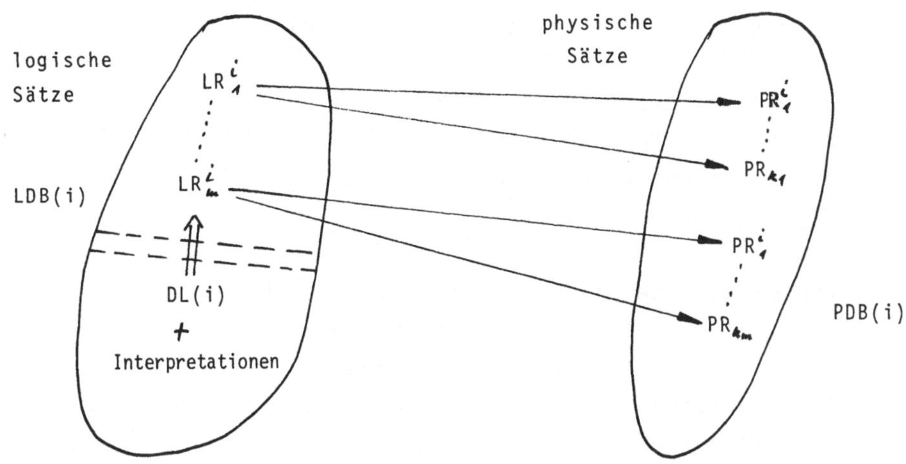

Abb. 90 Der Zusammenhang zwischen der logischen Ebene, der physischen
Ebene einer Datenbank, der logischen und der physischen Sätze

Vorteile des DB-Modells mit mehreren Ebenen

Die Einführung von mehr als einer physischen Ebene hat den Vorteil,
daß sich die Mechanismen zum Schutz der Daten - wie Autorisierungsmechanismen, Zugriffsschutzmechanismen und Mechanismen zur Verschleie-
rung der Informationen durch kryptographische Transformation - klarer
darstellen lassen. Man kann (in Anlehnung an Gudes) die kryptographische Transformation als Transformation zwischen zwei aufeinanderfolge-
ne physische Ebenen betrachten.

Allgemein: Kryptographische Transformationen sind eine Teilmenge der
Transformationen zum Schutz der Daten zwischen zwei physischen Ebenen einer Datenbank [Gud1]

Wir betrachten zunächst mögliche Transformationen zwischen den physischen Ebenen 1 und 2, die durch die Benutzer-logische und die System-
logische Ebene beschrieben werden.

Unter der Voraussetzung, daß
1) die kryptographische Transformation durch systemseitige Funktionen
durchgeführt werden und
2) der gemeinsame Zugriff (sharing) erhalten bleiben soll, können nur
solche Kryptoverfahren angewendet werden, die die Struktur der
Datenelemente erhält.

Man kann drei Typen von Transformationen unterscheiden:

Typ 1: die Substitution der Datenelemente
Typ 2: die Expansion der Datenelemente
Typ 3: die Kontraktion der Datenelemente

<u>zu Typ 1</u>:

Die Substitution eines Datenelementes läßt sich beschreiben durch:

$$d^1_i = f(d^2_j) \qquad \text{Verschlüsselung}$$
$$d^2_j = f^{-1}(d^2_i) \qquad \text{Entschlüsselung}$$

Vorteil: die Transformation ist strukturerhaltend,
die Transformation ist einfach,
auf den chiffrierten Datenelementen lassen sich gewisse
Operationen, wie Anfrage (query), durchführen (Operationsinvarianz).

Nachteil: die Chiffre ist nicht sicher genug.

<u>zu Typ 2</u>:

Bei der Expansion handelt es sich um eine Transformation eines Datenelementes der System-logischen Ebene zu mehreren der Benutzer-logischen.

$$d^2_i = f(d^1_j, d^1_{j+1}, \ldots, \ldots, d^1_{j+k})$$

Es gibt auf der System-logischen Ebene <u>ein</u> Datenelement 'Personaldaten', dem auf der Benutzer-logischen Ebene drei Elemente entsprechen: 'Name', 'Alter', 'Geschlecht', wobei das Datenelement (dessen Auftreten im physischen Satz) der System-logischen Ebene, die chiffrierten Daten der drei Felder (deren Auftreten in physischen Sätzen) der Benutzer-logischen Ebene entsprechen.

Vorteil: sicherer als die Transformation des Typs 1
Nachteil: es können keine Anfragen (queries) mehr durchgeführt werden,
denn die verfeinerte Struktur der Benutzer-logischen Ebene
ist auf der System-logischen zerstört und auf dieser werden
Anfragen ausgeführt.

<u>zu Typ 3</u>:

Die Kontraktion ist eine Transformation von einem Datenelement der Benutzer-logischen Ebene auf mehrere der System-logischen Ebene:

$$d^1_i = f(d^2_j, d^2_{j+1}, \ldots\ldots, d^2_{j+k})$$

6.3.2 Diskussion der Transformationen zwischen den einzelnen Ebenen

Wir betrachten Transformationen zwischen der System-logischen Ebene,
der Ebene der Zugriffspfade und der Ebene des strukturierten Speichers.

$$\boxed{\text{System-log. Ebene}} \longleftrightarrow \boxed{\text{Ebene der Zugriffspfade}} \longleftrightarrow \boxed{\text{Ebene des Speichers}}$$

Ebene 2   Ebene 3   Ebene 4

Aus Gründen der Vereinfachung wird angenommen, daß zu den Ebenen der
Zugriffspfade und des Speichers nur ein Speichermedium gehört.
Es lassen sich drei Transformationen unterscheiden:

1) Transformation durch Substitution (Ersetzung)
2) Transformation durch Transposition (Versetzen, Permutation)
3) Transformation der Zugriffspfade.

zu 1.: Transformation durch Substitution (Ersetzung)

$$d^2_i = f(d^4_j)$$
$$d^4_j = f^{-1}(d^2_i)$$

Die Bedeutung dieser Transformation liegt darin, daß sie die Definition einer Chiffre erlaubt, die operationsinvariant ist (processable
cipher), d.h. es sollen auf den chiffrierten Daten die gleichen Operationen möglich sein, denen diese Datenelemente im Klartext unterzogen
werden können.

Es seien $d^2_1 = f(d^4_1)$ und $d^2_2 = f(d^4_2)$ zwei Datenelemente der Ebene 2
(Systemebene), G eine Operation, die auf den Datenelementen der Ebene 2 und G^1 eine Operation, die auf den Datenelementen der Ebene 4
ausgeführt wird, dann heißt f "verarbeitbar" (processable), dann und
nur dann, wenn:

$$\exists\ G,G^1: \qquad G(d^2_1,d^2_2) = f(G^1(d^4_1,d^4_2))$$

Wird auch noch $G = G^1$ gefordert, z.B. Vergleichsoperationen, so erhält
man:

$$d^4_1 = d^4_2 \Longleftrightarrow f(d^4_1) = f(d^4_2) \Longleftrightarrow d^2_1 = d^2_2$$

Eine durch diese Transformation f erhaltene Chiffre wird "abfragbare"
Chiffre (retrievable cipher) genannt, sie erlaubt die Suche und Abfrage nach Daten in verschlüsselter Form.

Das Problem der Erstellung abfragbarer Chiffren wurde bereits in Kapitel 6.2.3 behandelt.

<u>zu 2.</u>: Transformation durch Transposition (Versetzen)
Dieses Verfahren besteht darin, daß die einmal festgelegte Abfrage der Datenelemente in einem physischen Satz, die für die Adressierung dieser Datenelemente notwendig ist, in der Weise geändert wird, daß sich diese Ordnung von Satz zu Satz ändert.

Sei LP ein logischer Satz der Ebene 4: LP = (F_1, F_2, F_3) und die dazugehörigen physischen Sätze

$$PR_1 = (d_{11}, d_{12}, d_{13})$$
$$PR_2 = (d_{21}, d_{22}, d_{23})$$
$$PR_3 = (d_{31}, d_{32}, d_{33})$$

dann sei die Zuordnung der Datenelemente zu den zugehörigen Feldern:

$$d^{11} \sim F^1; \quad d^{22} \sim F^1; \quad d^{33} \sim F^1$$
$$d^{12} \sim F^2; \quad d^{21} \sim F^2; \quad d^{32} \sim F^2$$
$$d^{13} \sim F^3; \quad d^{23} \sim F^3; \quad d^{31} \sim F^3$$

Vorteil: dieses Versetzungsverfahren ist effizient gegen unerlaubtes Blättern, da der ungefugte Eindringling nicht die Anfangsadresse kennt und somit nicht die Zuordnungen.
Nachteil: die Zugriffszeit wird erhöht.

<u>zu 3.</u>: Die Transformation der Zugriffspfade
In diesem Fall wird nur das Datenelement chiffriert, das den Übergang von einem Zugriffs-Satz zu einem anderen herstellt.

z.B. LR = (NAME, F_2, GEHALT, F_4) und
      AR_1 = (NAME, F_2, A), wobei A = Adresse zu AR_2
      AR_2 = (GEHALT, F_4)

In diesem Fall ist also nur der Zugriffspfad verschlüsselt worden, wodurch die Zuordnung des Gehalts zum Namen unterbunden worden ist, wobei die Werte für GEHALT und NAME nicht verschlüsselt zu werden brauchen.

Transformation zwischen der Ebene des strukturierten Speichers und der des unstrukturierten Speichers, d.h. zwischen der Ebene 4 und der Ebene 5.

Die kryptographische Transformation zwischen diesen Ebenen zerstört
die Struktur der Datenbasis und ist daher nur zum Zweck der
Reservehaltung (backup) und zum Datentransport auf portablen Speichermedien (in der Regel Magnetband) geeignet (data migration).

Es können hier beliebig sichere Verfahren angewendet werden.
Ein interessantes Verfahren zur Gewährleistung der Integrität der Daten gibt Lindsay in [Lin1] für die Datenauslagerung und den Datentransport. Dabei kann nach der Restaurierung festgestellt werden, ob
an den ausgelagerten Daten zwischenzeitlich unbefugte Änderungen vorgenommen worden sind. Wir kommen in Kapitel 7 (Authentifizierung) noch
einmal darauf zurück.

Wie bereits in Kapitel 3 erwähnt, hat Shannon auf die Tatsache hingewiesen, daß durch Kombination von Elementarfunktionen - wie Substitution und Permutation (Transposition) - die kryptographische
Stärke der so erzeugten Chiffre (Produktchiffre) wesentlich erhöht
werden kann.
Aus den soeben behandelten Transformationen - Substitution, Permutation, Zugriffspfad - ergeben sich die Kombinationen:

a) Zugriffspfad - Substitution (Bsp.: Invertierte Datei, B-Bäume)
b) Zugriffspfad - Permutation (Transposition)
c) Substitution - Permutation
d) Substitution - Permutation - Zugriffspfad.

6.3.3 Neuere Entwicklungen in der Datenbanktechnologie

Neuere Entwicklungen in der Hardware- und Kommunikationstechnik haben
das Interesse auf unterschiedliche Datenbankarchitekturen und -kon-
figurationen entstehen lassen:

- Intelligente Vorortverarbeitung, sei es durch intelligente
  Terminals oder durch entsprechende Minicomputer. Sie wickeln die
  Interaktionen des Benutzers mit dem System ab und verarbeiten weit-
  gehend die Benutzeranfragen (queries) an die Datenbank.

- Datenbankrechner (data base computer) oder
  nachgeordnete Rechner (back-end processor), bei denen die
  Adressierungs- und Suchfunktionen in spezielle Hardwarekomponenten

(u.a. Mikroprozessoren) verlegt sind, wobei durch entsprechende
Konfigurierung eine Parallelisierung der Suchvorgänge erreicht wird
[Hsi2].

- Verteilte Datenbanken (distributed data bases) stellen im Grunde
  eine Verallgemeinerung der beiden DB-Architekturen dar. Hierbei
  sind Teile der Datenbasis oder auch des Datenbanksystems über
  mehrere Knoten des Netzes verteilt.

Mit Hilfe des Fünf-Ebenen-Modells lassen sich die Sicherheitsprobleme
dieser drei Datenbankarchitekturen analysieren. Das Modell läßt sich
auch auf verteilte Systeme anwenden, jedoch muß die Frage, an welchen
Stellen des verteilten Systems die Zugriffrechte gespeichert werden
sollen, als offenes Forschungsproblem betrachtet werden.

6.4   Schlüsselkonzepte_in_Datenbanken

6.4.1 Systemseitige_und_benutzerseitige_Verschlüsselung

Wie schon ausgeführt wurde, können kryptographische Transformationen
als Transformationen zwischen zwei benachbarten physischen Ebenen
angesehen werden und bilden einen wirksamen Sicherheitsmechanismus.
Als Schutzmechanismen können sie auf zwei verschiedene Arten implementiert sein, wobei sich die Art der Implementation ganz wesentlich auf
die Schlüsselbehandlung bezieht. Dabei hängt die jeweilige Implementation wesentlich von der Struktur der DB und der Weise ab, in der das
Sicherheitskonzept und ihre Durchsetzungsmechanismen im System kon-
zipiert sind.

Die_systemkontrollierte_kryptographische_Transformation

Als vollständig vom System kontrollierter Schutzmechanismus ist die
kryptographische Transformation nicht an ein Autorisierungskonzept und
damit an die benutzerseitigen Sicherheitsspezifikationen gebunden.
Diese Anwendungsart ist analog zu der ebenfalls systemkontrollierten
Leitungsverschlüsselung. Sie bietet einen wirksamen Schutz gegen Einsichtnahme und Abhörer von Kommunikationspfaden innerhalb des Systems.
Der Benutzer nimmt in der Regel keine Kenntnis vom Vorhandensein die-

ser Art kryptographischer Transformation, zumal die Schlüssel hierfür
unter der Kontrolle des Systems oder höchstens des Daten-
bankadministrators stehen. Jedoch müssen diese Schlüssel - im Gegensatz zur benutzerkontrollierten Implementation - im Rechner selbst gespeichert und der Zugriff zu ihnen durch systemseitige Zugriffsschutz-
maßnahmen geschützt werden.
Diese Art der Implementation von Kryptofunktionen, systemkontrollierte
kryptographische Transformation und der Zugriffsschutz zu seinen
Schlüsseln mit Hilfe systemseitig bereitgestellter Zugriffskontrollmechanismen, können gemeinsam einen angemessenen Schutz bieten, zumal
die einzelnen Mechanismen die 'schwachen' Punkte des anderen Mechanismus kompensieren.

Die benutzerkontrollierte kryptographische Transformation

Die Schlüsselbehandlung ist bei dieser Art der Implementation, bei der
die Benutzer die Schlüssel zu denjenigen Daten besitzen, auf die zuzugreifen sie berechtigt sind, zwar unabhängig von der Speicherung im
System und der Gewährleistung der Sicherheit der Schlüssel, aber es
treten hier die Probleme der Schlüsselhandhabung auf, die entstehen
1) durch die gemeinsame Benutzung der Daten oder Datenelemente und
2) dadurch, daß sich die Zugriffsberechtigungen der einzelnen Benutzer
auf verschiedene Datenbereiche überlappen. Diese Probleme treten nicht
auf, wenn jeder Benutzer nur zu einem bestimmten Teil der DB oder zu
einer ganzen Datei zugreifen darf. Dieser Teilbereich einer DB oder
die gesamte Datei kann dann mit einem einzigen Schlüssel verschlüsselt
werden, den der berechtigte Benutzer besitzt. Dieser Fall ist jedoch
in Bezug auf die DB unrealistisch, denn die DB soll gerade von mehreren Benutzern und zwar auch gleichzeitig auf der Grundlage festgeleg-
ter Sicherheitsspezifikationen genutzt werden.

McCauley hat in [Mcc] eine Lösung für die oben genannten Probleme vorgeschlagen. Die DB wird in sogenannte "Sicherheitsatome" zerlegt. Jeder Benutzer hat entsprechend den Autorisierungsspezifikationen Zugriff zu einer Teilmenge dieser Sicherheitsatome.
Eine Möglichkeit, benutzerkontrollierte kryptographische Transformation zu implementieren, wäre (nach Gudes), jedes Sicherheitsatom einer
Datenbank mit je einem Schlüssel zu verschlüsseln und diese Schlüssel
in Übereinstimmung mit den Autorisierungsspezifikationen an die Benutzer und an den DBA zu verteilen.
Die Implementationen, bei denen nur der berechtigte Benutzer einen

Schlüssel besitzt, haben jedoch zwei entscheidende Nachteile:

1) die Daten werden mit einem falschen Schlüssel entschlüsselt,
2) der organisatorische Aufwand, die benutzerkontrollierte
   kryptographische Transformation seinerseits zu kontrollieren kann -
   besonders bei verteilten Systemen - ganz erheblich sein.

Im ersten Fall muß ein Mechanismus gefunden werden, der einen falschen
Schlüssel erkennt und die kryptographische Transformation verhindert,
um irreparable Schäden an den betroffenen Daten zu vermeiden. Die
kryptographische Transformation führt also durch Verwendung eines falschen Schlüssels zur Veränderung bzw. Vernichtung der in den Daten
enthaltenen Informationen.
Im Falle eines Eindringlings, der den falschen Schlüssel nach Umgehung
der Zugriffskontrollmechanismen oder nach Aneignung fremder
Authentifizierungsmerkmale anwendet, führt dies zu einer absichtlichen
oder unabsichtlichen Veränderung, im Falle des berechtigten Benutzers,
der versehentlich einen unpassenden (falschen) Schlüssel wählt, zu einer unabsichtlichen Veränderung der Daten.
Im zweiten Fall ist das Zusammenwirken der Benutzer untereinander beim
Schlüsselwechsel für gemeinsame Daten und zwischen den Benutzern und
dem DBA bei Fehlerbeseitigung oder Datenbankreorganisation erforderlich.
Abschließend kann man sagen, daß die systemseitig kontrollierte Implementation der kryptographischen Transformation weniger Probleme als
die benutzerkontrollierte mit sich bringt, wenn es gelingt, das
Sicherheitsrisiko zu minimieren, das durch die notwendige Speicherung
der Schlüssel im System entsteht.
Andererseits kann es gerade aus datenschutzrechtlichen Gründen erforderlich sein, daß nur der für die gespeicherten Informationen einer
Datenbank Verantwortliche - der für die gespeicherten Daten Verantwortliche ist i.d.R. der Datenbankadministrator - einen Schlüssel
für bestimmte Kategorien von Daten - z.B. gesperrte oder hochsensitive
Daten - besitzt.

6.4.2 Krypto-Tripel zur Vereinfachung der benutzerseitigen Verschlüsselung

Culik und Maurer schlagen die Verwendung von Kryptoverfahren mit offenem Schlüssel (KOS) zur Verschlüsselung von Daten in Datenbanken vor.
Ziel ihres Ansatzes ist die Erweiterung des RSA-Verfahrens (vgl.
Kap. 3.1.4.3 und [Riv1], [Riv3]) mit zwei Schlüsseln auf drei
Schlüssel, von denen zwei offen sind und nur einer geheimgehalten werden muß. Dieser private Schlüssel erlaubt dem Benutzer, der zu mehreren Autorisierungsklassen gehört, den Zugriff zu allen Daten dieser
Autorisierungsklassen. Wir stellen zunächst das Verfahren vor, das auf
einen Vorschlag von Rivest zurückgeht, weil es eine Möglichkeit der
Schlüsselverwaltung darstellt, die auch für konventionelle
Kryptoverfahren anwendbar ist.

Ein Informationssystem bestehe aus einer Menge von Benutzern
$U = \{U_1, U_2, \ldots\ldots, U_k\}$ und einer Teilmenge A von U
$A = \{A_1, A_2, \ldots\ldots, A_m\}$ mit $A_i \subseteq U$ für alle i
$A \in A$ stellt Autorisierungsklassen dar, d.h. eine Menge von Benutzern, die zu bestimmten Daten zuzugreifen berechtigt sind.

Für jede Autorisierungsklasse A wird ein Schlüsselpaar E_A und D_A für
die Verschlüsselung und Entschlüsselung gewählt, wobei E_A der offene
Schlüssel ist und D_A von den zur Autorisierungsklasse A gehörenden Benutzern geheimgehalten werden muß.
Der Vorschlag von Rivest besteht darin, daß jeder Benutzer ein
Schlüsselpaar E_U und D_U erhält und mit E_U die Entschlüsselungsschlüssel D_A aller Autorisierungsklassen, zu denen er gehört, verschlüsselt.
Die auf diese Weise Einweg-verschlüsselten Entschlüsselungsschlüssel
können offengelegt, d.h. sie brauchen nicht geschützt zu werden. Der
Benutzer U entschlüsselt mit Hilfe seines von ihm geheimgehaltenen
Schlüssels D_U den jeweiligen Entschlüsselungsschlüssel D_A, der zur
Entschlüsselung der mit Hilfe des offenen Schlüssels E_A verschlüsselten Daten M benötigt wird, wie die folgende Abbildung zeigt:

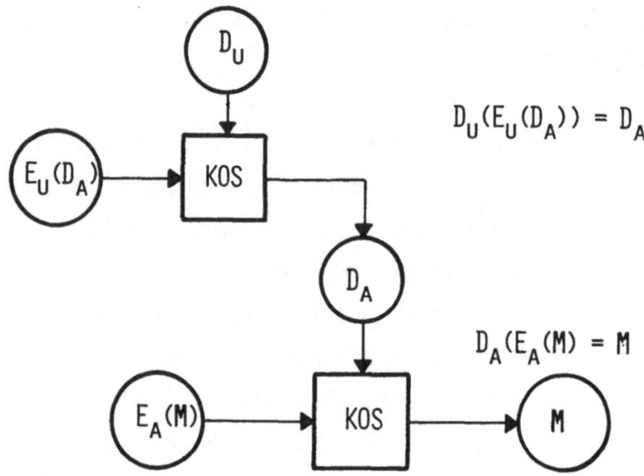

Abb. 91 : Ein 'fast sicheres' Verfahren mit nur einem Schlüssel für
alle Autorisierungsklassen.

Zur Klarstellung dessen, was Culik und Maurer beabsichtigen, seien ihre Definitionen eines 'geschützten', eines 'einfachen' und eines
'sicheren' Kryptosystems wiedergegeben:

Ein Informationssystem ist geschützt, wenn die Informationen nur von
autorisierten Benutzern erlangt werden können.

Ein Kryptoverfahren wird als einfach bezeichnet, wenn ein Benutzer U,
der zu mehreren Autorisierungsklassen A_{i_1}, A_{i_2}, ... , $A_{i_{ku}}$ gehört,
mit einem einzigen Schlüssel D_u auf Daten dieser Autorisierungsklassen
zugreifen kann.

Bevor wir den Ansatz von Culik und Maurer weiter verfolgen, sollen
'einfache' Verfahren auf der Grundlage konventioneller Kryptosysteme
und ein Verfahren angegeben werden, bei dem die Schlüsselverwaltung
mit einem Kryptosystem mit offenem Schlüssel und die eigentliche
Datenverschlüsselung mit einem konventionellen Kryptosystem durchgeführt wird.

Ein 'einfaches' Verfahren, bei dem sowohl die eigentlichen Nachrichten
M als auch die Benutzerschlüssel mit konventionellen Kryptosystemen
verschlüsselt sind, läßt sich auch realisieren.

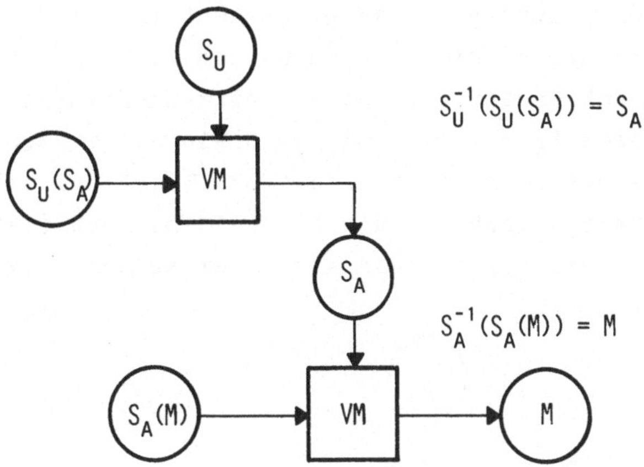

Abb. 92 : Ein 'einfaches' aber 'unsicheres' Verfahren mit nur einem
Schlüssel für alle Autorisierungsklassen

Dieses Kryptoverfahren hat drei 'Unsicherheiten' (Schwachstellen):

(1) aus der Kenntnis vieler $S_u(S_{Ai})$ kann ein Angreifer S_u ermitteln;
d.h. die Tabelle mit den $S_u(S_A)$ muß selbst geschützt werden.

(2) aus der Kenntnis von Schlüsseltext $S_A(M)$ kann der Angreifer S_A
ermitteln und ohne den "Umweg" über S_u an alle Daten dieser
Autorisierungsklasse gelangen

(3) der Schlüssel S_A liegt, nachdem er mit Hilfe von S_u entschlüsselt
wurde, im Klartext vor und ist bei einer Software-Verschlüsselung
im Hauptspeicher besonders gefährdet.

Man kann jedoch den Entschlüsselungsvorgang bei entfernter Verarbeitung
tung in ein intelligentes Terminal verlegen mit der Möglichkeit, einige $S_u(S_A)$ ebenfalls dort zu speichern, um damit die Verarbeitung an
diesem Terminal auf bestimmte Benutzer und Autorisierungsklassen zu
beschränken.

Im Vergleich zu diesem konventionellen Verfahren ist das in Abb. 91
dargestellte Verfahren auf der Grundlage eines Kryptosystems mit offenem Schlüssel 'fast sicher', denn die 'Unsicherheiten' (1) und (2)
entfallen, nur die 'Unsicherheit' (3) bleibt bestehen.

Ein häufig vorgeschlagenes Verfahren besteht in der Kombination dieser
beiden Implementationen: die Daten M werden mit einem konventionellen
Kryptosystem verschlüsselt, die zu den einzelnen Autorisierungsklassen
gehörigen Schlüssel S_A mit dem offenem Schlüssel E_u des Benutzers. Die
mit E_u verschlüsselten Entschlüsselungsschlüssel S_A, also die $E_u(S_A)$,
brauchen nicht mehr geschützt zu werden. 'Unsicherheiten' (2) und (3)
bleiben bestehen. Das System kann als 'kaum sicher' bezeichnet werden.

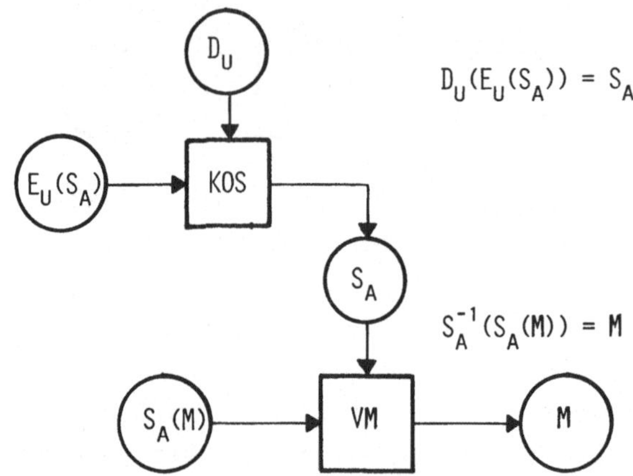

Abb. 93 : Ein 'kaum sicheres' Verfahren mit nur einem Schlüssel für
alle Autorisierungsklassen

Das Ziel der Untersuchung von Culik und Maurer [Cul1] ist ein im oben
definierten Sinne geschütztes und einfaches System, das darüberhinaus
noch 'sicher' ist, d.h. die 'Unsicherheiten (1) bis (3) werden vermieden.
Die Lösung besteht in der Serialisierung der in Abb. 93 dargestellten
Transformationen $D_u(E_u(D_A)) = D_A$ und $D_A(E_A(M)) = M$. Dies wird erreicht
durch die Einführung eines Krypto-Tripels (E,R,D), mit der Eigenschaft, daß sowohl EoR und D als auch E und RoD vollständige
Schlüsselpaare eines Kryptosystems mit offenem Schlüssel nach Diffie
und Hellman sind.

Culik und Maurer geben folgende Definition eines 'sicheren' Systems
eines Krypto-Tripels:
Seien F die Menge der Funktionen, die für jede Autorisierungsklasse A
und für jeden Benutzer $U \in A$ drei Funktionen E_A, $R_{A,u}$ und D_u enthält. F
wird dann als <u>sicheres</u> (safe) System von Krypto-Tripeln eines Informa-
tionssystems S angesehen, wenn für alle $A \in A$ und $U \in A$ gilt,

(i) $(E_A, R_{A,u}, D_u)$ ist ein Krypto-Tripel

(ii)   die Kenntnis aller Schlüssel E_A und $R_{A,u}$ und eines ausgewählten
       Schlüssels $D_{u'}$ bietet die Erlangung der Nachricht M aus $E_A(M)$ oder
       $R_{A,u}(E_A(M))$, dann und nur dann, wenn $U' \in A$, d.h. der Benutzer U'
       zur autorisierten Klasse von Benutzern gehört.

Die einer spezifischen Autorisierungsklasse A zugeordneten Daten M
sind in der Form $E_A(M)$ verschlüsselt. Die Entschlüsselung kann nun
seriell in zwei Schritten durchgeführt werden: der erste Schritt besteht in einer Umverschlüsselung mit dem Schlüssel $R_{A,u}$, einem offenem
Schlüssel, der zweite Schritt besteht in einer Entschlüsselung mit dem
vom Benutzer geheimgehaltenen Schlüssel D_u, wie folgende Abbildung
verdeutlicht.

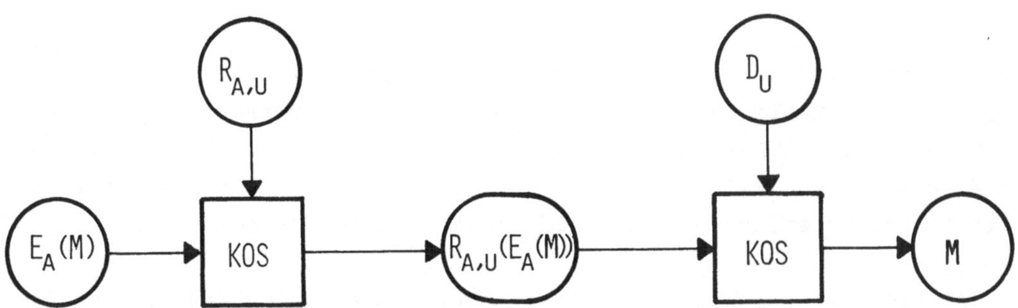

Abb. 94 : Ein 'einfaches' und 'sicheres' Verschlüsselungsverfahren auf
          der Grundlage eines Krypto-Tripels.

Der Vorteil gegenüber dem in Abb. 91 dargestellten 'fast sicheren'
Verfahren besteht darin, daß der erste Schritt mit einem offenem
Schlüssel $R_{A,u}$ ausgeführt wird und z.B. von einer Funktionseinheit
durchgeführt werden kann, der auch die Speicherung und Übertragung der
Daten obliegt. Der zweite Schritt, die eigentliche Entschlüsselung mit
dem vom Benutzer U geheimzuhaltenen Schlüssel D_u, kann an einem intelligenten Terminal durchgeführt werden.

Des weiteren kann gezeigt werden, daß S ein 'sicheres' und 'einfaches'
Informationssystem ist, wenn ein sicheres Krypto-Tripel für S angegeben werden kann.

(1) $\quad D_u(R_{A,u}(E_A(M))) = M$

(2) $\quad D_u^{-1} = E_A \circ R_{A,u}$

(3) $\quad R_{A,u} = E^{-1} \circ D^{-1}$

d.h. $R_{A,u}$ ist eine Verknüpfung der Funktion E_A^{-1}, die die Entschlüsselung der mit E_A verschlüsselten Nachricht M erlaubt, mit der Funktion
D_u^{-1}, die die Verschlüsselung der Nachricht gestattet, die mit Hilfe
des vom Benutzer U geheimgehaltenen Schlüssels entschlüsselt werden
kann.
Aufgrund der Gleichung (2) kann D_u^{-1} tatsächlich leicht berechnet werden, was jedoch noch keinen Hinweis auf das Berechnen der Funktionen
D_u oder $R_{A,u} \circ D_u = E_A^{-1}$ liefert, da $(E_A, R_{A,u}, D_u)$ ein Krypto-Tripel darstellt.

Zusammenfassend kann man feststellen, daß die Verwendung eines sicheren Krypto-Tripels zu einem 'einfachen' (durch Verwendung nur eines
geheimzuhaltenen Benutzerschlüssels D_u für alle Autorisierungsklassen)
und 'geschützten' (alle Informationen können von dem dafür autorisierten Benuztern erlangt werden) Informationssystem führen kann.

Culik und Maurer geben ein auf den Ergebnissen von [Riv3] basierendes
Implementationsbeispiel für Krypto-Tripel, wobei die Kombination der
Tripel (leider noch) nicht zu einem im obigen Sinne 'sicheren' System
führt, weil $R_{A,u}$ (noch) <u>nicht</u> offengelegt werden kann und deshalb vom
System geheimgehalten werden muß, also nur als 'fast sicher' einge-
stuft werden kann. Eine im oben definierten Sinne 'sicherer' Krypto-
Tripel muß also zum gegenwärtigen Zeitpunkt als ungelöstes Problem
angesehen werden.

6.5 Die physikalischen Schnittstellen zwischen Datenbank und Kryptosystemen

Die Lokalisierung der Kryptomoduln im Rechner

Verschlüsselungseinrichtungen für die Behandlung verschlüsselter Daten
in peripheren Speichern (Dateien, Datenbanken) und im Hauptspeicher
können in verschiedene physikalische Schnittstellen im System installiert werden. Wir gehen bei der nun folgenden Betrachtung davon aus,
daß das Gesamtsystem aus einer Datenbank besteht, die sich physisch
auf externen Speichermedien, wie Platte, Trommel, Band usw. befindet,
weiterhin aus Druckern, Kartenlesern und Benutzerstationen (Bild-
schirmsichtgeräten, etc.), den entsprechenden Steuereinheiten für diese Geräte, dem Eingabe-/Ausgabewerk sowie dem Hauptspeicher und der
Zentraleinheit (vgl. Abb.: 95 ff.).

Wir können folgende Fälle unterscheiden:

Fall 1)   Die Verschlüsselungsmoduln (VM) befinden sich an den periphe-
          ren (externen) Speichereinheiten (vgl. Abb.: 95).

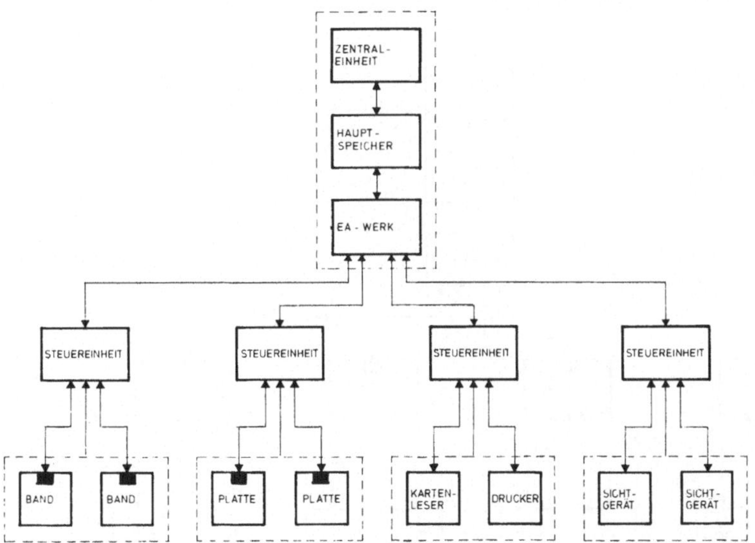

Abb. 95

Fall 2)   Die VM befinden sich in den Benutzerstationen (vgl. Abb.: 96)

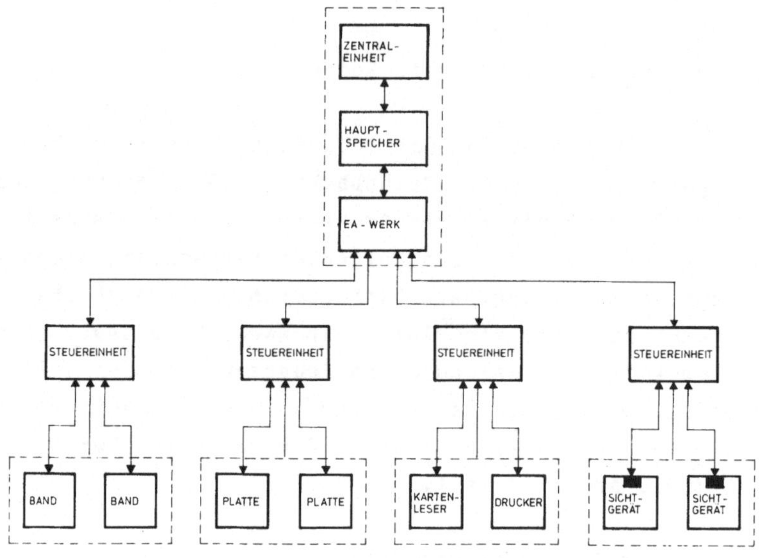

Abb. 96

Fall 3)   Die VM befinden sich an den Steuereinheiten für die periphe-
          ren Geräte (vgl. Abb.: 97)

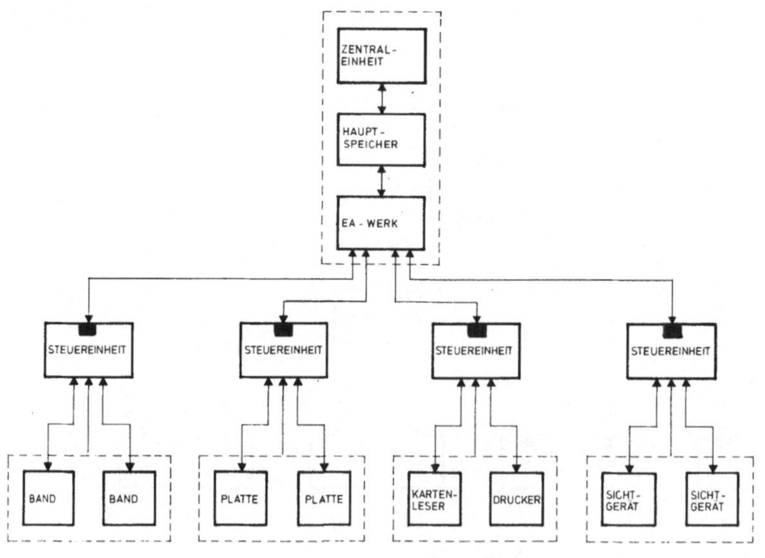

Abb. 97

Fall 4)   Die VM befinden sich im Eingabe-/Ausgabe-Werk (vgl. Abb.: 98).

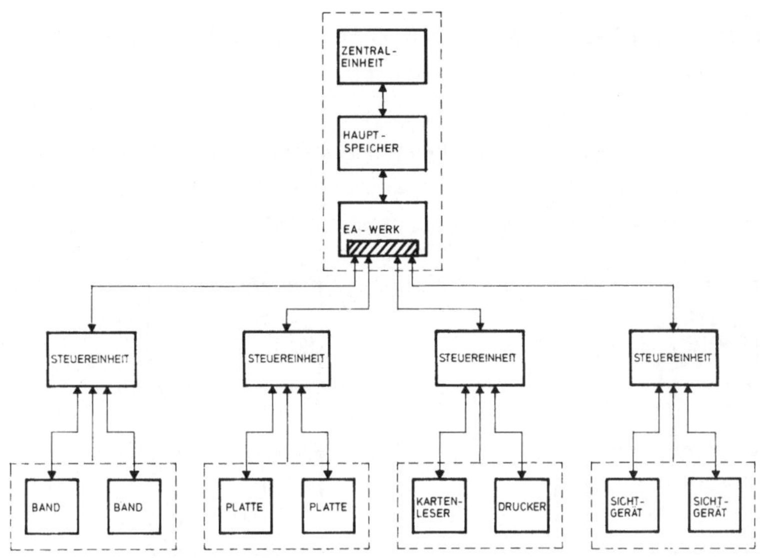

Abb. 98

Fall 5)   Der VM selbst kann als selbständige periphere Einheit installiert sein (vgl. Abb.: 99).

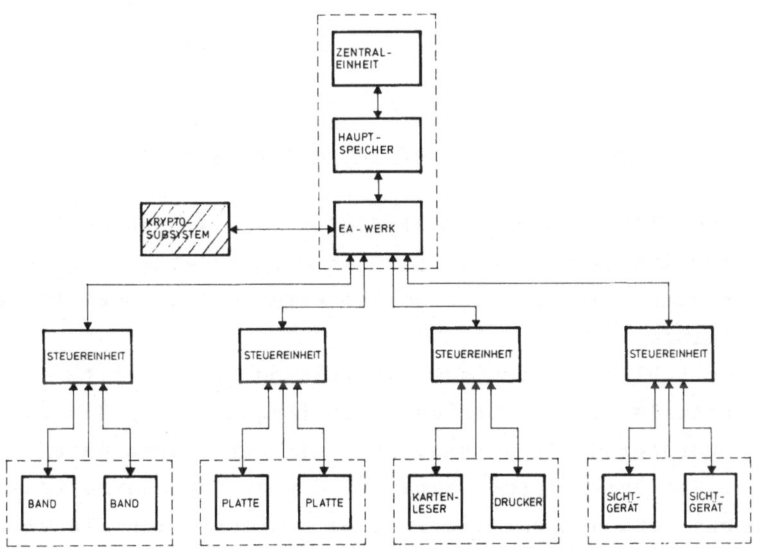

Abb. 99

Für die Verschlüsselung der Daten im Hauptspeicher lassen sich noch
die beiden folgenden Fälle unterscheiden:

Fall 6)   Die VM befinden sich in der Zentraleinheit und dem
          Eingabe-/Ausgabe-Werk (vgl. Abb.: 100).

Fall 7)   Die VM befinden sich im Hauptspeicher, sowohl das für den Ka-
          nal zur Zentraleinheit als auch das für den Kanal zum
          Eingabe-/Ausgabe-Werk (vgl. Abb.: 101).

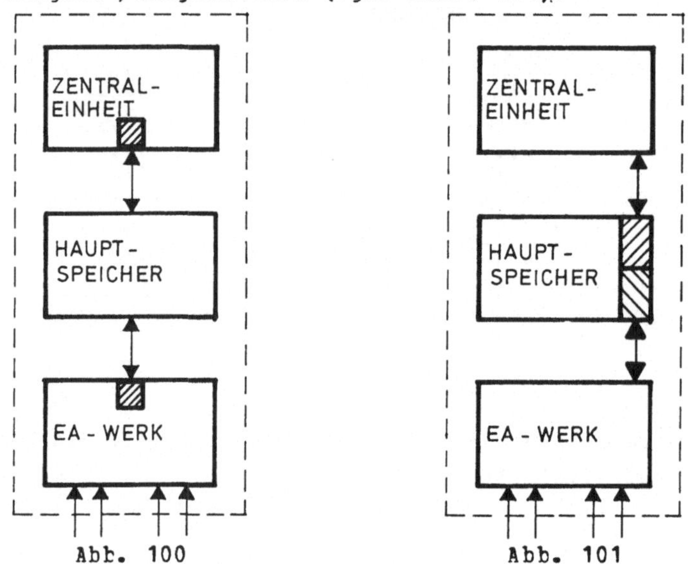

Abb. 100   Abb. 101

Diskussion der Vor- und Nachteile der VM-Implementationen:

Fall 1:   Die Verschlüsselungsgeräte befinden sich an den peripheren
          Speichereinheiten (Trommeln, Platten, Bänder usw.). Dabei
          lassen sich bezüglich der Schlüsselverteilung zwei Fälle un-
          terscheiden:
          1a) Der Schlüssel wird systemseitig bereitgestellt.
          Die Vorteile dieser Konfiguration liegen darin, daß zwar alle
          Daten verschlüsselt werden, aber nur ein Schutz gegen Offen-
          legung der Daten durch Diebstahl dieser Speichermedien
          erreicht wird und daß die Speicher unbedenklich als Ganzes
          oder teilweise zur weiteren Benutzung freigegeben werden kön-
          nen. Nachteilig ist, daß so viele VM angeschafft und imple-
          mentiert werden müssen wie Speichergeräte vorhanden sind.

1b) der Schlüssel wird benutzerseitig bereitgestellt.

Fall 2: Die Verschlüsselungsgeräte befinden sich an den Benutzerstationen (Sichtgeräten). In diesen Fällen handelt es sich in
der Regel um intelligente Sichtgeräte.
In diesem Fall ist die Anwendung der VM invers zu der in
Fall 1. Die ankommenden Daten werden dechiffriert, um im
Klartext gesehen, gelesen, geändert oder gelöscht zu werden.
Es handelt sich in der Regel um Daten von einer Datenbank,
die chiffrierte Daten enthält. Die Chiffrierung ist hier in
der Regel benutzergesteuert. Der Schlüssel bleibt in der Benutzerstation, wodurch das Sicherheitsrisiko reduziert wird.
Es muß jedoch durch die Zugriffspfade, das
Autorisierungsschema und die Identifikationen der Datensätze
ein Weg gefunden werden, damit im zentralen Rechner gewisse
Vergleichs- oder arithmetische Operationen ausgeführt werden
können. Außerdem muß die Verschlüsselung mit jedem Satz neu
beginnen.

Es ist darauf hingewiesen worden, daß durch die Änderung von
(verschlüsselten) Daten an der Benutzerstation dadurch ein
Sicherheitsrisiko entsteht, daß durch eine geringfügige Änderung der Daten im Klartext, von der ein Angreifer Kenntnis
hat, eine geringfügige Änderung in den chiffrierten Daten
entsteht und der Angreifer aus dem Vorliegen (durch Abhören
der chiffrierten Daten zur und von der Station) Hinweise auf
den Schlüssel erhält und die Chiffre aufzulösen imstande ist.
Es gibt zwei Möglichkeiten diesem Risiko zu begegnen:
(1) die Leitung vom Rechner zur Datenstation zu chiffrieren,
    d.h. die schon chiffrierten Daten nochmals zu chiffrie-
    ren, oder
(2) zur Verschlüsselung einen "zeitabhängigen" Schlüssel zu
    wählen, der wirksam die Stärke der Chiffre bestimmt.

Fall 3: Die Verschlüsselungsgeräte befinden sich an den Steuereinheiten für die peripheren Geräte.
Diese Konfiguration hat den Vorteil, daß wesentlich weniger
Kryptogeräte benötigt werden. Jedoch muß der Modul in der Lage sein, von der Steuereinheit angesteuert zu werden, d.h.
nach Bedarf an- und abgeschaltet zu werden. Dies wird durch
die Tatsache vereinfacht, daß die Eingabedaten markiert sind,

d.h. als Kontrollinformationen oder als Daten gekennzeichnet
sind. Nur die Daten werden ver- und entschlüsselt, nicht aber
die Status- und Kontrollinformationen. Zu den Kontrollinformationen gehören die Satzidentifikatoren und die Daten-·
schlüssel. Sie können nicht verschlüsselt werden, da sie von
der Steuereinheit während der Suchoperationen interpretiert
werden müssen. Auch Prüffelder für die Fehleraufdeckung und
Fehlerkorrektur dürfen nicht verschlüsselt werden.

Fall 4:   Die V-Module befinden sich im Eingabe-/Ausgabe-Werk
Es ist nur noch ein V-Modul notwendig, der jedoch nicht nur
wie im Fall 3 aufgrund des Typs der Daten steuerbar sein muß,
sondern gegebenenfalls aufgrund der Zuordnung der Daten zu
den verschiedenen peripheren Geräten. Die Daten, die für eine
Übertragung an den Drucker, Kartenstanzer und eventuell an
die Operateurkonsole bestimmt sind, sollen beispielsweise von
der Verschlüsselung ausgenommen sein. Die Steuerung wird im
allgemeinen systemseitig erfolgen, eine benutzerseitige
Steuerung ist ebenso möglich.

Fall 5:   Der V-Modul ist als selbständige Eingabe-/Ausgabe-Einheit
installiert.
Mit dieser Konfiguration ist es ebenfalls möglich, die Daten
im Hauptspeicher verschlüsselt zu halten.
Es ist zumindest möglich, einen Teil der Daten zu verschlüsseln, sobald sie zum Hauptspeicher gelangen, und die
Entschlüsselung bis zu dem Zeitpunkt aufzuschieben, an dem
sie zu den peripheren Einheiten oder den Benutzerstationen
(Sichtstationen) transferiert werden.
Diese Konfiguration könnte auch für die Stapelverarbeitung
eingesetzt werden. Der Schlüssel für die am häufigsten benutzten Satzidentifikatoren könnte im V-Modul gespeichert
sein, um die Effizienz zu erhöhen und den Transfer von
Schlüsseln zum Modul eines Benutzers mit Zugriffsrechten zu
hochsensitiven Daten überflüssig zu machen, wenn er auf Daten
niedriger Sensitivität zugreifen will.

Fall 6:   Verschlüsselung der Daten im Hauptspeicher.
Zur Verschlüsselung der Daten im Hauptspeicher ist ein
V-Modul zwischen Zentraleinheit und Hauptspeicher erforder-
lich. Er hat die Aufgabe, den Datenstrom (Instruktionen,

Adressen, Daten) in den Hauptspeicher zu verschlüsseln und
den aus dem Hauptspeicher zu entschlüsseln.
Ein weiterer V-Modul wird im Eingabe-/Ausgabe-Werk implementiert, der die Kontrollinformaticnen für die
Eingabe-/Ausgabe-Geräte und außerdem die Daten für den
Drucker und Stanzer entschlüsselt. Haben die Sichtgeräte (Benutzerstationen) keine Entschlüsselungsvorrichtung, so müssen
auch die Daten für diese Sichtstationen entschlüsselt werden
(vgl. Abb. 100).

Fall 7:   Abhängig von der Konstruktion der Schnittstelle Zentralein-
heit- Hauptspeicher und der Größe des Hauptspeichers, kann es
sinnvoll sein, die beiden V-Modulen in den Hauptspeicher zu
verlegen (vgl. Abb. 101).
Die Schlüssel und Kontrollinformationen für die V-Modulen
werden von der Zentraleinheit bzw. dem
Eingabe-/Ausgabe-Steuerwerk zu den Adressen (Speicheradressen) mitgeliefert.

Auswirkungen der Hauptspeicherverschlüsselung auf den Al-
gorithmus:
Die Zentraleinheit macht (lesend/schreibend) in schneller
Folge viele Speicherzugriffe auf Bereiche unterschiedlichen
Sicherheitsgrades, die jeweils mit verschiedenen Schlüsseln
ausgestattet sein können. Es ist deshalb nctwendig, mehrere
Schlüsselregister zu implementieren, die mit dem
Instruktionszähler und Adreßregister korrespondieren. Diese
Schlüssel müßten entsprechend dem Wechsel der
Adreßregistcrinhalte geladen werden. Ein ähnlicher Mechanis-
mus wäre für das Eingabe-/Ausgabe-Werk notwendig.

Vorteile der Verschlüsselung des Hauptspeichers:
Bei virtuellen Speichern, bei denen Teile des Hauptspeichers
ständig auf sekundäre Speicher (Trommel, Platte) ausgelagert
und wieder eingelesen werden, ist es nicht nötig, die Daten
zu entschlüsseln und zu verschlüsseln. Diese können im verschlüsselten Zustand auf dem Hilfsspeicher lagern.
Ein weiterer Vorteil liegt in der Entlastung des Sicherheitskerns.

6.6   Anwendungsbeispiele

6.6.1 Verschlüsselung des Umkehr-Indexes

Die Verschlüsselung des Umkehr-Indexes (inverted file) ist ein
Beispiel für die kombinierte Verschlüsselung: Zugriffspfad - Substitu-
tion. Der Zugriffspfad wird dabei zum Verschlüsselungsalgorithmus
gehörend betrachtet.
Wir geben dieses Beispiel in der Notation des in Kapitel 6.3 darge-
stellten Modells von Gudes wieder.
Der Umkehr-Index enthält in alphabetischer Reihenfolge alle
Schlüsselwörter (Identifikatoren) der Sätze der Datei und für jedes
Schlüsselwort (d.h. für jeden Indexeintrag) die Addressen zu den Sä-
ten, die dieses Schlüsselwort enthalten.
Die allgemeine Dateistruktur wird durch den logischen Satz LR
beschrieben:

$LR = (F_1, F_2, \ldots\ldots F_n)$ dies ist auch AR_2

$AR_1 = (F_{11}, F_{12}, F_{13}, F_{14})$ Eintrag im Index

$AR_2 = (F_{21}, F_{22}, \ldots\ldots F_{2n})$

Interpretation:

Schlüssel- F_{11} = Name des Feldes F_1

wort F_{12} = der dem Namen des Feldes F_1 zugeordnete Wert

             F_{13} = Anzahl der Sätze, die das Schlüsselwort enthalten

             F_{14} = Adressen dieser Sätze

Bemerkung: F_{11} und F_{12} bilden ein Schlüsselwort, das aus dem Paar 'Na-
           me und Wert' besteht.
           F_{13} und F_{14} stellen gemeinsam eine "wiederkehrende Gruppe"
           dar.

Mögliche Zugriffspfade AP sind:

$AP_1 = \langle AR_1, AR_2 \rangle$ Zugriff zur Datei über den Umkehr-Index

           $AP_2 = \langle AR_2 \rangle$ sequentielle Suche

Zu AR_1 wird ein Schlüssel-Feld hinzugefügt:

$AR_1 = (F_{11}, F_{12}, F_{13}, F_{14}, F_{15})$

F_{15} ist der Substitutionsschlüssel, um diejenigen Sätze zu ver-

schlüsseln, die das entsprechende Schlüsselwort enthalten, d.h.
alle Sätze mit dem gleichen Schlüsselwort werden mit dem gleichen
Verschlüsselungsschlüssel verschlüsselt.

Sicherheit:
Der Zugriff über den Zugriffspfad AP_2 = $\langle AR_2 \rangle$ ist zwecklos, da man für
die Entschlüsselung die Angaben aus dem Index benötigt, d.h. man
ben-tigt die Kenntnis darüber, welcher Satz zu welchem Schlüsselwort
und damit Chiffrierungsschlüssel gehört.
Dies erzwingt den Zugriff über den erlaubten Zugriffspfad.
Ein weiteres Beispiel für diese Verschlüsselungstechnik ist die in Abschnitt 6.6.3 beschriebene Verschlüsselung von B-Bäumen.

6.6.2 Der Algorithmus des National Central Bureau of Statistics

Dieses ausschließlich in Software implementierte Verfahren ist für
Dateien des schwedischen National Central Bureau of Statistics entwickelt worden und ist von Block in [Blo1] ausführlich dargestellt.

Das Verfahren ist u.a. deshalb in Software implementiert worden, um zu
zeigen, daß es durchaus möglich ist, mit dem Instruktionssatz, den die
Assembler-Sprache (der IBM /370-158) bietet, eine starke Chiffre aus
einem Repertoire kryptographischer Elementaroperationen zu erzeugen.
Eine starke Chiffre ist erforderlich, um die Vertraulichkeit
personenbezogener Daten zu gewährleisten, damit das Vertrauen der
Betroffenen in die Speicherung ihrer Daten in großen staatlichen
Datenbanken aufrechterhalten werden kann. Die Datei enthält über 8
Millionen Sätze (Bevölkerung Schwedens). Die Sätze in den Dateien sind
von variabler Länge (50 - 4000 Bytes) und enthalten am Anfang einen
Satzidentifizierer (oder auch Satzidentifikator), der im wesentlichen
aus dem Personenkennzeichen (Meldenummer) besteht und aus Feldern, deren Daten von unterschiedlicher Sensitivität sind. Es werden daher nur
diejenigen Felder verschlüsselt, deren Daten besonders schutzwürdig
sind.

Es werden zwei Voraussetzungen an die Struktur der Sätze nach der Verschlüsselung gemacht:
1) Jeder Satz soll einzeln zugreifbar sein zum Zweck des Lesens,
   Änderns und Löschens von Datenelementen oder des Löschens des gesamten Satzes, d.h. jeder Satz muß einzeln in den Klartext zurück-

führbar sein, ohne daß weitere Sätze entschlüsselt werden müssen.

2) Wird ein Datenelement geändert, so soll der Verschlüsselungsalgorithmus verhindern, daß nach der Verschlüsselung eines Satzes
festgestellt werden kann, welches Datenelement geändert worden ist.

Hinzu kommen weitere Forderungen an den Algorithmus:

3) Der Algorithmus soll sowohl für die Chiffrierung großer Dateien als
auch für die Behandlung einzelner Sätze (Dechiffrieren - Verändern
- Chiffrieren) wirksam sein.

4) Der Aufwand (und damit die Kosten) für die Verschlüsselung soll nur
linear mit der Textlänge wachsen.

5) Der Algorithmus soll auf Sätze fester und variabler Länge anwendbar
sein, wobei die Tatsache, daß die Länge variabel ist, keinen Einfluß auf die Ausführungszeit haben soll.

6) Die durch die Verschlüsselung erzielte Sicherheit soll für kurze
(50 Bytes) und lange Sätze (4000 Bytes) möglichst gleich sein.

7) Die Länge der Sätze soll sich durch die Verschlüsselung nicht ver-
größern, zumal einzelne Felder einer Datenkompression unterzogen
werden.

8) Der Algorithmus soll eine starke Chiffre produzieren, so daß das
Sortieren und Reorganisieren der Datei nach der Verschlüsselung der
entsprechenden Felder des Satzes überflüssig ist; d.h. es soll keine Abhängigkeit zwischen den unverschlüsselten und verschlüsselten
Feldern erkennbar sein.

9) Das Verfahren sollte es dem Anwender ermöglichen, die Felder eines
Satzes zu spezifizieren, die der Verschlüsselung unterzogen werden
sollen.

10) Die Schlüsselverwaltung sollte so zu gestalten sein, daß hierarchische als auch horizontale Autorisierungskonzepte (und Mischfor-
men) implementiert werden können (vgl. Kap. 6.1.4.1).

Im übrigen sollen auch die in Kapitel 6.4 genannten Prinzipien gelten.

Im folgenden soll die Behandlung der einzelnen Sätze, die Auswahlkriterien der Elementarfunktionen für die Verschlüsselung und der Algorithmus selbst dargestellt werden.

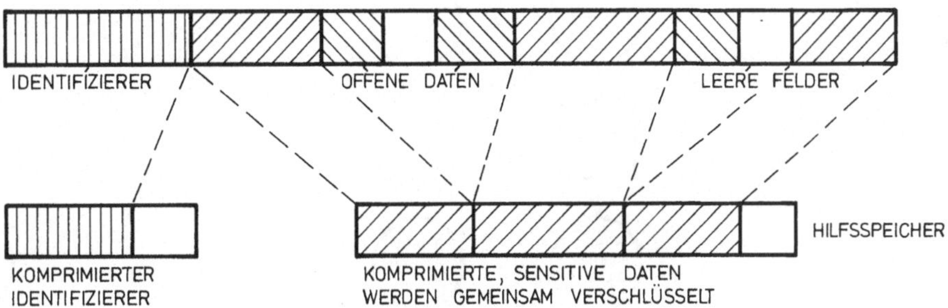

ANWENDUNG DES NCBS - ALGORITHMUS

SATZ NACH DER VERSCHLÜSSELUNG

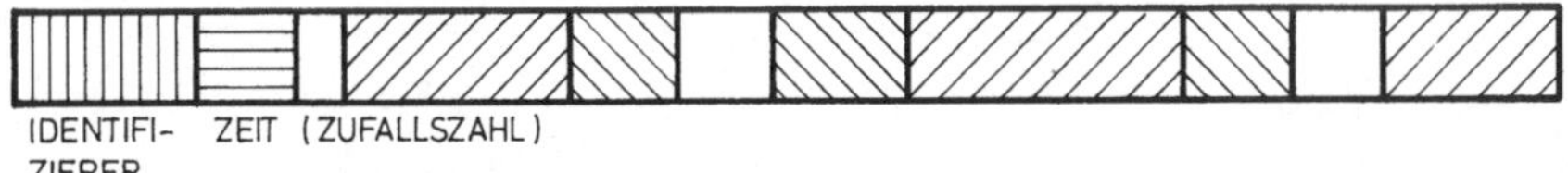

Abb. 102 : Struktur der Sätze variabler Länge der NCBS-Datenbank

Ein Satz variabler Länge besteht aus dem Satzidentifizierer, Feldern
mit offenen (oder freien) Daten, also solchen, die nicht verschlüsselt
werden und sensitiven Daten, die der Verschlüsselung unterzogen werden. Durch die Verschlüsselung wird die Einteilung der Felder, d.h.
ihre logische Beschreibung, nicht geändert, da die sensitiven Daten
nach Kompression und anschließender Verschlüsselung auf die entsprechenden Felder aufgeteilt werden. Dadurch bleiben die Felder der
nicht verschlüsselten und der verschlüsselten Datenelemente wie beim
unverschlüsselten Satz adressierbar, jedoch sind die verschlüsselten
Datenelemente nicht mehr operationsinvariant (d.h. keine 'processable
cipher').

Die einzelnen Schritte werden anhand der Abb. 102 und 103 kurz erläu-
tert.
Die Schritte (1) bis (5) beschreiben die Erzeugung und Behandlung der
für den eigentlichen Algorithmus notwendigen Schlüssel.
Die Schritte (7) bis (10) beschreiben den Algorithmus, mit dem die
(sensitiven) Daten verschlüsselt werden.
Die Schritte (6) und (11) die Kontraktion der Daten im Klartext und
die Verteilung des Schlüsseltextes auf die Felder des Satzes.

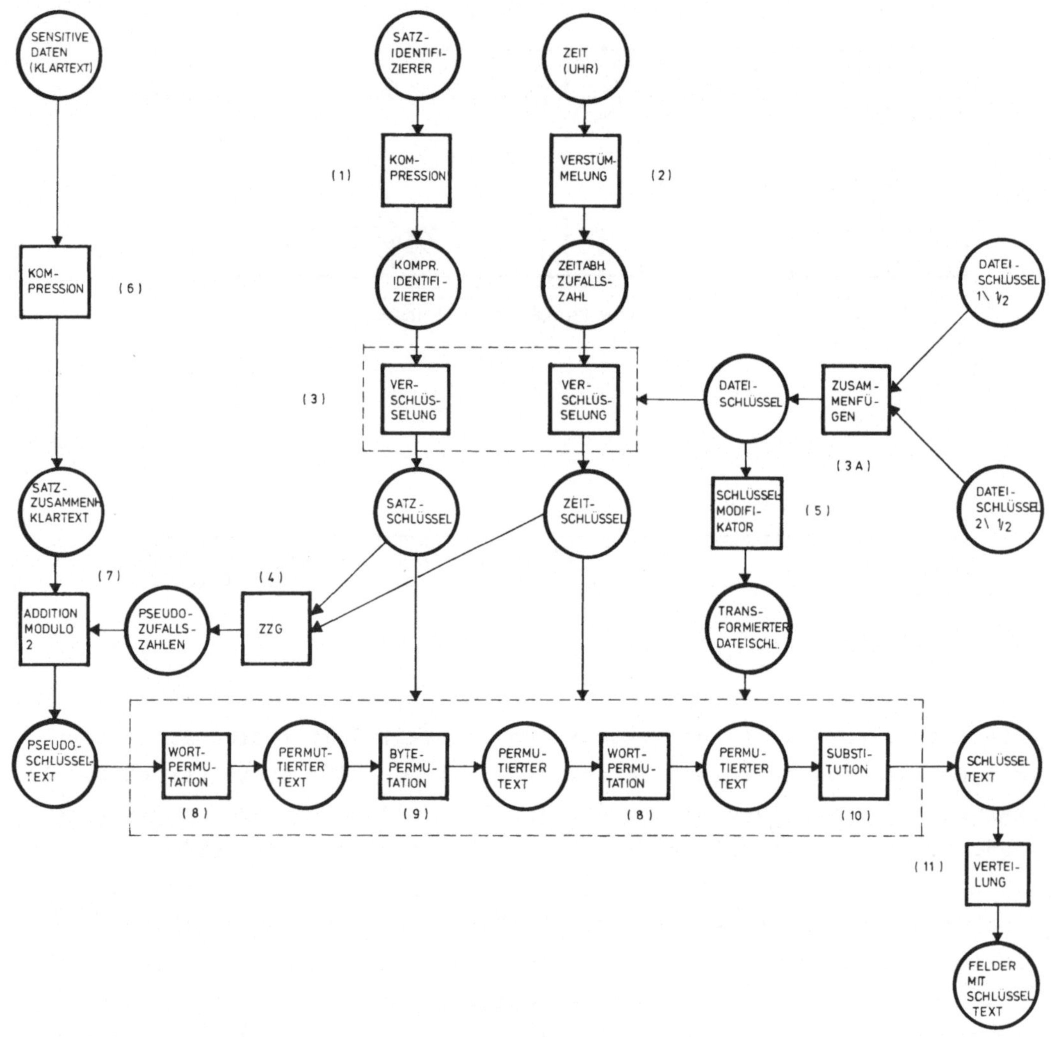

Abb. 103 : Der Algorithmus des National Central Bureau of Statistics

(1)   der Satzidentifizierer wird mit Hilfe einer Kompressionsroutine in der Weise komprimiert, daß die Sortierordnung erhalten bleibt

(2)   die am wenigsten signifikanten Zahlen der Zeituhr des Rechners werden als nicht reproduzierbare Zufallszahlen dem Feld des komprimierten Satzidentifizierers angefügt (vgl. Abb. 102)

(3)   mit Hilfe eines Teils des vorgegebenen Datei-Schlüssels werden der komprimierte Identifizierer und die aus der Rechneruhr gewonnene Zufallszahl verschlüsselt. Sie ergeben den sogenannten Satzschlüssel und den Zeitschlüssel. Die zu wählende Verschlüsselung muß nicht notwendigerweise eine invertierbare Chiffre liefern, d.h. die Verschlüsselung kann eine Einweg-

Funktion sein, da eine Entschlüsselung unnötig ist, weil der
Klartext am Satzanfang steht.

(3a)   Es ist möglich, den Datei-Schlüssel zu zerlegen und auf mindestens zwei Personen zu verteilen. Um eine kryptographische Transformation an der Datei durchführen zu können, müssen dann die Schlüsselträger anwesend sein. Der Datei-Schlüssel wird dann durch ein Programm zusammengefügt.

(4)   Mit Hilfe eines Zufallszahlengenerators unter der Kontrolle des Satz- und Zeitschlüssels wird eine Zufallszahlenfolge der Länge der komprimierten sensitiven Daten erzeugt. Diese Folge wird in Schritt (7) benötigt.

(5)   Da der Datei-Schlüssel im Algorithmus zum Teil mehrfach verwendet wird, muß der Schlüssel zur Erhöhung der kryptographischen Stärke der Chiffre vor jeder Wiederverwendung (innerhalb desselben Satzes) transformiert werden. Um den Schlüsselraum nicht zu verkleinern, wird eine 1:1-Abbildung gewählt.

(6)   Die zu verschlüsselnden sensitiven Daten werden in einem Hilfsspeicher zu einem zusammenhängenden Satz zusammengezogen (kopiert), mit Hilfe einer Kompressionsroutine komprimiert und auf Vollwortgrenze erweitert.

(7)   Zu diesem Satz wird in ganzer Länge die in Schritt (4) erzeugte Zufallsfolge modulo 2 addiert. Dies ist erforderlich, um von vornherein die Ähnlichkeit (oder Gleichheit) der Daten untereinander zu zerstören, denn die nachfolgenden Permutationen sind wirkungslos, wenn die zu permutierenden Objekte (Bytes, Worte) alle gleich sind. Ebenso würde bei der Substitution (siehe (10)) nur ein geringer Teil der 256 möglichen Codewörter benutzt.

(8)   Zwischen einer Byte-Permutation und einer Substitution ist eine Wort-Permutation gesetzt, um die Wortstruktur zu zerstören, d.h. jede zweite Operation ist eine wortzerstörende Permutation. Diese Permutationen können durch den Satzschlüssel oder den Zeitschlüssel gesteuert werden.

(9)   Bei der Byte-Permutation handelt es sich um die Hintereinanderausführung von vier Permutationen, die durch den Satzschlüssel, Zeit-Schlüssel und Datei-Schlüssel gesteuert werden.

(10)   Die Substitution ersetzt die einzelnen Bytes durch andere in Analogie zum Codesystem. Der Vorgang wird durch den Datei-Schlüssel gesteuert.

(11)   Der Schlüsseltext wird auf die ursprünglichen Felder verteilt, also auf diejenigen Felder, die von den sensitiven Daten im Klartext eingenommen werden.

Block gibt in [Blo1] für jeden der drei Abschnitte des Algorithmus,
die Wortstruktur zerstörende Permutation, die Byte-Permutation und die
Substitution ein Repertoire an Elementarfunktionen an, die in Software
durchführbar sind und in Kapitel 4.2.2 aufgeführt sind.
Weiterhin werden für diese Elementaroperationen Laufzeitschätzungen
angegeben, die es dem Implementierer ermöglichen, einen dem
Sensitivitätsgrad seiner Daten angemessenen Algorithmus zusammenzu-
stellen.
Am NCBS wurde ein Algorithmus gewählt, der die Verschlüsselung eines
Bytes in 25 µs durchführt. Die Ausführungszeit bei einer Verschlüsselung mit Hilfe einer Software-Implementation des DES wäre (nach Block)
um ein Vielfaches höher.

<u>Die Sicherheit des NCBS-Algorithmus.</u>

Die Kompression der Identifizierer gewährleistet noch keine ausreichende Sicherheit. Enthalten die Identifizierer schutzwürdige Daten,
so müssen sie mit Hilfe eines anderen Algorithmus verschlüsselt werden.
Die Verwendung mehrerer elementarer Kryptofunktionen im Algorithmus
verhindert einen Angriff mit nur vorhandenem Schlüsseltext (ciphertext
only attack).
Angriffe mit Hilfe kombinatorischer Methoden werden durch die Verwendung von linearen und nicht-linearen Transformationen erschwert.
Eines der Hauptprobleme der Verschlüsselung der Daten in Datenbanken,
das Vorliegen von ähnlichen Schlüsseltexten vor und nach einer Änderung nur eines einzigen Datenelements im Satz wird durch den Zeit-
schlüssel und seiner unterschiedlichen Verwendung in Elementarfunktionen wirkungsvoll gelöst.
Dadurch, daß der 'Klartext' für den Zeit-Schlüssel erst zur aktuellen
Ausführungszeit erzeugt wird, wird einem unbefugten Entschlüssler ein
Angriff mit von ihm gewählten Klartext wesentlich erschwert (chosen
plaintext attack).

6.6.3 Verschlüsselung von B-Bäumen

Die Verschlüsselung von B-Bäumen nach Bayer und Metzger [Bay] ist ein
Beispiel für die Verschlüsselung auf der Ebene der Zugriffspfade.

Bei der Bearbeitung großer Datenmengen von z.B. $N=10^7$ Sätzen entsteht
das Problem, den Zugriff zu einem beliebigen Satz in vertretbar langer
Antwortzeit auszuführen.
Man versieht deshalb jeden Satz mit einem eindeutigen Identifikator,
auch Satzschlüssel genannt, wobei die Reihenfolge der Speicherung der
Sätze beliebig ist.

Die Identifikatoren werden in geordneter Reihenfolge - meist aufsteigend - zu einem Index zusammengefaßt und unabhängig von der eigentlichen Datei gespeichert. Um den Suchvorgang zu beschleunigen, muß der
Index in irgendeiner Weise strukturiert werden. Bei der heutigen Hardware trägt der Zeitaufwand für den Zugriff zu Daten den Hauptanteil an
der Verarbeitungszeit. Kostenüberlegungen bestimmen daher sehr stark
die Auswahl von Indexverfahren. Bei den meisten heute existierenden
Systemen wird der Index baumartig strukturiert. Die Größe der Knoten
wird so gewählt, daß sie gerade eine Seite (page) füllen, wobei die
Seitengröße von der Eigenschaft des externen Speichers mitbestimmt
wird.

B-Bäume haben sich deshalb zu einem Standardverfahren für die Organisation von Indexverzeichnissen auf externen Direktzugriffsspeichern
entwickelt, weil sie die Eigenschaft besitzen, daß die Algorithmen für
die Suche, das Einfügen und das Entfernen von Daten mit einer minima-
len Anzahl von Zugriffen ausgeführt werden kann. Die Struktur einer
Seite p (eines Knotens des B-Baumes) mit n Identifikatoren läßt sich
wie folgt darstellen:

z_0	x_1	a_1	z_1	x_1	a_2	z_2	. . . .	x_n	a_n	z_n	freier Raum

Dabei bedeutet:

z_i: die Zeiger zu den Söhnen des Knotens; eine Seite enthält n+1
    Zeiger

x_i: die geordneten Identifikatoren der Sätze (Satzschlüssel) (sie werden zur Vereinfachung der Darstellung durch ganze Zahlen repräsentiert)

a_i: die den Identifikatoren zugeordneten Informationen, z.B. Hinweis auf den durch x_i bezeichneten Satz (wird im folgenden vernachlässigt)

Ist der Knoten ein Blatt des B-Baumes, so gibt es keine Zeiger z_1, in allen anderen Fällen zeigen die Zeiger auf das maximale Indexelement des Sohnes.

Formal lassen sich die Eigenschaften eines B-Baumes nach [Bay] wie folgt angeben:

Ein gerichteter Baum T ist ein B-Baum der Klasse t (d, h), falls T leer ist (h=0) oder die folgenden Eigenschaften besitzt:

a) Jeder Weg von der Wurzel zu einem Blatt hat die <u>gleiche</u> Länge h, genannt die Höhe des Baumes: $h=\log_d((N+1)/2)$, wobei d die Ordnung des Baumes ist.

b) Jeder Knoten enthält n Elemente, wobei $d \leq n \leq 2d$ ist, mit Ausnahme der Wurzel, für sie gilt: $1 \leq n \leq 2d$

c) Jeder Knoten mit n Indexelementen hat n+1 Söhne, außer den Blätter-Knoten, die keinen Sohn haben.

Abbildung 104 zeigt einen B-Baum der Ordnung d=2. Jeder Knoten hat $2 \leq n \leq 4$ Identifikatoren.

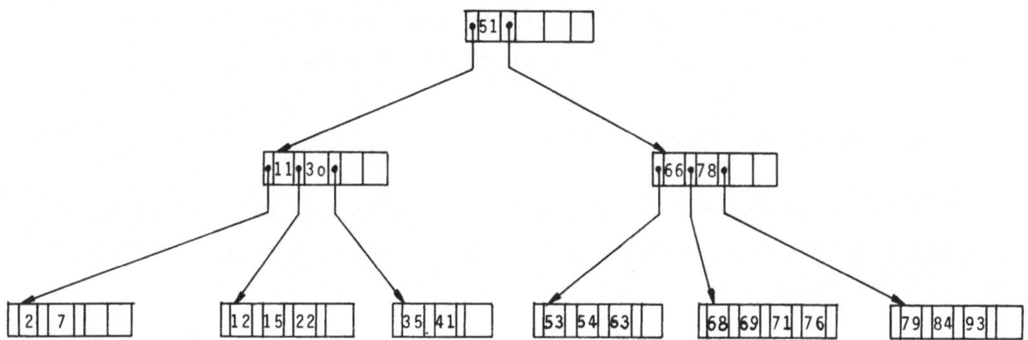

Abb. 104 : Ein B-Baum der Ordnung 2

Die folgende Tabelle verdeutlicht die Effizienz von B-Bäumen. Es ist
die Ordnung des Baums d (und damit die Größe der Knoten) gegen die Anzahl der Identifikatoren (Größe der Datei/DB) aufgetragen.

Die maximale Höhe des B-Baumes mit N Identifikatoren ist gegeben durch
$h=\log_d((N+1)/2)$. Ein B-Baum der Ordnung d=50, der $N=10^7$ Identifikato-
ren enthält, kann ungünstigstenfalls mit vier Zugriffen auf dem
Direktzugriffsspeicher durchsucht werden.

Größe der

Knoten:	d	150	2	2	3	3	4	4
		100	2	2	3	3	4	4
		50	2	3	3	4	4	5
		10	3	4	5	6	7	8
			10^3	10^4	10^5	10^6	10^7	10^8	N	Anzahl der Sätze der Datei

Tab.: 16   Anzahl von Direktzugriffen abhängig von N und d.

Es gibt inzwischen mehrere Varianten der B-Bäume, die bekanntesten
sind die B*-Bäume, die interessantere Variante sind die B+-Bäume, bei
denen alle aktuellen Identifikatoren in den Blättern lokalisiert und
zusätzlich miteinander verkettet sind, mit dem Vorteil, daß sequentielle Verarbeitung zeitsparend durchgeführt werden kann.

Als Beispiel für Implementationen von B-Bäumen lassen sich die Datei-
organisation ISAM des BS2000 der Fa. Siemens und das VSAM der Fa. IBM
anführen. Einen umfassenden Überblick über die B-Bäume und ihre
Varianten gibt Comer in [Com].

Das nachfolgend dargestellte Verfahren zur Verschlüsselung von
B-Bäumen ist auch auf andere Varianten übertragbar.

Die Verschlüsselung von B-Bäumen

Für die Verschlüsselung von Dateien, die in Seiten gegliedert sind,
wie bei den B-Bäumen, lassen sich drei Forderungen an den Verschlüsselungsalgorithmus angeben:

a)   die Algorithmen für die Suche, das Einfügen und das Löschen von
     Daten sollten sich nicht wesentlich ändern

b)   die Verschlüsselung sollte sowohl in Blockchiffren als auch in
     kontinuierlichen Chiffren möglich sein

c)   die Verschlüsselung muß sich auch hardwaremäßig durchführen las-
     sen, so daß die Daten auf dem Übertragungsweg zwischen Hauptspei-
     cher und Sekundärspeicher verschlüsselt werden können.

In dem in [Bay] vorgestellten Verfahren wird jede Seite mit einem
anderen Schlüssel, dem "Seiten"-Schlüssel, verschlüsselt.

Die Datei besteht aus m Seiten, wobei jeder Seite eine Seiten-Nummer
p_i (mit $1 \leq i \leq m$) zugeordnet ist, um sie auf dem Sekundärspeicher zu
lokalisieren. Darüber hinaus besitzt jede Seite einen Seiten-
identifikator $\hat{p}_i$.

Abbildung 105 verdeutlicht den Verschlüsselungsvorgang der
'Seiten'-weisen Verschlüsselung.

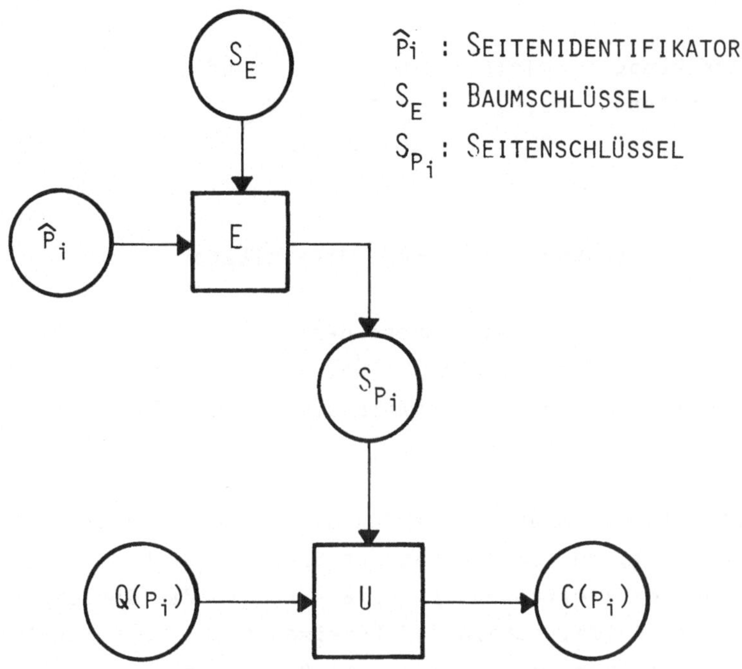

Abb. 105 : Verschlüsselungsalgorithmus von B-Bäumen

Der Datei-Schlüssel S_E (auch Baum-Schlüssel genannt) gilt für die gesamte Datei und muß geheimgehalten werden.

Die Seiten-Schlüssel S_{P_i} werden aus den Satzidentifikatoren $\hat{p}_i$ mit Hilfe einer Einwegfunktion E erzeugt und müssen bei Bedarf wieder erzeugt werden. Die Sicherheit beruht auch hier auf der Geheimhaltung der Schlüssel, die daher auch nicht in Sekundärspeichern gespeichert werden dürfen. Der Benutzer muß den Baum-Schlüssel kennen und geheim halten, der Seiten-Schlüssel wird für jede Seite mit Hilfe von E neu erzeugt.

Die Verschlüsselung der einzelnen Seiten Q(p_i) geschieht mit Hilfe des Seitenschlüssels S_{P_i} und einem Algorithmus, der auf einer umkehrbaren Funktion U beruht:

Sei $Q(p_i)$ der Klartext der Seite mit der Seitennummer p_i und
$C(p_i)$ der entsprechende Schlüsseltext, dann gilt für die

Verschlüsselung $\quad C(p_i) = U(Q(p_i), S_{p_i})$ und die

Entschlüsselung $\quad Q(p_i) = U^{-1}(C(p_i), S_{p_i})$

wobei $\quad S_{p_i} = E(\hat{p}_i, S_E)$

Verfahren der Festlegung der Seiten-Identifikatoren

Die Seiten-Nummern p_i können während der Verarbeitung (Lesen, Einfügen, Löschen) verfügbar gemacht werden. Es gibt zwei Möglichkeiten, durch Zuhilfenahme der Seiten-Nummern die Seiten-Identifikatoren abzuleiten:

1) die Seiten-Identifikatoren werden den Seiten-Nummern gleichgesetzt, $\hat{p}_i = p_i$, so daß die Seitenschlüssel durch $S_{p_i} = E(p_i, S_E)$ erzeugt werden (Verfahren C). Daraus folgt, daß der Seiten-Schlüssel fest ist, sobald der Dateischlüssel S_E festgelegt ist, da die Seiten-Nummern ohnehin feste Werte haben.

2) als Seiten-Identifikatoren $\hat{p}_i$ werden beliebige Werte gewählt, z.B. die Tageszeit der Echtzeituhr (Verfahren T). Diese Werte $\hat{p}_i$ müssen dann in einer Tabelle mit den entsprechenden Seiten-Nummern p_i gespeichert werden. Um den Seiten-Schlüssel S_{p_i} zu wechseln, bedarf es nur einer Änderung des Seiten-Identifikators in dieser Tabelle.

Diskussion der beiden Verfahren:

Der Vorteil des ersten Verfahrens (C) liegt darin, daß weder zusätzlicher Speicherplatz für die Seiten-Identifikatoren, noch Verarbeitungszeit für deren Suche und Einlesen erforderlich sind. Nachteilig ist, daß die Seiten-Identifikatoren nicht bei Bedarf geändert werden können.

Der Vorteil des zweiten Verfahrens (T) liegt darin, daß es einigen Verfahren des Seitenwechsels (paging) entgegenkommt, die bereits Seitenzuordnungstabellen im Hauptspeicher und ebenso Speicherplatz für Seiten-Identifikatoren bereitstellen.

Andererseits ist es zweckmäßig, die Seiten-Identifikatoren zusammen
mit den Zeigern in den entsprechenden Seiten zu speichern, denn es
existiert zu jeder Seite - außer der Wurzel - genau ein Zeiger.

Beiden Verfahren gemeinsam ist der Vorteil, daß für jede Seite ein
anderer Schlüssel zum Verschlüsseln der Daten existiert, so daß das
Aufbrechen der Chiffre für eine Seite noch keinen Vorteil für das Brechen der Chiffre anderer Seiten liefert, da zwischen den mit Hilfe einer Einwegfunktion erzeugten Schlüssel keine direkte Beziehung untereinander besteht.

In [Bay] werden drei Möglichkeiten des Aufbrechens der Chiffre einer
Seite und dessen Folgen und Gegenmaßnahmen diskutiert.

Die Verschlüsselung von B-Bäumen bei verteilter Verarbeitung

Eine Anwendungsvariante der Verschlüsselung von B-Bäumen wird von
Culpepper in [Cul3] diskutiert. Die Verschlüsselung/Entschlüsselung
geschieht nicht im zentralen Rechner, sondern in einem intelligenten
Terminal (Benutzerstation, Datensichtgerät), von dem aus die Anfragen
an die Datenbank gerichtet werden. Der zentrale Rechner führt nur den
Zugriff auf den Baum bzw. die Datenbank und die Übertragung zum intelligenten Terminal aus.

Im Gegensatz zum vorher diskutierten Verfahren von Bayer und Metzger,
bei dem die Seitenidentifikatoren in einer Tabelle mit den aufsteigend
sortierten Seitennummern gehalten werden (Verfahren T), muß hier der
Seiten-Identifikator $\hat{p}_i$ aus der Seitennummer p_i mit Hilfe eines
Schlüssels S_T erzeugt werden.
   $\hat{p}_i = T(p_i, S_T)$, wobei T eine (andere) Einwegfunktion sein kann.
Der Benutzer an der Benutzerstation benötigt zwei Schlüssel, den
Schlüssel S_T für die Transformation von Seitennummer in Seiten-
Identifikator und den Seitenschlüssel S_R, beide müssen von ihm
geheimgehalten werden. Die folgende Abbildung verdeutlicht den Vor-
gang.

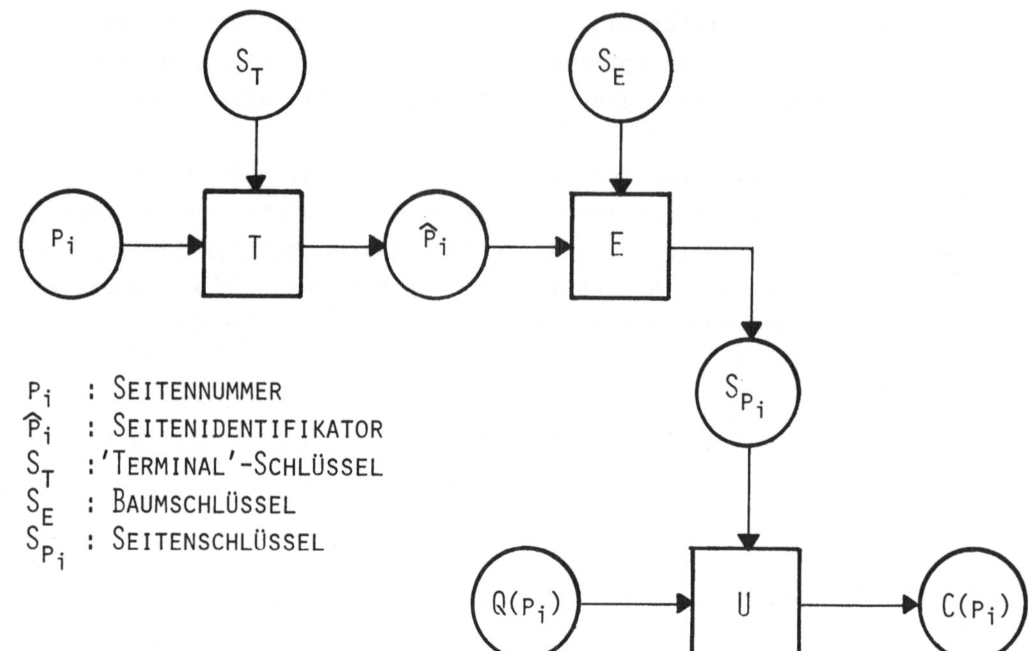

P_i : SEITENNUMMER
$\hat{P}_i$: SEITENIDENTIFIKATOR
S_T : 'TERMINAL'-SCHLÜSSEL
S_E : BAUMSCHLÜSSEL
S_{P_i} : SEITENSCHLÜSSEL

Abb. 106: Verschlüsselungsalgorithmus von B-Bäumen für Vorort-
          verarbeitung

Die Sicherheit wird durch die Verwendung zweier Schlüssel erhöht. Es
ist zweckmäßig, daß der Benutzer sich nur einen der beiden Schlüssel
zu merken hat und der zweite entweder:

a) von einem anderen Benutzer bereitgestellt wird (Vieraugenprinzip)
   oder
b) mit Hilfe einer Magnetkarte o.ä. in das Terminal eingegeben werden
   muß – eventuell kombiniert mit der Authentifizierung des Benutzers
   gegenüber der Datenbank –, oder
c) fest mit dem Terminal verbunden ist, z.B. in Form eines Mikropro-
   gramms oder als Softwareroutine.

Der Vorteil der letzten Art der Schlüsselverteilung besteht darin, daß
die Zugriffsberechtigung auf diese Weise an das Terminal gekoppelt
ist: bestimmte Dateien/ Datenbanken können nur von dafür besonders
ausgestatteten Datenendgeräten (Benutzerstationen) aus bearbeitet werden.

7. Authentifikation in DV-Systemen

7.1 Einführung: Identifikation und Authentifikation

Das Problem der Identifikation und Authentifikaticn ist ein altes Problem, das immer dann auftritt, wenn Menschen, Organisaticnen oder Institutionen, die räumlich voneinander getrennt sind, miteinander in Interaktion, z.B. Geschäftsbeziehung, treten.
In einem Rechensystem sind die Akteure (Benutzer, Prozesse), die Betriebsmittel und die Daten voneinander isoliert, damit keine unzulässigen Interferenzen, wie z.B. Sicherheitsverletzungen, auftreten können. Die inhärente Bestimmung eines Mehrbenutzersystems liegt jedoch gerade in der gleichzeitigen und gemeinsamen Nutzung der Betriebsmittel und Daten durch die Benutzer. Dies wird im System durch eine Reihe von Mechanismen geregelt: Mechanismen der Zuweisung von Benutzungsrechten (Autorisierungsmechanismen), Mechanismen der Überprüfung von Nutzungsanforderungen (Zugangs-, Zugriffsanforderungen), Mechanismen der Identifizierung, Mechanismen der Authentifizierung, d.h. der Verifizierung der Identität der Benutzer und der Nachrichten, und der Mechanismen der Synchronisierung.
Wir beschränken uns hier auf die Identifikation und Authentifikation und definieren als Identifizierung den Vorgang der Feststellung der Legitimität eines zu Identifizierenden durch Vorlage eines Identifikators, als Authentifizierung den Vorgang der Verifizierung der Identität durch Vorlage eines Authentifikators.
Identifizierung ist die Überprüfung der Übereinstimmung eines vorgelegten, kennzeichnenden Merkmals (Identifikator) mit einem Merkmal, das der überprüfenden Instanz durch vorherige Übereinkunft bekannt ist.
Authentifizierung ist die Verifizierung der Identität, Echtheit oder Integrität mit Hilfe von kennzeichnenden Merkmalen (Authentifikatoren), die mit der authentifizierenden Instanz vereinbart worden sind. Die Authentifikatoren können auch aus (einer Folge von) Verhaltensweisen oder aus originären Merkmalen eines Akteurs oder einer Nachricht bestehen.

Die zu Identifizierenden und Authentifizierenden innerhalb eines rechnergestützten Kommunikationssystems sind:

1) Kommunikationspartner· Benutzer, Betriebssysteme (Prozesse)
2) Kommunikationsmedien: Rechner, Datenstationen, Benutzerstationen,
   Leitungen, Netze; Speichermedien
3) Nachrichten: Daten, Informationen
4) Autorisationen: Verfügungsrechte, Zuständigkeiten

Die Identifikation/Authentifikation geschieht in der Regel einseitig
(one-way authentication). Es ist jedoch häufig nützlich und anzustre-
ben, daß sie gegenseitig erfolgt. Die Authentifikation von Nachrichten
erfolgt in der Regel auf der Seite des Empfängers. Identifikatoren
sind Namen, Zahlen, Adressen, die systemweit (innerhalb des Systems)
bekannt und einmalig, d.h. eindeutig sind.
Wir gehen nicht näher auf die Identifikation ein, weil sie nicht mit
Hilfe kryptographischer Verfahren durchgeführt, aber aus Sicherheitsgründen durch die Authentifikation ergänzt wird. Die Identifikation
ist für die Abrechenbarkeit von Leistungen, die Zurechenbarkeit von
Handlungen - besonders von deliktischen - und für die Autorisierung
und Zugriffskontrolle unbedingt erforderlich.

Es lassen sich eine Reihe von Anforderungen an Authentifikatoren und
an Verfahren zur Authentifikation angeben (vgl. [Mei] :

1) Authentifikatoren müssen wie Identifikatoren eindeutig sein
2) Authentifikatoren sollten nicht-übertragbar sein
3) Authentifikatoren müssen (wegen 1)) fälschungssicher sein
4) Verfahren zur Authentifikation müssen die Authentifikatoren während
   der Authentifizierung vor Manipulation und Diebstahl schützen.
5) Besitzer von Authentifikatoren müssen diese selbst schützen

Wir werden hier nicht das gesamte Spektrum möglicher Authentifizierun-
gen zwischen allen möglichen Systemkomponenten beschreiben, sondern
uns auf die wichtigsten beschränken und von denen nur diejenigen Verfahren beschreiben, die durch kryptographische Methoden wirksam unterstützt werden.
Die näher zu betrachtenden Authentifikationspartner und -objekte sind:
a) Akteure (Benutzer, Prozesse) - Betriebssystem als Kommunikationspartner
b) Benutzerstation - Rechner als Kommunikationsmedium
c) Daten - Betriebssystem/Anwender-System
d) Nachrichten, bestehend aus:
   - Authentifikation der Quelle des Senders

- Sicherstellung der zeitlichen und logischen Reihenfolge einer ge-
  sendeten Nachricht
- Authentifizierung des Nachrichteninhalts, der Integrität der
  Nachricht.

7.1.1 Benutzeridentifikation und Benutzerauthentifikation

Die Benutzeridentifizierung ist deshalb von besonderem Interesse, weil
es letztlich der Benutzer als Person ist, dem die Handlungen und
Leistungen "angerechnet" werden, die die Programme/Prozesse für ihn
ausführen. Der Benutzer geht mit der Anmeldung im System eine Rechtsbeziehung ein, er nimmt Leistung in Anspruch entweder durch direkte
Delegation von Aufträgen oder interaktiv über eine Benutzerstation.
Andererseits hat der Benutzer auch einen Anspruch darauf, daß das System nicht nur das Aneignen seiner Identifizierungs- und
Authentifizierungsmerkmale durch einen Dritten erkennt, sondern auch
die notwendigen Aufzeichnungen solcher Sicherheitsverletzungen vor-
nimmt, so daß sie dem Urheber zugerechnet werden können und nicht der
rechtmäßige Benutzer für die strafbaren Handlungen Anderer zur Verantwortung gezogen werden muß. Dies berührt jedoch einen noch unbe-
wältigten Themenkomplex der Rechtsbeziehungen bei der Nutzung der ADV
überhaupt: der Zusammenhang der Rechtsbegriffe, auf die Saltzer und
Schroeder [Sal2] hingewiesen haben, wie:

Zurechenbarkeit und Abrechenbarkeit (accountability),
Zuständigkeit, Glaubwürdigkeit (authority),
Gewährleistung und Haftbarkeit (liability) und schließlich die
Verantwortung, Verantwortlichkeit (responsibility).

Wir wollen jedoch nicht weiter darauf eingehen, sondern nur den Problembereich aufzeigen, in dem Identifizierung und Authentifizierung
der Benutzer zu sehen ist.
Als Authentifikatoren bieten sich bei der Benutzer-Authentifizierung
drei Kategorien an:

1) etwas, was der Benutzer weiß (Kennwort, Kenndialoge)
2) etwas, was der Benutzer objektiv besitzt (Schlüssel, Ausweis) und
3) etwas, was der Benutzer subjektiv als physische Merkmale besitzt.

Die am weitesten verbreitete Authentifizierungsmethode ist die mit

Hilfe des Kennwortes bzw. Kenndialogs, jedoch finden Schlüssel und
maschinenlesbare Ausweise besonders bei Kassen-Terminals, Ver-
kaufsautomaten und Geldausgabeautomaten immer weitere Verbreitung. Die
Authentifizierung durch ein Kennwort beruht letztlich auf der
Geheimhaltung des Kennworts, die bei einem Ausweis auf dessen
Fälschungssicherheit. Die Authentifizierung mit Hilfe von physiologi-
schen bzw. physischen Merkmalen des Benutzers selbst bietet zwar ein
Höchstmaß an Sicherheit, jedoch werden diese Verfahren den sicher-
heitskritischen Bereichen - der Verarbeitung von Daten sehr hoher
Sensitivität - vorbehalten bleiben.
Forsen et.al. [For2] zählen nicht weniger als 33 mögliche physiologi-
sche Attribute auf, die als Authentifikatoren in Frage kommen. Handab-
druck und Kardiogramme werden als aussichtsreiche Kandidaten näher
betrachtet. Einige von ihnen seien hier erwähnt: Handabdruck, Fußab-
druck, Fingerabdruck, Hautwiderstand, Haut-, Haar-, Augenfarbe,
Größe/Gewicht, Blutbild, Ohrgeometrie, Stimmabdruck, Enzephalogramm,
Kardiogramm, Eintastverhalten, Unterschrift (Form, Beschleunigung,
Schreibdruck), u.v.a.m.

7.2 Authentifikation von Kommunikationspartnern und Kommunikationsmedien

7.2.1 Benutzerauthentifizierung mit der Kennwortmethode

7.2.1.1 Einseitige Authentifizierung durch Einweg-Funktionen

Die Authentifizierung der Benutzer mit Hilfe eines Kennworts
(password) ist das weitverbreitetste Authentifizierungsverfahren.
Wir wollen jedoch __nicht__ auf die physischen Eigenschaften, den Informa-
tionsgehalt und die Verteilung der Kennwörter an die Benutzer eingehen, sondern nur diejenigen Aspekte betrachten, die für die Verifizierung der Identität mit Hilfe kryptographischer Verfahren einen Beitrag
zur Speicherung und Übertragung von Kennwörtern leisten können.
Das R.M. Needham zugeschriebene Verfahren der Benutzerauthentifizierung beruht auf der Verwendung der Einwegchiffrierung [Wil]. Die
Kennwörter werden nicht im Klartext gespeichert, sondern liegen in der
Einweg-verschlüsselten Form vor. Die Einweg-Verschlüsselung wurde bereits in Kapitel 3.1.4.3 ausführlich behandelt. Es sei hier nur kurz
das Wesentliche rekapituliert: eine Einweg-Verschlüsselung ist bezüglich der Verschlüsselung zeitunkritisch, d.h. mit vertretbarem Aufwand

zu verschlüsseln, während die Entschlüsselung zeitkomplex, d.h. entweder nur mit hohem Aufwand oder gar nicht möglich ist. Bei jeder Anmeldung des Benutzers am System (log-in; log-on; sign-on) wird das vom Benutzer angegebene Kennwort im System mit Hilfe einer Einweg-Funktion verschlüsselt. Das verschlüsselte Kennwort wird mit dem in der Kennworttabelle im System gespeicherten, ebenfalls verschlüsselten verglichen. Die Kennwörter werden also nicht im Klartext verglichen! Purdy geht in [Pur] näher auf die Auswahl von guten Einweg-Funktionen ein und schlägt die Anwendung einer Polynomfunktion über einem Primzahlmodulus vor. Evans, Kantrowitz und Weiss haben in [Eva] eine Einweg-Chiffre aus mehreren Elementarfunktionen zusammengestellt. Beide Einweg-Funktionen erfordern jedoch hinreichend lange Kennwörter - 64 bis 72 Bits -, um nicht-invertierbar zu sein. Daraus folgt, daß diejenigen Systemfunktionen, die die Kennwörter entgegennehmen, um sie zu verschlüsseln und in der Tabelle abzuspeichern, keine kurzen Kennwörter akzeptieren sollten.

Nachteilig bei den oben angegebenen Verfahren ist, daß die Kennwörter im Klartext übertragen werden und dadurch der Gefahr des Abfangens ausgesetzt sind, besonders dann, wenn die Benutzerstation über ein Netz mit dem Rechner verbunden ist.

Einen Ausweg bietet die Verschlüsselung des Kennwortes bereits an der Benutzerstation. Jedoch garantiert die Verschlüsselung der Kennwörter während der Übertragung noch keinen hinreichenden Schutz gegen Angriffe, zumal es sich hier um eine _einseitige_ Authentifizierung, nämlich die Authentifizierung des Benutzers gegenüber dem System (Betriebssystem) handelt. Dieses Verfahren ist verletzbar gegenüber Anschlägen der aktiven Infiltration (aktive Eindringung), wie der Huckepack-Eindringung (vgl. Kap.2).

Es ist für einen Eindringling relativ leicht, alle Nachrichten von und zur Benutzerstation abzufangen und sie zu einem Rechner zu leiten, der unter seiner, des Eindringlings, Kontrolle ist. Dieser in die Leitung gesetzte Rechner (vgl. Abb.5, Kap.2) kann so programmiert sein, daß er sich genau so verhält wie der richtige Rechner, solange bis er das Kennwort empfangen hat. Dann verabschiedet er sich beim Benutzer mit einer Fehlermeldung, hängt die Benutzerstation ab und meldet sich seinerseits bei dem eigentlichen Rechner mit dem abgefangenen Kennwort an. Es ist festzuhalten, daß dieser Anschlag nicht nur für im Klartext übertragene Kennwörter, sondern auch für chiffrierte zum Erfolg führt. Eine Lösung dieses Sicherheitsproblems wird durch die _zweiseitige_ Authentifizierung erreicht, bei der nicht nur der Benutzer vom Betriebssystem authentifiziert wird, sondern der Benutzer auch das

Betriebssystem authentifiziert.

7.2.1.2 Gegenseitige Authentifizierung von Benutzer und Betriebssystem

Wir stellen zunächst das von Cullum, Feistel und Smith in [Cul2]
beschriebene Verfahren vor, bei dem das Kennwort (Authentifikator)
<u>nicht</u> übertragen wird und das für eine zweiseitige Authentifizierung
geeignet ist (vgl. Abb. 107).
Im ersten Schritt (a) wird im Betriebssystem aus der im Klartext übertragenen Benutzerkennung (Benutzeridentifikator) und eines
festinstallierten Schlüssels (der aus drei verschiedenen Schlüsseln
zusammengesetzt sein kann) der Authentifikator A erzeugt.
Es findet eine Synchronisierung zwischen Benutzer und Betriebssystem
statt, d.h. beide Kommunikationspartner verständigen sich darüber, was
sie unter der "gleichen Zeit" unter Berücksichtigung der Übertragung
verstehen wollen.
Die Anmeldung - in Form nicht näher spezifizierter Daten D - wird mit
der aktuellen Zeit t verschlüsselt (b), wobei der Authentifikator A
als Schlüssel dient.
Das Betriebssystem vergleicht die Zeit: ist sie identisch mit der
lokalen Zeit, dann ist der Benutzer authentifiziert.
Die Daten D können verschiedene Bedeutungen haben. Sie können die Nummer der Datenstation bzw. Benutzerstation sein, die dann vom System
auf ihre Zulässigkeit geprüft wird. Auf diese Weise erhält man eine
Authentifizierung der Benutzerstation gegenüber dem Betriebssystem.
Ein entscheidender Vorteil dieser Authentifizierung ist, daß der
Authentifikator, hier der Schlüssel A, nicht übertragen und auch nicht
im System in einem Schlüsselregister (Schlüsselspeicher) gespeichert
zu werden braucht.
Die Sicherheit des Verfahrens: Das Aufsetzen auf die Leitung
(Huckepack-Endringung) wird wirksam erschwert. Der Eindringling muß
außer dem abzufangenden Schlüsseltext auch die Ausgangsdaten D kennen,
um den Schlüssel A, den Authentifikator, zu ermitteln.

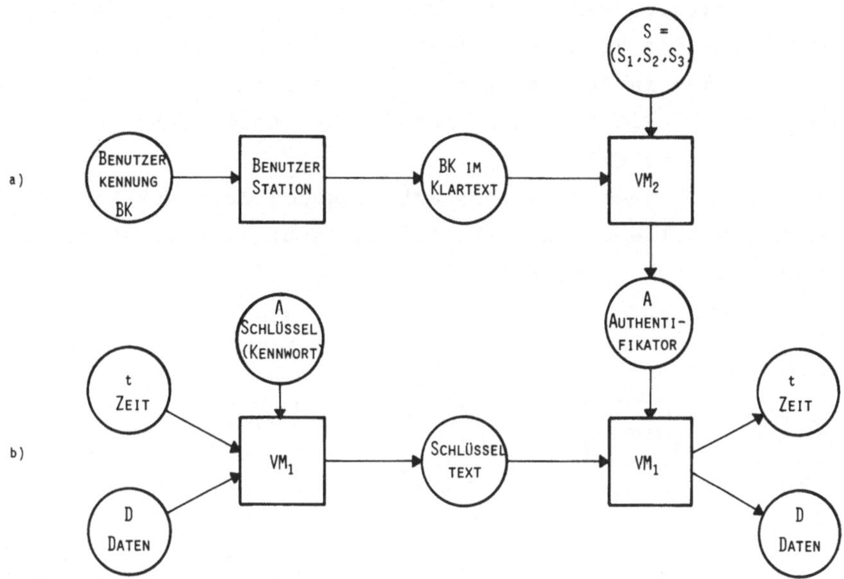

Abb. 107 : Gegenseitige Authentifizierung von Benutzer und Betriebssy-
           stem

Methode der gegenseitigen Authentifizierung mit Verifizierung der Integrität der Nachrichten

Eine Variante des eben vorgestellten Verfahrens ist das von Feistel,
Notz und Smith in [Fei5] angegebene, bei dem nicht nur eine zweiseiti-
ge Authentifikation der Kommunikationspartner (Benutzer und Betriebssystem), sondern auch die Integrität der ausgetauschten Nachrichten
verifiziert wird.
Der Benutzer gibt wie im eben angegebenen Verfahren seine Benutzerkennung BK, seinen Identifikator, ein (Abb.108 a)), die im Klartext zum
System übertragen wird. Im System ist jedem Benutzer, also jeder Benutzerkennung, ein Schlüssel zugeordnet, mit dessen Hilfe ein Block
mit eindeutiger Datums- und Zeitangabe t verschlüsselt und zur Benutzerstation übertragen wird (Abb.108 b)). Eine Kopie der übertragenen Zeit t wird zum späteren Vergleich als Klartext im System gespeichert. Der Benutzer entschlüsselt den erhaltenen Block und prüft, ob
die Systemantwort zeitecht ist. Die Antwort des Benutzers an das System (Abb.108 c)) besteht aus der an ihn übertragenen Zeit t und seinem Kennwort K (Authentifikator), beides verschlüsselt mit seinem
Schlüssel S. Nach Empfang entschlüsselt das System die Benutzer-
nachricht mit dem in der Tabelle angegebenen Schlüssel S für den ent-

sprechenden Benutzer, vergleicht das Zeitfeld t mit der vorher hinter-
legten Kopie, um die Zeitechtheit zu überprüfen, und vergleicht das
Kennwort K mit dem in der Tabelle für den Benutzer angegebenen. Nur
wenn beide, sowohl die Zeit als auch das Kennwort gleich sind, ist der
Benutzer authentifiziert.
Dieses Verfahren eignet sich zur nachfolgenden Authentifizierung von
Nachrichten mit Hilfe des bei Blockchiffrierungsverfahren möglichen
Blockverkettung (vgl. Kap. 3.1.4.1).

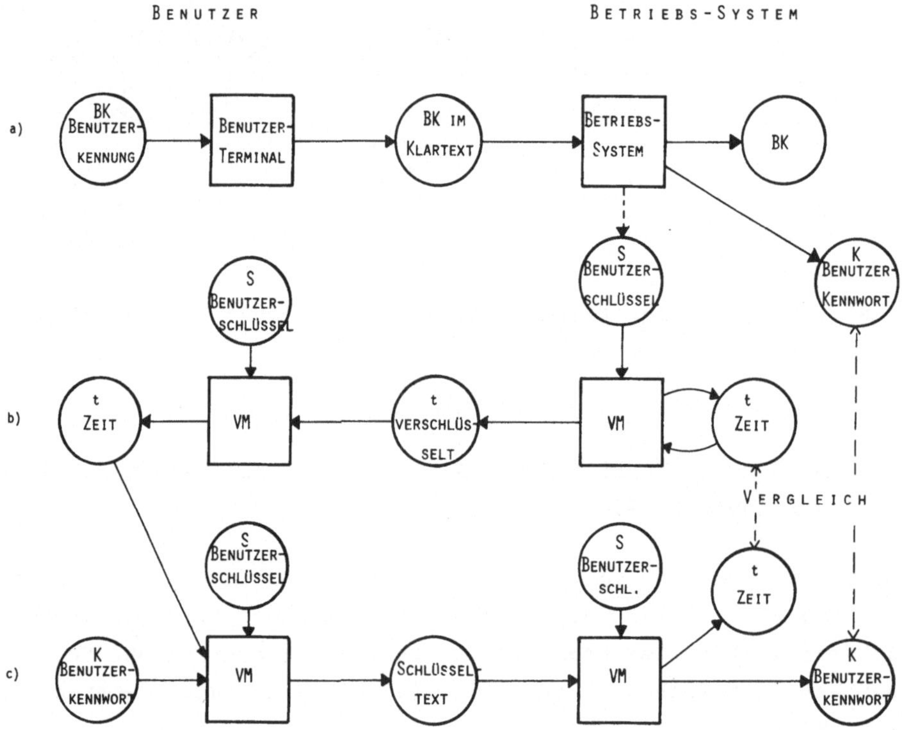

Abb. 108 : Gegenseitige Authentifizierung von Benutzer und Betriebssy-
           stem

Es ist für einen Dritten, der nicht den richtigen Schlüssel S besitzt,
praktisch unmöglich, eine Chiffre zu erzeugen, die entschlüsselt einen
Block mit der richtigen Zeit t und dem Kennwort K des Benutzers
ergibt. Darüber hinaus wird durch Einbeziehung der Zeit t gewährleistet, daß die ausgetauschten Nachrichten des Anmeldevorgangs nicht von
einer vorherigen, ordnungsgemäß durchgeführten Anmeldung stammen, die
von einem Dritten (Eindringling) durch Anzapfen der Leitung aufgezeichnet worden sind (vgl. Kap.2, Abb. 5).

7.2.2 Kombinierte Authentifizierung von Benutzer und Benutzerstation

Wir wollen hier ein Beispiel für die Authentifikation von Benutzerstation, Benutzer und Gast-Rechner geben, das Branstad in [Bra1] skizziert. Dieses Beispiel soll hier ausführlicher kommentiert werden,
damit wir uns in den folgenden Beispielen auf das Wesentliche
beschränken können.

Es wird gezeigt, wie von einer neutralen Instanz, dem Netzverwalter,
die Eingangsberechtigung zum Rechnernetz und der Schlüssel für den
Verlauf einer Terminalsitzung (session key) für die Verbindung (Kommunikation) zwischen Benutzer und Gastrechner bereitgestellt wird.
Der Netzverwalter ist ein spezieller Gast-Rechner des Netzes, dem die
Überprüfung der Anschluß-Berechtigung aller dem Netz angeschlossenen
Gast-Rechner und Benutzerstationen, die Zugangsberechtigung der Benutzer zum Netz und zu den einzelnen Gast-Rechnern obliegt, die dem Netz
angeschlossen sind. Darüberhinaus ist er für die Schlüsselverteilung
und die Aufzeichnung der sicherheitsrelevanten Vorgänge verantwortlich. Der Gast-Rechner verfügt dementsprechend über folgende Informa-
tionen, die er z.T. paarweise in geschützten Verzeichnissen hält: Benutzerkennung und Benutzerkennwort (I_B, A_B) oder zugelassenen Benutzer,
Identifikator und Authentifikator der Benutzerstation (I_T, A_T), die
Identifikatoren und Authentifikatoren aller Gast-Rechner (I_G, A_G), die
Zugangs- und Zugriffsrechte aller zum Netzwerk zugelassenen Benutzer
und ein Vorrat brauchbarer Schlüssel.
In der hier dargestellten Lösung dienen die Authentifikatoren als
Schlüssel und werden niemals übertragen. Die Authentifizierung wird
als beendet betrachtet, wenn eine Nachricht verschlüsselt, übertragen
und beim Empfänger richtig entschlüsselt werden kann. Es wird hier
angenommen, daß die Verschlüsselung jeweils an der Schnittstelle der
Gast-Rechner bzw. Benutzerstation zum Netz durchgeführt wird. Der er-
ste Dialogabschnitt wird zwischen Benutzerstation T und Netzverwalter
NV geführt (vgl. Abb. 109 a und b).
Der Identifikator der Benutzerstation I_T wird im Klartext in den
Netzverwalter NV geschickt, gleichzeitig wird der Authentifikator der
Benutzerstation A_T dem Verschlüsselungsmodul VM_T als Schlüssel überge-
ben.

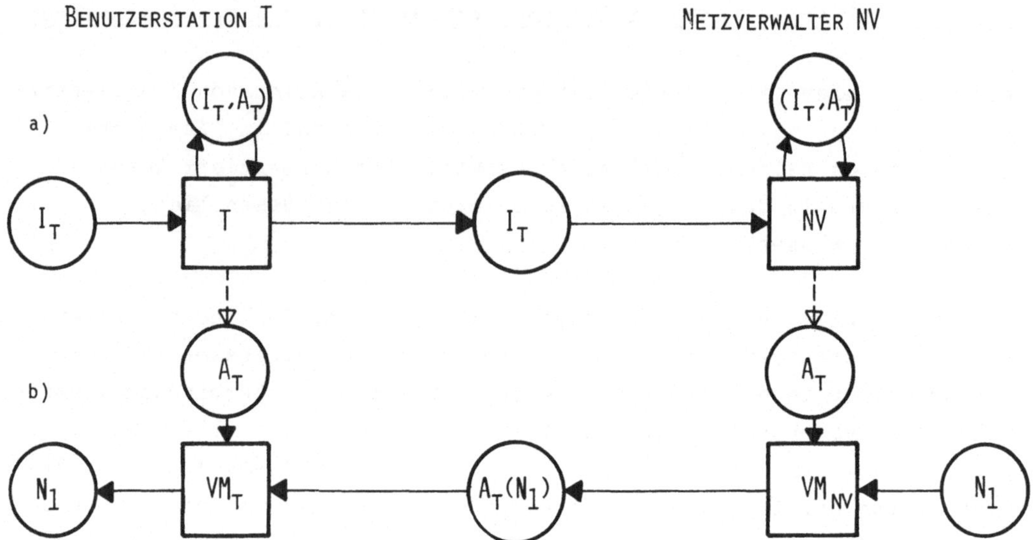

Abb. 109 a-b : Authentifizierung der Benutzerstation

Der Netzverwalter ermittelt aus seinem Index, bestehend aus
(I_T, A_T)-Einträgen, den zu I_T gehörenden Authentifikator A_T und übergibt diesen ebenfalls seinem Verschlüsselungsmodul VM_{NV} als Schlüssel.
Der Netzverwalter NV schickt der Benutzerstation T eine mit dem
Schlüssel A_T verschlüsselte Nachricht N_1, die z.B. Zeit und Datum ent-
hält, um sicher zu sein, daß diese Nachricht keine Aufzeichnung einer
vorherigen Übertragung ist, die von einem Spionagerechner gesendet
wurde (vgl. Abb.5, Kap.2). Die Benutzerstation gilt als authentifiziert, wenn die Nachricht N_1 richtig entschlüsselt und dem Benutzer im
Klartext gezeigt werden kann.
Der nächste Dialogabschnitt wird vom Benutzer B und dem Netzverwalter
NV geführt und dient zur Authentifizierung des Benutzers (vgl.
Abb. 109 c-d).
Die Benutzerkennung (Identifikator) I_B wird an der Benutzerstation T
vom Verschlüsselungsmodul VM_T mit Hilfe des Schlüssels A_T verschlüsselt und an den Netzverwalter gesendet. Nachdem die Nachricht
entschlüsselt worden ist, ermittelt der Netzverwalter aus seinem In-
dex, bestehend aus (I_B, A_B)-Einträgen den zu I_B gehörenden
Authentifikator A_B.

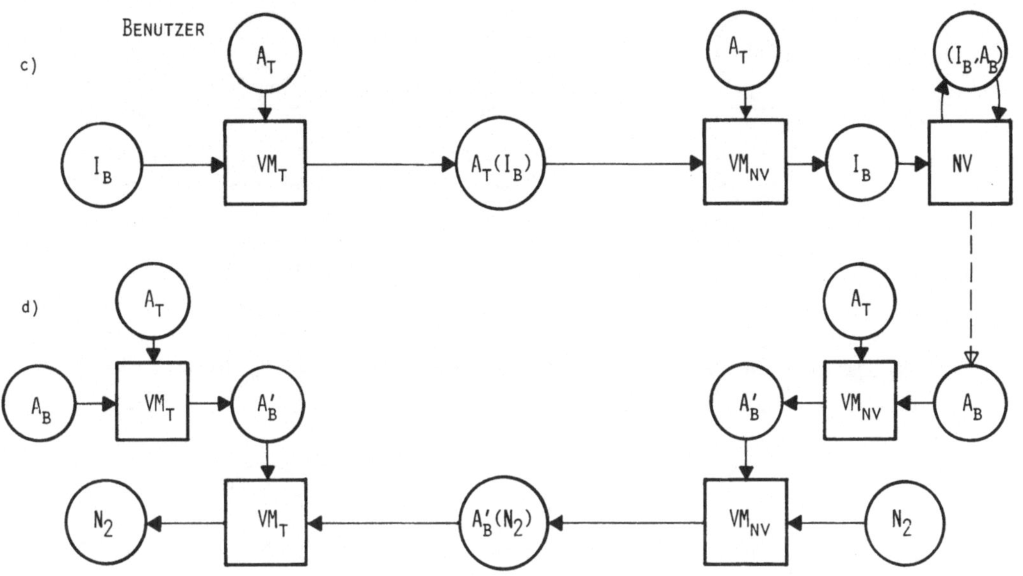

Abb. 109 c-d : Authentifizierung des Benuzters

Dieser Authentifikator wird den jeweiligen Verschlüsselungsmoduln VM_T
und VM_{NV} nicht unmittelbar als Schlüssel übergeben, sondern erst mit
dem Schlüssel A_T verschlüsselt und dann als Schlüssel A_B' gespeichert.
Dieser Vorschlag der Verschlüsselung von A_B durch A_T geht auf Davies
[Dav] zurück. Der Netzverwalter sendet dem Benutzer eine mit dem
Schlüssel A_B' verschlüsselte Nachricht N_2, die, nachdem sie richtig
entschlüsselt ist, den Benutzer B authentifiziert.
Der nächste Dialogabschnitt dient der Zugangsauthentifizierung des Benutzers B zum Gast-Rechner C, die vom Netzverwalter gewährt werden
muß, sowie der Bereitstellung eines Sitzungsschlüssels S_K für die Kommunikation zwischen Benutzer B mit Gast-Rechner C (vgl. Abt. 109 e-g).
Der Benutzer sendet dem Netzverwalter eine Anfrage Z_B auf Zugang zum
Gast-Rechner C. Der Netzverwalter prüft die Anfrage auf ihre Zulässigkeit, d.h. prüft, ob der Eenutzer B Zugang (Zugriff) zum Rechner C
besitzt. Wenn nicht, schickt der Netzverwalter dem Benutzer einen
negativen Bescheid und beendet die Verbindung, andernfalls schickt er
dem Benutzer eine Bestätigung N_3. Danach wählt der Netzverwalter einen
Schlüssel S_K für die Sitzung aus und sendet ihn der Eenutzerstation T,
die diesen Sitzungsschlüssel ihrem Verschlüsselungsmodul VM_T übergibt.

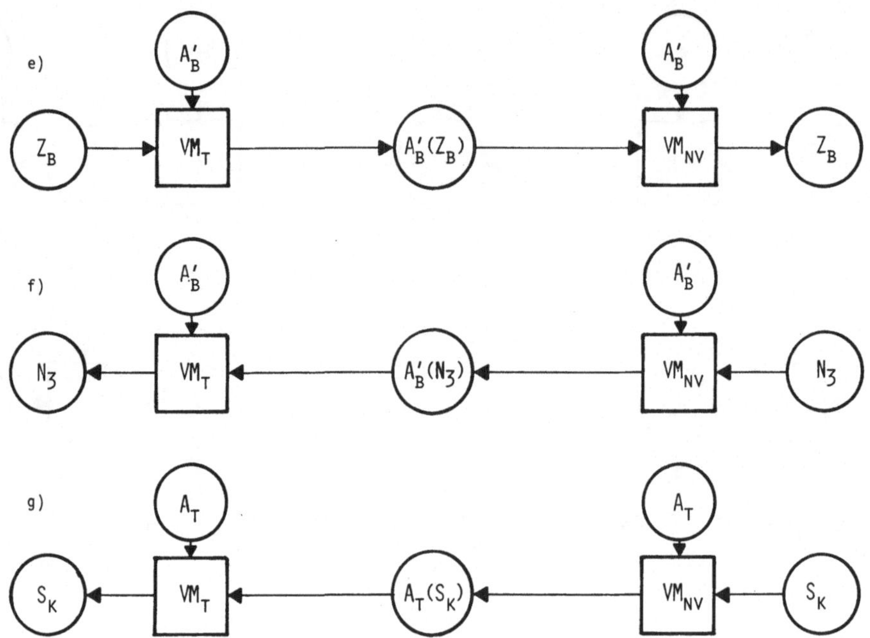

Abb. 109 e-g : Authentifizierung der Zugangsberechtigung des Benutzers
zum Gast-Rechner

Der letzte Dialogabschnitt wird zwischen dem Netzverwalter NV und dem
Gast-Rechner C geführt mit dem Ziel, den Gast-Rechner zu authentifi-
zieren (vgl. Abb. 109 h-j).
Der Netzverwalter NV sendet aufgrund der Benutzeranfrage dem Gast-
Rechner C seinen Identifikator (Kennung) im Klartext. Sowohl der Gast-
Rechner als auch der Netzverwalter übergeben ihren Ver-
schlüsselungsmoduln VM_{NV} und VM_C den Authentifikator A_C des Gast-
Rechners.

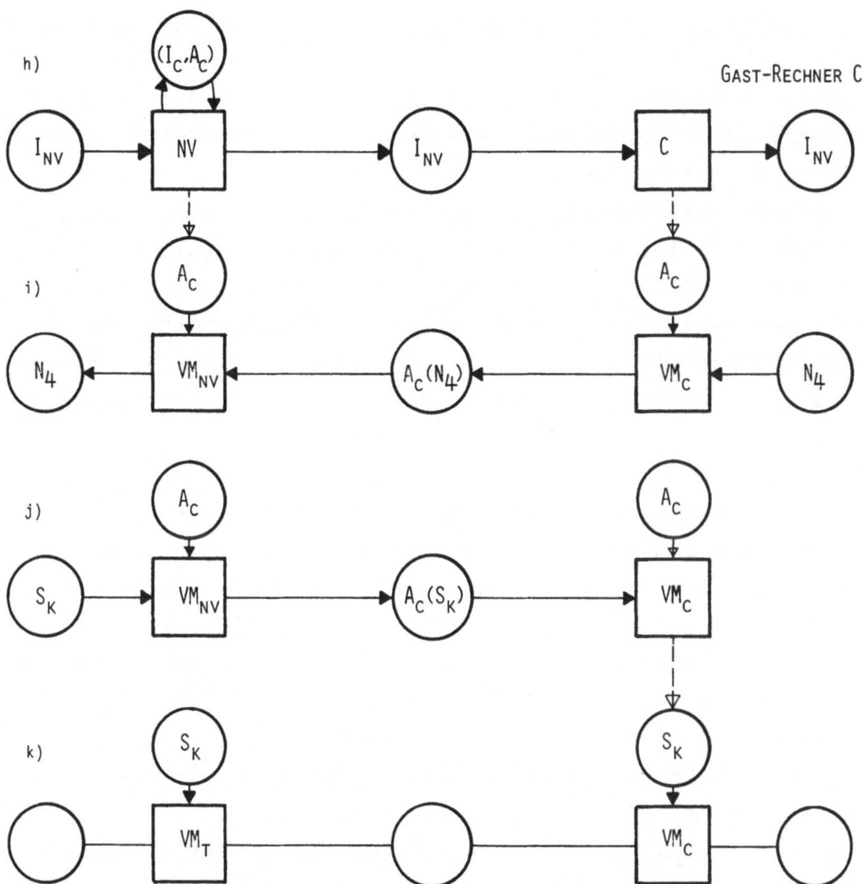

Abb. 109 h-j : Authentifizierung von Benutzer und Gast-Rechner

Der Gast-Rechner C sendet dem Netzverwalter NV eine Bereitschaftsmeldung N_4, seine Dienste zur Verfügung zu stellen. Nach erfolgreicher Entschlüsselung dieser Nachricht, ist der Gast-Rechner gegenüber dem Netzverwalter eindeutig authentifiziert. Der Netzverwalter sendet dem Gast-Rechner C den Sitzungsschlüssel S_K, der dem Verschlüsselungsmodul VM_C übergeben wird. Der Benutzer B kann nun an der Benutzerstation T die Kommunikation mit dem Gast-Rechner C aufnehmen. Die zwischen B und C gesendeten Nachrichten werden mit dem Sitzungsschlüssel S_K geschützt.

7.2.3   Protokolle zur Authentifikation von Kommunikationsteilnehmern

Als Protokolle werden die Vorschriften bezeichnet, die im Bereich der
Kommunikation über ein gemeinsames Medium die Anforderungen an die
beteiligten Instanzen festlegen. Als Instanzen bezeichnen wir die
Akteure eines Kommunikationssystems wie Sender, Empfänger und
Netzverwalter, Schlüsselverwalter, Netzzugangskontrolleur. Wir gehen
zunächst von den beiden Teilnehmern eines Netzes aus, die miteinander
kommunizieren wollen und von einer ihnen übergeordneten Instanz, die
den Schlüssel für die Dauer der Sitzung bereitstellt. Wir nennen diese
Instanz Schlüsselverwalter, obwohl sie auch andere Funktionen haben
kann.

Die in diesem Abschnitt zu behandelnden Protokolle sind im wesentlichen von Needham und Schroeder [Nee] zusammengestellt worden. Wir haben die Numerierung der Nachrichten weitgehend übernommen. Die Kanal-
Instanzen-Netze, in denen die Protokolle dargestellt werden, haben
jetzt eine etwas andere Interpretation als bisher. Die Inschriften in
den Kanälen bezeichnen nur, d.h. in Abschnitt 7.2.3 und 7.3.4, die
Nummer der Nachricht mit vorangestelltem T (Transaktion). Es werden
erst die Protokolle mit konventionellen Kryptoverfahren, dann die mit
Kryptoverfahren mit offenem Schlüssel behandelt.
Die Frage nach der Allgemeingültigkeit der folgenden Protokolle muß
allerdings unbeantwortet bleiben, da die Richtigkeitsbeweise hierfür
noch geführt werden müssen; eine lohnende Forschungsaufgabe.

7.2.3.1 Protokoll für konventionelle Kryptosysteme

Wir gehen davon aus, daß die beiden Kommunikationspartner A und B
jeweils einen von ihnen geheimgehaltenen Schlüssel S_A bzw. S_B besitzen
und daß es eine ihnen übergeordnete Instanz gibt, die die Kommunikation vermittelt, sei es als Netzverwalter, der den Zugang zum Netz
kontrolliert oder als Schlüsselverwalter, der die Verteilung und Verwaltung der angeforderten Schlüssel übernimmt.
Wir wollen zunächst ein Protokoll für die Authentifizierung von Kommunikationspartnern darstellen.

Der Sender A wendet sich an den Schlüsselverwalter SV mit einer Nachricht, die seinen Namen A (Identifikator), den Namen des Empfängers B
(Identifikator), dem er eine unterschriebene Nachricht senden will,

und einen Identifikator I_{A1} enthält, der nur einmal benutzt wird, d.h.
in vorherigen und in folgenden Interaktionen nicht benutzt wird, damit
die Nachricht eindeutig ist (vgl. T1.1).

$$A \quad ===> \quad SV \quad : \quad A,B,I_{A1} \qquad\qquad T1.1$$

Der Schlüsselverwalter SV ermittelt aus seinen Verzeichnissen die zu A
und B gehörenden Schlüssel S_A bzw. S_B und berechnet für die Kommunikation von A und B einen Schlüssel, einen Sitzungsschlüssel S.

Daraufhin sendet der Schlüsselverwalter SV die Nachricht T1.2 an A:

$$SV \quad ===> \quad A \quad : \quad S_A\{I_{A1},B,S,S_B(S,A)\} \qquad T1.2$$

Da die Nachricht mit dem Schlüssel S_A verschlüsselt ist, kann nur der
Sender A die Nachricht richtig entschlüsseln und den Sitzungsschlüssel
S, den richtigen Namen B des Empfängers und den speziellen Identifika-
tor I_{A1} ermitteln. Der Sender A kann sicher sein, daß die Nachricht
T1.2 eine Antwort vom Schlüsselverwalter SV auf seine Anfrage T1.1
ist.

Sowohl der Name des Empfängers B als auch der Identifikator I_{A1} müssen
(wieder) in der Nachricht T1.2 erscheinen: Falls der Name B fehlt,
könnte ein Eindringling diesen Namen in der Nachricht T1.1 in X ändern
mit der Konsequenz, daß A unwissentlich mit X anstatt mit B in Kommunikation tritt. Falls der Identifikator I_{A1} fehlt, könnte ein Eindringling die Nachricht T1.2 von SV zu A bezüglich B durch eine andere, von früheren Sitzungen aufgezeichnete Nachricht, ersetzen und
damit den Sender A nötigen, einen schon einmal benutzten Schlüssel S
zu benutzen. Der Sender A sendet den Authentifikator $S_B(S,A)$ als Nachricht T1.3 an den Empfänger B und speichert daraufhin den
Sitzungsschlüssel in sein Kryptosystem (Verschlüsselungsmodul VM).

$$A \quad ===> \quad B \quad : \quad S_B(S,A) \qquad\qquad T1.3$$

Einzig und allein B kann diese Nachricht T1.3 entschlüsseln, denn nur
er ist im Besitz des Schlüssels S_B. Dadurch gelangt der Empfänger B in
den Besitz des Sitzungsschlüssels S und erfährt den Namen seines Kommunikationspartners A.

Da B nicht sicher ist, daß der Schlüssel S nicht schon in einer vor-

herigen Sitzung benutzt worden ist, ist er auch im Ungewissen, ob
nicht die Nachricht T1.3 und alle folgenden Nachrichten von A nicht
"Wiedereinspielungen" eines Eindringlings sind. Um diese Unsicherheit
zu beseitigen, sendet B seinem Kommunikationspartner A eine mit dem
Sitzungsschlüssel S verschlüsselte Nachricht T1.4, die einen Identifikator I_B enthält, der nur einmal benutzt wird, z.B. die Zeitangabe.

$$B \quad ===> \quad A \quad : \quad S(I_B) \qquad\qquad T1.4$$

Auf diese Nachricht erwartet B eine verwandte Nachricht T1.5:

$$A \quad ===> \quad B \quad : \quad S(I_B^*) \qquad\qquad T1.5$$

Das gegenseitige Vertrauen ist hergestellt, wenn I_B^* innerhalb einer
gewissen Toleranz liegt. Die sichere Kommunikation zwischen A und B
mit dem Schlüssel kann beginnen.

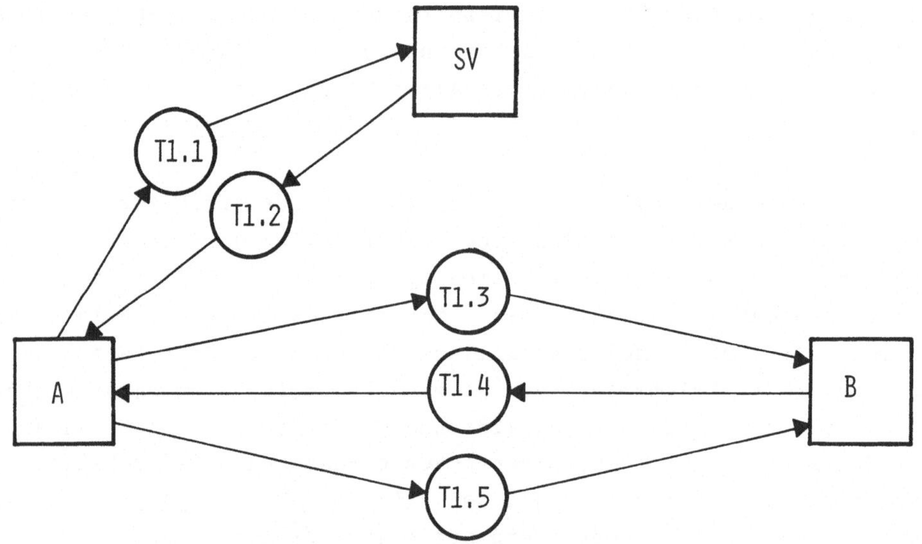

Abb. 110 : Protokoll zur Initialisierung einer interaktiven Kommunikation

Protokoll bei Speicherung des Authentifikators $S_B(S,A)$ beim Sender

Wenn A regelmäßig mit B in Interaktion tritt, ist es möglich, daß sich
A aus der Nachricht T1.2 Einträge in der Form B: S, $S_B(S,A)$ in einem
geschützten Speicher (cache) aufbewahrt, wodurch sich die Nachrichten
T1.1 und T1.2 in der Folge erübrigen. Die Anzahl der Nachrichten redu-

ziert sich dann auf drei (unten angegeben), jedoch müssen die Nachrichten T1.3 und T1.4 etwas modifiziert werden. Da der Schlüssel wiederholt benutzt wird, ist ein gegenseitiger Austausch von Identifikatoren erforderlich, T1.3' und T1.4' (vgl. Abb. 111).

$$A \quad ===> \quad B \quad : \quad S_B(S,A), \; S(I_{A2}) \qquad\qquad T1.3'$$

$$B \quad ===> \quad A \quad : \quad S(I_{A2}^{*},I_B) \qquad\qquad T1.4'$$

$$A \quad ===> \quad B \quad : \quad S(I_B^{*}) \qquad\qquad T1.5$$

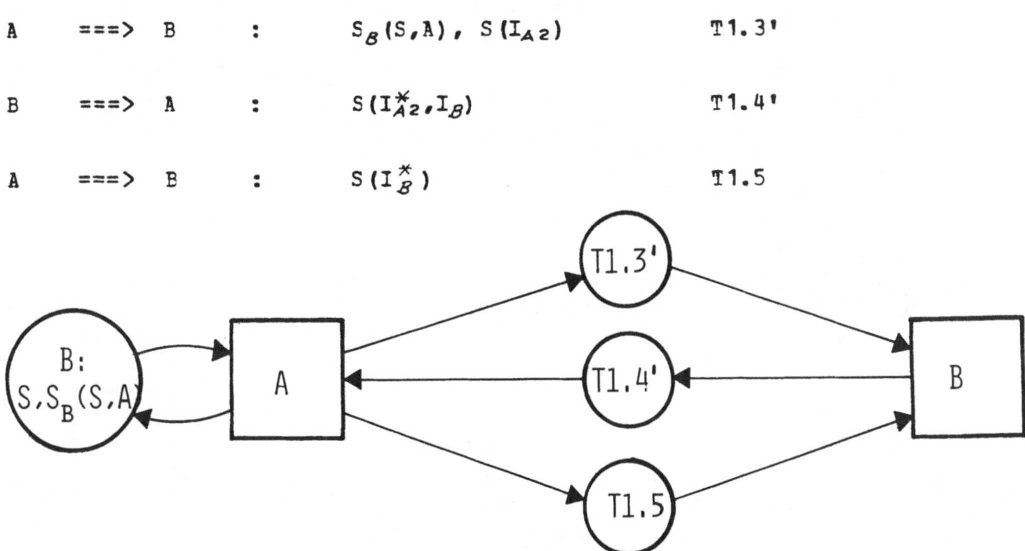

Abb. 111 : Protokoll bei Speicherung der Authentifikatoren beim Sender

Protokoll bei zwei Schlüsselverwaltern

Haben Sender A und Empfänger B nicht denselben Schlüsselverwalter, wie im eben vorgestellten Fall angenommen wurde, weil sie verschiedenen Netzen angehören, so ändert sich auch das Protokoll in der Weise, daß Nachrichten zwischen den entsprechenden Schlüsselverwaltern SV_A und SV_B ausgetauscht werden müssen. Zur Vereinfachung kann angenommen werden, daß zwischen SV_A und SV_B unter Beteiligung eines übergeordneten Schlüsselverwalters ein Kommunikationsschlüssel S_{SV} bereitgestellt wurde, so daß der Nachrichtenaustausch zwischen SV_A und SV_B geschützt ist.

Die Forderung nach einem Authentifikator der Form $S_B(S,A)$, den der Sender A an B schicken kann, ist auch hier gültig. Jedoch kennt der Schlüsselverwalter SV_A nur den geheimen Schlüssel des Senders A und SV_B nur den des Empfängers B, so daß sich SV_A nach dem Schritt T1.1 zunächst an SV_B wenden muß, um (S,A) mit dem Schlüssel S_B verschlüsselt zu bekommen. Die beiden folgenden Nachrichten sind zwischen T1.1 und T1.2 erforderlich (vgl. Abb. 112) :

$$SV_A \implies SV_B \quad : \quad S_{SV}(S,\ B,\ A,\ I_{A1}) \qquad\qquad T1.11$$

$$SV_B \implies SV_A \quad : \quad S_{SV}(I_{A1}, A,\ S_B(S,A)) \qquad\qquad T1.12$$

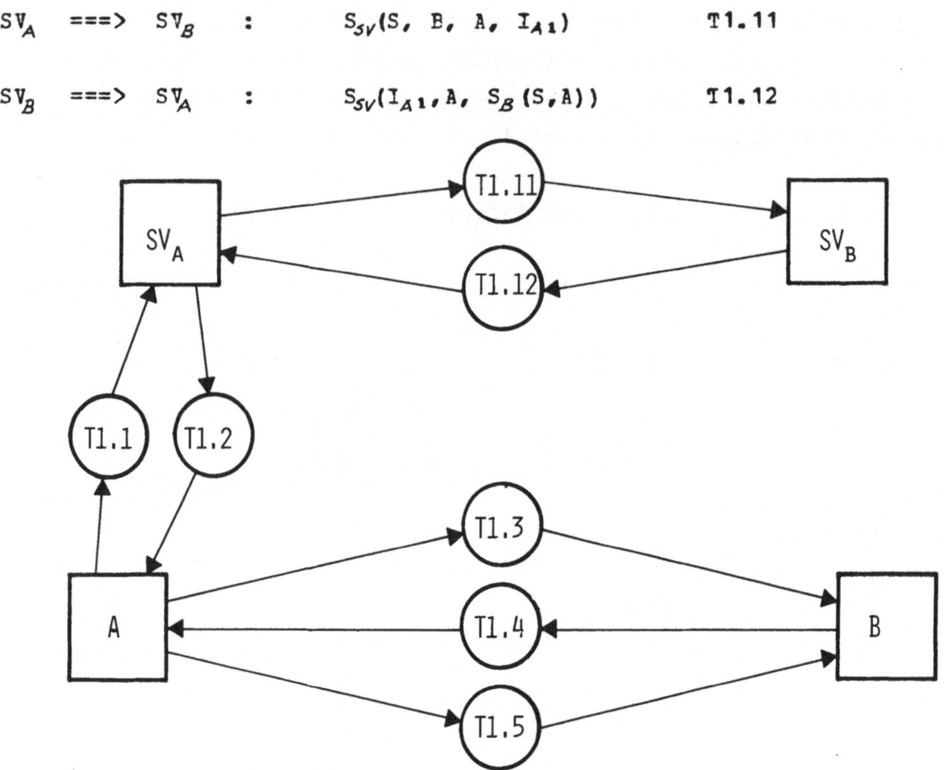

Abb. 112 : Protokoll mit zwei Schlüsselverwaltern

7.2.3.2 Protokoll für Kryptosysteme mit offenem Schlüssel

Wir gehen zunächst davon aus, daß für beide Kommunikationspartner der
gleiche Schlüsselverwalter zuständig ist, und daß die Teilnehmer A und
B den offenen Schlüssel SO_{SV} ihres Schlüsselverwalters kennen.

Im ersten Schritt fordert der Sender A im Klartext vom
Schlüsselverwalter SV den offenen Schlüssel SO_B des Teilnehmers B an,
mit dem er in Interaktion treten will.

$$A \implies SV \quad : \quad A,\ B \qquad\qquad T2.1$$

Der Schlüsselverwalter sendet A den angeforderten Schlüssel und den
Namen des voraussichtlichen Kommunikationspartners B verschlüsselt mit
seinem privaten Schlüssel SP_{SV}.

$$SV \implies A \quad : \quad SP_{SV}(SO_B, B) \qquad\qquad T2.2$$

Die Nachricht T2.2 wird also nicht mit dem offenen Schlüssel SO_A des
Teilnehmers A verschlüsselt, wie es für die geschützte Übertragung der
Daten erforderlich wäre. Dadurch, daß die Nachricht mit dem privaten
Schlüssel SP_{SV} verschlüsselt wurde, ist der Teilnehmer A sicher, daß
diese Nachricht nur vom Schlüsselverwalter kommen kann, denn nur er
ist im Besitz seines privaten Schlüssels SP_{SV}. A kann also überzeugt
sein, daß er nach Entschlüsselung der Nachricht T2.2 im Besitz des
offenen Schlüssels SO_B des Teilnehmers B und nur dieses Teilnehmers
ist. Der Teilnehmer B muß lediglich dafür sorgen, daß der offene
Schlüssel SO_{SV} bei ihm nicht unbefugt verändert werden kann. Die Nachricht kann also jeder Teilnehmer des Kommunikationssystems entschlüsseln, was auch erlaubt ist, denn SO_B und B sind "offene Daten".
Andernfalls hätte der Schlüsselverwalter SV die Nachricht T2.2 mit dem
offenen Schlüssel SO_A des Teilnehmers A verschlüsseln müssen:
$SO_A\{SP_{SV}(SO_B,B)\}$.

Im Besitz des offenen Schlüssels SO_B sendet A dem Kommunikationspartner B eine mit SO_B verschlüsselte Nachricht (T2.3), die seinen Namen
und einen Identifikator, der nur einmal benutzt wird, enthält.

A   ===> B   : $SO_B(I_A,A)$ T2.3

Diese Nachricht kann nur vom Empfänger B entschlüsselt werden. B
erfährt, daß A mit ihm in Interaktion treten will und fordert vom
Schlüsselverwalter SV den offenen Schlüssel SO_A des Teilnehmers A an.
Dies geschieht analog dem oben beschriebenen Vorgang der Anforderung
des Schlüssels SO_B vom Teilnehmer A und der Bereitstellung durch SV
(vgl. T2.1, T2.2):

B   ===> SV   :   B,A   T2.4

SV   ===> B   : $SP_{SV}(SO_A,A)$ T2.5

Zur gegenseitigen Authentifizierung tauschen die Kommunikationspartner
A und B folgende Nachrichten aus:

B   ===> A   : $SO_A(I_A,I_B)$ T2.6

Nach Entschlüsselung mit dem privaten Schlüssel SP ist A sicher, daß
er mit B in Kommunikation steht, denn nur B konnte die Nachricht T2.3
richtig entschlüsseln und den Identifikator im Klartext erhalten. Bei

diesem Nachrichtenaustausch einigen sie sich darüber, was sie unter
der gleichen Zeit verstehen wollen, um den folgenden Nachrichtenaustausch auf seine zeitliche Integrität zu überprüfen. Die Identifikatoren I_A und I_B können jeweils die Basis für den Blockzähler in
der nachfolgenden Kommunikation bilden. Mit Hilfe des Blockzählers
wird die Folgeechtheit geprüft.

Aus dem gleichen Grund muß A die folgende Nachricht (T2.7) an B senden:

$$A \quad ===> \quad B \quad : \quad SC_B(I_A) \quad\quad\quad\quad T2.7$$

Es ist zu beachten, daß bei der Verwendung von Kryptosystemen mit
offenem Schlüssel sieben Nachrichten ausgetauscht werden müssen gegenüber nur fünf Nachrichten bei der Verwendung von konventionellen
Kryptosystemen.

Die folgende Abbildung veranschaulicht den Nachrichtenaustausch des
eben vorgestellten Protokolls:

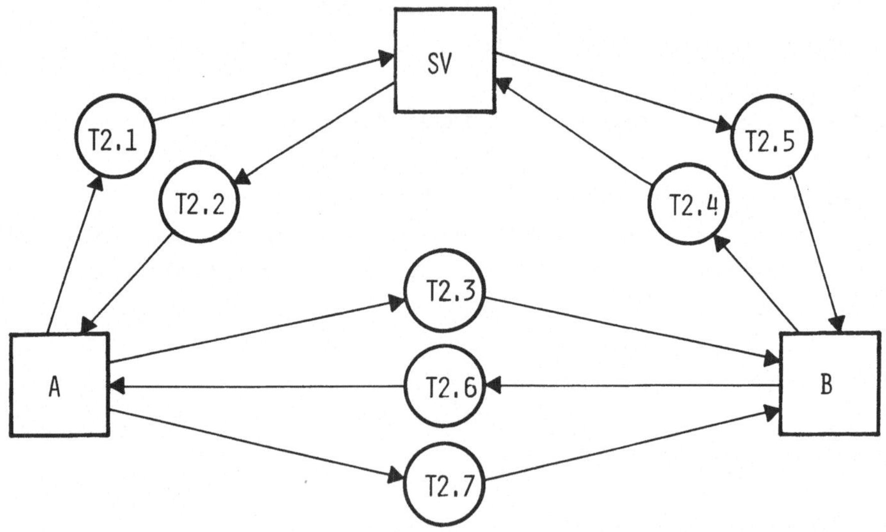

Abb. 113 : Protokoll zur Initialisierung einer interaktiven Kommunikation bei Kryptosystemen mit offenem Schlüssel

Vereinfachung des Protokolls durch Schlüsselspeicher bei den Teilnehmern

Richten die Kommunikationsteilnehmer Schlüsselspeicher ein, in denen
sie ein Verzeichnis der Namen und der dazugehörigen offenen Schlüssel
ihrer Kommunikationspartner halten, mit denen sie häufig in Verbindung
treten, so reduziert sich die Anzahl der auszutauschenden Nachrichten
von sieben auf nur drei, wie Abbildung 114 verdeutlicht. Die Reihenfolge der Nachrichten ist T2.3, T2.6, T2.7.

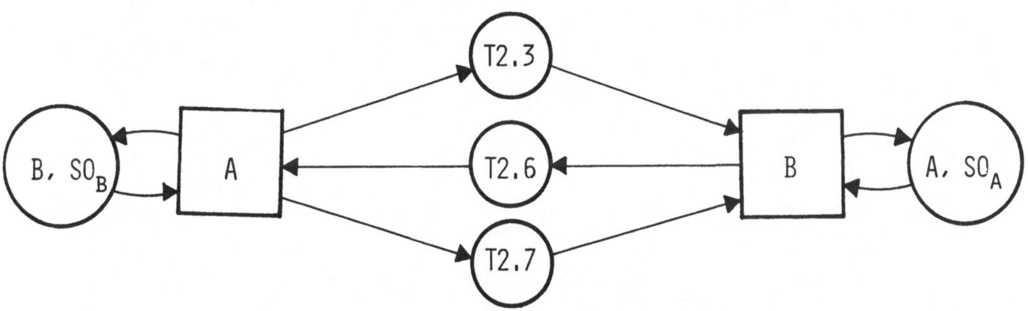

Abb. 114 : Protokoll bei Speicherung der Schlüssel bei den Teilnehmern

Protokoll bei Vorhandensein je eines Schlüsselverwalters

Sind die beiden Kommunikationspartner A und B Teilnehmer verschiedener
Netze, so haben sie verschiedene Schlüsselverwalter, die wir mit SV_A
und SV_B bezeichnen wollen. Wird ferner angenommen, daß A den offenen
Schlüssel SO_{SV_B} des Schlüsselverwalters SV_B und B den entsprechenden
Schlüssel des Schlüsselverwalters SV_A von A kennt, so können sich beide Kommunikationspartner direkt mit dem Schlüsselverwalter des anderen
in Verbindung setzen, um den offenen Schlüssel des anderen Kommunikationspartners in Erfahrung zu bringen. Damit ändern sich die Nachrichten T2.1 und T2.2 sowie T2.4 und T2.5. Wir geben die erforderlichen
Nachrichten geschlossen an und stellen das Protokoll in Abb. 115 dar.

$$A \implies SV_B \quad : \quad A, B \qquad\qquad T2.1'$$

$$SV_B \implies A \quad : \quad SP_{SV_B}(SO_B, B) \qquad\qquad T2.2'$$

$$A \implies B \quad : \quad SO_B(I_A, A) \qquad\qquad T2.3$$

$$B \implies SV_A \quad : \quad E,A \qquad\qquad T2.4'$$

$$SV_A \implies B \quad : \quad SP_{SV_A}(SO_A,A) \qquad\qquad T2.5'$$

$$B \implies A \quad : \quad SO_A(I_A,I_B) \qquad\qquad T2.6$$

$$A \implies B \quad : \quad SO_B(I_A) \qquad\qquad T2.7$$

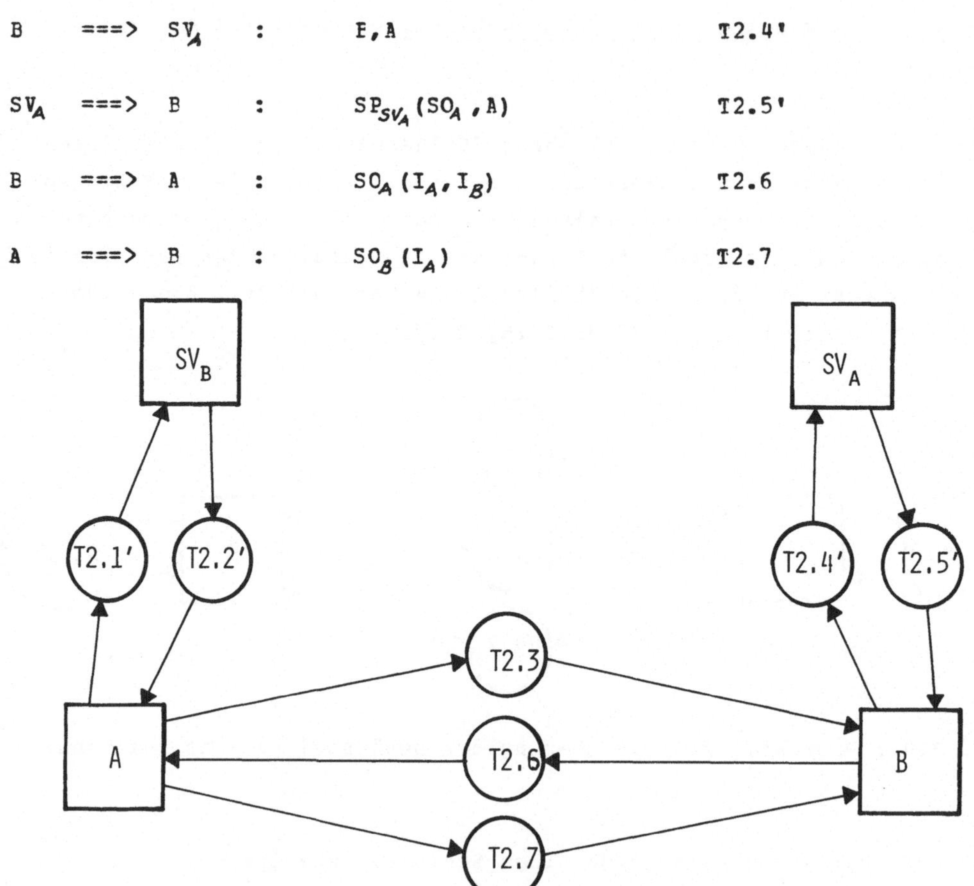

Abb. 115 : Protokoll mit zwei Schlüsselverwaltern

Kennen A und B nicht den offenen Schlüssel der Schlüsselverwalter von B bzw. A, so muß es eine übergeordnete Instanz geben, von der der Kommunikationspartner A den offenen Schlüssel SO_{SV_B} des Schlüsselverwalters SV_B anfordern kann. Das gleiche gilt für B und den Schlüsselverwalter SV_A. Dieser Nachrichtenaustausch muß <u>vor</u> der Nachricht T2.1' bzw. T2.4' durchgeführt werden.

Wir skizzieren dieses Protokoll nur kurz, es wird durch die Abbildung 116 veranschaulicht. Wir gehen davon aus, daß die Teilnehmer A und B den offenen Schlüssel SO_{PSV} des SV_A und SV_B übergeordneten Schlüsselverwalters PSV kennen.

$$A \implies PSV \quad : \quad A,\ SV_B \qquad\qquad T2.01$$

$$PSV \implies A \quad : \quad SP_{PSV}(SO_{SV_B},\ SV_B) \qquad\qquad T2.02$$

$$A \implies SV_B \quad : \quad A,\ B \qquad\qquad T2.1'$$

$$SV_B \implies A \quad : \quad SP_{SV_B}(SO_B,\ B) \qquad\qquad T2.2'$$

$$A \implies B \quad : \quad SC_B(I_A,\ I_B) \qquad\qquad T2.3$$

$$B \implies PSV \quad : \quad B,\ SV_A \qquad\qquad T2.31$$

$$PSV \implies B \quad : \quad SP_{PSV}(SO_{SV_A},\ SV_A) \qquad\qquad T2.32$$

$$B \implies SV_A \quad : \quad B,\ A \qquad\qquad T2.4'$$

$$SV_A \implies B \quad : \quad SP_{SV_A}(SO_A,\ A) \qquad\qquad T2.5'$$

$$B \implies A \quad : \quad SO_A(I_A,\ I_B) \qquad\qquad T2.6$$

$$A \implies B \quad : \quad SC_B(I_A) \qquad\qquad T2.7$$

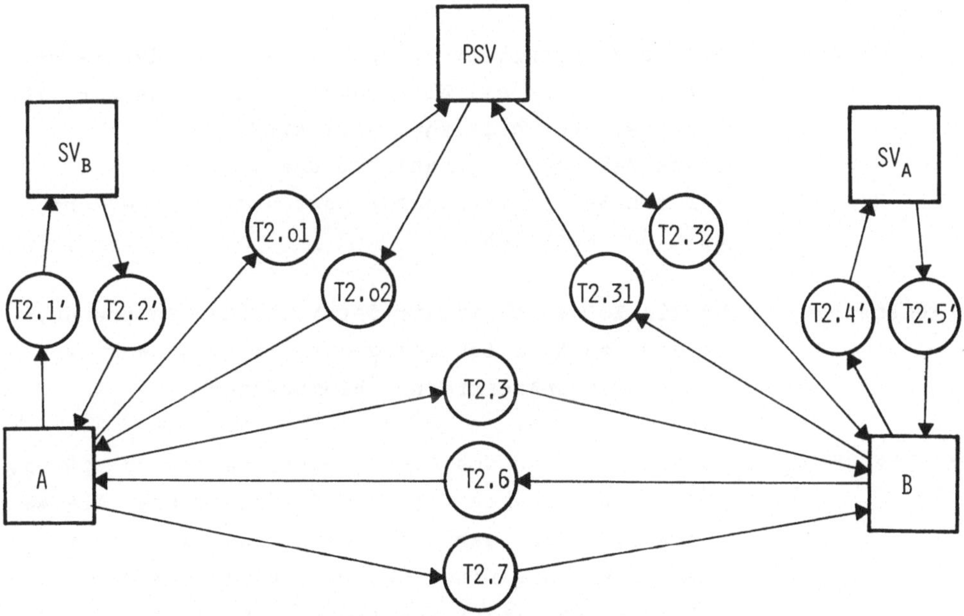

Abb. 116 : Protokoll mit drei Schlüsselverwaltern

7.3 Authentifikation von Nachrichten

7.3.1 Anforderungen an die Authentifikation von Nachrichten

Die Authentifizierung von Nachrichten besteht in der Bestimmung der Authentizität (Echtheit) der Nachricht, d.h. im Nachweis der Übereinstimmung der Nachricht am Ursprung (Quelle) mit der Nachricht am Bestimmungsort (Ziel), was die Gewährleistung der Integrität der Nachricht bezüglich ihrer Unversehrtheit und ihrer zeitlichen und logischen Reihenfolge impliziert, und im Nachweis der Identität von Ursprung und Bestimmungsort.
Zur Verallgemeinerung setzen wir 'Ursprung' mit 'Urheber' bzw. 'Sender' und 'Bestimmungsort' mit 'Empfänger' gleich, zumal Sender und Empfänger diejenigen Instanzen sind, die die Authentifizierung durchführen.

Die Authentifizierung von Nachrichten erfordert - wie die Authentifizierung von Kommunikationspartnern und -medien - die Erstellung und Übertragung von Authentifikatoren, die eindeutig die Echtheit der Nachricht belegen.

Die geforderten Eigenschaften und ihre Authentifikatoren sind:

1) Zeitechtheit: Um die Zeitechtheit zu prüfen, muß mit der Nachricht ein Zeitfeld übertragen werden, das z.B. von der Systemuhr bereitgestellt wird.
Diese Zeitangabe garantiert dem Empfänger die Zeitechtheit (timeliness) oder auch Zeitgerechtheit der Nachricht.

2) Folgeechtheit: Um die Folgerichtigkeit der Nachricht zu prüfen, werden den Nachrichtensegmenten Folgenummern wie bei der Datenübertragung hinzugefügt.

3) Inhaltsechtheit: Um die Echtheit des Nachrichteninhaltes zu prüfen, wird eine charakteristische Prüfsumme über die gesamte Nachricht gebildet und mit der Nachricht übertragen. Die Länge des Prüffeldes muß proportional zur Wahrscheinlichkeit sein, mit der eine Veränderung (Verfälschung) der Nachricht feststellbar ist. Dieses Prüffeld kann als 'Siegel'

der Nachricht angesehen werden.

4) Sender- und Empfängerechtheit:

>Um die Authentizität des Senders und des
Empfängers der Nachrichten zu prüfen, verweisen
wir auf die in Abschnitt 7.2 angeführten Verfahren, insbesondere auf die der gegenseitigen
Authentifizierung.

5) Ursprungsechtheit:

>Um den Ursprung der Nachricht überprüfen zu kön-
nen, ist es mitunter zweckmäßig, zu den Folgenummern noch ein Identifikationsbit hinzuzufü-
gen.

Wir wollen nun die sich aus den ebengenannten Forderungen an die Nachrichtenauthentifikation ergebenden Anforderungen an ein
Authentifizierungssystem aus der Sicht des Senders und Empfängers darstellen. Die Anforderungen beziehen sich auf interaktive Kommunikation; bei zeitverzögerter Kommunikation, z.B. beim elektronischen
Briefverkehr, gilt nur eine Teilmenge dieser Anforderungen.
Wir bezeichnen den Sender einer Nachricht mit S, den Empfänger mit E.

I Authentifizierung auf der Seite des Empfängers:
(1) E muß sich versichern können, daß die empfangene Nachricht von
S und nur von S stammt: Senderechtheit
- S benötigt einen fälschungssicheren von E zu prüfenden
Authentifikator.

(2) E muß sich versichern können, daß der Inhalt der empfangenen
Nachricht mit dem Inhalt der gesendeten Nachricht identisch
ist: Inhaltsechtheit
- S benötigt einen vom Inhalt der Nachricht abhängigen
Authentifikator.

(3) E muß sich versichern können, daß die empfangene Nachricht
zeitecht und folgeecht ist.
- S benötigt ein Zeitfeld bzw. einen Nachrichtenblockzähler.

II Authentifizierung auf der Seite des Senders

    (1) S muß sich versichern können, daß E der Empfänger der Nachricht
        ist: Empfängerechtheit
        - E benötigt einen fälschungssicheren von S zu prüfenden
          Authentifikator.

    (2) S muß sich versichern können, daß E nicht behaupten kann, eine
        andere als die gesendete Nachricht empfangen zu haben: In-
        haltsechtheit
        - S benötigt vor dem Senden eine Prüfsumme seiner Nachricht. S
          fordert E auf, nach Erhalt der Nachricht diese Prüfsumme
          ebenfalls zu bilden und zu übertragen. Erst nach Vergleich
          der Prüfsummen quittiert S gegenüber dem Empfänger E.

7.3.2 Rechtsgültige Unterschriften und elektronische Verträge

Die Beweisbarkeit vertraglicher Vereinbarungen und sonstiger
Rechtsgeschäfte wird in herkömmlichen Systemen (Papier und Feder) in
der Regel durch die persönliche Unterschrift der Vertragspartner, bzw.
allgemein der rechtsgeschäftlich tätigen Personen, erreicht.
Um bei elektronischem Austausch von Nachrichten mit Dokumentcharakter
die gleiche Beweisbarkeit zu erreichen, sind die in Abschnitt 7.3.1
angegebenen Anforderungen an die Authentifizierung von Nachrichten zu
ergänzen.

1) zu II "Authentifizierung auf der Seite des Senders"
    (3a) Der Sender S muß sich versichern können, daß der Empfänger E
         eine empfangene Nachricht N nicht verändern und dann als die
         ursprünglich empfangene Nachricht ausgeben kann: Inhaltsecht-
         heit

    (3b) Der Sender S muß sich versichern können, daß der Empfänger E
         eine _nicht_ empfangene Nachricht nicht als empfangene Nachricht
         ausgeben kann: Urheber- und Inhaltsechtheit oder
         (Quasi-)Dokumentenechtheit
        - Der Sender S benötigt einen Authentifikator $A(S,N)$, der nur
          von ihm selbst und von der Nachricht N abhängt.

2) Es muß eine neutrale Instanz geben, bei der dieser vom Sender S und
   der Nachricht N abhängige Authentifikator A(S,N) hinterlegt werden
   kann, damit im Fall der Offenlegung des Schlüssels, mit dem die
   Authentifizierung durchgeführt wurde, nachgeprüft und festgestellt
   werden kann, ob diese Nachricht vor der Offenlegung übertragen worden ist.
   Bei dieser neutralen Instanz wird auch der Authentifikator A(E,N)
   hinterlegt, der nur vom Empfänger E und der Nachricht N abhängt,
   als Äquivalent zur empfangsbestätigenden Unterschrift des
   Empfängers.
   Die Notwendigkeit einer neutralen Instanz ergibt sich auch aus der
   Anforderung (3a) und besonders aus (3b).
   Um die Beweisbarkeit elektronisch abgeschlossener Verträge zu
   sichern, erscheint es notwendig, daß diese - oder eine andere -
   neutrale Instanz auch die Verteilung der Schlüssel übernimmt, mit
   deren Hilfe die Kommunikationspartner (Vertragspartner) und die
   Nachricht authentifiziert werden.

Die oben genannten Kriterien und die Protokolle für die Authentifizierung von Nachrichten und für den elektronischen Briefverkehr (vgl. Ab-
schn.7.3.4) sind sicher nicht vollständig, um allen rechtlichen Anforderungen zu genügen. Sie sollen als Diskussionsbeitrag für die längst
fällige interdisziplinäre Zusammenarbeit von Juristen und Informa-
tikern betrachtet werden.

Man kann die Authentifikatoren auch als 'elektronische Unterschriften'
(digital signatures (vgl. [Dif4])) oder als 'elektronische Siegel'
oder kurz als 'Siegel' bezeichnen. Die neutrale Instanz, die die
elektronischen Unterschriften bzw. Siegel aufbewahrt, bezeichnen wir
als Siegelbewahrer, diejenige, die die Schlüssel der Kommunikationspartner eines Netzes hält, als Schlüsselverwalter oder Netzverwalter.

7.3.3 Verfahren zur Herstellung Nachrichten-Authentifikatoren und elektronischen Unterschriften

Verfahren mit konventionellen Kryptosystemen

Die Erstellung eines Authentifikators mit Hilfe kryptographischer Verfahren muß gewährleisten, daß der Authentifikator die Nachricht eindeutig repräsentiert. Mit kryptographischen Verfahren können Authentifikatoren mit relativ kurzem Feld hergestellt werden, die von allen Zeichen der Nachricht und ihrer Abfolge und von dem jeweiligen Schlüssel in komplexer Weise abhängen.
Für die Herstellung elektronischer Unterschriften, d.h. von Authentifikatoren, die die Nachricht als auch den Sender eindeutig authentifizieren, sind kryptographische Verfahren besonders dann geeignet, wenn der Verschlüsselungsschlüssel dem Sender eindeutig zuordbar ist.
Zur Herstellung von Authentifikatoren eignet sich das in Kap. 3.1.4 beschriebene Verfahren der Schlüsseltextrückführung (CFB: cipher feedback mode), bei dem der chiffrierte Text dem Verschlüsselungsmodul als Eingabedaten wieder zugeführt wird. Vom Ausgabeblock wird dann eine Auswahl von Bits aus dem Gesamtblock zum Klartext modulo 2 addiert. Der auf diese Weise erhaltene letzte Block gilt als Authentifikator, der die Nachricht N mit sehr hoher Wahrscheinlichkeit authentifiziert.

Ebenso eignet sich das in Kap. 3.1.4 beschriebene Verfahren der Blockverkettung (cipher block chaining), bei dem den Datenblöcken gleicher Länge vor der Verschlüsselung der jeweilige Vorgängerblock modulo 2 hinzuaddiert wird.
Bei beiden Verfahren ist ein bei Sender und Empfänger verfügbarer identischer Startwert (Initialisierungsvektor) notwendig.
Das Blockverkettungsverfahren wird in der Regel für die Nachrichtenauthentifizierung nach vorheriger Benutzerauthentifizierung angewendet, wobei das Kennwort oder die Zeit (oder beides) als Initialisierungsvektor dienen (vgl. Abschn. 7.2.1.2).

Verfahren mit Einweg-Funktionen

Außer der Technik der Schlüsseltextrückführung können alle auf Einweg-Funktionen basierenden Verfahren (vgl. Kap.3) angewendet werden, da der Authentifikator nicht in den Klartext zurückgeführt zu werden braucht (vgl. [Pur], [Eva], Poh1]).

Die auf diese Weise gewonnenen 'elektronischen' Unterschriften haben
jedoch den Nachteil, daß sie nicht von denjenigen verifiziert werden
können, die nicht im Besitz des entsprechenden Schlüssels sind.

Verfahren mit Kryptosystemen mit offenem Schlüssel

Kryptosysteme mit offenem Schlüssel stellen eine elegante Möglichkeit
zur Authentifizierung elektronisch unterzeichneter Nachrichten dar.
Bezeichnet man den offenen Schlüssel mit SO, den privaten mit SP, die
Verschlüsselung mit V und die Entschlüsselung mit E, so kann eine
Nachricht N, die der Sender A mit dem offenen Schlüssel SO_B des
Empfängers B verschlüsselt und übertragen hat, vom Empfänger B mit
seinem privaten Schlüssel SP_B wieder entschlüsselt werden:

$$E_{SP_B} V_{SO_B}(N) = N$$

Im allgemeinen gilt für Kryptosysteme mit offenem Schlüssel:

$$E_{SP} V_{SO}(N) \neq V_{SO} E_{SP}(N) = N$$

Das Verfahren von Rivest et al. (vgl. Kap.3 und [Riv3]), erlaubt
jedoch:

$$E_{SP} V_{SO}(N) = V_{SO} E_{SP}(N) = N$$

Will der Sender A dem Empfänger B eine Nachricht senden, die unter-
schrieben, also authentifizierbar ist, so "entschlüsselt" er zunächst
mit seinem privaten Schlüssel SP_A die Nachricht N und erhält einen
"Schlüsseltext", der als elektronische Unterschrift S (Siegel) angesehen werden kann:

$$E_{SP_A}(N) = S$$

Keiner, außer dem Sender A, besitzt den Schlüssel SP_A. Sendet A diesen
Pseudo-Schlüsseltext an den intendierten Empfänger B, so ist dieser
Text nicht kryptographisch geschützt. Jeder andere Empfänger kann mit
Hilfe des offenen Schlüssels SO_A des Senders diesen Text in den
Klartext überführen (vgl. Abb. 117):

$$V_{SO_A}(S) = N$$

Die elektronische Unterschrift hängt nur vcm Sender A, nämlich von
seinem privaten Schlüssel SP_A, und der Nachricht N at. Der Sender ist
damit eindeutig gegenüber dem Empfänger authentifiziert.

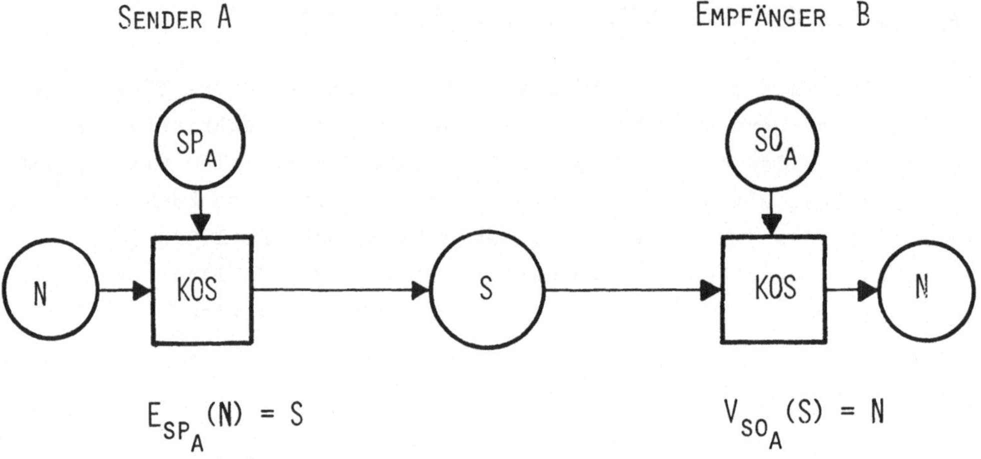

Abb. 117 : Elektronische Unterschrift mit Hilfe eines Kryptosystems
mit offenem Schlüssel

Damit die Authentifizierung gegenseitig erfolgt und der übertragene
Schlüsseltext geschützt ist, verschlüsselt A seine elektronische Un-
terschrift mit dem offenen Schlüssel SO_B des Empfängers B (vgl.
Abb. 118):

$$V_{SO_B}(S) = T$$

Der übertragene Schlüsseltext T kann nur vcm Empfänger B mit seinem
privaten Schlüssel SP_B entschlüsselt werden:

$$E_{SP_B}(T) = S$$

Diese elektronische Unterschrift des Senders A kann er als Beweis aufbewahren. Der Empfänger "verschlüsselt" die Unterschrift S mit Hilfe
des offenen Schlüssels SO_A des Senders A und erhält die Nachricht N im
Klartext:

$$V_{SO_A}(S) = N$$

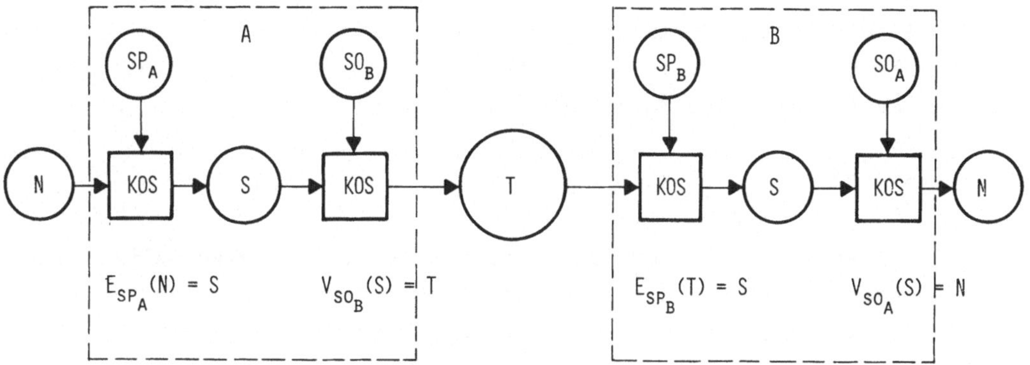

Abb. 118 : Elektronische Unterschrift und geschützte Übertragung mit
Hilfe eines Kryptosystems mit offenem Schlüssel

7.3.4   Protokolle zur Authentifikation elektronisch unterschriebener Nachrichten

Falls nur die Sicherheit der Daten gewährleistet werden soll, sind
formale Nachrichten-Authentifizierungs-Protokolle überflüssig, inso-
fern alle Daten verschlüsselt werden. Der Besitz des richtigen
Schlüssels ist ein Beweis dafür, daß die Kommunikationspartner befugt
sind. Wenn jedoch die Authentizität sowohl der Nachrichten als auch
des Senders und Empfängers gewährleistet werden soll, kommt man ohne
eine Vorschrift, wie dies zu erreichen ist, nicht aus.
Die Hinweise in Abschnitt 7.2.3 bezüglich der Allgemeingültigkeit der
Protokolle gelten auch für die hier wiedergegebenen.

7.3.4.1 Protokoll für konventionelle Kryptosysteme

Wir gehen davon aus, daß der Teilnehmer A dem Teilnehmer B eine
elektronisch unterschriebene Nachricht N unter Zuhilfenahme einer
dritten Instanz SV schickt, die diese Unterschrift bestätigt oder auch
aufbewahrt. Wir gehen zur Vereinfachung weiter davon aus, daß die
Authentifizierung des Senders A und des Empfängers B wie in Abschnitt
7.2.3 beschrieben stattgefunden hat und der Schlüsselverwalter SV die
Schlüssel S_A und S_B des Senders und Empfängers kennt und den
Sitzungsschlüssel, hier Übermittlungsschlüssel S bereitgestellt hat.

Zunächst berechnet der Sender A mit Hilfe einer charakteristischen
Funktion, einer Kryptofunktion wie in Abschnitt 7.3.2 beschrieben, einen charakteristischen Wert CU, die elektronische Unterschrift. Der
Sender A fordert mit der Nachricht T3.1 die Instanz SV auf, die
elektronische Unterschrift kryptographisch zu versiegeln, damit sie
als Authentifikator der Nachricht gelten kann.

$$A \quad ===> \quad SV \quad : \quad A, \; S_A(CU) \quad\quad\quad T3.1$$

Der Siegelverwalter SV, der identisch mit dem Schlüsselverwalter sein
kann, entschlüsselt mit dem Schlüssel S_A die Unterschrift und verschlüsselt sie zusammen mit dem Namen des Senders A mit seinem
Schlüssel S_{SV} und sendet sie dem Sender A als kryptographisch versiegelte Unterschrift.

$$SV \quad ===> \quad A \quad : \quad S_{SV}(A,CU) \quad\quad\quad T3.2$$

Der Sender schickt nun dem Empfänger B die Nachricht N zusammen mit
der versiegelten Unterschrift. Diese Nachricht T3.3 ist entweder mit
dem Schlüssel, den der Schlüsselverwalter SV bereitgestellt hat wie in
Abschnitt 7.2.3 beschrieben wurde, oder mit dem Schlüssel S oder S,
den Sender und Empfänger vorher auf sicherem Wege ausgetauscht haben.

$$A \quad ===> \quad B \quad : \quad S(N, \; S_{SV}(A,CU) \quad\quad\quad T3.3$$

Nach Empfang entschlüsselt der Empfänger B diese Nachricht und berechnet aus N ebenfalls – mit dem gleichen Verfahren wie A – eine charakteristische Unterschrift CU_B und merkt sich diese zum späteren Vergleich. Dann sendet der Empfänger B die von A empfangene, versiegelte
Unterschrift an den Siegelverwalter SV, um sie entsiegeln zu lassen:

$$B \quad ===> \quad SV \quad : \quad B, \; S_{SV}(A, \; CU) \quad\quad\quad T3.4$$

Die Instanz SV entschlüsselt die Nachricht mit seinem Schlüssel S_{SV}
und schickt sie, verschlüsselt mit dem Schlüssel S_B des Empfängers, an
B zurück.:

$$SV \quad ===> \quad B \quad : \quad S_B(A, \; CU) \quad\quad\quad T3.5$$

Nach der Entschlüsselung der Nachricht T3.5 vergleicht der Empfänger B
die Unterschrift CU, die der Sender ihm geschickt hat, mit der Unter-

schrift CU_B, die er selbst aus der gesendeten Nachricht N erzeugt hat.
Stimmen die Unterschriften CU und CU_B <u>nicht</u> überein, so ist entweder
mindestens eine der Nachrichten T3.1 bis T3.4 verfälscht worden, oder
die Zuordnung der Unterschrift CU zur Nachricht N ist unrichtig.

Um beweisen zu können, daß die Unterschrift CU zur Nachricht N gehört,
muß der Empfänger B den Text und die versiegelte Unterschrift $S_{SV}(A,CU)$
aufbewahren. Aufgrund des Authentifikators $S_{SV}(A,CU)$, der versiegelten
Unterschrift, kann A nicht behaupten, an B eine andere Nachricht gesendet zu haben und B kann nicht behaupten von A eine andere Nachricht
als die erhaltene bekommen zu haben, denn er hat keine mit dem
Schlüssel S_{SV} verschlüsselte elektronische Unterschrift der gefälsch-
ten Nachricht.

Es kann aufgrund rechtlicher Regelungen erforderlich sein, daß der
Siegel- bzw. Unterschriftenverwalter SV als Beweis seinen Schlüssel
S_{SV}, das verschlüsselte Siegel $S_{SV}(A,CU)$, den Namen B und eventuell
den Zeitpunkt der Transaktion in einem Register aufbewahrt - als Sie-
gel- bzw. Unterschriftenbewahrer.
Wir fassen dieses Protokoll in folgender Abbildung zusammen:

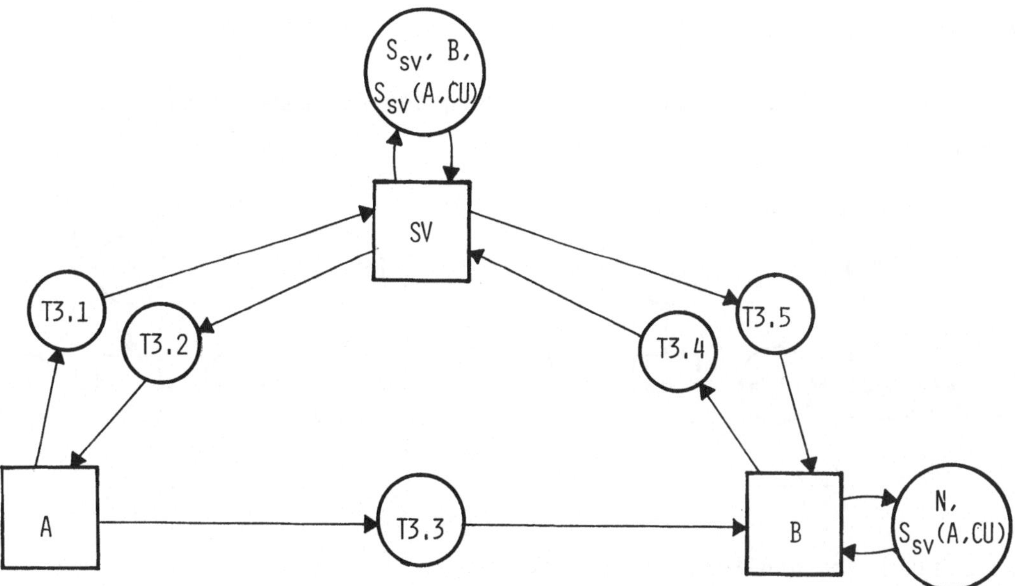

Abb. 119 : Protokoll zur Authentifizierung von Nachrichten mit konventionellen Kryptosystemen

7.3.4.2 Protokoll für Kryptosysteme mit offenem Schlüssel

Man kann davon ausgehen, daß der Schlüssel- bzw Siegelverwalter SV die
offenen Schlüssel seiner Teilnehmer (Kunden) kennt. Wir wollen vorerst
nicht voraussetzen, daß die Kommunikationspartner die offenen
Schlüssel der anderen kennen.
Der erste Schritt für den Sender A besteht in der Ermittlung des offenen Schlüssels SO des Empfängers B:

```
A     ===>  SV    :      A, B                    T4.1
SV    ===>  A     :      B, SO_B                 T4.2
```

Ähnliche Schritte führt der Empfänger nach Erhalt der ersten Nachricht
T4.3 durch:

```
B     ===>  SV    :      B, A                    T4.4
SV    ===>  B     :      A, SC_A                 T4.5
```

Der Sender A übermittelt dem Empfänger B die Nachrichtenblöcke in der
Form T4.3

```
A     ===>  B     :      SO_B (SP_A (N))         T4.3
```

die wir der Klarheit willen in Abbildung 120 nochmals ausführlicher
darstellen wollen.

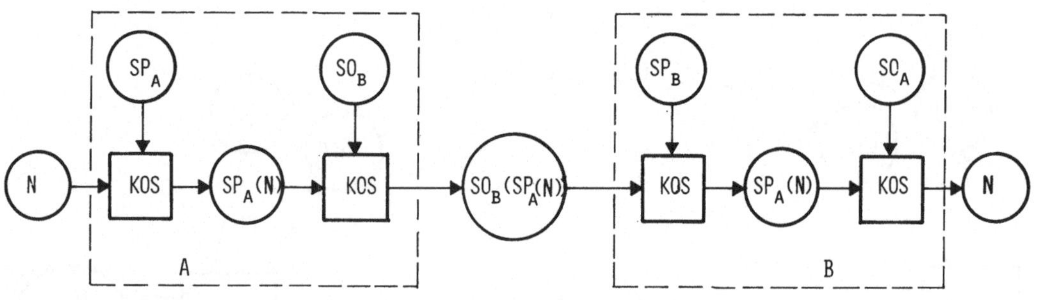

Abb. 120 : Protokoll-Nachricht T4.3

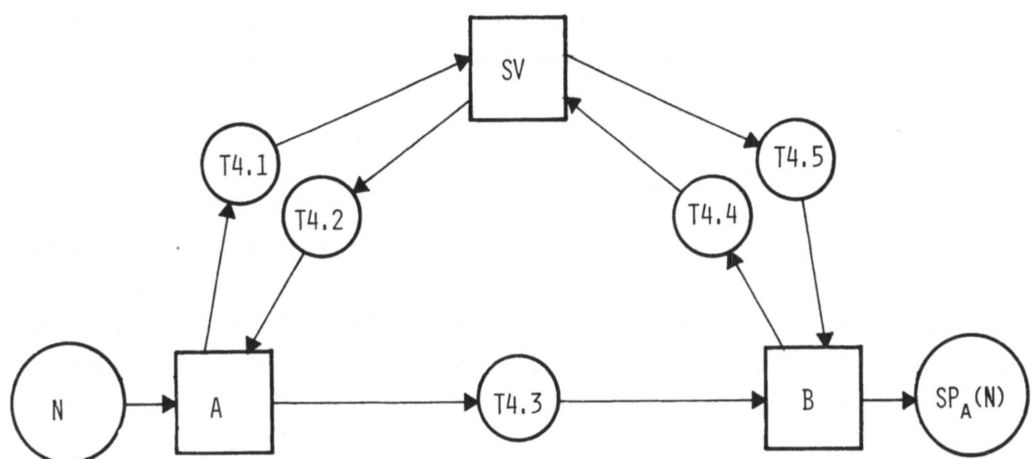

Abb. 121 : Protokoll zur Authentifizierung von Nachrichten mit Kryptosystemen mit offenem Schlüssel

Der Empfänger B ist sicher, daß nur A der Sender sein kann, denn nur A ist im Besitz des privaten Schlüssels SP_A. Der Sender A ist sicher, daß nur B die Nachricht richtig entschlüsseln kann, denn nur B kann die mit seinem offenem Schlüssel SO_B verschlüsselte Nachricht mit seinem privaten Schlüssel SP_B wieder entschlüsseln.

Wie bei dem konventionellen Verfahren speichert B die Nachricht $SO_B(SP_A(N))$ als Beweis ab. A ist sicher, daß B die erhaltene Nachricht N nicht ändern kann, B ist nicht im Besitz des privaten Schlüssels SP_A des Senders A.
Für den Fall, daß A die Richtigkeit der Nachricht anficht, entschlüsselt B mit seinem privaten Schlüssel SP_B die Nachricht T4.3 und überläßt es einer Schiedsstelle (Gericht), mit Hilfe des offenen Schlüssels von A, dem Schlüssel SO_A, den Entschlüsselungsvorgang zu vollenden.
Daraus folgt, daß der Nachweis nur dann gelingt, wenn A seinen privaten Schlüssel SP_A noch vorlegen kann. Es ist also auch bei dem Kryptosystem mit offenem Schlüssel erforderlich, daß

1) Schlüsselwechsel nur dann vorgenommen werden, wenn der private Schlüssel offengelegt wurde, z.B. geknackt wurde
2) der Schlüsselverwalter ein Verzeichnis über die Schlüssel und deren jeweilige Gültigkeitsdauer hält
3) den mit elektronischen Unterschriften versehenen Nachrichten Datum und Uhrzeit beigefügt sind.

Der Vorteil des Kryptosystems mit offenem Schlüssel liegt also darin, daß der Schlüsselverwalter nur die Schlüsselwechsel seiner Kunden aufbewahren muß.

<u>Speicherung der offenen Schlüssel beim Sender</u>

Für den Fall, daß A und B die offenen Schlüssel der Partner, mit denen sie öfter unterschriebene Nachrichten austauschen, in einem Verzeichnis aufbewahren, reduziert sich das Protokoll auf die Nachricht T4.3, die in Abbildung 120 dargestellt ist. Der Schlüsselverwalter SV muß jedoch über jeden Schlüsselwechsel informiert werden.

<u>7.3.4.3 Protokoll für elektronischen Briefverkehr</u>

<u>Protokoll bei Verwendung konventioneller Kryptoverfahren</u>

Das Charakteristische bei der Kommunikation zweier Teilnehmer, die Nachrichten auf dem Wege des Briefverkehrs austauschen, besteht darin, daß die Teilnehmer nicht miteinander in Interaktion zu treten brauchen. Die Briefe werden von einem Sender einem Übermittlungssystem anvertraut und zugestellt, wenn der Empfänger in der Regel nicht im System angemeldet, also abwesend ist. Andererseits möchte man auf die gegenseitige Authentifikation wie bei der interaktiven Kommunikation nicht verzichten.
Wir haben in Abschnitt 7.2.3.1 gesehen, daß für den einfachen Fall der Speicherung des Authentifikators $S_B(S,A)$ beim Sender, sich die Anzahl der auszutauschenden Nachrichten auf drei reduziert:

$$A \quad ===> \quad B \quad : \quad S_B(S,A), \ S(I_{A2}) \qquad\qquad T1.3'$$

$$B \quad ===> \quad A \quad : \quad S(I_{A2}^{*}, I_B) \qquad\qquad T1.4'$$

$$A \quad ===> \quad B \quad : \quad S(I_B^{*}) \qquad\qquad T1.5$$

Wird der Authentifikator $S_B(S,A)$ der mit dem Schlüssel S verschlüsselten Nachricht vorangestellt, so ist die Nachricht, also der ganze Brief, selbstauthentifizierend, sowohl bezüglich des Senders A als auch des Empfängers B.
Es bleibt nur das Problem der Serialisierung der dem Authentifikator folgenden Nachrichtenblöcke, die nacheinander gesendet werden. Denn es

muß ein Mittel gefunden werden, um festzustellen, daß die Nachrichten nicht "Einspielungen" aus früheren Übertragungen sind, die ein Eindringling aufgezeichnet hat.

Jede Nachricht muß wie die Briefe im Postverkehr eine Zeitmarke, einen Absendestempel, führen, damit die Zeitechtheit nachgewiesen werden kann. Jeder Empfänger hält ein Verzeichnis der Form <Ursprung, Zeitmarke> für jeden Posteingang. Außerdem ist jedem Sender A ein Zeitintervall zugeordnet, das die obere Grenze der Zeitverschiebung ausdrückt. Ein Eingang wird zurückgewiesen, wenn entweder der Eintrag <Ursprung, Zeitmarke> bereits im Verzeichnis ist oder die Zeitmarke der eingehenden Nachricht über dem zulässigen Zeitintervall liegt. Soll der Brief als 'eingeschriebener' Brief gelten, so ist eine dritte Instanz erforderlich, die die Absendung und den Empfang bestätigt.

Eingeschriebene elektronische Briefe

Will der Sender sicher sein, daß der Empfänger diesen Brief erhält, ohne daß er behaupten kann, er habe einen anderen Brief erhalten, so müssen die Verfahren der Nachrichtenauthentifikation einbezogen werden.

Wie bereits in Abschnitt 7.3.4.1 ausgeführt wurde, berechnet der Sender einen charakteristischen Wert, die elektronische Unterschrift CU, aus der Nachricht N, seinem zu übertragenden Brief.

Der Sender A sendet diese Unterschrift an die Instanz, die nicht notwendigerweise die Übermittlungsfunktion innehat, um diese elektronische Unterschrift kryptographisch versiegeln zu lassen:

$$A \quad ===> \quad SV \quad : \quad A, B, S_A (CU) \qquad T5.1$$

Der Schlüsselverwalter stellt aus dem Namen des Senders und dem charakteristischen Wert eine versiegelte Version der Unterschrift mit Hilfe seines Schlüssels S_{SV} her. Der Schlüsselverwalter sendet nun dem Sender A die versiegelte Unterschrift und den Schlüssel, mit dem er den zu übertragenden Brief verschlüsseln soll. Er sendet ihm diesen Schlüssel gleich zweimal: einmal verschlüsselt mit dem geheimen Schlüssel S_A des Senders und einmal mit dem Schlüssel S_B des Empfängers.

$$SV \quad ===> \quad A \quad : \quad S_A (S,B), S_B (S,A), S_{SV}(A,CU) \qquad T5.2$$

Der Sender ermittelt den Briefschlüssel S und verschlüsselt damit seine Nachricht N und die versiegelte Unterschrift, die den Brief eindeutig authentifiziert.

$$A \quad ===> \quad B \quad : \quad S_B(S,A), \; S\{N, S_{SV}(A,CU)\} \quad T5.3$$

Wenn sich der Empfänger wieder bei seinem System anmeldet, entschlüsselt sein eigenes Brief-Programm die verschlüsselte Nachricht
aus dem Briefkasten, indem es zunächst den Briefschlüssel S aus
$S_B(S,A)$ ermittelt und damit den gesamten Brief entschlüsselt. Der
Empfänger B kann sich von der Authentizität von Sender und Brief wie
in Abschnitt 7.3.4.1 beschrieben, überzeugen. Die Zeitechtheit muß wie
im eben beschriebenen Verfahren gewährleistet werden. Der Vorschlag
zur Übertragung des Brief-Schlüssels S in zweifacher Form an den Sender geht auf Kline und Popek [Kli] zurück.

<u>Protokoll für elektronischen Briefverkehr mit Kryptosystemen mit offe-
nem Schlüssel</u>

Das Protokoll für elektronischen Briefverkehr bei Verwendung von
Kryptoverfahren mit offenem Schlüssel ist weitgehend identisch mit dem
im Kapitel 7.3.4.1.

<u>7.3.5 Authentifizierung von Objekten in virtuellen Speichern</u>

Moderne Großrechner sind in der Regel Systeme mit virtuellem Speicher.
Daher werden die Daten inaktiver Prozesse aus dem Hauptspeicher in
Einheiten von Segmenten oder 'Seiten' auf externe Speichermedien (z.B.
Trommel, Platte) ausgelagert. Die zu den jeweiligen inaktiven Prozessen gehörenden Zugriffsrechte werden in ihrer systeminternen Darstellung ebenfalls ausgelagert und werden damit der Kontrolle des Kon-
trollprogramms bzw. des Sicherheitskerns entzogen. Um dieses Sicherheitsrisiko zu vermeiden, geben Lindsay und Gligor in [Lin2] ein Verfahren zur Verschlüsselung und Versiegelung von Objekten (Daten) im
Hauptspeicher an.

Diese Objekte können interne Darstellungen von Zugriffsrechten in Form
von 'Befugnissen' (capabilities) sein, die in einem besonderen Segment
gespeichert sind und unter der Kontrolle des Sicherheitskerns stehen,
oder sonstige Daten, z.B. der Wiederanlauf-Speicherauszug oder

Dateien, die unter der Kontrolle des Dateiverwalters stehen und
längerfristig ausgelagert werden. Dieses Verfahren ist ein Beispiel
dafür, wie Kompetenzen zwischen Prozessen (Sicherheitskern, Dateiverwalter, Anwendungsprogramme) mit Hilfe kryptographischer Verfahren
voneinander isoliert werden können.

Durch die Versiegelung der ausgelagerten Objekte ist darüber hinaus
eine Authentifizierung dieser Objekte durch den entsprechenden
Objektverwalter möglich, so daß die Rechte garantiertermaßen nur von
diesen wahrgenommen werden können. Dieses Verfahren gewährleistet die
Zuständigkeit von Instanzen.

Wir beschreiben zunächst das Verfahren zur Verschlüsselung und
Authentifizierung von Befugnissen durch den Sicherheitskern, dann ein
auf dem ersten Verfahren beruhendes Verfahren zur Authentifizierung
von Archivdaten, die unter der Kontrolle des Dateiverwalters stehen.

<u>Verschlüsselung und Authentifizierung von Befugnissen</u>

'Befugnisse' dürfen im allgemeinen nur vom Sicherheitskern verändert
werden. Zur Aufrechterhaltung der Integrität der Befugnisse werden
diese bei den meisten Systemen, deren Zugriffskontrollsystem auf
Befugnissen aufgebaut ist, in speziellen Befugnis-Segmenten des Hauptspeichers gespeichert und nur die für den aktuellen Prozeß benötigten
befinden sich in Befugnisregistern. Dem Verwalter des virtuellen Speichers obliegt das Kopieren der Speichersegmente auf externe Speichermedien (z.B. Platten, Trommeln) und das Wiedereinlesen in den Hauptspeicher. Der Verwalter des virtuellen Speichers ist im allgemeinen zu
komplex und seine Funktionen unterliegen gelegentlichen Änderungen, so
daß es zweckmäßig ist, die Mechanismen des virtuellen Speichers nicht
in den Sicherheitskern zu integrieren. Damit entgleitet dem Sicherheitskern die Kontrolle über die Befugnisse, solange sie auf externen
Speichern ausgelagert sind. Damit ergibt sich das zweifache Problem:
wie kann verhindert werden, daß andere als die Prozesse des Sicherheitskerns sich der Befugnisse bedienen (und damit das System kom-
promittieren), und wie kann gewährleistet werden, daß die Befugnisse
nicht unrechtmäßig verändert werden? Das erste Problem ist ein Problem
der rechtmäßigen Nutzung von Daten, das zweite ein Problem der
Authentizität.

Durch Verschlüsselung mit gleichzeitiger Versiegelung können beide

Probleme gelöst werden. Auf die verschlüsselten Befugnisse kann jeder
Prozeß zugreifen, die Befugnisse sind jedoch in verschlüsselter Form
wertlos. Man erzwingt damit eine Kompetenztrennung zwischen Sicherheitskern und den Subsystemen, wodurch die Systemsicherheit insgesamt
erhöht wird.

Durch die Versiegelung wird der Sicherheitskern in die Lage versetzt,
die Authentizität der Befugnis vor jedem Gebrauch, d.h. vor dem Laden
in ein Befugnisregister, zu prüfen.

Das Verfahren im einzelnen:

Das Kreieren von Befugnissen ist Aufgabe des Sicherheitskerns. Dabei
werden folgende Schritte durchgeführt (vgl. Abb. 122):

1) der Sicherheitskern berechnet aus der Befugnis B eine Anzahl
   redundanter Bits (>20), den Authentifikator A_B (Siegel)
2) diese Bits werden der Befugnis B angehängt, so daß man eine
   redundante Befugnis (B,A_B) erhält
3) die redundante Befugnis wird mit einem nur dem Sicherheitskern zugänglichen Schlüssel S_K verschlüsselt
4) die verschlüsselte Befugnis wird im Hauptspeicher abgelegt, von wo
   sie ausgelagert werden kann.

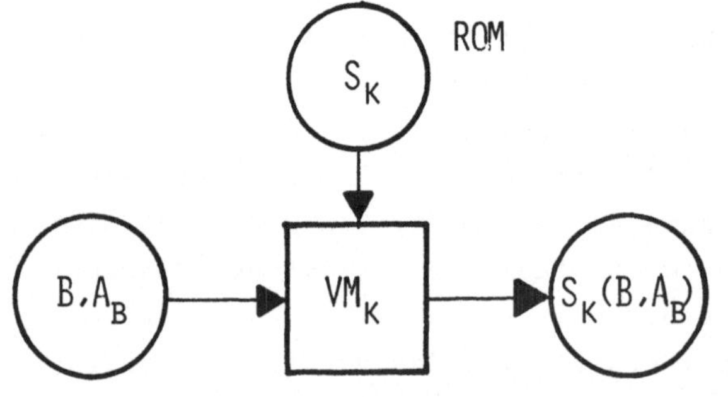

Abb. 122 : Herstellung einer authentifizierbaren Befugnis

Jedesmal, wenn die Befugnis von einem Prozeß benötigt wird, muß sie in
ein Befugnisregister geladen werden, in dem sie im Klartext vorliegen
muß, um seine Funktion als 'Befugnis' zu erfüllen. Der Sicherheitskern
führt folgende Schritte aus:

1) die verschlüsselte redundante Befugnis wird entschlüsselt
2) aus der Befugnis werden die redundanten Bits, das neue Siegel A'_8 ermittelt
3) das so ermittelte Siegel wird mit dem entschlüsselten (alten Siegel) verglichen
4) bei Gleichheit ist die Authentizität gewährleistet und die Befugnis wird in das hardwaremäßig geschützte Befugnisregister geladen.

Selbst wenn eine während der Auslagerung gefälschte Befugnis authentifiziert werden sollte, ist die Wahrscheinlichkeit sehr gering, daß damit auf ein existierendes Objekt zugegriffen werden kann.

Wird die Verschlüsselung und Gültigkeitsprüfung (Authentifizierung) hardwaremäßig unterstützt, so ist es nicht notwendig, daß der Schlüssel des Sicherheitskerns in ein Register oder Hauptspeicher geladen wird, so daß die Sicherheit nur durch die Ausfallsicherheit der Hardware beschränkt wird.

Verfahren zur Authentifizierung von Archivdaten

Wir stellen ein Verfahren zur Authentifizierung längerfristig ausgelagerter Dateien (Archivdaten) vor, das auf dem Prinzip des eben vorgestellten Verfahrens beruht. Die Behandlung von Dateien obliegt dem Datenverwaltungssystem, dem Dateiverwalter. Zur Erstellung einer authentifizierbaren Version einer Datei benötigt der Dateiverwalter einen Schlüssel, der ausschließlich ihm zur Verfügung steht. Für die Subsysteme des Betriebssystems hält der Sicherheitskern spezielle Befugnisse bereit, sogenannte TYPE-Befugnisse, die den Subsystemen eine gewisse Selbständigkeit (Kompetenz) verleihen. Diese TYPE-Befugnisse sind ausschließlich von den Subsystemen benutzbar. Es liegt nahe, aus der TYPE-Befugnis des Dateiverwalters einen geeigneten Schlüssel für die ausgelagerten Dateien abzuleiten, wodurch auch die Abhängigkeit des Dateiverwalters von den Funktionen des Sicherheitskerns gewahrt wird.

Für die Verschlüsselung der Dateien, d.h. für die Herstellung eines eindeutigen Siegels, leitet der Dateiverwalter einen Schlüssel aus der externen Darstellung der TYPE-Befugnis TB ab. Die externe Darstellung der TYPE-Befugnis ist die mit dem Schlüssel S_K des Sicherheitskerns verschlüsselte TYPE-Befugnis.

Die ausgelagerte, später authentifizierbare Form wird in folgenden
Schritten erstellt (vgl. Abb. 123)

1) aus der verschlüsselten Form der TYPE-Befugnis wird ein Schlüssel
   S_{DM} gewonnen
2) die externe Darstellung der Datei D wird nach der Methode der
   Blockverkettung verschlüsselt
3) nur die letzten Blöcke der Datei werden als Siegel verwendet
4) die auszulagernde Datei (d.h. die Darstellung der Datei als
   Archivdatei) wird aus der externen Darstellung der Datei D im
   Klartext und dem Siegel A_D zusammengesetzt.

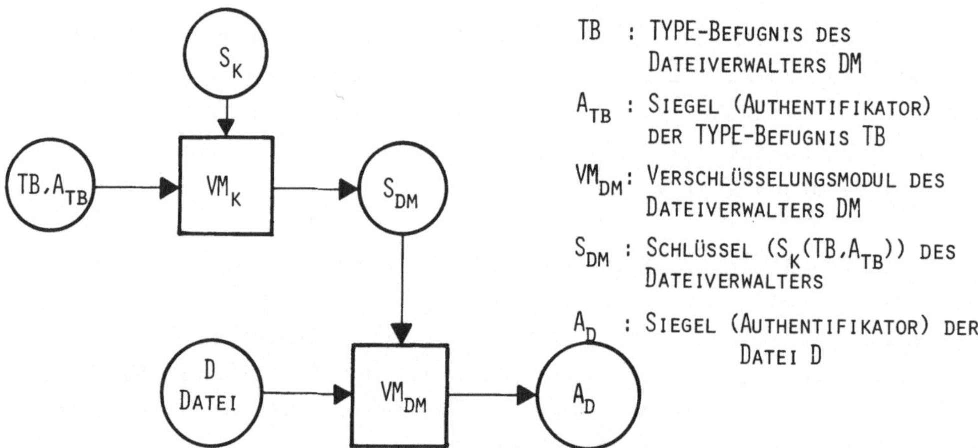

Abb. 123 : Erstellung eines Authentifikators für auszulagernde Dateien

Die Wiedereinsetzung nach erfolgter Authentifizierung erfolgt in folgenden Schritten:

1) die Klartext-Version der externen Darstellung der Datei D wird wie
   vorher nach der Methode der verketteten Blockverschlüsselung verschlüsselt
2) die letzten Blöcke werden als neuer Authentifikator A_D' gespeichert
3) dieser Authentifikator A_D' wird mit dem Authentifikator A_D der ausgelagerten Datei verglichen
4) bei Gleichheit wird die Datei unter dem Namen, der in der externen
   Darstellung angegeben ist, wieder als Datei eingesetzt.

Falls jedoch der Dateiverwalter darauf besteht, die jeweils letzte
Version der ausgelagerten Datei zu erhalten, so muß er sich ein
Wertepaar, bestehend aus <Dateinamen, Auslagerungsdatum> aufheten, die

er beim Wiedereinsetzen der Datei vergleicht.

Dies ist besonders für den Wiederanlauf-Speicherauszug (check-point restart dump) von Bedeutung, bei dem die Authentifizierung, also die

8. Literaturverzeichnis und Bibliographie

Abb Security Analysis and Enhancements of Computer Operating Systems;
     The RISOS Project; Abbott, Robert P.; Chin, Janet S.;
     Donnelley, J.E.; Konigsford, W.L.; Tokubo, Shigeru; Webb,
     Douglas A.; Eds.: Linden, Theodore A.; NTIS; Springfield, Va.;
     April 1976; PB-257 087

Abe Secure Commercial Digital Communications; Abene, Peter V.;
     NTIS; Springfield, Va.; July 1977; AD-A046 887; Orig. Rep.
     No.: CI-77-83

Aho The Design and Analysis of Computer Algorithms; Aho, Alfred V.;
     Hopcroft, John E.; Ullman, Jeffrey D.; Eddison-Wesley; Reading,
     Mass.; 1976

Alb Some Mathematical Aspects of Cryptography; Albert, A.A.;
     University of Chicago

ANSI ANSI/X3/SPARC; Systems, Study Group on Data Base Management;
     in: FDT-Bulletin, Vol.7, No.2, 1975; ACM-SIGMOD; New York,
     N.Y.; Interim Report 75-02-08

Att1 Penetrating an operating system; a study of VM/370 integrity;
     Attanasio, C.R.; Markstein, P.W.; Phillips, R.J.; in: IBM
     Systems Journal, Vol.15, No.1, 1976, p.102-116; IBM Corp.;
     Armonk, N.Y.

Att2 An Approach to Countermeasures to System Penetrations; Attanasio,
     C.R.; IBM T.J. Watson Research Center, Yorktown Heights, N.Y.;
     IBM Research Division; San Jose; Yorktown; Zurich; October
     1977; RC 6782 (#29127)

Bar1 On Distributed Communications IX. Security, Secrecy and
     Tamper-free Considerations; Baran, P.; Rand Corp.; Santa
     Monica, Cal.; August 1964; RM-3765-RP

Bar2 Encryption for Data Security; Bartek, D.J.; in: The Honeywell
     Computer Journal, Vol.8, No.2, 1974, p.86-89; Honeywell
     Information Systems Inc.; Phoenix, Az.

Bay On the Encipherment of Search Trees and Random Access Files;
     Bayer, Rudolf; Metzger, J.K.; in: ACM Transactions on Database
     Systems, Vol.1, No.1, March 1976, p.37-52; ACM, Inc.; New York,
     N.Y.

Ben An Enciphering Module for Multics; Benedict, G. Gordon; NTIS;
     Springfield, Va.; Jul.74; AD-782 658; Orig. Rep. No.: MAC-TM-50

Bis Protection Analysis: Final Report; Bisbey, Richard, II;
     Hollingworth, Dennis; University of Southern California,
     Information Science Institute, Marina del Rey, Cal.; NTIS;
     Springfield, Va.; May 1978; AD-A056 816; Orig. Rep. No.:
     ISI/SR-78-13

Bit Chiffriermethoden und Datenschutz; Bitzer, W.; Sonderdruck
     AEG-Telefunken, Geschäftsbereich Weitverkehr und Kabeltechnik;
     1978

Bla1 Security of Number Theoretic Public Key Cryptosystems Against
     Random Attack; Blakley, Bob; Blakley, G.R.; in: Cryptologia,
     Vol.2, No.4, Oct.78, p.305-321, (Part I), Vol.3, No.1, Jan.79,
     p.29-42, (Part II); Vol.3, No.2, Apr.79, p.105-118, (Part III);
     Albion College; Albion, Mich.

Bla2 Safeguarding cryptographic keys; Blakley, G.R.; in: Proc. of
     the AFIPS-NCC 1979, p.313-317; AFIPS Press; Montvale, N.J.

Blo1 File encryption in a General-Purpose Computer; Block, Hans;
     National Central Bureau of Statistics; Stockholm; October 1978

Blo2 Data Network Security; Part 1: Problem Survey and a Model; Blom,
     Rolf; Fak, Viiveke; Ingemarsson, Ingemar; Linköping
     University; Linköping, Sweden; Sept. 1977

Blo3 Data Network Security; Part 3: Problem Survey and a Model; Blom,
     Rolf; Fak, Viiveke; Ingemarsson, Ingemar; Linköping
     University; Linköping, Sweden; Sept. 1977

Blo4 Encryption Methods in Data Networks; Blom, Rolf; Forchheimer,
     Robert; Fak, Viiveke; Ingemarsson, Ingemar; in: Ericsson
     Technics, No.2, 1978

Blo5 Bounds on Key Equivocation for Simple Substitution Ciphers; Blom,
     Rolf J.; in: IEEE Transactions on Information Theory, Vol.IT-25,
     No.1, January 1979, p.8-18

Blo6 On Pure Ciphers; Blom, Rolf; Linköping University; Linköping,
     Schweden; April 1979; LiTH-ISY-I-0286, Internal Report

Blo7 An Upper Bound on the Key Equivokation for Pure Ciphers; Blom,
     Rolf; Linköping University; Linköping, Schweden; April 1979;
     LiTH-ISY-I-0287, Internal Report

Blo8 A Lower Bound on the Key Equivocation for the Simple Substitution
     Cipher Applied on a Binary Memoryless Source; Blom, Rolf;
     Linköping University; Linköping, Schweden; April 1979;
     LiTH-ISY-I-0288; Internal Report

Blo9 A Multiple User Secrecy System; Blom, Rolf; Linköping
     University; Linköping, Schweden; April 1979; LiTH-ISY-I-0289,
     Internal Publication

Bloa Information Theoretic Analysis of Ciphers; Blom, Rolf; Linköping
     University; Linköping, Schweden; May 1979; Linköping Studies in
     Science and Technology, Dissertations, No. 41

Bon A transformational Grammer-Based Query Processor for Access
     Control in a Planning System; Bonczek, Robert H.; Cash, James
     I.; Whinston, Andrew B.; in: ACM Transactions on Data Base
     Systems, Vol.2, No.4, Dec. 1977, p.326-338; ACM, Inc.; New York,
     N.Y.

Bra1 Encryption Protection in Computer Data Communications; Branstad,
     Dennis K.; in: Proc. Fourth Data Communications Symposium, 7-9
     Oct. 1975, Quebec, Network Structures in an Evolving Operational
     Environment, p.8.1-8.7; IEEE, Inc.; New York, N.Y.; IEEE
     Catalog No.: 75CH1001-7 DATA

Bra2 Report of the Workshop on Cryptography in Support of Computer
     Security; held at the National Bureau of Standards; Branstad,
     Dennis K.; Gait, Jason; Katzke, Stuart;
     National Bureau of Standards, Washington D.C.; NTIS;
     Springfield, Va.; September 1977; PB-271 744; Orig. Rep. No.:
     NBS IR-77-1291

Bra3 Terminals: Out of Sight but Under Control; Branstad, Dennis K.;
     Branstad, M.; Jeffery, S.; National Bureau of Standards,
     Washington, D.C.; NTIS; Springfield, Va.; 1974; PB-255 675

Bra4 Draft Guidelines for Implementing and Using the NBS Data
     Encryption Standard; Branstad, Dennis K.; National Bureau of
     Standards; Washington, D.C.; November 1975

Bra5 Security Aspects of Computer Networks; Branstad, Dennis K.; in:
     Proc. of the AIAA Computer Networks Conference, April 1978, AIAA
     Paper No. 73-427; American Institute of Aeronautics and
     Astronautics

Bra6 A Note on the Complexity of Cryptography; Brassard, Gilles; in:
     IEEE Transactions on Information Theory, Vol.IT-25, No.2, March
     1979, p.232-233; IEEE, Inc.; New York

Bra7 Equivalences of Vigenere Systems; Brawley, J.V.; Levine, Jack;
     in: Cryptologia, Vol.1, No.4, Oct.77, p.338-339; Albion
     College; Albion, Mich.

Bre Encryption in open system interconnection; Brenner, J.B.;
     ISO/TC97

Bri1 Cryptography Using Modular Software Elements; Bright, Herbert
     S.; Enison, Richard L.; in: Proc. AFIPS, NCC 1976, Vol.45,
     p.113-123; AFIPS Press; Montvale, N.J.; 1976

Bri2 Cryptanalytic Attack and Defense: Ciphertext-Only,
     Known-Plaintext, Chosen-Plaintext; Bright, Herbert S.; in:
     Cryptologia, Vol.1, No.4, Oct.77, p.366-370; Albion College;
     Albion, Mich.

Bri3 Simulation Confirms Proposed Encryption Algorithm; Bright, S.;
     in: Computerworld, 9, 47, Nov. 1975, p.8

Bro Security in Computer Networks; Browne, Peter S.; in: Approaches
     to Privacy and Security in Computer Systems, NBS SP-404, March 74,
     p.32-37

Bur1 Scrambling and Unscrambling Files for Security; Burkhardt, W.H.;
     University of Pittsburgh, Department of Computer Science;
     Pittsburgh, Pa.; 1972

Bur2 Computer Network Cryptography Engineering; Burris, Harrison R.;
     in: Proc. AFIPS, NCC 1976, Vol.45, p.91-96; AFIPS Press;
     Montvale, N.J.; 1976

Cal An Application of Computers in Cryptography; Callas, Nicholas
     P.; in: Cryptologia, Vol.2, No.4, Oct.1978, p.350-364; Albion
     College; Albion, Mich.

Can1 Protecting Valuable Data, Part 2; Canning, Richard G.; in:
     EDP-ANALYZER, Vol.12, No.1, January 1974; Canning Publications,
     Inc.; Vista, Cal.

Can2 Integrity and Security of Personal Data; Canning, Richard G.;
     in: EDP-ANALYZER, Vol.14, No.4, April 1976; Canning
     Publications, Inc.; Vista, Cal.

Can3 Data Encryption: Is it for You?; Richard G. Canning; in:
     EDP-ANALYSER, Vol.16, No.12, December 1978; Canning Publications,
     Inc.; Vista, Cal.

Car1 A Note on Wyner's Wiretap Channel; Carleial, Aydano B.; Hellman,
     Martin E.; in: IEEE Transactions on Information Theory, Vol.
     IT-23, No.3, May 1977, p. 387-390; IEEE, Inc.; New York, N.Y.

Car2 Protection Errors in Operating Systems: A Selected Annotated
     Bibliography and Index to Terminology; Carlstedt, Jim;
     University of Southern California, Information Science Institute,
     Marina del Rey, Cal.; NTIS; Springfield, Va.; February 1978;
     AD-A053 016; Orig. Rep. No.: ISI/SR-78-10

Car3 Fast 'infinite-key' Privacy Transformation for Resource-sharing
     Systems; Carroll, John M.; McLelland, P.M.; in: Proc. of the
     AFIPS FJCC 1970, Vol.37, p.223-230; AFIPS Press; Montvale, N.J.

Car4 Security of Data Communications; A Realisation of Piggyback
     Infiltration; Carroll, John M.; Reeves, Paul; in: INFOR,
     Vol.11, No.3, Oct.73, p.226-231; Canadian Journal of Operations
     Research and Information Processing; Ottawa, Ont., CDN

Car5 The Selective Encryption Terminal: A New Approach to Privacy
     Protection; Carson, J.M.; The Mitre Corporation, METREK
     Division; Bedford, Md.; Sept. 1976; M 76-56

Car6 A Microprocessor Selective Encryption Terminal for Privacy
     Protection; Carson, John M.; Summers, John K.; Welch, James S.,
     Jr.; in: Proc. of the AFIPS-NCC 1977, June 13-16, Dallas, Texas,
     p.35-38

Cei La Cryptographie; Ceillier, Remi; Presses Universitaires de
     France; Paris 1948

Che Computers and Cryptology; Chesson, Frederick W.; in:
     Datamation, Vol.19, No.1, Jan.73, p.62-81; Technical Publishing
     Company; Greenwich, Conn.

Chu A new computer Cryptography: the Expanded Character Set (ECS)
     cipher; Chu, W.W., et al.; in: Advances in Computer
     Communications

CODA CODASYL Data Base Task Group Report; Data Base Task Group; April
     1971; Bezugsquelle: ACM, Inc.; New York, N.Y.

Com The Ubiquitous B-Tree; Comer, Douglas; in: Computing Surveys,
     Vol.11, No.2, June 1979, p.121-137; ACM, Inc.; New York, N.Y.

Cop Generators for Certain Alternating Groups with Applications to
     Cryptography; Coppersmith, Don; Grossman, Edna; in: SIAM J.
     Appl. Math., Vol.29, No.4, December 1975; Orig. Rep. No.: IBM
     Report RC 4741

Cul1 Secure Information Storage and Retrieval Using New Results in
     Cryptography; Culik II, K.; Maurer, H.A.; in: Information
     Processing Letters, Vol.8, No.4, April 1979, p.181-186

Cul2 Cryptographic Password Management System; Cullum, C.D.; Feistel,
     Horst; Smith, J.L.; in: IBM Techn. Discl. Bull., Vol.16, No.8,
     1974, p.2539-2540; IBM Corp.; Armonk, N.Y.

Cul3 The Feasibility of a Method of Processing Encrypted Data;
     Culpepper, L.M.; Naval Ship Research and Development Center,
     Bethesda, Md.; NTIS; Springfield, Va.; January 1977;
     AD-A036 713; Orig. Rep. No.: CMLD-77-02

Dal Privacy transformations for statistical information systems;
     Dalenius, Tore; in: Journal of Statistical Planning and
     Inference, 1, 1977, p.73-86; North-Holland Publishing Company;
     Amsterdam

Dav Network Security by Encryption; Davies, D.W.; in: Infotech
     State of the Art Report, Future Networks, Vol.2: Invited Papers,
     1978, p.47-63

Dea1 Unicity Points in Cryptanalysis; Deavours, C.A.; in:
     Cryptologia, Vol.1, No.1, Jan.77, P.46-68; Albion College;
     Albion, Mich.

Dea2 Analysis of the Hebern Cyptograph Using Isomorphs; Deavours,
     C.A.; in: Cryptologia, Vol.1, No.2, April 1977, p.167-185;
     Albion College; Albion, Mich.

Dea3 The Kappa Test; Deavours, C.A.; in: Cryptologia, Vol.1, No.3,
     July 1977, P.223-231; Albion College; Albion, Mich.

Dea4 The Ithaca Connection: Computer Cryptography in the Making;
     Deavours, C.A.; in: Cryptologia, Vol.1, No.4, Oct.77,
     p.312-317; Albion College; Albion, Mich.

Dem Proprietary Software Protection; DeMillo, Richard A.; Lipton,
     Richard J.; McNeil, Leonard; in: Foundations of Secure
     Computation (Editor: R.A. DeMillo; D.P. Dobkin; A.K. Jones; R.J.
     Lipton), p.115-129; Academic Press; New York; London; 1978

Dev1 Kwantificering in taal en crypto-analyze; Vries, M. de;
     Mathematisch Centrum Amsterdam, Statistische Afdeling; Rapport
     SP 32 (in Holländisch)

Dev2 Concealment of information; Vries, M. de; Amsterdam; 1953;
     Synthese, Vol.9, No.3-5, p.326-336

Dif1 A Critique of the Proposed Data Encryption Standard; Diffie,
     Whitfield; Hellman, Martin E.; in: CACM, Vol.19, No.3, March
     1976, p.164-165; ACM, Inc.; New York, N.Y.

Dif2 Cryptanalysis of the NBS Data Encryption Standard; Diffie,
     Whitfield; Hellman, Martin E.; NTIS; Springfield, Va.; May
     1976; PB-262 781; Orig. Rep. No.: MEM-76-2

Dif3 Multiuser Cryptographic Techniques; Diffie, Whitfield; Hellman,
     Martin E.; in: Proc. AFIPS, NCC 1976, Vol.45, p.109-112; AFIPS
     Press; Montvale, N.J.; 1976

Dif4 New Directions in Cryptography; Diffie, Whitfield; Hellman,
     Martin; in: IEEE Transactions on Information Theory, Vol.IT-22,
     No.6, November 1976, p.644-654; IEEE, Inc.; New York, N.Y.

Dif5 Privacy and Authentication, An Introduction to Cryptography;
     Diffie, Whitfield; Hellman, Martin E.; May 1978

Dow Multics Security Evaluation, Vol.III; Password and File
     Encryption Techniques; Downey, Peter J.; ESD, Hanscom AFB,
     Bedford, Md.; NTIS; Springfield, Va.; June 1977; AD-A045 279;
     Orig. Rep. No.: ESD-TR-74, Vol.3

Ebe Development of an Encryption System to Secure Data Transmission
     and Data Storage; Eberle, G.; Goodchild, W.; in: Proc. 1977
     International Conference on Communications, June 12-15, 1977,
     p.47.5-248 - 47.5-251; IEEE, Inc.; New York, N.Y.; 1977

Eck Abstrakte kryptographische Maschinen; Ecker, A.; in: Angewandte
     Informatik, Heft 5, 1975, p.201-205

Edw OCAS - On-Line Cryptanalytic Aid System; Edwards, Daniel J.;
     MIT; Cambridge, Mass.; May 1966; MAC-TR-27

Ehr A Cryptographic Key Management Scheme for Implementing the Data
     Encryption Standard; Ehrsam, William R.; Matyas, Stephen M.;
     Meyer, Carl H.; Tuchman, Walter L.; in: IBM Systems Journal,
     Vol.17, No.2, 1978, p.106-125

Ele Increasing Data Security through Encryption of Data Bases;
     Elenbo, Viiveke; Linköping University, Department of Electrical
     Engineering; Linköping, Sweden; June 1974; LiH-ISY-R-0035

Eva A User Authentication Scheme not Requiring Secrecy in the
     Computer; Evans, Arthur, Jr.; Kantrowitz, William; Weiss,
     Edwin; in: CACM, Vol.17, No.8, Aug.74, p.437-442; ACM, Inc.;
     New York, N.Y.

Eve A hierarchical basis for encryption key management in a computer
     communications network; Everton, J.K.; in: Trends and
     Applications 1978: distributed processing, p.25-32; IEEE Computer
     Society; Long Beach, Cal.; May 1978; Cat. No.: 170

Fak1 Data Security by Application of Cryptographic Methods; Fak,
     Viiveke; Linköping University; Linköping, Sweden; 1978

Fak2 Repeated Use of Codes which Detect Deception; Fak, Viiveke; in:
     IEEE Transactions on Information Theory, Vol.IT-25, No.2, March
     1979, p.233-234; IEEE, Inc.; New York

Fak3 Loops as Building Blocks for Computer One-Way Functions; Fak,
     Viiveke; Linköping University; Linköping, Sweden; May 1979;
     Internal Report LiTH-ISY-I-0295

Fei1 Cryptographic Coding for Data-Bank Privacy; Feistel, Horst; IBM
     Corporation; March 1970; Research Report RC 2827 (#13260)

Fei2 Cryptography and Computer Privacy; Feistel, Horst; in:
     Scientific American, May 1973, pp.15-23

Fei3 Chiffriermethoden und Datenschutz; Teil 1; Feistel, Horst; in:
     IBM Nachrichten, Nr.219, Feb.74, p.21-26; IBM Deutschland GmbH;
     Stuttgart

Fei4 Chiffriermethoden und Datenschutz; Teil 2; Feistel, Horst; in:
     IBM Nachrichten, Nr.220, Apr.74, p.99-102; IBM Deutschland GmbH;
     Stuttgart

Fei5 Some Cryptographic Techniques for Machine-to-Machine Data
     Communications; Feistel, Horst; Notz, W.A.; Smith, J.I.; in:
     Proc IEEE, Vol.63, No.11, Nov. 1975, p.1545-1554

Fer1 An Authorization Model for a Shared Data Base; Fernandez, Eduardo
     B.; Summers, Rita C.; Coleman, C.D.; in: Proc. 1975 SIGMOD
     International Conference, p.23-31; ACM, Inc.; New York, N.Y.

Fer2 The Relationship between Operating System and Database System
     Security: A Survey; Fernandez, Eduardo B.; Wood, Christopher;
     in: Proc. of the IEEE Computer Society's First International
     Computer Softwarte & Applications Conference, compsac77, Chicago,
     Nov. 1977, p.453-462; IEEE, Inc.; IEEE Catalog No.: 77CH1291-4C

Fie Computer Solution of Cryptograms and Ciphers; Fiellman, R.W.;
     1965; Case Institute of Technology Systems Research Center Report
     SRC-82-A-65-32

Fle Software Security in Networks; Fletcher, John G.; NTIS;
     Springfield, Va.; 1975; UCRL-76027

Fly Data Dependent Keys for a Selective Encryption Terminal; Flynn,
     Robert; Campasano, Anthony S.; in: Proc. of the AFIPS-NCC 1978,
     June 5-8, 1978, Anaheim, Cal., Vol.47 (Editors: Ghosh; Liu),
     p.1127-1129; AFIPS Press; Montvale, N.J.

For1 Dataskydd i terminaler genom Kryptering; En
     Implementeringsstudie; Forchheimer, Robert; Linköping Univ.

For2 Personal Attributes Authentication Techniques; Forsen, George
     E.; Nelson, Mark R.; Starson, Raymond J., Jr.; NTIS;
     Springfield, Va.; Oct.1977; AD-A047 645; Orig. Rep. No.:
     PAR-77-21; RAD-TR-77-333

Fri   Execution Time Requirements for Encipherment Programs; Friedman,
      Theodor D.; Hoffman, Lance J.; in: CACM, Vol.17, No.8, Aug.74,
      p.445-449; ACM, Inc.; New York, N.Y.

Fur   Codierung zur Geheimhaltung einer Nachrichtenübertragung; Furrer,
      F.J.; in: Elektroniker, Nr.3, 1977

Gai1 Cryptanalysis; A Study of Ciphers and their Solutions; Gaines,
      Helen Fouche; Dover; New York, N.Y.; 1956

Gai2 A new nonlinear pseudorandom number generator; Jason, Gait; in:
      IEEE Transactions on Software Engineering, Vol.SE-3, No.5,
      Sept.77, p.359-363

Gai3 Easy Entry: The Password Encryption Problem; Gait, Jason; in:
      Operating System Review, Vol.12, No.3, July 1978, p.54-60;
      ACM-SIGOPS; New York, N.Y.

Gar1 A new kind of cipher that would take millions of years to break;
      Gardener, Martin; in: Scientific American, Vol.237, No.2, August
      1977, p.120-124; Scientific American, Inc.; New York, N.Y.

Gar2 Privacy and Security in Data Banks; Garrison, William A.:
      Ramamoorthy, C.V.; Texas University, Austin, Texas; NTIS;
      Springfield, Va.; Nov.70; AD-718 406

Gef1 Secure Electronic Cryptography; Geffe, P.R.; Westinghouse
      Electronic Comp.; 1972

Gef2 How to Protect Data With Ciphers That are Really Hard to Break;
      Geffe, P.R.; in: Electronics, January 4, 1973, p.99-101

Gil   Codes which Detect Deception; Gilbert, E.N.; MacWilliams, F.J.;
      Sloane, N.J.A; in: BSTJ, Vol.53, No.3, March 1974, p.405-424;
      American Telephon and Telegraph Co.; 1974

Gir1 Data Privacy, Cryptology and the Computer at IBM Research;
      Girsdansky, M.B.; in: IBM Research Reports, Vol.7, No.4, 1971

Gir2 Cryptology, the Computer, and Data Privacy; Girsdansky, M.B.;
      in: Computers and Automation, Vol.21, No.4, Apr.72, p.12-19;
      Berkeley Enterprises, Inc.; Newtonville, Mass.

Gol   Shift Register Sequences; Golomb., S.; in: Modern Algebra
      Series; Holden Day; 1967

Gri   Datenschutzeinrichtungen in Datenbanksystemen; Griese, J.;
      Plesch, M.B.; Science Research Associates GmbH; Stuttgart; 1975

Gro1 Group Theoretic Remarks on Cryptographic Systems Based on Two
      Types of Addition; Grossman, Edna; IBM Corp.; Yorktown Heights,
      New York; Feb.74; RC 4742 (#21102)

Gro2 Analysis of Feistel-Like Cipher Weakened by Having No Rotating
      Key; Grossman, Edna K.; Tuckerman, Bryant; IBM Thomas J. Watson
      Research Center; Yorktown Heights, N.Y.; Jan. 1977; RC 6375
      (#27489)

Gro3 Generation of Binary Sequences with Controllable Complexity;
     Groth, E.; in: IEEE, Vol.IT-17, No.3, 1971, p.288-296

Gud1 The Application of Cryptography for Data Base Security,
     Ph.D.Dissertation; Gudes, Ehud; The Ohio State University; 1976

Gud2 The Application of Cryptography for Data Base Security; Gudes,
     Ehud; Koch, Harvey S.; Stahl, Fred A.; in: Proc. AFIPS, NCC
     1976, Vol.45, p.97-107; AFIPS Press; Montvale, N.J.; 1976

Hae Implementierung von Datenbanksystemen; Härder, Theo; Carl Hanser
     Verlag; München, Wien; 1978

Ham Signature Simulation and Certain Cryptographic Codes; Hammer,
     C.; in: CACM, Vol.14, No.1, January, 1971, p.3-14; ACM, Inc.;
     New York, N.Y.

Har1 On Protection in Operating Systems; Harrison, Michael A.; Ruzzo,
     Walter L.; Ullman, Jeffrey D.; in: CACM, Vol.19, No.8, 1976,
     p.461-471; ACM, Inc.; New York, N.Y.

Har2 Languages for Specifying Protection Requirements in Data Base
     Systems, A Semantic Model (Ph.D-Thesis); Hartson, H Rex; NTIS;
     Springfield, Va.; 1975; AD-A018 284; Orig. Rep. No.:
     OSU-CISRC-75-6

Har3 A Semantic Model for Data Base Protection Languages; Hartson, H
     Rex; Hsiao, David K.; in: Proc. IFIP Conference on Systems for
     Large Data Bases, 1976, p.27-42; North Holland Publishing Co.;
     Amsterdam

Har4 Full Protection Specifications in a Model for Data Base Protection
     Languages; Hartson, H Rex; Hsiao, David K.; in: Proc ACM
     Annual Conference 1976, p.90-95; ACM, Inc.; New York, N.Y.

Har5 Dynamics of Database Protection Enforcement, A Preliminary Study;
     Hartson, H. Rex; in: Proc. of the IEEE' Computer Society's First
     International Computer Software and Applications Conference,
     compsac77, p.349-356; IEEE, Inc.; New York, N.Y.; IEEE Catalog
     No.: 77CH1291-4C

Hei1 The Network Security Center, A system level approach to computer
     network security; Heinrich, F.; National Bureau of Standards;
     Washington, D.C.; NBS 500-21

Hei2 A Centralized Approach to Computer Network Security; Heinrich,
     Frank R.; Kaufman, David J.; in: Proc. AFIPS, NCC 1976, Vol.45,
     p.85-90; AFIPS Press; Montvale, N.J.; 1976

Hel1 The Information Theoretic Approach to Cryptography; Hellman,
     Martin E.; Stanford University, Cal.; NTIS; Springfield, Va.;
     April 1974; PB-262 780; Orig. Rep. No.: MEM-76-1

Hel2 The Mathematical Theory of Secrecy Systems; Hellman, Martin E.;
     in: IEEE International Conference on Communications, Minneapolis,
     1974

Hel3 Results of an initial attempt to cryptanalyze the NBS Data
     Encryption Standard; Hellman, Martin E.; Merkle, R.;
     Schroeppel, R.; Washington, L.; Diffie, W.; Pohlig, S.;
     Schneider, P.; Stanford University; Nov. 1976; SEL 76-042

Hel4 An Extension of the Shannon Theory Approach to Cryptography;
     Hellman, Martin E.; in: IEEE Transactions on Information Theory,
     Vol.IT-23, No.3, May 1977, p.289-294

Hel5 Security in Communication Networks; Hellman, Martin E.; in:
     Proc. of the AFIPS-NCC 1978, June 1978, Anaheim, Cal., Vol.47
     (Editors: Ghosh; Liu), p.1131-1134; AFIPS Press; Montvale, N.J.

Hel6 Die Mathematik neuer Verschlüsselungssysteme; Hellman, Martin
     E.; in: Spektrum der Wissenschaft, Heft 10, Oktober 1979,
     p.92-101; Spektrum der Wissenschaft Verlagsgesellschaft mbH &
     Co.; Weinheim

Hen Einführung in die Codierungstheorie; Henze, E.; Homuth, H.H.;
     Vieweg; Braunschweig; 1974

Her1 Kryptanalytiska synpunkter pa nagra aktuella krypteringsfunktioner
     (preprint); Herlestam, Tore; in: TSA dnr 8210-1, Jan.1978 (also
     submitted to IEEE Transactions on Information Theory, entitled
     'Critique of Some Public-Key-Cryptosystems'); 1978

Her2 Critical Remarks on Some Public Key Cryptosystems; Herlestam,
     Tore; in: BIT, Vol.18, No.4, 1978, p.493-496

Hil1 Cryptography in an algebraic alphabet; Hill, L.S.; in: AMM,
     Vol.36, 1929, p.306-312

Hil2 Concerning certain linear transformation apparatus of
     cryptography; Hill, L.S.; in: AMM, Vol.38, 1931, pp.135-154

Hof1 The Formulary Model for Flexible Privacy and Access Control in
     Computer Systems; Hoffman, Lance J.; in: Proc. of the AFIPS
     FJCC 1971, Vol.39, p.587-601; AFIPS Press; Montvale, N.J.

Hof2 Security and Privacy in Computer Systems; Hoffman, Lance J.;
     Melville Publishing Co.; Los Angeles, Cal.; 1973

Hof3 Modern Methods for Computer Security and Privacy; Hoffman, Lance
     J.; Prentice Hall International, Inc.; London; 1978

Hom Bemerkungen über automatentheoretische Modelle einfacher
     Schlüsselverfahren; Homuth, H.H.; in: Angewandte Informatik,
     Heft 5, 1971, p.244-246

Hsi1 A Model for Data Secure Systems; Part II; Hsiao, David K.;
     McCauley III, E.J.; NTIS; Springfield, VA; Oct.74; Orig. Rep.
     No.: OSU-CISRC-TR-74-7

Hsi2 Database Computers; Hsiao, David K.; in: paper submitted to
     Summer School on Data Base Design, August 1979, Urbino, Italy;
     erscheint in: Advances in Computers, Academic Press, Vol.19, 1980

IBM1 IBM Program Product, Programmed Cryptographic Facility, General
     Information Manual; Form Number GC28-0942

IBM2 Data Security Through Cryptography; Form Number GC22-9062

IBM3 IBM Cryptographic Subsystem; Concepts and Facilities; IBM
     Corp.; IBM Corp.; Kingston, New York; October 1977; Form Nr.:
     GC22-9063

IBM4 IBM 3845/3846 Data Encryption Device, General Information; IBM
     Corp.; 1977; GA-27-2865

Ing1 A System for Data Security based on Data Encryption; Ingemarsson,
     Ingemar; Blom, Rolf; Forchheimer, Robert; Linköping
     University; Linköping, Sweden; April 1974; Rapport
     LiTH-ISY-R-0032

Ing2 Stochastic Transformation to Preserve Anonymity in Stored Data;
     Ingemarsson, I.; University of Stockholm, Department of
     Statistics; Aug. 1975; Report No.4

Ing3 Some aspects on the use of encryption in EDP systems;
     Ingemarsson, I. et al.; Linköping University; November 1975

Ing4 Analysis of Secret Functions with Application to Computer
     Cryptography; Ingemarsson, Ingemar; in: Proc. AFIPS, NCC 1976,
     Vol.45, p.125-127; AFIPS Press; Montvale, N.J.; 1976

Ing5 Negotiable Documents in Automatic Data Processing; Ingemarsson,
     Ingemar; Linköping University, Department of Electrical
     Engineering; Linköping, Sweden, June 1977; LITH-ISY-I-0153

Ing6 Toward a Theory of Unknown Functions; Ingemarsson, Ingemar; in:
     IEEE Transaction on Information Theory, Vol.IT-24, No.2, March
     1978, p.238-240; IEEE, Inc.; New York, N.Y.

Ing7 Encryption in data networks with application to teletex;
     Ingemarsson, I.; Linköping University; 1978; Internskrift
     LiTH-ISY-0235

Ing8 Encryption in Teletex; Ingemarsson, I.; Linköping University;
     1978; Internskrift LiTH-ISY-0236

Ing9 The Algebraic Structure of Public Key Distribution Systems;
     Ingemarsson, Ingemar; Linköping University; Linköping,
     Schweden; Febr. 1979; LiTH-ISY-I-0270, Internal Report

Joh Certain Number-Theoretic Questions in Access Control; Johnson,
     S.M.; in: RAND Corporation, Document R-1494, NSF, Jan. 1974

Kah The Codebreakers; The Story of Secret Writing; Kahn, David; The
     Macmillan Company; New York, N.Y.; 1967; Aufl.: 7 (1972)

Kak On Speech Encryption using Waveform Scrambling; Kak, S.C.; in:
     BSTJ, Vol.56, No.5, 1977, p.781-808

Kam A Structured Design of Substitution-Permutation Encryption
     Network; Kam, John B.; Davida, George I.; in: Foundations of
     Secure Computation (Editor: R.A. DeMillo; D.P. Dobkin; A.K. Jones;
     R.J. Lipton), p.95-113; Academic Press; New York; London; 1978

Kar1 Non-Discretionary Access Control for Decentralized Computing
     Systems; Karger, Paul A.; MIT, LCS, Cambridge, Mass.; Office of
     Naval Research, Arlington, Va.; NTIS; Springfield, Va.; May
     1977; AD-A040 808; Orig. Rep. No.: MIT/LCS/TR-179; ESD-TR-77-142

Kar2 Reducibility among combinatorial problems; Karp, R.M.; in:
     Complexity of Computer Computations (R.E.Miller, Z.W.Thatcher
     (Eds.)); Plenum Press, N.Y.; 1972, P.85/103

Kar3 On the computational complexity of combinatorial problems; Karp,
     R.M.; in: Networks, Vol.5, No.1, Jan. 1975, P.45-68

Kat1 Computer Data Security; Katzan, Harry, Jr.; in: Computer
     Science Series; Van Nostrand Reinolds Co.; New York; London;
     1973

Kat2 The Standard Data Encryption Algorithm; Katzan, Harry, Jr.;
     Petrocelli Book; 1977

Kau A Secure, National System for Electronic Funds Transfer; Kaufman,
     David J.; Auerbach, K.; in: Proc. AFIPS, NCC 1976, Vol.45,
     p.129-138; AFIPS Press; Montvale, N.J.; 1976

KDBS Kompatible Schnittstellen für Datenbanksysteme; Beschreibung
     systemneutraler Datenbankaufrufe; Version 3;
     Bundesminister des Innern (Hrsg.); Bonn; Juni 1979

Ken1 Encryption-Based Protection Protocols for Interactive
     User-Computer Communication; Kent, Stephen Thomas; Massachusetts
     Institute of Technology; Cambridge, Mass.; May 1976; MAC-TR-162

Ken2 Encryption-based Protection for Interactive User/Computer
     Communication; Kent, Stephen Thomas; in: Proc. of the ACM/IEEE
     'Fifth Data Communications Symposium', Snowbird, Utah, 1977; p.5.7
     - 5.13; IEEE, Inc.; New York, N.Y.; 1977; IEEE Catalog No.:
     77CM1260-9C

Key1 An Analysis of the Structure and Complexity of Nonlinear Binary
     Sequence Generators; Key, E.; in: IEEE, Vol.IT-22, No.6, 1976,
     p.732-736

Key2 Physical Limits in Digital Electronics; Keyes, Robert W.; in:
     Proc. of the IEEE, Vol.63, No.5, May 1975, p.740-767; IEEE,
     Inc.; New York, N.Y.

Key3 Security Architecture using Encryption; Keys, Richard R.;
     Clamons, Eric H.; in: Approaches to Privacy and Security in
     Computer Systems, NBS SP-404, March 74, p.37-41

Key4 File Encryption as a Security Tool; Keys, Richard R.; Clamons,
     Eric H.; in: The Honeywell Computer Journal, Vol.8, No.2, 1974,
     p.90-93; Honeywell Information Systems Inc.; Phoenix, Az.

Kle Programmierbarer Zufallszahlengenerator mit
     Mikroprozessorsteuerung; Klein, M.; in: Elektronik, Heft 14,
     1978, p.79-82

Kli   Public key vs. conventional key encryption;   Kline, Charles S.;
      Popek, Gerald J.;   in: Proc. of the AFIPS-NCC 1979, p.831-837;
      AFIPS Press;   Montvale, N.J.

Kno1 An Efficient One-Way Enciphering Algorithm for Password
      Authorization;   Knoble, H.D.;   in: Proc. of SHARE XLVII, August
      16-20, 1976, Montreal, Quebec, Vol.3, p.1554-1559;   Share, Inc.;
      Chicago, Ill.

Kno2 An Efficient One-Way Enciphering Algorithm for Password
      Protection;   Knoble, H.D.;   Forney, C., Jr.;   Bader, F.S.;   in:
      ACM Transactions on Math. Software, Vol.5, No.1, March 1979,
      p.97-107;   ACM, Inc;   New York, N.Y.

Kno3 ALGORITHM 536
      An Efficient One-Way Enciphering Algorithm [Z];   Knoble, H.D.;
      in: ACM Transactions on Mathem. Software, Vol.5, No.1, March
      1979, p.108-111;   ACM, Inc.;   New York, N.Y.

Knu   The Art of Computer Programming, Vol.2;   Knuth, D.E;
      Addison-Wesley;   Reading;   1973

Koh1 On the Signature Reblocking Problem in Public-Key Cryptosystems;
      Kohnfelder, Loren M.;   in: CACM, Vol.21, No.2, February 1978, p.
      179

Koh2 Towards a Practical Public-key Cryptosystem;   Kohnfelder, Loren
      M.;   Massachusetts Institute of Technology;   Cambridge, Mass.;
      May 1978, BS. Thesis

Kon1 Cryptographic Methods for Data Protection;   Konheim, Alan G.;   IBM
      Thomas Watson Research Center, Yorktown Heights, N.Y.;   IBM
      Research Division;   San Jose, Cal.;   March 1978;   RC 7026 (#30100)
      Mathematics

Kon2 Taxonomy of Operating System Security Flaws;   The RISOS Project;
      Konigsford, W.L.;   University of California, Lawrence Livermore
      Laboratory;   NTIS;   Springfield, Va.;   November 1976;   UCID-17422

Kra1 Einsatz der kryptographischen Codierung zur Datensicherung in
      Datenbanken;   Kratzer, J.;   in: Deutsche Luft- und Raumfahrt
      Forschungsbericht 74-44;   DFVLR, Wissenschaftliches
      Berichtswesen;   5000 Köln 90;   1974

Kra2 Datenfernverarbeitung;   Kraushaar, et al.;   Siemens Verlag;
      München;   1972

Kri   Computer cryptographic techniques for processing and storage of
      confidential information;   Krishnamurthy, E.V.;   in: Int. Journal
      of Control, Vol.12, No.5, 1970, p.753-761

Kul   Statistical Methods in Cryptanalysis (Reprint);   Kullback,
      Salomon;   Aegean Park Press;   Laguna Hills, Cal.;   1977

Lar   Computer Data Security;   Larson, D.I.;   Naval Postgraduate School,
      Montery, Cal.;   NTIS;   Springfield, Va.;   June 1974;   AD-783 781

Law Computer Cryptography; Lawrence, L.G.; in: Proceed. SEAS
     Anniversary Meeting 1975, Sept.8-12, 1975, Dublin, Irland,
     p.431-449; SEAS; 1975

Lee A universal digital data scrambler; Leeper, D.G.; in: BSTJ,
     Vol.52, No.10., 1973, p.1851-1865

Len Cryptography Architecture for Information Security; Lennon,
     Richard E.; in: IBM Systems Journal, Vol.17, No.2, 1978, p.
     138-150; IBM Corporation; New York

Leu The Gaussian Wire-Tap Channel; Leung-Yan-Cheong, S.K.; Hellman,
     Martin E.; in: IEEE Transactions on Information Theory,
     Vol.IT-24, No.4, July 1978, p.451-456; IEEE, Inc.

Lev1 Variable Matrix Substitution in Algebraic Cryptography; Levine,
     J.; in: AMM, March 1958, p.170-178

Lev2 Involutory commutants with some applications to algebraic
     cryptography; Levine, J.; Brawley, J.V.; in: J. Reine Angew.
     Math., No.224, p.20-43, 1966 und No.227, p.1-24, 1967

Lev3 Some Cryptographic Applications of Permutation Polynomials;
     Levine, Jack; Brawley, J.V.; NTIS; Springfield, Va.; July
     1976; AD-A029 028

Lev4 The Two-Message Problem in Cipher Text Autokey, Part I; Levine,
     Jack; Willet, Michael; in: Cryptologia, Vol.3, No.3, July 1979,
     p.177-186; Albion College; Albion, Mich.

Lew Generalized feedback shift register pseudorandom number
     algorithm; Lewis, T.G.; Payne, W.H.; in: JACM, Vol.20, July
     1973, p.456-468

Lin1 Operating System Penetration; Linde, Richard R.; in: Proc. of
     the AFIPS NCC 1975, p.361-368; AFIPS Press; Montvale, N.J.

Lin2 Migration and Authentication of Protected Objects; Lindsay,
     Bruce; Gligor, Virgil; IBM Thomas J. Watson Research Center;
     Yorktown Heights, N.Y.; August 1978; RJ2298 (#31040) Computer
     Science

Lyn1 Efficient Reducibility Between Programming Systems: Preliminary
     Report; Lynch, Nancy A.; Blum, Edward K.; in: Proc. Ninth
     Symposium on the Theory of Computing, Boulder, May 1977,
     p.228-238; ACM, Inc.; New York, N.Y.

Lyn2 Relative Complexity of Algebras; Lynch, Nancy A.; Blum, Edward
     K.; submitted for publication

Mar Security, Accuracy, and Privacy in Computer Systems; Martin,
     James; Prentice-Hall, Inc.; Englewood Cliffs, N.J.; 1974;
     13-798991-1

Mat1 A Computer Oriented Cryptoanalytic Solution for Multiple
     Substitution Enciphering Systems; Matyas, Stephen M.;
     University of Iowa; Xerox University Microfilms; Ann Arbor,
     Mich.; 1974

Mat2 Generation, Distribution, and Installation of Cryptographic Keys;
     Matyas, Stephen M.; Meyer, Carl H.; in: IBM Systems Journal,
     Vol.17, No.2, 1978, p.126-137; IBM Corporation; New York

Mcc A Model for Data Secure Systems; McCauley III, E.J.; NTIS;
     Springfield, Va.; March 74; AD-A011 359; Orig. Rep. No.:
     CSU-CISRC-TR-75-2

Meh Effiziente Algorithmen; Mehlhorn, Kurt; in: Teubner
     Studienbücher Informatik; B.G. Teubner Verlag; Stuttgart; 1977

Mei Evaluation of Techniques for Verifying Personal Identity;
     Meissner, Paul; National Bureau of Standards, Washington, D.C.;
     NTIS; Springfield, Va.; 1976; PB-255 200

Mel Cryptology, Computers, and Common Sense; Mellen, G.E.; in:
     Proc. of the AFIPS NCC73, Vol.42, p.569-579; AFIPS Press;
     Montvale, N.J.

Mer1 Hiding Information and Receipts in Trap Door Knapsacks; Merkle,
     Ralph C.; Hellman, Martin E.; Stanford University; Stanford,
     Cal.; June 1977

Mer2 Secure Communications Over Insecure Channels; Merkle, Ralph C.;
     in: CACM, Vol.21, No.4, April 1978, p.294-299; ACM, Inc.; New
     York, N.Y.

Mey1 Pseudorandom Codes Can be Cracked; Meyer, Carl H.; Tuchman,
     Walter L.; in: Electronic Design, Vol.23, November 9, 1972,
     p.74-76

Mey2 Design Considerations for Cryptography; Meyer, Carl H.; in:
     Proc. of the AFIPS NCC 1973, Vol.42, p.603-606; AFIPS Press;
     Montvale, N.J.

Mey3 Enciphering Data for Secure Transmission; Meyer, Carl H.; in:
     Computer Design, Vol.13, No.4, April 1974, p.129-134

Mey4 Data Security for Computer Systems; Meyer, Carl H.; Tuchman,
     Walter L.; in: Proc. of the First Southeast Asia Regional
     Computer Conference (SEARCC'76), Singapore, 1976, (M. Joseph; F.C.
     Kohli (Eds.)), p.557-573; North-Holland Publishing Co.;
     Amsterdam; 1976

Mey5 Data Security for Communication Systems; Meyer, Carl H.;
     Tuchman, Walter L.; in: Proc. of the First Southeast Asia
     Regional Computer Science Conference (SEARCC), Singapore, 1976,
     p.557-573

Mey6 Ciphertext/Plaintext and Ciphertext/Key Dependence vs Number of
     Rounds for the Data Encryption Standard; Meyer, Carl H.; in:
     Proc. of the AFIPS-NCC 1978, June 5-8, 1978, Anaheim, Cal., Vol.47
     (Editors: Ghosh; Liu), p.1119-1126; AFIPS Press; Montvale, N.J.

Mey7 Cryptography, A New Dimension in Computer Data Security; Meyer,
     Carl H.; Matyas, Stephen M.; to appear 1979

Mic1 The design and operation of public-key cryptosystems; Michelman,
     Eric; in: Proc. of the AFIPS-NCC 1979, p.305-311; AFIPS Press;
     Montvale, N.J.

Moh An Overview of Recent Data Base Research; Mohan, C.; University
     of Texas; Austin; April 1978; SDBEG-5

Mol Hardware Aspects of Secure Computing; Molho, Lee M.; in: Proc.
     of the AFIPS SJCC 1970, Vol.36, p.135-141; AFIPS Press;
     Montvale, N.J.

Mor Assessment of the National Bureau of Standards Proposed Federal
     Data Encryption Standard; Morris, Robert; Sloane, N.J.A.;
     Wyner, D.A.; in: Cryptologia, Vol.1, No.3, July 1977, p.281-291

NBS1 Report of the Workshop on: Estimation of Significant Advances in
     Computer Technology; held at the NBS, August 30-31, 1976;
     National Bureau of Standards, Washington, D.C.; Eds.: Meissner,
     Paul; December 1976; NBS IR-76-1189

NBS2 Data Encryption Standard; National Bureau of Standards,
     Washington, D.C.; NTIS; Springfield, Va.; Jan. 1977;
     FIPS-PUB-46

NBS3 Validating the Correctness of Hardware Implementations of the NBS
     Data Encryption Standard; National Bureau of Standards,
     Washington, D.C.; Eds.: Gait, Jason; NTIS; Springfield, Va.;
     November 1977; PB-273 648; Orig. Rep. No.: NBS-SP-500-20

NBS4 Proc. of The Conference on: Computer Security and the Data
     Encryption Standard; held at the NBS, February, 15, 1977;
     National Bureau of Standards, Washington, D.C.; Eds.: Branstad,
     Dennis K.; February 1978; NBS-SP-500-27

Nee Using Encryption for Authentication in Large Networks of
     Computers; Needham, Roger; Schroeder, Michael; in: CACM,
     Vol.21, No.12, December 1978, p.993-999; ACM, Inc.; New York,
     N.Y.

Neu1 Computer System Security Evaluation; Neumann, Peter G.; in:
     Proc. of the AFIPS-NCC 1978, Anaheim, p.1087-1095; AFIPS Press;
     Montvale, N.J.

Neu2 Provably Secure Operating System:; The System, Its Applications,
     and Proofs; Final Report; Neumann, Peter G.; Boyer, R.S.;
     Feiertag, R.J.; ; SRI International; Menlo Park, Cal.;
     February 1977

Obe Cryptographic system invulnerable to the double use of keys;
     Oberman, R.M.M.; in: Delft Progr. Rep., Series B (1975), p.52-56

Orc An Approach to Secure Voice Communication Based on the Data
     Encryption Standard; Orceyre, M.J., et al.; in: IEEE
     Communications Society Magazine, Vol.16, No.6, 1978, p.41-50

Pay Orderly Enumeration of Nonsingular Binary Matrices Applied to Text
     Encryption; Payne, W.H.; McMillen, K.L.; in: CACM, Vol.21,
     No.4, April 1978, p.259-263; ACM, Inc.; New York, N.Y.

Pet1 System Implications of Information Privacy; Peterson, H.E.;
Turn, Rein; in: Proc. of the AFIPS Spring Joint Comp. Conf.
1967, Vol.30, p.291-300

Pet2 Information Theoretic Analysis of Secrecy Systems; Petrovic, P.;
in: Automatiker, Vol.18, No.3-4, 1977, (in kroatisch)

Ple1 Encryption Schemes for Computer Confidentiality; Pless, Vera;
MIT, Project MAC, Cambridge, Mass.; NTIS; Springfield, Va.; May
1975; AD-A010 217; Orig. Rep. No.: MAC-TM-63

Ple2 Encryption Schemes for Computer Confidentiality; Pless, Vera S.;
in: IEEE Transactions on Computers, Vol. C-26, No.11, Nov. 1977,
p.1133-1136; IEEE, Inc.; New York, N.Y.

Poh1 Algebraic and Combinatoric Aspects of Cryptography; Pohlig,
Stephan C.; Stanford; Oct.1977; Tech.Rep.No.6602-1

Poh2 An Improved Algorithm for Computing Logarithms over GF(p) and Its
Cryptographic Significance; Pohlig, Stephan C.; Hellman, Martin
E.; in: IEEE Transactions on Information Theory, Vol.IT-24,
No.1, January 1978, p.106-110; IEEE, Inc.; New York, N.Y.

Pop1 Design Issues for Secure Computer Networks; Popek, Gerald J.;
Kline, Charles S.; in: Lecture Notes in Computer Science,
Vol.60: Operating Systems (Editors: Bayer; Graham; Seegmüller),
p.517-546; Springer-Verlag; Berlin; Heidelberg; New York; 1978

Pop2 Encryption Protocols, Public Key Algorithms and Digital Signatures
in Computer Networks; Popek, Gerald J.; Kline, Charles S.; in:
Foundations of Secure Computation (Editor: R.A. DeMillo; D.P.
Dobkin; A.K. Jones; R.J. Lipton), p.133-153; Academic Press; New
York; London; 1978

Pur A High Security Log-in Procedure; Purdy, G.B.; in: CACM,
Vol.17, No.8, Aug.74, p.442-445; ACM, Inc.; New York, N.Y.

Qua Unscramble the encryption market; Quantum Science Corp.; 1978

Rab Digitalized Signatures; Rabin, Michael O.; in: Foundations of
Secure Computation (Editor: R.A. DeMillo; D.P. Dobkin; A.K. Jones;
R.J. Lipton), p.155-166; Academic Press; New York; London; 1978

Ree1 Information Theory and Privacy in Data Banks; Reed, I.S.;
Rand Corp., Santa Monica, Cal.; NTIS; Springfield, Va.;
Jan.73; AD-762 577

Ree2 The Application of Information Theory to Privacy in Data Banks;
Reed, I.S.; Rand Corp.; 1973

Ree3 'Cracking' a Random Number Generator; Reeds, James; in:
Cryptologia, Vol.1, No.1, p.20-26, January 1977; Albion College;
Albion, Mich.

Ree4 Rotor Algebra; Reeds, James; in: Cryptologia, Vol.1, No.2,
April 1977, P.186-194; Albion College; Albion, Mich.

Ree5 Entropy Calculations and Particular Methods of Cryptanalysis;
     Reeds, James; in: Cryptologia, Vol.1, No.3, July 1977,
     P.235-254; Albion College; Albion, Mich.

Ree6 Solution of Challenge Cipher; Reeds, James; in: Cryptologia,
     Vol.3, No.2, April 1979, p.83-95; Albion College; Albion, Mich.

Riv1 A Method for Obtaining Digital Signatures and Public-Key
     Cryptosystems; Rivest, Ronald L.; Shamir, Adi; Adleman, Len;
     MIT, Lab. for Computer Science; Cambridge, Mass.; April 1977;
     MIT/LCS/TM-82

Riv2 Remarks on a Proposed Cryptanalytic Attack on the M.I.T.
     Public-Key Cryptosystem; Rivest, Ronald L.; in: Cryptologia,
     Vol.2, No.1, January 1978, p.62-65; Albion College; Albion,
     Mich.

Riv3 A Method for Obtaining Digital Signatures and Public-Key
     Cryptosystems; Rivest, Ronald L.; Shamir, Adi; Adleman, Len;
     in: CACM, Vol. 21, No.2, February 1978, p.12o-126

Riv4 On Data Banks and Privacy Homomorphisms; Rivest, Ronald L.;
     Adleman, Len; Dertouzos, Michael L.; in: Foundations of Secure
     Computation (Editor: R.A. DeMillo; D.P. Dobkin; A.K. Jones; R.J.
     Lipton), p.169-177; Academic Press; New York; London; 1978

Rod Metoder för Kryptering av datorlagrade data; Rodin, G.; in:
     Electronic Systems Group, Tech. Hochsch. Stockholm; 1972

Roh Mathematische und maschinelle Methoden beim Chiffrieren und
     Dechiffrieren; Rohrbach, Hans; in: FIAT Review of German
     Science, Applied Mathematics, p.233-257; Wiesbaden; 1948

Ron Digital Encoding for Secure Data Communications; Rondon, Eduardo
     Emilio Coquis; Naval Postgraduate School, Montery, Cal.; NTIS;
     Springfield, Va.; September 1976; AD-A035 848

Rou Computer Generation of Privacy Transformations; Roughan, J.L.;
     Hough, G.; Gwatking, J.C.; in: The Australian Computer Journal,
     Vol.7., No.2, July 1975, p.58-64

Rub Computer Methods for Decrypting Multiplex Ciphers; Rubin, Frank;
     in: Cryptologia, Vol.2, No.2, April 1978, p.152-160; Albion
     College; Albion, Mich.

Sal1 Formal Languages; Salomaa, A.; Academic Press; 1973

Sal2 The Protection of Information in Computer Systems; Saltzer,
     Jerome H.; Schroeder, Michael D.; in: Proceedings of the IEEE,
     Vol.63, No.9, Sept.1975, p.1278-1308; IEEE, inc.; New York, N.Y.

Sal3 On Digital Signatures; Saltzer, Jerome H.; in: Operating System
     Review, Vol.12, No.2, April 1978, p.12-14; ACM-SIGOPS; New York,
     N.Y.

Sam Speech Encryption by Manipulations of LPC Parameters; Sambur,
     M.R.; Jayant, N.S.; in: BSTJ, Vol.55, No.9, Nov.1976,
     p.1373-1388

Sav   Some simple self-synchronising Digital Data Scramblers;   Savage;
       in: BSTJ, Vol.45, No.2, 1967, p.449-487

Sch1   Automated Analysis of Cryptograms;   Schatz, Bruce R.;   in:
       Cryptologia, Vol.2, No.2, April 1977, P.116-142;   Albion College;
       Albion, Mich.

Sch2   Review of Ciphering Methods to Achieve Communication Security in
       Data Transmission Networks;   Schmid, P.;   Proc. Int. Seminar on
       Digital Comm.;   Zürich;   March 1976

Sch3   Securing Data Bases under Linear Queries;   Schwartz, M.D.;
       Denning, Dorothy E.;   Denning, Peter J.;   in: Proc. of the IFIP
       Congress Information Processing 77, (Editor: B. Gilchrist),
       p.395-398);   North-Holland Publ. Comp.;   Amsterdam

Sen1   Key Management in EFT-Networks;   Sendrow, Marvin;   in:
       Proceedings Computer Communication Networks, September 1978,
       p.351-354

Sen2   Data Structures and Accessing in Data-Base Systems;   Senko, M.E.;
       Altmann, E.B.;   Astrahan, M.M.;   Fehder, P.I.;   in: IBM Systems
       Journal, Vol.12, No.1, January 1973, p.30-93;   IBM Corp.;   Armonk,
       N.Y.

Sha   Communication Theory of Secrecy Systems;   Shannon, C.E.;   in:
       BSTJ, Vol.28, No.4, October 1949, p.656-715;   American Telephone
       and Telegraph Comp.;   New York, N.Y.

Sim   Preliminary Comments on the M.I.T. Public-Key Cryptosystem;
       Simmons, Gustavus J.;   Norris, Michael J.;   in: Cryptologia,
       Vol.1, No.4, Okt.77, p.406-414;   Albion College;   Albion, Mich.

Sin1   Two-Level Disk Protection System;   Sindelar, Frank L.;   Hoffman,
       Lance J.;   UC, Lawrence Livermore Lab., Livermore, Cal.;   NTIS;
       Springfield, Va.;   April 1975;   UCRL-76788

Sin2   Elementary Cryptanalysis;   ' Mathematical Approach;   Sinkov,
       Abraham;   Random Hause, Inc.;   The L.W. Singer Comp.;   New York,
       N.Y.;   1968

Ska   A Consideration of the Application of Cryptographic Techniques to
       Data Processing;   Skatrud, R.O.;   in: Proc. AFIPS FJCC 1969,
       Vol.35, p.111-117;   AFIPS Press;   Montvale, N.J.

Smi1   The design of Lucifer, a cryptographic device for data
       communications;   Smith, J.;   in: IBM Research Report, 1971;   RC
       3326

Smi2   Hardware Implementation of a Cryptographic System;   Smith, J.L.;
       in: IBM Techn. Discl. Bull., Vol.14, No.3, 1971, p.1004-1008;
       IBM Corp.;   Armonk, N.Y.

Smi3   An Experimental Application of Cryptography to Remotely Accessed
       Data Systems;   Smith, J.L.;   Notz, W.A.;   Osseck, P.R.;   in:
       Proc. ACM 25th Annual Conference 1972, p.282-297;   ACM, Inc.;   New
       York, N.Y.

Sny On the Synthesis and Analysis of Protection Systems; Snyder,
Lawrence; in: Operating Systems Review, Vol.11, No.5, Special
Issue, Proceedings of the Sixth ACM Symposium on Operating Systems
Principles, 16-18 November 1977, Purdue University, p.141-150;
ACM-SIGOPS; New York, N.Y.

Spe Komplexität von Entscheidungsproblemen; Ein Seminar; Specker,
E.; Strassen, N.; in: Lecture Notes in Computer Science,
Vol.43; Springer Verlag; Berlin, Heidelberg, New York 1976

Sta1 A Homophonic Cipher for Computational Cryptography; Stahl, Fred
Alan; in: Proc. of the AFIPS NCC 1973, Vol.42, p.565-568; AFIPS
Press; Montvale, N.J.

Sta2 On Computational Security; Stahl, Fred Alan; NTIS; Springfield,
Va.; Jan.74; AD-775 451; Orig. Rep. No.: UILU-ENG-73-2241;
R-637

Ste Proposed Federal Standard 1026; Compatibility Requirements for
the use of the Data Encryption Standard; Stephan, Ed; FTSC;
1977

Sto Access Control in a Relational Data Base Management System by
Query Modification; Stonebracker, Michael; Wong, Eugene; in:
Proc. ACM Annual Conference 1974, p.180-186; ACM, Inc.; New
York, N.Y.

Syk Protecting Data by Encryption; The Proposed NBS Standard
(p.82/83); Sykes, David J.; in: Datamation, Vol.22, No.8,
August 1976, p.81-85; Technical Publishing Company; Greenwich,
Conn.

Tan A class of codes which detect deception and its application to
data security; Tanaka et al.; in: Trans. of IECE of Japan, Vol.
E60, No.7

Tas1 Cryptographic Techniques for Computers; Tassel, Dennie Van; in:
Proc. AFIPS SJCC 1969, Vol.34, p.367-372; AFIPS Press; Montvale,
N.J.

Tas2 Advanced Cryptographic Techniques for Computers; Tassel, Dennie
Van; in: CACM, Vol.12, No.12, Dec.69, p.664-665; ACM, Inc.;
New York, N.Y.

Tau Random numbers generated by linear recurrence modulo two;
Tausworthe, R.C.; in: Math. Comput., Vol.19, p.201-209, 1965

Tor1 Word Error Rates in Cryptographic ensembles; Torrieri, Don J.;
in: IEEE Transactions on Aerospace and Electronic Systems,
Vol.AES-9,901, 1973

Tor2 Additions and Modifications to 'Word Error Rates in Cryptographic
Ensembles'; Torrieri, Don J.; in: IEEE Transactions on
Aerospace and Electronic Systems, Vol.AES-10,715, 1974

Tor3 Cryptographic Digital Communication; Torrieri, Don J.;
Naval Research Laboratory, Washington, D.C.; NTIS; Springfield,
Va.; July 1975; AD-A013 212; Orig. Rep. No.: NRL-7900

Tsi   A Ncte on Protection in Data Base Systems; Tsichritzis, D.C.;
      in: Proc. Intern. Workshop on Protection in Operating Systems,
      Paris, August 1974, p.243-248; IRIA; Les Chesnay, Rocquencourt,
      Domaine de Voluceau, France

Tuc1 Encryption Techniques and Their Implementation; Tuchman, Walter
      I.; in: SHARE XLV (45), Vol.1, August 1975, p. 447-455; SHARE,
      Inc.; 1975

Tuc2 Efficacy of the Data Encryption Standard in Data Processing;
      Tuchman, Walter L.; Meyer, Carl H.; in: Proc. of the IEEE
      Computer Society International Conference, ccmpcon fall 78,
      computer communicaticns networks, Computers & Communications:
      Interfaces & Interactions, Sept.5-8, 1978, Washington, D.C.,
      p.340-347; IEEE, Inc.; New York, N.Y.; IEEE Catalcg No.:
      78CH1388-8C

Tuc3 A Study of the Vigenere-Vernam Single and Multiple Loop
      Enciphering Systems; Tuckerman, Bryant; IBM Corp.; IBM
      Corpcration; Ycrktown Heights, N.Y.; May 14, 1970; Peport
      RC-2879 (#13538)

Tuc4 Solution of a Substitution-Fractionation-Transposition Cipher;
      Tuckerman, Bryant; IBM Report; Yorktown Heights, N.Y.; 1973;
      RC 537

Tur1 Privacy and Security in Databank Systems; Measures of
      Effectiveness, Costs, and Protector-Intruder Interactions; Turn,
      Rein; Shapiro, Norman Z.; in: Proc. of the AFIPS FJCC 1972,
      Vol.41, Part I, p.435-444; AFIPS Press; Montvale, N.J.

Tur2 Privacy Transformaticns for Databank Systems; Turn, Rein; in:
      Proc. of the AFIPS NCC 1973, Vol.42, p.589-601; Santa Monica,
      Cal.

Tur3 Privacy Protection in Databanks: Principles and Costs; Turn,
      Rein; NTIS; Springfield, Va.; 1974; AD-A023 406; Orig. Rep.
      No.: P-5296

Tur4 Privacy Systems for Telecommunication Networks; Turn, Rein;
      NTIS; Springfield, Va.; Sept. 1974; AD-A031 668; Orig. Rep.
      No.: P-5292

Tur5 Cost Implicaticns of Privacy Protection in Data Bank Systems;
      Turn, Rein; Rand Ccrp., Santa Monica, Cal.; NTIS; Springfield,
      Va.; April 1975; AD-A022 186; Orig. Rep. No.: P-5321 (Rand
      Publication)

Tur6 Classificaticn of Personal Information for Privacy Protection
      Purpcses; Turn, Rein; in: Proc. AFIPS, NCC 1976, Vol.45,
      p.301-307; AFIPS Press; Montvale, N.J.; 1976

Twi   Need to Keep Digital Data Secure?; Twigg, Terry; in: Electronic
      Design, Vol.23, November 9, 1972, p.68-71

Ver   Convolutional Encoding for Wyner's Wiretap Channel; Verriest,
      Erik; Hellman, Martin E.; in: IEEE Transactions on Information
      Theory, Vol.IT-25, No.2, March 1979, p.234-236; IEEE, Inc.; New
      York

Wal Computer Security and Protection Structures; Walker, Bruce J.;
     Blake, Ian F.; Dowden, Hutchinson and Ross, Inc.; Stroudsburgh,
     Pa.; 1977

Wed Datensicherheit in Datenbanksystemen; Wedekind, Hartmut; in:
     Lecture Notes in Computer Science Nr.: 39 Data Base Systems,
     Proc. 5th Informatik Symposium, IBM Germany, Bad Homburg v.d.H.,
     Sept. 24-26, 1975, p.315-338 (Hrsg.: Hasselmeier; Spruth);
     Springer Verlag; Berlin; Heidelberg; New York; 1976

Wei1 A survey of analysis techniques for discrete algorithm; Weide,
     Bruce; in: Computing Surveys, Vol.9, No.4, Dec. 1977; ACM,
     Inc.; New York, N.Y.

Wei2 System Security Analysis / Certification Methodology and Results;
     Weissman, Clark; System Development Corporation; Santa Monica,
     Cal.; October 1973; SP-3728

Wes Design of a Secure Data Transmission System: An Implementation of
     Communication Theory Using a Microcomputer; West, David G.;
     NTIS; Springfield, Va.; May 1974; UCRL-51587

Wil Time Sharing Computer Systems; Wilkes, M.V.; North-Holland
     Publishing Co.; Amsterdam, New York; 1978

Woo1 Computer Science and Technology: The Use of Passwords for
     Controlled Access to Computer Resources; Wood, Helen M.;
     National Bureau of Standards, Washington D.C.; NTIS;
     Springfield, Va.; May 1977; PB-266-323; Orig. Rep. No.:
     NBS SP 500-9

Woo2 The Use of Passwords for Controlling Access to Remote Computer
     Systems and Services; Wood, Helen M.; in: Proc. of the
     AFIPS-NCC 1977, Dallas, Texas, p.27-33; AFIPS Press; Montvale,
     N.J.

Wyn The wire-tap channel; Wyner, A.D.; in: BSTJ, Vol.54,
     p.1355-1387, Oct. 1975

Yue Security Against Line Tappers; Yuen, C.K.; in: CACM, Vol.19,
     No.12, December 1976, p.705; ACM, Inc.; New York, N.Y.

<u>9. Abkürzungsverzeichnis</u>

```
ACM      :  Association for Computing Machinery
BCC      :  Block Check Character
BSTJ     :  Bell Systems Technical Journal
CACM     :  Communications of the ACM
CBC      :  Cipher Block Chaining
CFB      :  Cipher Feedback
CKDS     :  Cryptographic Key Data Set
CODASYL     Conference on Data Systems Languages
CPU      :  Central Processing Unit
CRC      :  Cyclical Redundancy Check
DB       :  Datenbank; Data Base; Data Bank
DBA      :  Datenbankadministrator; Datenbankverwalter
DBMS     :  Data Base Management System
            Datenbankverwaltungssystem
DBS      :  Datenbanksystem; Data Base System
CRT      :  Cathode Ray Tube (Display)
DBTG     :  Data Base Task Group
DCE      :  Data Communication Equipment
DCP      :  Data Communication Processor
DES      :  Data Encryption Standard
DSD      :  Data Security Device
ECB      :  Electronic Code Book
EDC      :  Error Detection Code
EFT      :  Electronic Funds Transfer
EMK      :  Encipher under Master Key
ETX      :  End of Text
EWF      :  Einwegfunktion
GF(p)    :  Galois Körper der Ordnung p
GFSR     :  Generalized Feedback Shift Register
GSI      :  Geheimer Schlüssel I
HMS      :  Host Master Key
HPC      :  Host Processing Center
IC       :  Integrated Circuit
ICV      :  Initial Chaining Value
IV       :  Initialisierungsvektor
JACM     :  Journal of the ACM
KB       :  Kilobyte
```

KC	:	Kontinuierliche Chiffre
KOS	:	Kryptosystem mit offenem Schlüssel
LED	:	Light emitting Diode
LFSR	:	Lineares Feedback Schieberegister
MKDS	:	Master Key Variant Data Set
MPS	:	Multics Passwort Scrambler
MPU	:	Microprocessor Unit
MTBF	:	Mean Time Between Failure
NBS	:	National Bureau of Standards
NLFSR	:	Nichtlineares Feedback-Schieberegister
NP	:	Nonpolynomial
NSA	:	National Security Agency
NSC	:	Network Security Center
OSI	:	Offener Schlüssel I
PIM	:	Plug-In-Modul
PIN	:	Personal Identification Number
PROM	:	Programmable ROM
REG	:	Register
RFMK	:	Reencipher from Master Key
RN	:	Random Number (Zufallszahl)
ROM	:	Read Only Memory
ROT	:	Rotation (Binärer Ringshift)
RSU	:	Remote Switching Unit
RTMK	:	Reencipher to Master Key
SNA	:	System Network Architecture (IBM)
SOH	:	Start of Header
STX	:	Start of Text
SVC	:	Supervisor Call
TAE	:	Trial-and-Error
TOD	:	Time-of-Day
UD	:	Unicity Distance (Eindeutigkeitsabstand)
V-V	:	Vigenere-Vernam (Chiffre)
VZK	:	Verschlüsselungszeitkoeffizient
XOR	:	Exklusives Oder
ZZG	:	Zufalls(zahlen)generator

Lecture Notes in Computer Science